CONVOITER L'IMPOSSIBLE

Bibliothèque Albin Michel
Idées

HENRI MALER

CONVOITER L'IMPOSSIBLE

L'utopie avec Marx, malgré Marx

Albin Michel

22, rue Huyghens, 75014 Paris

ISBN 2-226-07859-2

SOMMAIRE

TROISIÈME PARTIE
ESPÉRANCES DE L'UTOPIE (après Marx)

RÉFÉRENCES ET ABRÉVIATIONS

Le titre des œuvres est abrégé en suivant les abréviations adoptées dans le *Dictionnaire critique du marxisme* (sous la direction de G. Bensussan et G. Labica, 2e édition revue et augmentée, P.U.F., 1985) : à l'exception du manuscrit de critique de Hegel de 1843, abrégé M43 pour le distinguer de l'introduction à la *« Contribution à la critique de la philosophie du droit de Hegel »* parue dans les *Annales franco-allemandes*, abrégée CPDH.

Les passages soulignés en italiques dans les citations le sont par nos soins.

Ouvrages de Marx

Différence de la philosophie de la nature chez Démocrite et Epicure, thèse de doctorat : **Doc.**
Critique du droit politique hégélien, manuscrit de 1843 : **M43**
Contribution à la critique de la philosophie du droit de Hegel : **CPDH**
A propos de la question juive : **QJ**
Critiques en marges de l'article « Le roi de Prusse et la réforme sociale. Par un Prussien » : **CMP**
Manuscrits de 1844 : **M44**
La Sainte Famille : **SF**
Thèses sur Feuerbach : **ThF**
L'Idéologie allemande : **IA**
Misère de la philosophie : **MPh.**
La Critique moralisante et la morale critique : **CMMC**
Manifeste du Parti communiste : **MPC**
Travail salarié et capital : **TSC**
La Nouvelle Gazette rhénane, 3 tomes : **NGR**
Les Luttes de classes en France : **LCF**

Manuscrits de 1857-1858 (« Grundrisse »), 2 tomes : **Grund.**
Contribution à la critique de l'économie politique : **CEP**
Le 18 Brumaire de Louis Bonaparte : **18B**
Manuscrits de 1861-1863 (cahiers I à V) : **M61**
Théories sur la plus-value, 3 tomes : **TPV**
Le Capital (livre I, 3 tomes ; livre II, 2 tomes ; livre III, 3 tomes) : **Cap** I, 1, 2 ou 3 ; II, 1 ou 2 ; III, 1, 2, ou 3.
Le Capital, livre I, traduction de la 4e édition allemande : **Kap**
La Guerre civile en France : **GCF**
Critique des programmes de Gotha et d'Erfurt : **Gotha**

Ouvrages d'Engels

Esquisse d'une critique de l'économie politique : **E43**
La Situation de la classe laborieuse en Angleterre : **Sita**
La Guerre des paysans en Allemagne : **GCA**
Anti-Dühring : **AD**
La Question du logement : **QL**
Socialisme utopique et socialisme scientifique : **SUSS**
L'Origine de la famille, de la propriété privée et de l'Etat : **Orfa**
Dialectique de la nature : **DN**

* Correspondance, 12 volumes : **Corr.** (t. 1 à 12)

Mentions aux éditions

Les œuvres de Marx et Engels renvoient, sauf mention contraire, dans leur édition aux Editions sociales.
Il nous arrive de nous référer aux éditions suivantes :
La Pléiade : **Pl.** ; Aubier : **Aubier** ; U.G.E. 10-18 : **10-18** ; Spartacus : **Spart.** ; Ducros — pour la thèse de doctorat : **Ducros** ; Editions bilingues : **bil.** ; Marx-Engels Werke : **MEW.**

INTRODUCTION

UN DÉTOUR PAR L'UTOPIE

L'effondrement, en Est-Europe, du communisme stalinisé a mobilisé les fossoyeurs d'émancipation et les embaumeurs d'espérance. A en croire les uns et les autres, le linceul de l'utopie enveloppe le cadavre de Marx et le linceul de Marx enveloppe le cadavre de l'utopie. Mais dans les ruines rôdent encore les spectres de Marx et de l'utopie. Aussi arrive-t-il que l'on annonce que ces spectres reviendront — qu'ils reviennent déjà — et qu'on les laisse parler de leur retour *. Mais que disent-ils ? Comment les entendre sans venir et se tenir à proximité des textes ? L'un des enjeux du présent essai est de leur redonner la parole et d'organiser leur dialogue.

1. Avec l'utopie, malgré l'utopie

Commencer timidement, encore effarouché par le vacarme des condamnations solennelles, et dire, à mi-voix, que bien des chimères doivent être condamnées comme utopiques, mais que toutes les utopies ne sont pas chimères. Laisser le vocable à ses vicissitudes — cette histoire tourmentée d'un mot sommé de dire tant de choses sur des discours et des pratiques si divers — et partir du minimum : utopiques sont les projets qui n'ont pas leur place dans l'ordre social existant. Prendre un peu confiance en soi, et risquer que ce qui n'a pas de lieu n'est pas condamné à n'exister jamais, qu'une place imaginaire n'est pas nécessairement une place vide, qu'une place inoccupée n'est peut-être pas destinée à le rester toujours. Qui tranchera et comment trancher ?

* J. Derrida, *Spectres de Marx*, Galilée, 1993.

Utopie contre utopie ? Les possibles lovés dans une réalité indéfectible sont topiques parce qu'ils sont sédentaires. Les possibles dénichés par notre convoitise sont utopiques parce qu'elle est nomade : en quête d'oasis où faire escale, à défaut de pouvoir s'y établir durablement. Mais les espérances peuvent être trompeuses, autant que les apparences. L'utopie est exil : mouvement d'écart absolu. L'utopie est exode : mouvement de fondation radicale. Mais elle peut emprunter de mauvais chemins qui ne mènent nulle part. Les utopies oniriques avouent qu'elles poursuivent un rêve parce que le rêve les poursuit : elles n'ont pas l'intention de s'éveiller. Pourtant, l'exploration n'est pas condamnée à n'être qu'un voyage imaginaire. Les utopies héroïques tentent de cliver le cours de l'histoire, mais dans le dos de toute forme d'histoire : elles ne tardent jamais à s'enliser dans leur voie sans issue. Pourtant, les bifurcations ne sont pas destinées à n'ouvrir que des chemins de traverse. Mais comment savoir ce qui peut être avant que cela ne soit ? Si c'est chimère que de tenter de répondre à cette question, toutes les utopies sont chimériques. Pourtant, l'utopie chimérique — ce n'est donc pas un pléonasme — n'est pas toute l'utopie. Il faut alors y regarder de plus près.

Le concept d'utopie est, d'entrée de jeu, déstabilisé par son ambiguïté puisque, simultanément, il exhibe un genre de discours et en évalue la démarche et les conclusions : désignations théoriques et assignations polémiques échangent en permanence leurs effets de sens. L'ambiguïté du vocable se double de l'ambivalence des évaluations qui tantôt dénoncent des propositions illusoires et tantôt, mais plus rarement, consacrent des idées régulatrices. La conséquence est immédiate : la notion d'utopie franchit les limites du genre utopique proprement dit pour qualifier, selon son ambivalence native, tout idéal non réalisable ou tout idéal non réalisé ; et pour désigner, alternativement, tantôt la part d'irréalité ou d'impossibilité que comporte ce que les hommes désignent comme possible et idéal, tantôt la part de réel ou de possible que comprend ce que les hommes déclarent impossible. L'utopie peut donc se dire en un double sens : le concept d'utopie, d'emblée, se dédouble et ce dédoublement peut affecter une même utopie. Celle de Marx comprise, mais n'anticipons pas.

Le concept d'utopie est donc immédiatement scindé : entre le concept d'une impossibilité absolue et des perfections imaginaires, et celui des impossibilités relatives et des émancipations nécessaires ; entre l'utopie qui se détourne de toute politique et l'utopie qui prend la politique à rebours ; entre le concept antonyme de toute stratégie et le concept synonyme d'une autre stratégie. Sous ces clivages, on peut entrevoir une même tentative d'établir une distinction entre l'utopie chimérique et l'utopie stratégique. Utopie stratégique ? L'un des objectifs du présent essai est de donner quelque consistance à ce « logarithme jaune ».

Mais l'utopie est-elle un concept ? On peut, à bon droit, en douter *. Le concept d'utopie menace d'être pulvérisé, aussitôt construit, par les polémiques qui se nouent autour de lui et par les combats dont il est l'enjeu. Et cette instabilité évaluative renvoie à une apesanteur explicative : du moins tant que l'on tente de constituer sous un concept englobant un genre littéraire et/ou philosophique, un type de mentalité ou de rationalité — une structure invariante à partir de laquelle se distribueraient les variétés et les variations d'une éternelle utopie.

Certes, on ne saurait négliger les bénéfices descriptifs d'une approche centrée sur le genre littéraire, du moins quand cette approche permet de cerner les particularités du récit utopique et les effets propres aux contraintes qu'impose ce récit. Mais le genre littéraire n'est ni unifié ni autonome : non seulement il varie avec les autres formes littéraires, mais il dépend de présupposés théoriques dont il épouse la diversité. Comment, dès lors, isoler le genre littéraire du genre philosophique ? Certes, on ne saurait mépriser les bénéfices explicatifs d'une approche par les présupposés théoriques des formes narratives, mais c'est pour voir surgir aussitôt le problème de l'unité et de l'insularité du genre philosophique lui-même [1]. Aussi, à défaut de parvenir à s'assurer de l'unité du genre, peut-on s'efforcer de dégager l'unité de son inspiration et de prendre ce genre insaisissable pour une manifestation privilégiée d'un type qui l'englobe et le déborde : l'utopisme, si l'on veut.

Mais c'est pour retrouver, avec le bénéfice d'un fort potentiel de description et de détection, des déficits équivalents aux précédents. De quel type s'agit-il et quelle est sa spécificité ? Est-il question d'un type de discours (ou de rationalité) ou bien d'un type de conscience (ou de mentalité) ? Dans ce dernier cas, ce type est-il indexé sur des idées ou sur des images ? Et, dans tous les cas, s'agit-il d'un type empirique — c'est-à-dire empiriquement décelable, mais doté d'une autonomie qui lui permettrait de transcender l'histoire — ou s'agit-il d'un type idéal — c'est-à-dire empiriquement

* G. Raulet, « L'utopie est-elle un concept ? », *Lignes* n° 17, octobre 1992, p. 102-117.

confirmé sans doute, mais construit à des fins de compréhension ? Mais surtout : existe-t-il une rationalité et un imaginaire propres à l'utopie ou, plutôt, une histoire de la rationalité et de l'imaginaire dont les utopies sont à la fois des moments et des formes d'expression ? Encore une fois un concept général de l'utopie menace de nous échapper car, s'il existe une invariance de l'utopie, elle ne se confond pas avec l'invariance d'un type, fût-il affecté d'une suffisante plasticité historique : l'histoire des paradigmes n'est pas toute l'histoire [2].

Aussi semble-t-il préférable de suivre la méthode que propose Ernst Bloch quand il s'attache à montrer que « les utopies ont leur itinéraire », dans la mesure où elles traduisent « la tendance de leur époque », et qu'elles ont leurs variétés, dans la mesure où elles expriment « la diversité de leurs lieux de naissance respectifs ». Ainsi, « les utopies sont encore moins issues des tiroirs de possibilités aprioristiques coupées de l'Histoire qu'elles ne le sont des profondeurs de la psyché individuelle. C'est à l'intérieur de l'Histoire que toutes les possibilités deviennent possibles, et là uniquement. Même le novum qu'est l'abolition de la propriété privée (...), même ce novum *n'est pas a priori invariant* (...). *Seule l'intention utopique est invariante* *. »

Qu'est-ce que l'utopie ? Les réponses à cette question, quand elle est replacée dans son contexte non plus théorique, mais polémique, se distribuent, entre les deux pôles où se tiennent les pourfendeurs et les défenseurs de l'utopie.

Pour les premiers, l'utopie n'est qu'un genre littéraire et/ou philosophique dont les invariants révèlent un sens latent que les tentatives de réalisation rendraient manifeste : des perfections imaginaires vouées à un destin autoritaire ou totalitaire. Pour atteindre cette conclusion par le plus court chemin, il suffit de distinguer à grands traits pour les condamner, alternativement ou solidairement, l'*utopisme* (inévitablement totalitaire) et le *millénarisme* (inexorablement sectaire) ; il suffit de croiser les verdicts qui permettent de dénoncer l'intolérable dans l'utopisme sans avoir à se prononcer sur ce qui est impossible, et de dénoncer l'impossible dans le messianisme sans avoir à se prononcer sur ce qui le rend intolérable.

La critique des embardées liberticides de l'utopie vise en elle une frénésie de l'ordre, très tôt repérée par la critique libérale du XIXe siècle. Dans cette optique, la nocivité de l'utopie, qu'on la distingue

* E. Bloch, *Le Principe Espérance*, t. 2, Gallimard, 1982, p. 45-46.

ou non du millénarisme proprement dit, est généralement mise au compte des débordements de la raison : les invariants de l'utopie révéleraient un rationalisme outrancier ou perverti, abusif ou morbide et, pour finir, totalitaire. Tout n'est pas faux dans ces analyses, mais tout y est généralement trop simple. La rationalité de l'utopie ne lui appartient pas en propre ; cette rationalité n'est pas sans histoire ; l'utopie ne se laisse pas enfermer dans un type unifié ; l'explication du totalitarisme mérite mieux qu'une mise en équation futile avec l'utopie, quand l'équation n'est rendue possible que par le triple coup de force de la réduction de la diversité des utopies, de la dilution de la particularité des totalitarismes et de l'éradication de leurs causes historiques *. Quant à la critique des échauffourées rédemptrices — sur laquelle nous reviendrons —, elle se borne en général à mettre en scène l'ivresse des théories et les excès des mouvements millénaristes ; mais mise en scène n'est pas raison.

Pour les amis de l'utopie, quand ils suivent la leçon de Bloch, la structure invariante et immobile des utopies apparaît comme l'artefact résiduel d'une reconstruction spéculative : les utopies ont leur itinéraire ; seule l'intention utopique est invariante. L'utopie ne saurait être enfermée dans un genre ; l'utopie est une fonction où se croisent la pensée et le réel. Quelle est cette intention ? quelle est cette fonction ? L'intention peut sommairement se définir ainsi : la détection des possibilités contrariées par l'ordre social établi. Mais l'intention n'épuise pas la fonction : c'est parce que l'utopie habite le changement social lui-même que la réalité s'offre aux tentatives de détecter sa propension utopique — ce réel inscrit au revers du réel — et de convoiter son accomplissement.

Bien sûr, les utopies se divisent sur l'objet de leur convoitise, entre les utopies avides d'ordre (et de restauration) et les utopies anxieuses de liberté (et d'émancipation) : entre les utopies autoritaires et les utopies libertaires. Bien sûr, les utopies se partagent sur la méthode, entre celles qui rompent prématurément avec la réalité donnée et celles qui se fondent sur une réalité latente : entre les utopies abstraites et les utopies concrètes. Bien sûr, les utopies divergent sur la fonction qu'elles remplissent et sur le rôle qu'elles s'attribuent : entre les utopies projetées et les utopies pratiquées ; entre les utopies oniriques ou héroïques, mais somme toute velléitaires tant qu'elles restent doctrinaires ; et entre ces utopies

* M. Abensour, « Les Maîtres rêveurs », *Libre*, n° 4, 1978 ; B. Baczko, *Les Imaginaires sociaux*, Payot, 1984, p. 127-148.

doctrinaires et les utopies révolutionnaires. L'espérance utopique, enfin, quand elle est désemparée, se polarise entre des utopies optatives, confiées à des souhaits, et des utopies prédictives, rivées à des promesses.

On pourrait multiplier ces partages, que toutes les utopies — chaque utopie — chevauchent sans parvenir jamais à les résorber complètement : au point que même les amis de l'utopie peuvent être tentés de ne retenir que l'une de ses formes pour récuser, tous comptes faits, l'utopie comme telle. Mais les itinéraires de l'utopie laissent penser que la critique de l'utopie appartient à l'utopie elle-même. Les utopies (jusque dans les contre-utopies qui les dénoncent) ne cessent de se reprendre et de se répondre ; et les amis de l'utopie la suivent comme son ombre pour apprendre à lire les différences abolies par ses adversaires. L'utopie est autocritique.

Rien n'est plus actuel alors que cette question qui n'a jamais vraiment cessé de l'être : par-delà les vœux pieux et les promesses vides, *quelle utopie appelle l'autocritique de l'utopie ?* La réponse à cette question appartient et n'appartient pas à la philosophie.

Utopie contre philosophie ? « Chaque fois, c'est avec l'utopie que la philosophie devient politique et mène au plus haut point la critique de son époque. » Deleuze et Guattari, pour désigner la politique de la philosophie, risquent le mot : utopie. Mais c'est pour aussitôt s'interroger : « Peut-être toutefois l'utopie n'est-elle pas le meilleur mot, compte tenu du sens mutilé que l'opinion lui a donné * ? » Le mot pourtant ne doit pas nous effrayer car, dans toutes les tentatives d'en mutiler le sens, ce sens transparaît : l'utopie est l'enjeu d'un débat, parce que la distinction entre le possible et l'impossible est l'enjeu d'un combat. Cela suffirait à indiquer que l'utopie n'est pas seulement un concept, ou du moins que, prise dans son meilleur sens, elle ne peut être que le concept d'un bon combat.

Est-elle au moins un bon concept pour ce combat ? Deleuze et Guattari en doutent : « L'utopie, disent-ils, n'est pas un bon concept parce que, même quand elle s'oppose à l'Histoire, elle s'y réfère encore et s'y inscrit comme idéal ou comme motivation », alors que la philosophie diagnostique et expérimente des devenirs.

L'indication est précieuse et soulève une question décisive : l'utopie est-elle un bon concept dès lors qu'elle se réfère à l'histoire ?

---

* G. Deleuze et F. Guattari, *Qu'est-ce que la philosophie ?*, éd. de Minuit, 1991, p. 95-96 et 106-108 (librement commenté par R. Schérer dans « Philosophie et utopie », *Lignes*, n° 17, octobre 1992, p. 66-87).

Mais cette question renvoie à cette autre : peut-on dire de *toute* philosophie qu'elle s'oppose à l'histoire et se défie de l'utopie pour le bon motif ? Il faut alors revenir aux raisons de l'utopie. Si l'utopie s'oppose à l'histoire, c'est parce que l'histoire ne dévore pas seulement ses propres enfants : elle se dévore elle-même. A supposer qu'elle soit un livre, c'est un livre qui arrache lui-même ses pages de bonheur et ses chapitres d'utopie. Son passage est cette catastrophe. L'utopie, même la plus faible, est une tentative de conjurer cette catastrophe, alors qu'il arrive à la philosophie de s'en détourner.

Sans utopie, la philosophie battrait à chaque passage de l'histoire, comme les portes d'un saloon à l'entrée d'un nouvel arrivant. La philosophie vibre dans ses gonds au passage de l'histoire ; mais, arrimée à son chambranle, elle se défend généralement de l'utopie, même lorsqu'elle l'approuve. Ainsi en va-t-il des philosophies qui se veulent impassibles. La chouette de Minerve, postée sur les hauteurs, peut alors avoir la larme à l'œil en contemplant le spectacle du monde et le trouver intolérable. Mais — quand, avide de sens, sous couvert de comprendre sans rire ni pleurer, elle s'empresse de gagner les hauteurs sereines ; quand, affamée d'ontologie fondamentale, sous couvert d'abandonner les discours édifiants, elle déserte tout savoir guidé par un intérêt d'émancipation —, la philosophie finit par ne dénoncer comme cauchemar que ce qui rend impossible son propre rêve. Et, lorsqu'il lui arrive de tenter de dire non comment le monde doit être pensé, mais comment il peut ou doit être transformé, quand la philosophie, enfin, consent à l'utopie, elle s'arrête sur le seuil, effrayée de sa propre audace. Ce qui sous la plume de Kant révolutionnaire peut encore se comprendre comme l'effet d'une duplicité partiellement dictée par la censure, devient sa règle d'or : « Il est *doux* (...) d'imaginer des constitutions répondant aux exigences de la Raison (...), mais il est *téméraire* de les proposer et *coupable* de soulever le peuple pour abolir ce qui présentement existe *. »

Sans utopie, la philosophie, en prenant son envol à la tombée de la nuit, abandonnerait le monde tel qu'il fut et tel qu'il est à son sommeil, avant de s'abîmer elle-même dans un profond sommeil idéologique. Ainsi, quand une philosophie ne nous propose, tout compte fait, que d'accomplir sa propre rationalité ou d'accomplir la rationalité immanente du monde, c'est qu'elle n'est elle-même

* E. Kant, *Le Conflit des facultés*, dans *La Philosophie de l'histoire* (opuscules), textes réunis et traduits par S. Piobetta, Aubier, 1947, p. 231 ; A. Tosel, *Kant révolutionnaire. Droit et politique*, PUF, 1988.

qu'une rationalisation de la domination : telle est la leçon de la dialectique de la raison, dont la première version fut écrite, à sa façon, par Fourier, dénonciateur véhément de « la dépravation de la raison par les sciences incertaines », c'est-à-dire par la philosophie *. Quand une philosophie ne nous propose, tout compte fait, pour changer le monde, que de changer notre interprétation du monde, c'est qu'elle n'est elle-même qu'une interprétation du monde : telle est la leçon de Marx. Cette leçon invite, selon le mot d'Engels, à opérer une « sortie » *(Ausgang)* de la philosophie, peut-être sans retour, sans doute sans tentative de fonder une nouvelle philosophie **. L'utopie invite à sortir de la philosophie et à faire sortir la philosophie de ses gonds.

Mais la Raison n'est nullement réductible à la domination : sous son concept gît une utopie secrète. La philosophie n'est pas réductible à l'idéologie : l'utopie est présente au sein de toute philosophie, fût-elle la plus complaisante, quand dans ses concepts elle propose son propre excédent utopique. L'utopie peut même être fichée au cœur d'une philosophie et constituer son moment de vérité autocritique. Il faut alors revenir à la philosophie pour lui demander de penser le possible utopique que telle philosophie particulière, voire toute philosophie, avait d'abord exclu, et remettre ainsi la philosophie dans ses gonds.

L'utopie invite à écarter de notre horizon — nous laissant cependant des concepts en jachère — toutes les philosophies qui écartent la réalité du possible ou se méprennent sur son contenu. Mais l'utopie n'est-elle pas le concept même de cette méprise qui interdit de savoir à quel possible se vouer, au risque que l'exil ne se transforme en fuite et que l'exode ne se transforme en errance ? Et la philosophie ne menace-t-elle pas de conforter cette méprise quand elle prend l'utopie au piège d'un concept ontologique du possible ? Quand le possible — le non-encore-être — reste niché dans l'être, déjà là mais pas encore présent — simplement en attente de son accomplissement ? Marx et Bloch, me semble-t-il, se sont laissé prendre au piège. Mais, ici encore, n'anticipons pas.

L'utopie n'est pas un bon concept pour désigner la politique de toute philosophie : l'utopie est plutôt ce moment de la pensée et

---

* T.W. Adorno et M. Horkheimer, *La Dialectique de la raison*, Gallimard, Tel, 1983 ; Fourier, *Le Nouveau Désordre amoureux*, Slatkine Reprints, 1979, p. 412-424.

** G. Labica, *Le Statut marxiste de la philosophie*, éd. Complexes, 1976 ; É. Balibar, *La Philosophie de Marx*, La Découverte, 1993.

de l'action qui fait sortir la philosophie de ses gonds avant de la remettre dans ses gonds. Si l'utopie déçoit la philosophie, l'utopie n'a pas toujours la philosophie qu'elle mérite ; si l'utopie a des comptes à rendre à la philosophie, la philosophie doit rendre des comptes à l'utopie. Car utopie et philosophie ne cessent de se croiser ; et l'utopie, ballottée entre des possibles abstraits (dessinés par des souhaits sans densité) et des possibles essentiels (confiés à des promesses sans consistance), revient sans cesse à la philosophie, pour qu'elle soutienne son pari : un pari sur l'impossible *. Mais pas de pari, sans projet : l'utopie de bon aloi requiert un concept historique du possible qui soit son concept stratégique. Car l'utopie reste dérisoire quand, gonflée d'espérances livrées à l'atopie et à l'achronie, elle s'oppose à toute stratégie ; quand, compensatoire ou prémonitoire, elle tente de doubler par une histoire imaginaire ou par une histoire tutélaire, l'histoire empirique à laquelle « elle ne cesse de se référer ».

Utopie contre histoire ? Ainsi, pour répondre à l'objection de Deleuze et Guattari, il faut commencer par en préciser les termes. Sans doute est-il vrai, comme ils le soutiennent, que la philosophie bien comprise appelle non à réfléchir l'histoire, mais à diagnostiquer des devenirs, et à s'emparer non du présent, mais de l'actuel. Mais une telle opposition ne divise-t-elle pas au moins autant la philosophie que l'utopie ? Et l'histoire est-elle à ce point unifiée que tout pas en sa direction menace de nous y enliser ? A quelle histoire se réfèrent les utopies abstraites quand, sous des formes diverses, elles s'y opposent ? Une histoire saisie dans sa pure facticité et son intolérable opacité. Et c'est parce qu'elles ne peuvent trouver dans cette histoire dont elles désespèrent les conditions de leur accomplissement que les utopies abstraites (qu'elles s'abandonnent aux délices de leurs fictions ou qu'elles se risquent aux périls de l'action) s'offrent en compensation — « comme idéal ou comme motivation ». Pourtant, aux utopies engluées dans l'histoire qu'elles récusent, s'opposent ou peuvent s'opposer les utopies qui, parce qu'elles se réfèrent à la face souterraine de l'histoire contre sa face officielle, donnent rendez-vous à la philosophie.

L'utopie est exil : mouvement d'écart absolu, qui en appelle à d'autres possibles, aux formes contrariées du possible. L'utopie est exode : mouvement de fondation radicale, qui en appelle à une autre histoire, au versant caché de l'histoire. Quelle est l'histoire

* R. Schérer, *Pari sur l'impossible*, Presses universitaires de Vincennes, 1989.

invoquée et convoquée par l'utopie devenue concrète ? Non pas cette histoire enfermée dans le temps linéaire, parfois démembré en régions et fractionné en périodes, mais une histoire contrariée qui se tient sur le seuil de l'histoire que l'on dit réelle, qui la double comme son ombre et qui la hante. Cette doublure cependant n'est pas — ou pas seulement — une histoire spectrale dont on guette le retour à la nuit tombée : c'est une histoire volcanique qui fomente des éruptions et, de loin en loin, déchire l'histoire plombée par le temps homogène et vide. Cette doublure de l'histoire officielle n'est pas sa pâle imitation, mais son revers intérieur — bord extrême de toute actualité sans laquelle les événements ne seraient que poussière : une histoire virtuelle et cependant réelle, contrariée et cependant active, une histoire déjà là, mais qui n'a pas trouvé sa place, qui est annoncée parce qu'elle s'annonce, possible et non promise ; l'histoire des bifurcations improbables et nécessaires ; une histoire utopique, sans être imaginaire, possible sans être irréelle. L'histoire dont Benjamin — on l'aura reconnu — fut une sentinelle *.

Cette histoire virtuelle, dont la positivité n'est pas positive et dont la négativité n'est pas néant, dont l'annonce n'est pas prophétique et l'attente n'est pas inactive, cette histoire disruptive peut être comprise, si l'on veut, comme une histoire messianique, mais sans messianisme : c'est avec elle que l'utopie tente depuis longtemps d'opérer sa jonction après en avoir été depuis longtemps séparée **. Car, sous le vêtement des utopies consolatrices et des messianismes rédempteurs, l'utopique et le messianique — déchirure dans l'espace et déchirure dans le temps — opposent leurs perfections salvatrices, exaucées par une humanité de rêve ou par une divinité d'emprunt. Pourtant, n'est-il pas concevable de renoncer aux costumes de la Fondation et aux haillons de la Foi sans abandonner leur héritage — pour penser le messianique comme la temporalité adéquate à l'inscription de l'utopique ? Car ni l'histoire ni le temps ne sont des blocs sans failles. Viennent alors les plus utopiques de toutes les questions : quelles sont ces lézardes du temps que nous pouvons opposer à ses rides ? Les fractures de

---

* D. Bensaïd, *Walter Benjamin, Sentinelle messianique à la gauche du possible*, Plon, 1990.

** G. Raulet, « Eschatologie et utopie ou la découverte de l'histoire », in *Stratégies de l'utopie*, colloque organisé par P. Furter et G. Raulet, éd. Galilée, 1979, p. 171-179. Également : M. Buber, *Utopie et socialisme* (1950), 1977, Aubier Montaigne.

son cours monotone qui ne se confondent pas avec ses bégaiements ? Les événements qui ne retombent pas en poussière mais se lèvent en nuées ? Comment préparer les avènements ? Quel possible dans quelle histoire ? Quel savoir pour quel projet ? Ces questions qui n'ont cessé de recevoir leurs réponses utopiques ont reçu aussi leurs réponses du côté de chez Marx.

2. Avec Marx, malgré Marx

Aux utopies qui confient à des projections et à des évasions imaginaires le soin d'accomplir leurs projets — aux utopies prises en flagrant délit de fuite éperdue et d'errance sans fin —, Marx aurait opposé, sans renier tout ou partie de leurs aspirations, le sol historique et stratégique où prendre pied sans prendre racine. Le passage du socialisme de l'utopie à la science ou de l'utopie abstraite à l'utopie concrète aurait accompli, du moins en pensée, la rupture décisive et ouvert un chemin qu'il ne restait plus qu'à emprunter. Hypothèses devenues certitudes, convictions devenues croyances : faut-il insister sur toutes les raisons d'en douter ? Mais pas au point de s'en remettre à l'illusion d'une histoire qui tirerait elle-même ses propres leçons : sans détour par Marx, aucun détour par l'utopie ne permettrait de donner de nouvelles chances à une théorie et à une stratégie de l'émancipation. Aussi devons-nous poser face à Marx notre question initiale — *quelle utopie appelle l'autocritique de l'utopie ?* — pour la convertir en cette autre question : *quel héritage utopique de Marx appelle la critique de Marx ?*

Mais existe-t-il seulement un héritage ? Rescapé du naufrage, un marxisme mi-mondain mi-savant, qu'il en revendique le titre ou qu'il le récuse, pointe le nez et, croyant ainsi sauver l'essentiel, propose de ranger le communisme de Marx au magasin des accessoires de sa pensée, pour ne conserver que la caisse à outils où chacun, économiste, historien, philosophe, selon sa discipline, trouverait des instruments nécessaires à ses grandes recherches ou à ses petits bricolages. Cela n'est pas rien, mais cela n'est pas tout. La théorie de Marx n'est pas indépendante de son projet : fonder sur la critique scientifique de l'ordre social existant la perspective d'une émancipation radicale, à laquelle Marx réservait le vocable de communisme. Et ce projet mérite mieux qu'une mise à la retraite anticipée. Avouons cette singulière obstination, partagée, nous le savons, avec d'autres : prendre le communisme de Marx au sérieux.

L'utopie contre Marx ? Pour les rentiers de l'histoire révolue — qui, non contents de croire en son tribunal, le confondent avec le carnaval des Justiciers —, la cause est entendue : la pensée de Marx aurait été définitivement et intégralement engloutie par un cyclone démocratique. Point final. Pour les contempteurs de l'utopie — qu'ils concèdent à Marx une éthique de la liberté ou qu'ils lui refusent, qu'ils lui reconnaissent un bagage scientifique ou qu'ils l'abandonnent en consigne —, l'affaire est réglée : l'utopie doit être enterrée avec son fondateur. Et avant même que l'histoire ne vienne déposer son prétendu verdict, ces contempteurs de l'utopie avaient prononcé le leur.

Ce verdict s'adosse à la distinction entre utopisme et millénarisme, mais parvenue à bout de souffle. Deux diagnostics différents, mais parfois intriqués, sont alors proposés : l'étude des invariants de l'utopie proprement dite permettrait d'exhiber avec elle une variété morbide du rationalisme dont les symptômes seraient manifestes dans l'œuvre de Marx et signeraient son destin autoritaire ; l'étude du millénarisme judéo-chrétien révélerait la présence de ses structures dans le discours de Marx et cette présence scellerait le destin religieux de ce discours. Bref, la théorie de Marx ne serait qu'un maillon du rationalisme totalitaire ou de l'eschatologie sectaire.

Il faut le redire : l'utopie ne se laisse pas enfermer dans le rationalisme perverti, voire totalitaire, qu'on lui prête. Il faut le préciser : la plupart des auteurs qui portent ce diagnostic se gardent de l'appliquer à Marx.

Mais les pourfendeurs de l'utopie ne s'arrêtent pas tous en chemin. Dans l'hypothèse la pire, ils se bornent à suggérer qu'il suffit qu'une critique se veuille rationnelle pour que ses résultats exhibent un rationalisme doctrinaire. Ainsi, et à titre d'exemple, Gilles Lapouge commence par constater que, dans les « oracles » de Marx, on « décèle volontiers une expression détournée des espérances millénaristes ». Mais, après s'être s'être appuyé sur une citation de Mircea Eliade (que nous reprendrons bientôt à notre tour), Lapouge s'interroge : « Cette interprétation est intéressante, mais d'autres décodages sont possibles : un messianisme fondé sur les pouvoirs de la rationalité (...) ne s'augmente-t-il pas de traits utopiques * ? » La réponse est comprise dans la question. Elle devient explicite quand on tente d'annexer totalement la théorie de Marx à l'utopie totalitaire. De tels critiques pourraient méditer la

* G. Lapouge, *Utopies et civilisations*, Flammarion, Champs p. 264-265 ; P. Bénichou, *Le Temps des prophètes*, Gallimard, p. 264, 568, 569.

formule par laquelle Marx prend définitivement congé de toute critique idéologique : « Il n'y a pas grand-chose à tirer de la formule selon laquelle tous les systèmes sont de nature dogmatique ou dictatoriale » (IA, p. 469-470).

Dans l'hypothèse la meilleure, c'est le travestissement scientifique de l'utopie que les critiques traquent dans l'œuvre de Marx. Mais dans leurs dénonciations de l'utopie scientiste, c'est d'une conception positiviste de la science qu'ils se prévalent ou ce sont les perversions positivistes de la théorie de Marx qu'ils attribuent à ce dernier. Telle était déjà la tentation permanente de la critique de Georges Sorel ou du jeune Antonio Gramsci. Pour Sorel, s'en remettre à la validité de la science pour déterminer le but du mouvement social relève de l'utopie. Et Gramsci, avant 1920, amalgame sous l'expression de « schémas préétablis », les préconceptions utopiques et les prévisions scientifiques *. C'est parce qu'il comprend la théorie de Marx comme une science positive que Sorel en dénonce les dimensions utopiques ; et c'est pour la même raison que Gramsci en dénonce les interprétations utopiques. L'un comme l'autre lisent dans l'œuvre de Marx un avant-goût des interprétations doctrinaires de Marx qu'ils entendent combattre. Mais cette critique de l'utopie prise dans la critique du scientisme ne propose pas, à proprement parler, une autocritique du marxisme de Marx : c'est d'une critique du retour de l'utopie doctrinaire dénoncée par Marx au sein des marxismes qui se prévalaient de sa critique des utopies. Et, paradoxalement, cette critique lucide du maniement doctrinaire de la pensée de Marx a différé l'examen des particularités de l'utopie de Marx lui-même [3].

En tout cas, — la réduction de la pensée de Marx à une utopie doctrinaire ou totalitaire s'avérant intenable —, la leçon la plus banale des commentaires les plus pressés consiste à voir dans cette pensée une variété profane du messianisme et du millénarisme : une religion sécularisée. La visée de l'absolu deviendrait alors d'autant plus insoutenable qu'elle serait travestie par la théorie (et détournée de son sens par la pratique). Pour exposer ce travestissement, deux opérations sont généralement tenues pour suffisantes : éparpiller le texte en thèmes fragmentaires pour pouvoir composer une gerbe d'analogies ; réduire la pensée de Marx à une sécularisation qui l'expliquerait, mais qui ne s'explique pas. A force de simplifications

* G. Sorel, « Y a-t-il de l'utopie dans le marxisme ? », in *La Décomposition du marxisme et autres essais*, P.U.F., 1982 ; A. Gramsci, *Écrits politiques*, t. 1 (1914-1920), Gallimard, 1975.

(et de désinvolture intéressée), ces opérations se dénoncent d'elles-mêmes par leur effet : dispenser leurs auteurs d'une discussion rationnelle d'une théorie qui se veut rationnelle.

L'exemple de Mircea Eliade résume tous les autres [4]. Dans *Mythes, rêves et mystères*, il écrit : « Marx reprend et prolonge un des grands mythes eschatologiques du monde asiano-méditerranéen, à savoir le rôle rédempteur du Juste (l'élu, l'oint, l'innocent, le messager, de nos jours le prolétariat) dont les souffrances sont appelées à changer le statut ontologique du monde. En effet, la société sans classes de Marx et la disparition conséquente des tensions historiques trouvent leur plus exact précédent dans le mythe de l'âge d'or qui, suivant des traditions multiples, caractérise le commencement et la fin de l'histoire. Marx a enrichi ce mythe vénérable de toute une idéologie messianique judéo-chrétienne : d'une part le rôle prophétique et la fonction sotériologique qu'il reconnaît au prolétariat, de l'autre la lutte finale entre le Bien et le Mal, qu'on peut facilement rapprocher du conflit apocalyptique entre Christ et Antéchrist, suivi de la victoire définitive du premier. Il est même significatif que Marx reprend à son compte l'espoir eschatologique judéo-chrétien d'une fin absolue de l'histoire *. »

Des analogies stylistiques ou des homologies thématiques n'épuisent jamais, quand elles ne la défigurent pas, le sens d'une conception. A supposer qu'une théorie puisse se lire comme une version profane d'une révélation sacrée, son caractère profane ne peut être tenu pour secondaire, sauf à considérer qu'il s'agit d'une insupportable profanation. Le relevé et la sommation des analogies sont sans doute éloquents. Mais que vaut le descriptif, quand on constate qu'il permet de plaider autant en faveur d'une annexion religieuse de Marx qu'en défaveur d'une défiguration marxienne de la religion ? Et que vaut l'explication des analogies quand il apparaît qu'elle est généralement aussi pauvre que leur description. Relèvent-elles d'une communauté d'inspiration ? Il faudrait avouer que celle-ci est inconsciente, et expliquer alors cette inconscience. Résulte-t-elle d'un processus de sécularisation ? Pour qu'une telle explication soit convaincante, encore faudrait-il qu'elle ne répète pas avec d'autres mots le diagnostic et qu'elle ne dispense pas d'analyser les soubassements théoriques et le processus historique qui

---

* M. Eliade, *Aspects du mythe* (1962), Gallimard, 1973, p. 222-223. La même thèse est soutenue dans des ouvrages antérieurs : M. Eliade, *Le Mythe de l'éternel retour* (1949), in les *Essais*, p. 152 sq. ; *Le Sacré et le Profane* (1957), N.R.F., p. 96-97.

sous-tendent ce devenir profane : « L'interprétation du matérialisme historique comme forme sécularisée d'une religion de la rédemption n'a aucun sens tant que n'a pas été pensé le processus même de la sécularisation *. »

Penser ce processus, pour peu qu'on puisse le vérifier, n'est pas exclusif d'autres approches. Il n'est nullement interdit, au contraire, de réfléchir sur l'investissement messianique de la pensée de Marx ; un investissement qui conduit à l'adopter et à la pratiquer comme une religion où la croyance, obnubilée par la doctrine qui est supposée savoir (mais que les fidèles ignorent), mobilise et fourvoie les énergies utopiques : un bilan, même superficiel, des mouvements révolutionnaires de ce siècle suffit à le montrer. Mais une telle interrogation, fondée sur un tel constat, ne discrédite en rien les tentatives de réinterprétation messianique de la pensée de Marx quand elles se présentent comme des réinterprétations du messianisme lui-même : du moins si la religion peut être comprise comme une espérance où luit ce que la pensée de Marx a tenté de mettre en plein jour, comme tente de l'établir l'herméneutique d'Ernst Bloch **. Enfin, plutôt que de retenir des analogies sélectives qui mutilent les termes en présence, il est possible, comme le montre toute une génération d'intellectuels juifs d'Europe centrale, de découvrir les affinités électives et les secrètes correspondances qui sous certaines conditions historiques et sociales donnent naissance à des configurations intellectuelles qui tentent l'alliage, et parfois réalisent la fusion, entre des conceptions religieuses et des conceptions politiques en droit hétérogènes ***.

Religion, sécularisation : la banalité et la futilité des diagnostics les mieux installés ne suffisent pas à épuiser la question. Car il est vrai qu'existent des similitudes, parfois profondes, entre la structure de la pensée d'un Joachim de Flore ou d'un Jacob Boehme et celle de Hegel ou de Marx. Mais ces similitudes ne parlent pas d'elles-mêmes ; encore faut-il, comme on l'a tenté parfois, rétablir les chaînons théoriques et historiques qui permettent de les comprendre, de les saisir dans leurs différences, d'en discuter rationnellement les arguments : de filtrer, pour le capter, leur héritage — et, avec lui, l'héritage utopique et messianique de Marx [5].

---

* J. Habermas, *Théorie et pratique*, t. 2, Payot, 1978, p. 193.

** E. Bloch, *L'Athéisme dans le christianisme*, Gallimard, 1978.

*** M. Löwy, *Rédemption et Utopie. Le judaïsme libertaire en Europe centrale*, P.U.F., 1988.

Marx contre Marx ? Revendiquer un héritage utopique, pour les adeptes du marxisme littéral, résonne comme un paradoxe insoutenable puisque, sans nul doute, Marx s'est proposé de critiquer les utopies pour les congédier : ces utopies que leur dénomination même, dans la langue de Marx, condamne comme stériles, mais qui ne peuvent être enfermées, même pour Marx, dans leur mauvais concept. Pourtant, que l'on comprenne le projet de Marx comme il s'est compris lui-même ou que l'on en dégage le sens en dépit de ses formulations — qu'il ait dégagé le communisme de l'utopie ou donné à l'utopie son fondement concret —, le dépassement des utopies du passé se solde, dans l'œuvre de Marx, non par l'abandon d'épaves englouties par un naufrage, mais par l'accomplissement d'un sauvetage : Miguel Abensour (dont nous reprendrons largement, quitte à en modifier quelques termes, la problématique) l'a solidement établi *. Mais un tel sauvetage suppose une captation d'héritage et une opération de filtrage : un héritage de l'utopie par filtrage de l'utopie. Est-il vain de se tourner vers l'œuvre de Marx pour renouveler cette entreprise ? Car, à n'en pas douter, la pensée de Marx mobilise une utopie pour se défaire de l'utopie ; une utopie qui constitue, pour le meilleur et pour le pire, une condition nécessaire du développement de la théorie. Pour le meilleur et pour le pire : le but du présent ouvrage est de contribuer à effectuer le tri — ou, si l'on veut, d'opposer Marx à Marx — en soumettant son œuvre à une critique interne qui la mette à l'épreuve de l'utopie.

Encore ne s'agit-il que d'un parcours critique parmi d'autres parcours possibles et nécessaires : la lecture proposée, par conséquent, s'efforce d'échapper aux tentations de la critique ultime et intégrale, et de se défaire, à cette fin, d'une double illusion.

— *Première illusion :* l'illusion de la vérité du texte, exposée nue ou dénudée, en deçà de toutes ses lectures. Ce qui est vrai de ses significations univoques l'est a fortiori de ses ambiguïtés : aucun texte n'est le dépositaire exclusif de celles que découvre son commentaire. Il faut tout le poids d'une histoire, dont l'histoire des lectures de Marx fait partie, pour que s'imposent des traversées de l'œuvre qui en soulignent les équivoques et pour que, en tentant

* M. Abensour, *Les Formes de l'utopie socialiste et communiste. Essai sur le communisme critique et l'utopie*, 2 volumes, 1972 ; thèse (malheureusement) non publiée, dont est extrait : « L'histoire de l'utopie et le destin de sa critique », *Textures*, n° 6/7 (1973) et n° 8/9 (1974) ; et, plus récemment, « Marx : quelle critique de l'utopie ? », *Lignes*, n° 17, octobre 1992, p. 43-65.

de lever celles-ci, la critique fasse apparaître des dualités latentes. Ainsi en va-t-il de la dualité de l'utopie de Marx : le commentaire qui invite au dédoublement l'introduit dans l'œuvre au moment de la restituer.

— *Seconde illusion :* l'illusion de l'exhaustivité du commentaire, chargé de découvrir dans l'œuvre même le foyer ultime qui en éclairerait tous les recoins. Ce qui serait vrai de toute autre entrée dans le texte de Marx l'est particulièrement de celle-ci : la nécessaire décantation de l'utopie présente dans l'œuvre de Marx place cette dernière dans un éclairage sélectif qui ne saurait en épuiser le sens. La pensée de Marx ne peut pas être comprise à partir de la seule question de l'utopie ; et de l'utopie dans Marx on ne peut prétendre détecter, aussi ambivalentes soient-elles, que des figures sous-jacentes. Mais le filigrane n'est pas la vérité de l'œuvre. Le projet communiste de Marx est indissociable de la critique scientifique qui prétend le fonder. C'est pourquoi la critique de ce projet ne saurait être menée à son terme, à supposer qu'il faille en fixer un, sans examen de son centre nerveux : la critique de l'Economie politique — la critique du capitalisme — qui s'expose dans les textes de la maturité. Si notre propos peut permettre d'éclairer un tel examen, il ne saurait s'y substituer.

Une lecture sélective, pourtant, n'est pas condamnée à être arbitraire : c'est une question de méthode. Puisqu'il s'agit de filtrer l'héritage utopique de Marx, quel sera le crible ? Qui nous apprendra à distinguer le versant froid de l'utopie et son versant chaud ? Quelle est, si son existence doit être établie, cette utopie de l'ombre que la critique de Marx traîne derrière elle ? Les lectures classiques de l'utopie proposent leurs services, du moins celles qui tentent, à la fois, de *prendre l'utopie au piège de la critique* et de *prendre Marx au piège de la critique de l'utopie.*

On a vu que la plupart de ces lectures nous laissent en panne. Les critiques externes de l'œuvre de Marx recourent en général à des concepts si vagues de l'utopie qu'elles en appauvrissent le sens, quand elles ne dispensent pas d'examiner rationnellement les prétentions scientifiques de la critique de Marx. Ce qui est vrai des survols des formes du millénarisme l'est encore plus des typologies générales de l'utopie, surtout quand, pour asseoir une invalidation globale, elles abandonnent en cours de route les présupposés théoriques et historiques du genre ou du type dont elles tentent d'expliquer les variétés et les variations. On ne saurait en conclure qu'aucun enseignement ne peut être tiré de la critique de l'utopie qui permette d'en répudier à bon droit les embardées stériles ou nocives et de les détecter, dans le même but, dans la théorie de Marx. Mais l'existence d'un genre utopique, à supposer qu'on puisse le délimiter, ne porte pas en elle le principe de sa condamnation, et la théorie critique de Marx ne peut être lue ou relue sans distorsions abusives à la lumière de l'utopie considérée comme genre littéraire ou philosophique, surtout si l'on doit mettre en question l'unité des fondements qui permettraient de gager l'unité du genre philosophique proprement dit.

Même les études les plus sélectives et les mieux orientées dont nous retiendrons la leçon sont souvent décevantes : les mieux orientées, quand elles tentent de démonter les présupposés théoriques qui règlent la démarche de Marx, mais souvent décevantes, car elles ont en général en commun de négliger le concept marxien de l'utopie et de revenir en deçà de ses apports, de traiter la pensée de Marx comme un bloc sans failles (et sans issue). La critique, tant qu'elle reste adossée à un concept de l'utopie intégralement construit en dehors de l'œuvre de Marx, risque en permanence d'en manquer la complexité et les tensions. C'est donc à une critique *interne* de Marx que nous devons demander de rendre compte des impensés utopiques de sa propre pensée : une critique fondée sur *un concept de l'utopie qui retienne la leçon de la critique marxienne de l'utopie sans s'y enfermer.*

Marx par lui-même. Pour évaluer l'emplacement de l'utopie dans l'œuvre de Marx — pour soumettre sa pensée à son autocritique utopique —, on ne saurait se priver des leçons de sa critique de l'utopie. Mais on ne peut tirer de telles leçons qu'à la condition de rompre avec le commentaire apologétique selon lequel le marxisme énonce la vérité de l'utopie. A suivre ce commentaire — que l'on proclame le passage de l'utopie à la science ou que l'on encense le passage de l'utopie abstraite à l'utopie concrète ; que l'on comprenne la pensée de Marx comme un sauvetage scientifique du socialisme ou comme un sauvetage dialectique de l'utopie —, les résultats de l'œuvre accomplie égaleraient son projet, et, quand le dépassement n'aurait été effectué qu'en pensée, laissant ouverte la tâche interminable de son développement, cette pensée épuiserait tout ce qu'il reste à dire pour savoir se passer des utopies qui ne sont que dogmes et chimères.

Ce qui est vrai de l'utopie que la critique impose de congédier le sera a fortiori de l'utopie qui doit bénéficier de notre hospitalité : si l'on se laisse enfermer dans le concept marxien de l'utopie, la théorie de Marx n'est à aucun titre (infamant ou élogieux) une utopie. En revanche, un relevé des impensés de la critique marxienne des utopies permet de soumettre la théorie de Marx à l'épreuve de sa critique des utopies, précisément parce que la signification et la validité de cette théorie sont en question dans cette critique : les impensés de la critique marxienne de l'utopie coïncident avec les impensés utopiques de sa propre pensée. Une voie est alors tracée : *prendre Marx au piège de sa propre critique des utopies.*

La critique interne est contraignante. Elle interdit de rabattre les tensions de l'œuvre sur l'unité, réelle ou supposée, de son inspiration. Elle doit respecter, comme l'indique Habermas, une « procédure immanente », c'est-à-dire « comprendre une doctrine à la lumière de ses propres présupposés afin de ne la dépasser que si ses contradictions internes y contraignent ». C'est, pourquoi, « conformément au principe de la critique immanente », il convient de « s'en faire l'avocat aussi longtemps que le permettra la cohérence de la théorie » *. C'est dans cet esprit que nous nous sommes proposé de *prendre la critique marxienne de l'utopie comme fil conducteur d'une critique de l'utopie marxienne.* Encore fallait-il prendre le temps de tisser le fil de la critique (avant de pouvoir bénéficier des appuis méthodiquement contrôlés que peuvent offrir certaines critiques de l'utopie).

C'est donc à une double lecture de l'œuvre de Marx qu'il était nécessaire de procéder [6].

— *Une première lecture*, exposée dans un précédent ouvrage, avait précisément pour objectif de défaire le commentaire classique et de refaire l'itinéraire de la critique marxienne de l'utopie : d'en parcourir la *genèse*, d'en retracer les *figures*, d'en éclairer les *pronostics*, et d'en mesurer les *impasses.* Les impensés de cette critique des utopies laissent alors *entrevoir* les impensés utopiques de la théorie qui la fonde, et permettent de tracer *en pointillés* une critique de l'utopie marxienne **.

L'examen de l'utopie selon Marx prépare l'examen de l'utopie dans Marx. On ne retiendra ici que quelques lignes de résumé. Marx pourfend, dans les utopies, des substitutions doctrinaires et des abstractions dogmatiques : substitutions de l'utopique à l'historique, de l'invention à la révolution, de l'imaginaire au réel ; abstractions de discours et de projets, coupés du point de vue de la

* J. Habermas, *Théorie et pratique*, Payot, t. 2, respectivement p. 203 et 171.
** H. Maler, *Congédier l'utopie ? L'utopie selon Karl Marx*, L'Harmattan, 1994.

totalité sans lequel l'émancipation n'est ni pensable ni réalisable. La réversion des substitutions par le déploiement de l'autoémancipation prolétarienne et la résorption des abstractions par la perspective d'une révolution totale permettent de prononcer le dépassement théorique de l'utopie et de promettre sa déchéance historique. Ainsi la critique détecte dans l'utopie la logique des substitutions dont elle dépend en fonction de la logique de la révolution qui les défait : au risque de dévaluer le rôle de l'imaginaire et de l'invention collectifs et les fonctions du programme et de la stratégie. De même, et peut-être surtout, la critique s'exerce sur les partialités dogmatiques et chimériques à partir du point de vue de la totalité, mais d'une totalité promise, conjointement, à sa compréhension théorique et à son renversement pratique : au risque de réintroduire, à la faveur de cette conjonction et de cette promesse, une nouvelle utopie.

— *Une seconde lecture*, proposée ici, permet alors de détecter les dimensions utopiques de la pensée de Marx et, en particulier, de cerner les figures qui permettent de transférer l'utopie démise au cœur d'une utopie promise. Si, à cette étape, l'utopie est prise encore en mauvaise part, c'est en un sens inédit dans la critique de Marx, comme dans la critique classique de l'utopie. C'est donc un bilan critique sans complaisance qui occupe la plus grande partie de cet ouvrage. Mais le filtrage de la théorie de Marx révèle que l'utopie promise coexiste avec une utopie requise : requise parce qu'elle est non seulement effectivement impliquée, mais surtout potentiellement indiquée.

Ainsi, l'itinéraire que nous invitons à parcourir nous conduira des contrées de l'utopie promise aux sentiers de l'utopie requise — avec Marx, mais malgré Marx. Pour déblayer cet itinéraire, nous avons tenté de le présenter comme une introduction, parmi d'autres possibles, à une lecture de Marx : nous avons donc essayé d'éviter les allusions qui auraient peut-être suffi aux spécialistes. Pour parcourir cet itinéraire, une attention scrupuleuse aux étapes et aux figures de la pensée de Marx était indispensable. Nous espérons que le lecteur acceptera de mettre au débit de ce scrupule nos lenteurs et nos insistances.

Une première partie tente de montrer comment, initialement, la tentative marxienne de congédier l'utopie ne résiste pas aux tentations de l'utopie, voire aux *promesses de l'utopie*, que laissent transparaître la figure d'une utopie révélée, présente dans les œuvres de 1844 à 1845, et celle d'une utopie rectifiée, latente dans les œuvres de 1845 à 1848.

Une deuxième partie tente de mettre en évidence comment la période réputée la plus scientifique de l'œuvre de Marx — sa période dite de maturité — cède encore aux *sortilèges de l'utopie* : les mirages d'une histoire chargée de l'exaucer, les rêves d'une émancipation placée dans la pénombre, les pièges d'une stratégie et d'une politique contrariées.

Une dernière partie — instruite de la critique marxienne de l'utopie et de la critique de l'utopie marxienne — tente de faire droit aux *espérances de l'utopie* et de ménager à celle-ci les ouvertures qui amorcent son sauvetage : de tracer les contours d'une utopie de bon aloi, disruptive et projective, forte d'une reprise utopique de la dialectique et d'une esquisse utopique de l'émancipation.

Pour accueillir cette utopie, il convenait d'abord de contribuer à élucider cette question : Comment l'utopie désormais peut-elle être pensée ? On chercherait en vain ici une réponse à une question autrement plus délicate : À quelle utopie confier désormais nos combats et nos espérances ?

Pourtant, si les vents chauds de l'utopie — car elle a ses vents froids — ne soufflent pas sur ces pages, pas plus qu'ils ne soufflent sur l'histoire au moment où nous écrivons, c'est avec eux que nous voulons voyager. Sans but, mais non sans idéal — sans Terre promise, mais non sans boussole : *Convoiter l'impossible !*

PREMIÈRE PARTIE

PROMESSES DE l'UTOPIE
Marx, 1843-1848

PRÉAMBULE

Le sauvetage du socialisme

L'émancipation humaine ne saurait se confondre avec une révolution strictement politique ; une émancipation qui, n'étant que politique, ne serait que partielle est impossible : « Ce qui est un rêve *utopique* pour l'Allemagne, ce n'est pas la révolution radicale, ce n'est pas l'émancipation humaine universelle, mais au contraire, la révolution uniquement politique, la révolution qui laisserait debout les piliers de l'édifice » (CPDH, p. 208) *.

Ainsi s'annonce le passage de Marx au communisme : par un retournement polémique du concept d'utopie. Ce retournement, qui dans un même mouvement impute à l'émancipation politique l'utopisme dont il disculpe le projet de l'émancipation sociale, se double d'un retournement théorique : ce n'est plus l'émancipation totale que désigne le concept d'utopie, mais l'émancipation partielle ; ce n'est pas le point de vue de la totalité qui est utopique, c'est le point de vue de la particularité. Pour l'heure et par provision, les formes initiales du socialisme et du communisme que Marx réprouve ne sont pas qualifiées d'utopiques : elles ne le seront qu'en 1846. Leur critique cumule dès 1843 les déterminations que recouvrira ultérieurement le concept d'utopie : ces formes sont dogmatiques et doctrinaires, partielles et unilatérales, abstraites et inachevées, prisonnières de leurs limites historiques et théoriques. Pourtant, non seulement le vocable d'utopie ne leur est pas prioritairement réservé, mais Marx invite alors à comprendre les formes existantes du socialisme et du communisme comme des moments

* *Liste des abréviations*, p. 11.

d'un devenir socialiste de la science et comme des moments d'un devenir total de l'émancipation. Plutôt que de prononcer le naufrage de l'utopie, il s'agit d'opérer le sauvetage du socialisme *.

L'entreprise de Marx se laisse comprendre en effet — pour paraphraser une expression d'Engels, reprise par Karl Korsh et reconduite par Miguel Abensour — comme un sauvetage. « Marx et moi fûmes sans doute à peu près les seuls à *sauver* de la philosophie idéaliste allemande la dialectique consciente *pour l'intégrer* dans la conception matérialiste de la nature et de l'histoire », déclare Engels (AD, p. 39). Karl Korsh commence par surenchérir, avant, comme on le verra plus loin, de rectifier : « Marx-Engels d'abord, et Lénine après eux, ont "sauvé" la dialectique consciente *en la transférant* de la philosophie idéaliste allemande dans la conception matérialiste de la nature et de l'histoire, de la théorie révolutionnaire bourgeoise dans la théorie prolétarienne **. » Un sauvetage par transfert : Miguel Abensour adopte à son tour cette problématique, pour opposer à la thèse d'une exclusion de l'utopie par la science celle d'un sauvetage par transfert de l'utopie ***. Mais le point de départ de Marx nous semble être plutôt la tentative d'arracher le socialisme et le communisme à leurs formes dogmatiques et doctrinaires (au point même de préserver provisoirement celles-ci de l'usage du concept d'utopie) : une tentative de conjurer l'utopie — un projet de sauvetage du socialisme par le dépassement de l'utopie.

A l'heure de son bilan rétrospectif, quand Marx donne son projet pour accompli, le résultat se présente comme un *sauvetage du socialisme par transfert*, et plus exactement, si l'on en croit la leçon d'Engels avalisée par Marx, un sauvetage du socialisme par son transfert sur un terrain scientifique.

Un tel transfert repose sur deux conditions :

— Il suppose, en premier lieu, que l'on quitte un bord pour un autre : le *déplacement* de l'un à l'autre. Le passage du socialisme utopique au socialisme scientifique signifie que l'on change de rive et de point d'amarrage.

— Il suppose, en second lieu, que l'on conserve le même dans

* H. Maler, *Congédier l'utopie*, op. cit., Première partie : L'utopie conjurée, p. 23-96.

** K. Korsh, « Thèses sur Hegel et la Révolution », in K. Korsh, *Marxisme et philosophie*, Éd. de Minuit, 1964, p. 184.

*** M. Abensour, « L'histoire de l'utopie... », art. cit., *Textures*, n° 6/7, p. 3, et *Thèse...* , op. cit., vol. 2, p. 200.

l'autre : le *replacement* de l'un dans l'autre. Le passage du socialisme utopique au socialisme scientifique signifie le passage d'éléments substantiels du premier dans le second : autant dire qu'il n'a pas pour signification univoque de prononcer l'exclusion de l'utopie au bénéfice de la science.

Si les deux conditions du transfert se trouvent réalisées, on peut, avec ou sans le secours de la logique hégélienne, parler de dépassement de l'utopie par transfert du socialisme.

Mais le sauvetage par transfert n'est pas une opération sans restes. Ainsi en irait-t-il, selon Korsh, du sauvetage de la dialectique : celle-ci serait prise chez Marx dans « une théorie empreinte à tous points de vue, quant à son contenu et à sa méthode, des marques du jacobinisme, de la théorie révolutionnaire bourgeoise ». Ainsi en va-t-il sans doute du sauvetage du socialisme : ce que Marx aurait alors transféré, ce n'est pas seulement le socialisme, c'est aussi une part de l'utopisme qu'il prétendait dépasser et dont sa conception garderait l'empreinte. Comment comprendre cet autre transfert ? Si l'utopie est remise en place, quelle est cette place ? Comment comprendre le sauvetage du socialisme s'il doit se solder par un sauvetage de l'utopie ? Ce transfert, plus ou moins résiduel, est nécessairement ambivalent : transfert de l'utopie prise au bon sens du terme (que Marx ne retient jamais) et transfert de l'utopie comprise au mauvais sens du terme (que Marx remanie profondément). En ce sens, il serait légitime de parler des dimensions utopiques de la théorie de Marx : un sauvetage de l'utopie par transfert qui en retient les ombres et les lumières. Les deux versants sont peut-être solidaires, mais l'on ne peut en gravir qu'un à la fois.

Commençons par le versant froid : un *transfert de l'utopie démise par la critique qui prétendait la dépasser*. La question cruciale est alors posée : la réfutation de l'utopie ne doit-elle pas être comprise *aussi* comme une dénégation, et son dépassement comme un simple remplacement ? L'utopie démise par Marx n'est-elle pas, à son insu, reprise par Marx ?

Répondre à cette question suppose que l'on soumette la théorie de Marx à l'épreuve de sa propre critique des utopies pour tenter de détecter les *impensés utopiques* de cette théorie — les ombres de l'utopie officiellement répudiée qui altèrent et dissimulent l'utopie légitimement convoitée (que Marx ne revendique jamais comme utopie). Ces ombres de l'utopie peuvent circuler dans son œuvre sous les deux formes déjà relevées : sous la forme d'un *replacement* de l'utopie au sein de la théorie (qui mobilise ainsi ce qu'elle dénonce) et sous la forme d'un *déplacement* de l'utopie au sein de la théorie (qui subit alors ce qu'elle méconnaît). Quelles sont, plus précisément, ces figures du transfert de l'utopie démise dont il est possible de détecter la présence dans l'œuvre de Marx ?

Le replacement de l'utopie démise résulte d'un retour de ce que la critique marxienne de l'utopie entend précisément congédier. Selon Marx, c'est parce qu'elles dérogent au point de vue de la totalité et au point de vue de l'histoire que les formes initiales du socialisme et du communisme se condamnent à l'utopie. Parce qu'ils manquent le point de vue de la totalité, les projets des utopistes ne sont que des anticiptions doctrinaires de la société future, doublées d'extrapolations doctrinaires de la société présente ; des projets ballottés entre les pôles d'alternatives sans issue : les dilemmes de l'utopie. Parce qu'ils manquent le point de vue de l'histoire, les utopistes sont condamnés à rechercher des expédients en dehors d'elle : l'utopie est l'antonyme de la révolution parce qu'elle est l'antonyme de la stratégie. Reste alors à vérifier que Marx lui-même ne s'enferme pas dans les dilemmes qu'il condamne, ne reconduit pas les anticipations et les extrapolations qu'il récuse et ne contourne pas le point de vue stratégique qu'il revendique. Mais, pour rendre raison de ces persistances, il faut franchir les limites du concept marxien de l'utopie.

Le déplacement de l'utopie démise par la critique marxienne de l'utopie est le verso des impensés de cette critique. Deux déficits de cette critique doivent immédiatement attirer notre attention :

— Premier déficit : parce qu'il écarte, à juste titre, le concept absolu de l'utopie (celui d'une visée incompatible avec la nature humaine) quand un tel concept permet d'amalgamer à peu de frais impossibilité absolue et impossibilité relative (ce qui est incompatible avec la nature de l'homme et ce qui est incompatible avec un ordre social déterminé), *Marx abandonne les débats sur les perfections imaginaires sans les mener.* Parce qu'il entend se placer sur le terrain de l'histoire, Marx se tient à l'écart des débats sur la nature humaine, qui constituent le lieu habituel d'affrontement entre les pourfendeurs et les défenseurs de l'utopie ; comme il se tient à l'écart des variétés utopiques de cette confrontation (quand elle met aux prises les utopistes qui prétendent découvrir un ordre social conforme à la nature humaine et ceux qui veulent transformer la nature humaine pour réaliser un ordre social conforme à leurs intentions). Mais suffit-il de se placer sur le terrain de l'histoire pour s'acquitter de toute discussion sur les perfections illusoires ?

— Cette question nous renvoie au second déficit : parce qu'il récuse, à juste titre, le concept de l'utopie comme genre quand ce concept générique prétend saisir l'essence de l'utopie dans le socialisme lui-même, Marx, en coupant les formes utopiques du socialisme et du communisme du genre qu'elles perpétuent, *s'interdit d'expliquer certains invariants manifestes de l'utopie.* En particulier, en se tenant à distance des critiques superficielles de l'esprit de système, Marx n'en fournit qu'une explication partielle. Si l'unité relative de la forme systématique et le contenu thématique des utopies, au moins au XIXe siècle, ne peuvent s'expliquer par un Esprit utopique transcendant l'histoire, elles ne peuvent s'expliquer non plus par le seul mariage de l'immaturité de l'histoire et de l'immaturité des théories. La forme systématique ne peut être exclusivement déduite d'une position doctrinaire liée à un rationalisme intempérant et à un matérialisme mutilé. La forme systématique des utopies procède généralement de la tentative de représentation d'une société où seraient satisfaites, par son accomplissement (ou par son contrôle) intégral, *toutes* les exigences imposées par la nature humaine ; et cette quête de la totalité se confond souvent avec une quête de perfection.

Nous touchons alors la cible principale : Marx repère, mais néglige l'*essentialisme anthropologique*, qui, sous-jacent à nombre de démarches utopiques, constitue sinon la clé ouvrant les portes de toutes les utopies, du moins un invariant (dont il convient de distinguer les variétés) commun aux formes classiques de l'utopie (quand elles ne sont pas purement restauratrices) et aux formes utopiques du socialisme et du communisme : un présupposé sans doute multiforme, mais plus significatif, nous semble-t-il, que le rationalisme perverti que traque la critique libérale ou que le rationalisme dogmatique que Marx découvre dans l'utopie comme moment du discours, historiquement explicable et voué à se reproduire à diverses époques historiques. De là cette hypothèse : *Marx néglige dans les utopies l'essentialisme, qu'il transfère dans sa propre théorie* — en le transportant d'un territoire anthropologique à un autre.

Il ne s'agit pas, avec cette indication provisoire, de retailler un concept *générique* de l'utopie pour l'opposer à Marx, mais de contribuer à reconstruire dans l'œuvre de Marx le concept de l'utopie sans lequel elle ne peut être pensée. On peut alors espérer retracer les figures qui révèlent la tentation de transférer l'utopie démise au cœur d'une *utopie promise* : une utopie dont les contours sont repérables sur le trajet qui mène de l'adoption à la fondation du communisme — de l'*utopie révélée* à l'*utopie rectifiée.*

CHAPITRE I

L'UTOPIE RÉVÉLÉE

(Le comble de l'utopie, 1843-1845)

Le passage de Marx au communisme ne repose pas sur une *adhésion au communisme*, si par adhésion on entend une adhésion au socialisme et au communisme existants ou à l'une quelconque de ces formes et, partant, une adhésion à une forme utopique du socialisme et du communisme ; elle consiste dans l'*adoption d'un communisme* nouveau — un communisme qui se donne immédiatement comme un dépassement des formes inachevées du socialisme et du communisme que Marx ne tardera pas à récuser comme utopiques. Mais de quelle adoption et de quel communisme s'agit-il ? Si cette adoption se prévaut d'une critique non pas dogmatique mais historique, celle-ci est loin d'avoir trouvé ses fondations : ne s'agit-il pas dès lors d'une *adoption utopique du communisme* ?

Précisons l'hypothèse en formulant déjà partiellement la réponse : si cette adoption est utopique, ce n'est pas (ou ce n'est pas seulement) parce qu'elle n'est pas scientifiquement démontrée ; ce n'est pas seulement parce qu'elle révèle de profondes défaillances au regard des conditions posées ultérieurement par le dépassement marxien de l'utopie [1]. S'il s'agit d'une adoption utopique, c'est au plein sens des termes : c'est parce qu'elle se fonde sur une démarche utopique qui fait corps avec une révélation utopique. L'adoption du communisme n'est-elle pas, dès lors, l'*adoption d'un communisme utopique* ?

I. UNE RÉVÉLATION UTOPIQUE ?

L'adoption du communisme par Marx se fonde sur la révélation du contenu d'une société humaine adéquate à l'essence de l'homme : l'essence humaine, émancipée en totalité de son aliénation, est appelée par l'histoire à l'existence. Cette révélation historique n'est-elle pas utopique ? Et en quel sens ?

1. La révélation de l'essence

« Jusqu'ici les philosophes gardaient dans leur tiroir la solution de toutes les énigmes, et ce brave imbécile de monde exotérique n'avait qu'à ouvrir tout grand le bec pour que les alouettes de la Science absolue y tombent toutes rôties. » Il en va de même des formes utopiques du socialisme et du communisme : elles arborent un drapeau dogmatique, planté sur un système préconçu qui se présente comme résolution de l'énigme de l'histoire humaine : telle est la leçon de la *Lettre à Ruge* de septembre 1843 (Corr., t. 1, p. 297-298). A cette méthode dogmatique de résolution des énigmes s'opposerait la méthode critique de résolution des énigmes, dont Marx nous propose, au moins, deux versions. Dans le *Manuscrit de 1843*, Marx affirme que « la démocratie est l'*énigme résolue de toutes les constitutions* » (M43, p. 18). Dans les *Manuscrits de 1844*, il proclame que le communisme achevé « est l'*énigme résolue de l'histoire* » (M44, p. 87). C'est dans les mêmes termes que s'énoncent l'adoption du démocratisme radical et celle du communisme critique. Cette coïncidence n'est pas fortuite : elle repose sur une forme spécifique d'essentialisme.

L'énigme de l'État. La résolution de l'énigme de l'État repose sur la révélation de son essence. Hegel, nous dit Marx, décrit l'essence de la monarchie constitutionnelle, mais il présente la monarchie constitutionnelle comme l'essence de l'État : « Hegel n'est pas à blâmer parce qu'il décrit l'essence de l'État moderne comme elle est, mais parce qu'il allègue ce qui est comme l'essence de l'État » (M43, p. 113). Hegel opère une confusion entre une forme d'existence de l'État et son essence. Cette confusion, dit Marx, est « non critique » puisqu'elle interdit à Hegel de mesurer une forme donnée de l'État à l'essence de l'État : la méthode dogmatique de résolution de l'énigme de l'État culmine dans la méthode hégélienne. Quelle est la méthode critique ?

Pour comprendre la solution proposée par Marx, il convient d'abord de rétablir, sous-jacents aux énoncés, *les questions et leur sens.*

La question décisive, pour Marx comme pour Hegel, est la *question de l'essence* : quelle est l'essence de l'État, ou, plus précisément, de la constitution politique de l'État ? Cette question se résume dans celle de l'essence de la souveraineté, comprise dans son concept : « Souveraineté du monarque ou peuple, c'est là la question », puisqu'il existe « deux concepts totalement opposés de la souveraineté » (M43, p. 67). Mais, quel que soit le concept adéquat (Marx, à cette étape de son raisonnement, n'a pas encore tranché), que l'essence de la souveraineté soit monarchique ou démocratique, cette essence doit se manifester. Ainsi se trouve posée la *question de l'existence* : l'essence doit se manifester, et d'abord venir à l'existence comme phénomène. C'est ce qu'énonce la Logique de Hegel : « L'essence doit apparaître. » Cet apparaître de l'essence, c'est « l'essence venue au jour dans l'immédiateté ». L'essence fait de soi un être : « l'être essentiel, l'existence ». L'apparaître de l'essence — ou phénomène — est « l'existence essentielle » *. Ainsi de l'essence de la souveraineté, selon le concept adopté : « Il s'agit (...) de deux concepts totalement opposés de la souveraineté, l'une telle qu'elle ne peut *venir à l'existence* que dans un monarque, l'autre que dans le peuple. » Or, précise Marx, « l'une des deux souverainetés est une non-vérité, fût-elle une non-vérité existante » (M43, p. 67).

Comment s'énonce la *question de la vérité* ? La vérité, selon Hegel, « consiste dans l'accord de l'objet avec lui-même, c'est-à-dire avec son concept ». C'est pourquoi, « lorsqu'il est, dans une discussion philosophique, question de quelque chose de non vrai, on ne peut l'entendre en ce sens que quelque chose de ce genre n'existe pas. Un mauvais État ou un corps malade peuvent bien exister ; mais ces objets sont sans vérité, car leur concept et leur réalité *(Realität)* ne correspondent pas l'un à l'autre » **. Marx, une fois encore, suit Hegel pas à pas, quitte à le maltraiter quelque peu : « une des deux souverainetés est une non-vérité » (car son concept n'est pas celui de l'essence de la souveraineté). « Fût-elle une non-vérité existante », c'est-à-dire une forme d'existence de la souveraineté qui ne s'accorde pas avec son concept.

Une fois délimitées les questions, il devient possible d'exposer *les réponses et leur contenu.* Souveraineté du monarque ou souveraineté

* Hegel, *Science de la Logique, Premier tome, Deuxième livre, La Doctrine de l'Essence,* Bibliothèque philosophique, Aubier, 1976, respectivement p. 145, p. 148 et p. 180.

** *Encyclopédie des sciences philosophiques, I. Science de la Logique,* Vrin, respectivement p. 597 et p. 567-568.

du peuple ? A Hegel, pour qui la souveraineté réside essentiellement dans le monarque, Marx réplique que la Constitution est l'œuvre du peuple et que, par conséquent, son essence est la démocratie : « De même que la religion ne crée pas l'homme mais qu'au contraire l'homme crée la religion, la Constitution ne crée pas le peuple, mais c'est au contraire le peuple qui crée la Constitution ». Voilà pourquoi « la démocratie est l'essence de toute Constitution politique » (M43, p. 69). Or, selon Marx, la réalité accordée à son concept est la vérité. Voilà pourquoi « *toutes* les formes d'État ont la démocratie pour vérité ». Mais la monarchie existe : l'essence de la constitution politique vient à l'existence sous des formes qui ne s'accordent pas avec son concept. Mesurer l'existence à l'essence, la réalité au concept, permet de découvrir la *non-vérité de l'existence* : « il s'entend que toutes les formes de l'État ont la démocratie pour vérité et partant précisément sont non vraies dans la mesure où elles ne sont pas la démocratie » (M43, p. 70). La monarchie, par conséquent, est une non-vérité, « *fût-elle une non-vérité existante* ».

Que révèle cette non-vérité des formes d'existence de l'État qui ne correspondent pas à son essence démocratique ? Un devenir autre, voire opposé, c'est-à-dire une *aliénation* : la « création » du peuple n'est pas « posée comme son œuvre propre » et se manifeste, par conséquent, comme aliénation du peuple. Cette aliénation apparaît quand l'État n'est pas vraiment une autodétermination du peuple, c'est-à-dire quand il n'est pas une détermination de sa liberté et/ou quand il n'est pas une détermination de son existence. Au Moyen Âge, vie du peuple et vie de l'État coïncident, mais le peuple n'est pas libre : « L'État est par conséquent la démocratie de la non-liberté, l'*aliénation accomplie.* » Dans la monarchie, la vie du peuple et la vie de l'État sont séparées, portant ainsi l'aliénation à son comble : « la monarchie est *l'expression achevée de cette aliénation* » (M43, p. 71).

L'aliénation, négation de l'essence démocratique de la Constitution, appelle son dépassement : la négation de la négation. Ce dépassement s'effectue à l'intérieur de l'État séparé ou abstrait, sous la forme de la République. La négation de la négation est la négation de l'aliénation dans le cadre de l'aliénation : « La république est la négation de cette même aliénation à l'intérieur de sa propre sphère » (M43, p. 71). Le dépassement de l'aliénation elle-même suppose donc le dépassement de la séparation de la société civile et de l'État. Ainsi se trouve réalisée l'unité de l'essence et de l'existence. Telle est la vraie démocratie — son effectivité : « Ici, ce n'est pas seulement en soi, selon l'essence, mais selon l'existence, l'effectivité *(Wirklichkeit)*, que la Constitution est continûment reconduite dans son fondement réel, l'homme réel, le peuple réel et qu'elle est posée comme son œuvre propre. La Constitution apparaît en tant que ce qu'elle est : libre produit de l'homme » (M43, p. 68). Marx, ici encore, emprunte à Hegel sa méthode (pour la retourner contre lui). Si « l'existence est l'immédiateté de l'être en laquelle l'essence s'est à nouveau établie », cette existence n'est pas immédiatement égale à la réalité effective : seule, nous dit Hegel, « l'effectivité est l'unité de l'essence et de l'existence » *. Pour Marx, la démocratie est précisément l'unité de l'essence de l'État et de son existence, la réalité effective de l'État qui révèle son essence et la réalise. Cette effectivité de la démocratie, cette forme d'existence de l'État coïncidant avec son essence, suppose que l'État n'apparaisse pas comme une forme d'existence séparée du peuple, mais comme une forme d'existence particulière du peuple : « Les Français de l'époque moderne ont compris cela au sens où dans *la vraie démocratie* l'État politique, en tant que Constitution disparaîtrait » (M43, p. 70). L'usage du conditionnel dissimule sans doute une certitude : pour Marx, si la réalité empirique ne réalise pas ou pas encore l'essence de l'État, cette essence doit nécessairement apparaître dans sa forme d'existence vraie, c'est-à-dire dans sa forme effective. En ce sens, « La démocratie est l'énigme résolue de toutes les constitutions » : la résolution de l'énigme parvenue à la connaissance de soi et promise à l'existence. Mais cette promesse ne relève-t-elle pas d'une *conception utopique de la démocratie* ?

L'énigme de l'histoire. A l'adoption de la démocratie fondée sur la révélation de son essence fait suite, dans les *Manuscrits de 1844*, l'adoption du communisme, que Marx présente ainsi : « Il est l'énigme résolue de l'histoire et il se connaît comme cette solution. » L'histoire elle-même a résolu sa propre énigme puisque le communisme a déjà une existence réelle dans laquelle se manifeste son essence ; et la théorie comprend cette solution : « Le mouvement entier de l'histoire est donc, d'une part, l'acte de procréation réel de ce communisme — l'acte de naissance de son existence empirique —, et, d'autre part, il est pour sa conscience pensante le mouvement compris et connu de son devenir » (M44, p. 87). Comment cette nouvelle version de la réalisation de l'essence est-elle fondée ? La démarche des *Manuscrits de 1844* permet de le comprendre.

* Hegel, *Science de la logique*, t. 1, Aubier, p. 227.

Marx commence par critiquer l'Économie politique sur son propre terrain. Ce travail une fois accompli, il en conclut que l'Économie politique ne comprend pas l'essence des phénomènes qu'elle étudie et des lois qu'elle expose, parce qu'elle ne montre pas comment ces lois « résultent de l'*essence* de la propriété privée », et donc « ne comprend pas l'enchaînement du mouvement ». Voilà pourquoi, « nous avons donc maintenant à comprendre l'enchaînement *essentiel* ». Ce qui suppose, en premier lieu, que soit comprise l'essence de la propriété privée (M44, p. 55-56). Partant d'un « fait économique actuel », le travail de l'ouvrier, Marx détermine « le rapport *essentiel* du travail » comme *aliénation du travail* (M44, p. 57-59) et le travail aliéné comme l'essence de la propriété privée. L'analyse de l'aliénation du travail permet de revenir à ses effets et de comprendre « comment le concept du travail rendu étranger, aliéné, doit s'exprimer et se représenter dans la réalité » (M44, p. 65). On connaît la réponse : le travail aliéné est l'essence de la propriété privée. Ce qui ouvre sur la question immédiatement suivante : *Quelle est l'origine de l'aliénation ?* « Comment cette aliénation est-elle fondée sur *l'essence du développement humain* ? » (M44, p. 68). Cette question revient à celle-ci : *Quelle est l'essence de l'histoire ?* Jusque-là, l'ordre logique sous-jacent enchaîne la détermination de l'essence humaine par le travail, la détermination de l'essence du travail de l'ouvrier comme aliénation, et la détermination de l'essence de la propriété privée comme aliénation du travail, c'est-à-dire de l'essence humaine. Or, de quelque façon que l'on explique l'aliénation, elle apparaît comme un moment de l'histoire qui manifeste l'« essence du développement humain » — *et l'essence de l'histoire se confond avec la réalisation de l'essence humaine.*

La mutilation des *Manuscrits de 1844* a fait disparaître quelques chaînons du raisonnement. Mais point n'est besoin des passages manquants pour comprendre alors ce qui est en jeu. « L'essence doit apparaître » : l'essence humaine doit venir à l'existence. Mais les formes de l'existence qui manifestent l'essence peuvent être une non-vérité au regard de celle-ci : *une aliénation de l'essence véritable.* C'est ainsi que l'activité vitale de l'homme — essence et vérité de toutes ses formes d'existence — apparaît dans le travail de l'ouvrier et dans la propriété privée comme aliénation de l'essence humaine et non comme appropriation de cette essence. Cette aliénation a sa propre histoire, mais elle appelle sa suppression : « La suppression de l'aliénation de soi suit la même voie que l'aliénation de soi » (M44, p. 83). De même que la république est la négation de l'aliénation à l'intérieur de l'aliénation politique, la suppression de l'aliénation prend d'abord la forme du dépassement de l'aliénation dans le cadre de l'aliénation : une négation de la négation prisonnière de l'aliénation. Les premières formes du communisme se présentent comme des projets de suppression de la propriété privée sur le terrain de la propriété privée : le communisme grossier est « une forme sous laquelle apparaît l'ignominie de la propriété privée », et le communisme inachevé qui lui succède reste sous l'emprise de la propriété privée, c'est-à-dire de l'aliénation de l'homme (M44, p. 85-87).

Jusqu'au point où l'aliénation fait place à l'appropriation : « Le communisme, abolition positive de la propriété privée (elle-même aliénation humaine de soi) et par conséquent appropriation réelle de l'essence humaine par l'homme et pour l'homme. » Alors, de même que la démocratie est « l'énigme résolue de toutes les constitutions politiques », le communisme « est l'énigme résolue de l'histoire et il se connaît comme cette solution » (M44, p. 87). De cette façon se trouve réalisée l'unité de l'essence et de l'existence : l'effectivité de l'essence humaine.

Entre la résolution utopique des énigmes et leur résolution critique, la rupture est-elle totale et la distance est-elle infranchissable ? Cette question vaut pour la méthode : si l'utopie consiste dans des *solutions imaginaires* parce qu'elle se donne la solution en même temps que le problème, l'anticipation dogmatique et l'anticipation historique ne partagent-elles pas les mêmes illusions ? Cette question vaut pour le contenu : si l'utopie consiste dans des *perfections imaginaires,* l'adéquation de l'existence à l'essence ne relève-t-elle pas de l'illusion utopique d'une parfaite adéquation du réel à sa norme ? Il est encore trop tôt pour répondre à ces questions. Mais on peut déjà préciser les soupçons qui les suscitent quand il apparaît que la révélation de l'essence coïncide avec le projet d'une émancipation totale.

2. L'émancipation de la totalité

L'essence humaine, sous l'influence de Feuerbach, est comprise par Marx comme essence générique. A l'aliénation du genre doit répondre son émancipation : la réalisation de l'essence humaine implique nécessairement la réalisation de cette essence dans sa totalité. Le projet d'une émancipation totale implique la résorption de la totalité des aliénations de la totalité des hommes. L'émancipation doit donc être à la fois *complète* et *universelle.* C'est à ces conditions que l'émancipation de l'individu sera à son tour totale, c'est-à-dire *intégrale.* Le point de vue de la totalité de l'émancipation revêt par conséquent une triple signification [2].

Une émancipation complète. Ainsi, et en un premier sens, Marx en appelle à une émancipation totale, qui surmonte la totalité des aliénations humaines : une émancipation complète. Cette globalisation du projet d'émancipation se confond avec la trajectoire de sa radicalisation. Dès 1842, et plus nettement encore dans le *Manuscrit de 1843,* Marx critique dans les mêmes termes l'aliénation politique et l'aliénation religieuse — et appelle à les surmonter conjointement. La *Lettre à Ruge* de décembre 1843 oppose, aux formes dogmatiques du communisme et aux formes partielles du socialisme, un humanisme qui, pour prendre en compte « *la réalité de la véritable essence humaine* », se propose de surmonter l'aliénation sous toutes ses faces (Corr., t. 1, p. 298). C'est l'impératif de cette émancipation globale qu'exposent les articles des *Annales franco-allemandes,* en soulignant que, pour être globale, elle doit être radicale. D'abord, la critique de l'aliénation religieuse englobe la critique de l'aliénation politique : la première ne peut être surmontée dans les limites de la seconde, et la solution, ne se trouvant pas dans l'émancipation politique, dépend de l'émancipation sociale. Ensuite, et sur la même trajectoire, la critique de l'émancipation politique permet de reconnaître la nécessité de l'émancipation sociale : l'émancipation politique se distingue de l'émancipation humaine, comme une forme partielle de l'émancipation se distingue de sa forme complète qui l'englobe et la dépasse. Enfin, l'émancipation humaine n'est possible qu'à condition que soit réalisée une émancipation économique complète, comme le montre la critique de toutes les formes de l'aliénation humaine, progressivement ramenée à son fondement — l'aliénation du travail, placée au centre des *Manuscrits de 1844.*

Ainsi, dans l'article *Sur la question juive,* Marx reproche à Bauer de ne pas avoir examiné « le rapport de l'émancipation politique avec l'émancipation humaine » et d'avoir opéré « une confusion non critique de l'émancipation politique avec l'*émancipation humaine générale* ». Or « l'émancipation politique n'est pas le mode *achevé* et dénué de contradictions de l'émancipation humaine » (QJ, Aubier bil., p. 59, 61 et 67). De même, l'*Introduction à la « Contribution à la critique de la philosophie du droit de Hegel »,* la critique de la politique, à l'argument théorique d'un nécessaire dépassement de l'émancipation politique, joint l'argument historique d'un impossible arrêt à cette émancipation. Le point de vue politique s'oppose au point de vue social comme un point de vue partiel à un point de vue général : celui de l'émancipation sociale globale qui suppose, comme le montrent les *Manuscrits de 1844*, une suppression de l'aliénation sous toutes ses formes, à commencer par l'aliénation du travail.

Une émancipation universelle. Cette émancipation complète est, du même coup, une émancipation universelle. L'émancipation politique est une émancipation partielle en un double sens : elle est *partielle* (elle ne surmonte pas complètement la totalité des aliénations) et elle est *particulière* (car elle n'englobe pas universellement la totalité des hommes). Autrement dit, elle est partielle d'abord parce qu'elle est particulière ; elle n'est pas complète d'abord parce qu'elle n'est pas universelle. Toutes ces significations sont imbriquées dans le texte de l'*Introduction à la critique de Hegel...* La révolution politique suppose qu'une classe, « en partant de sa situation particulière *(besondern)* » libère « la société entière *(ganze)* » : elle suppose qu'une « partie de la société *(ein Teil der burgerlischen Gesellschaft)* » parvienne à la « domination générale *(allgemeinen)* ». Mais cela n'est possible qu'à la condition que la société entière se reconnaisse dans la situation particulière de cette classe : la révolution politique n'est possible que si l'existence d'une « classe particulière *(besondern)* » revêt une « signification positivement universelle » *(positiv-allgemein)* face à une « sphère sociale particulière *(besondre)* » qui revêt une « signification négativement universelle *(negativ-allgemein)* ». Or, en Allemagne, aucune particularité n'est en mesure de revêtir la signification de l'universalité — ni positive ni négative. Aussi est-ce la révolution politique, et non la révolution radicale, qui est utopie (CPDH, Aubier bil., p. 91 et p. 93-95).

Si la révolution politique constitue une « révolution partielle *(teilweise)* », c'est parce qu'elle procède d'une « classe particulière ». Pourtant, l'émancipation particulière et partielle peut faire, momentanément, figure d'émancipation complète et universelle. Le propre de la révolution politique, c'est que l'émancipation partielle (ici au sens de particulière) y sert de fondement à l'émancipation universelle : « En France l'émancipation partielle *(partielle)* est le fondement de l'émancipation universelle *(universallen).* » Le propre de la révolution radicale, c'est que l'émancipation universelle est la condition de l'émancipation partielle : « En Allemagne, l'émancipation universelle *(universelle)* est la condition sine qua non de chaque émancipation partielle *(partiellen)* (CPDH, Aubier bil., p. 97). Or, nous y reviendrons, une émancipation universelle ne peut venir que d'une classe qui concentre une aliénation universelle, précisément parce que cette aliénation est complète. Aussi l'émancipation universelle doit, dans une révolution radicale, procéder d'« une classe dont les chaînes sont radicales » et dont la situation revêt une signification universelle. Cette classe, c'est le prolétariat (CPDH, Aubier bil., p. 99).

Les *« Gloses marginales » contre Ruge** confirment cette analyse. La révolution politique de 1789 visait à supprimer l'isolement des bourgeois de la communauté politique. La révolution sociale à venir vise à supprimer la séparation des ouvriers de la communauté humaine. La portée *globale* de l'émancipation sociale et sa portée *universelle* s'impliquent réciproquement. « Le soulèvement industriel, si *partiel* soit-il, n'en renferme pas moins une âme *universelle* ; le soulèvement politique, si *universel* soit-il, n'en cache pas moins sous sa forme la plus colossale un esprit *étriqué.* » Dès lors : « Une révolution sociale, même si elle n'a lieu que dans *un seul district industriel,* se trouve représenter le *point de vue général* parce qu'il est une protestation de l'homme contre la vie déshumanisée (...) parce que la communauté dont l'individu refuse d'être plus longtemps séparé est la véritable communauté de l'homme, l'essence humaine » (GMC, Grandjonc, p. 161-162 **).

Cette séparation ne peut être surmontée que par une émancipation complète qui, à ce titre, est donc universelle. L'universalité se tient ici dans des limites nationales ; elle est d'emblée élargie par Engels qui, dans l'*Esquisse d'une critique de l'économie politique,* présente l'économie capitaliste comme un progrès nécessaire au dépassement des frontières : « Il était nécessaire que toutes les considérations mesquines, locales et nationales, disparaissent pour que le combat de notre temps devienne un combat universel, humain » (E43, 10-18, p. 33-34).

Une émancipation intégrale. Enfin, cette émancipation complète et universelle, parce qu'elle est appelée à surmonter la totalité des alié-

---

* *« Gloses marginales » contre Ruge* : nous mentionnons ainsi les *Critiques en marge de l'article : « Le roi de Prusse et la réforme sociale par un Prussien ».*

** GMC, Grandjonc : abréviation pour la traduction de J. Grandjonc : *Les Communistes allemands à Paris,* Maspero, p. 161-162.

nations singulières, est appelée à réaliser l'émancipation intégrale de l'individu — l'individu qui « refuse d'être plus longtemps séparé » de « la véritable communauté de l'homme, l'essence humaine ».

L'émancipation humaine permet de résorber la scission de l'individu, consommée par l'aliénation politique, entre individu égoïste et citoyen abstrait ; elle permet de dépasser l'émancipation politique qui, parce qu'elle se meut dans le cadre de cette aliénation, ne signifie pas l'émancipation de l'individu humain, mais celle de l'individu égoïste. Par conséquent : « C'est seulement une fois que *l'homme réel et individuel* a ramené dans son être le citoyen abstrait (...), c'est alors seulement que l'émancipation humaine est consommée » (QJ, Aubier bil., p. 123). Et Marx, dans l'*Introduction à la critique de Hegel...*, écrit, plus nettement encore : « L'État moderne fit lui-même abstraction de l'homme réel *(wirklishen Menschen)* ou ne donne à *l'homme total (ganzen Menschen)* qu'une satisfaction imaginaire » (CPDH, Aubier bil., p. 77). Mais comment lui donner une satisfaction réelle ?

A cette question répondent les *Manuscrits de 1844* qui présentent le communisme comme dépassement de toutes formes d'aliénation *réelle*[3]. L'appropriation réelle de l'essence humaine embrasse la totalité des aspects de l'aliénation économique et la totalité des formes de l'aliénation : elle embrasse l'homme dans la totalité de son existence parce qu'elle embrasse la totalité de l'essence humaine. Elle embrasse tous les aspects de l'aliénation de l'individu et du genre humain : de l'individu comme membre du genre humain : « L'homme s'approprie son être universel d'une manière universelle, donc en tant qu'homme total » (M44, p. 91). Cette appropriation de soi embrasse jusqu'à la totalité de l'existence sensible de l'homme : « L'abolition de la propriété privée est donc *émancipation totale* de tous les sens et de toutes les qualités humaines » (M44, p. 92). L'émancipation intégrale de l'individu place ce dernier au centre de la conception de Marx : c'est assez dire la futilité des critiques libérales de Marx encore actuellement dominantes. Mais cette émancipation vise la *réalisation de l'homme total en chaque individu singulier.* N'est-ce pas, une fois encore, l'utopie qui reparaît ?

Entre la résorption utopique de la totalité existante et le projet communiste de Marx, la rupture est-elle totale et la distance infranchissable ? Cette question mérite d'être posée du point de vue de l'utopie : c'est par la perspective d'un remodelage total de la société que les utopies se définissent ou peuvent être définies. La plupart des auteurs d'utopie et des commentateurs convergent sur ce point.

C'est ainsi, par exemple, que B. Baczco souligne qu'il n'est « pas d'utopie sans représentation globale ». « Il n'est pas d'utopie sans une représentation totalisante et disruptive de l'altérité sociale. » C'est ce que confirme, selon cet auteur, la distinction entre utopies et réformes : « L'utopie comme type idéal (au sens de Max Weber) n'accepte pas d'aménagements partiels et ponctuels qui ne feraient que diminuer le mal social existant *. » Ainsi, le point de vue d'une refondation totale serait commun à toutes les utopies, comme il le serait à tous les messianismes.

Mesurée à cette aune, et sans précaution, le totalisme de Marx semble identique aux autres, ainsi que le font valoir Popper et Kolakowski qui dénoncent, respectivement, le totalisme utopique et le totalisme messianique de Marx. Pourtant, quelles que soient les ressemblances, *ni le totalisme utopique ni le totalisme messianique, sous leurs formes historiques ou classiques, n'épuisent le sens du totalisme de Marx.* D'abord, parce que le point de vue de la totalité de l'essence humaine ne peut se confondre avec les totalismes des utopies antérieures que Marx critique, à juste titre, précisément parce que celles-ci dérogent au point de vue de la totalité auquel elles prétendent se conformer ; ensuite parce que le totalisme de Marx repose, à cette étape de sa pensée, sur une promesse de l'avènement de l'essence humaine, et non sur un souhait. Mais n'a-t-on pas alors atteint le comble de l'utopie ?

3. Le comble de l'utopie ?

Marx, dans ses *Manuscrits* de 1843 et de 1844, tente de traduire Feuerbach dans Hegel et Hegel dans Feuerbach : d'inscrire la thématique de l'aliénation dans la problématique de la réalisation et de remplacer la problématique de l'Absolu spirituel par la thématique de l'essence humaine. C'est ainsi que Marx tente d'opérer le sauvetage de l'idéalisme par et dans l'humanisme, avant même de revendiquer, provisoirement, le matérialisme de ce dernier. Ce qui demeure de la dialectique de Hegel après ce sauvetage, c'est un *essentialisme historique* qui comprend l'histoire comme réalisation de l'essence. Ce qui demeure de l'humanisme de Feuerbach après ce sauvetage, c'est un *essentialisme anthropologique* qui procède à la substitution de l'Homme générique à l'Esprit. Ce qui résulte de

* B. Baczco, *Lumières de l'utopie*, Payot, p. 30 et p. 51, repris dans B. Baczco, *Les Imaginaires sociaux*, Payot, p. 143.

leur mariage, c'est une conception de l'histoire comme réalisation de l'essence humaine : ce qui s'accomplit sans Hegel et sans Feuerbach, c'est le *virage de l'essentialisme historique à l'essentialisme utopique.* Utopique, du moins, quand le modèle devient projet, avant de devenir promesse [4].

Un essentialisme utopique ? Sous le terme d'essentialisme, nous visons ici l'essentialisme ontologique (que nous aurons l'occasion de distinguer d'un essentialisme strictement méthodologique avec lequel il arrive qu'il se confonde ou qu'il soit confondu). Cet essentialisme ontologique consiste, on le sait, à affirmer la réalité d'essences absolues correspondant aux concepts généraux et préexistant logiquement et/ou chronologiquement aux existences particulières. Cet essentialisme — du moins dans la version forte qu'en propose Platon — est indissolublement explicatif et normatif : l'essence remplit une fonction de modèle que l'existence (ou le phénomène) imite ou réalise. A ce modèle peuvent répondre diverses formes d'utopies, à commencer par l'utopie de Platon lui-même. Répond, en particulier, au modèle essentialiste — dont la version matérialiste s'efforce de rendre à l'immanence ce que la version idéaliste attribue à la trancendance — l'utopie qui repose sur l'attribution aux hommes d'une essence naturelle et éternelle et qui se propose de conformer la société à la nature humaine ou de forger par la société une nouvelle nature humaine.

C'est cette utopie que Marx récuse quand il critique, dans les *Thèses sur Feuerbach,* le matérialisme intuitif, incapable de saisir le monde des hommes comme un monde d'activité et, par conséquent, l'historicité et la socialité de la nature humaine. Pourtant, Marx ne tire pas lui-même *explicitement* les conclusions de cette critique en déterminant comme *utopiques* les effets des limites qu'il conteste. Il est clair cependant que le matérialisme, quand il néglige l'activité, menace de virer au matérialisme doctrinaire. Il est non moins clair que l'essentialisme, quand il est mutilé de son rapport à l'historicité, est condamné à basculer dans un essentialisme utopique qui se propose de refondre l'essence humaine ou de lui prescrire des formes d'existence qui lui soient adéquates.

C'est ce que souligne Plekhanov — dans le prolongement de la critique de Marx, mais sous une forme plus explicite — quand il montre que c'est l'essentialisme du matérialisme français qui se perpétue dans le socialisme utopique : « Si la nature humaine est immuable et si, connaissant ses propriétés fondamentales, on en peut déduire avec une certitude mathématique les principes de la morale et de la sociologie, il est aisé d'imaginer un régime social qui, parce que répondant pleinement aux exigences de la nature humaine, serait le régime social idéal. Les matérialistes du XVIIIe siècle se lançaient volontiers dans des recherches sur le thème de la législation parfaite. Ces recherches représentent l'élément d'utopie de la "littérature des Lumières". Les socialistes utopistes de la première moitié du XIXe siècle se sont jetés à corps perdu dans ces recherches. Ils en restent à l'anthropologie des matérialistes français. Comme eux ils tiennent l'homme comme le produit du milieu social ; et comme eux ils se laissent enfermer dans un cercle vicieux en expliquant les propriétés variables de ce milieu par les propriétés immuables de la nature humaine *. »

La rupture avec l'utopisme suppose donc la rupture avec l'essentialisme anhistorique qui le fonde. Cette rupture bénéficie du renfort de Hegel : selon Hegel, la réalité — c'est-à-dire la réalité devenue ou en voie de devenir — peut et doit être connue selon son essence et être tenue pour rationnelle pour autant que l'essence se réalise en elle. Un telle conception permet à Hegel de récuser avec force l'opposition d'un devoir-être à la réalité et, par conséquent, l'utopie.

L'héritage de l'essentialisme hégélien est présent dans la critique marxienne de l'utopie. Mais n'a-t-il pas fait de cet essentialisme le point de départ d'un nouvel utopisme ? La discrétion de Marx sur l'essentialisme des utopies qu'il récuse revêtirait alors une signification plus lourde qu'une simple omission facilement réparable avec le fil de sa propre critique. L'essentialisme utopique, brutalement congédié, ne revient-t-il pas en force, à en juger par la façon dont Marx entend résoudre les énigmes de l'histoire, voire l'énigme de l'histoire elle-même ? Quand il arrive à Marx de lire dans cette histoire une promesse de réalisation de l'essence humaine, n'a-t-on pas troqué une forme d'utopie contre une autre ?

Pour répondre rigoureusement à cette question, il est indispensable de saisir et de comprendre la double fonction que remplit l'essentialisme de Marx : il est appelé à donner à la critique son fondement et sa méthode, et, en même temps, à l'émancipation son contenu et son horizon. Le passage de l'essentialisme critique à l'essentialisme utopique permet d'opérer l'unification de *deux versants de l'essentialisme : le versant critique et le versant utopique* [5].

L'essentialisme est une condition de la critique, dans la mesure

* G. Plekhanov, *Essai sur le développement de la conception moniste de l'histoire* (1895), Éditions Sociales, p. 36-37.

où les concepts indissolublement explicatifs et normatifs auxquels il recourt permettent de dépasser toutes les formes de positivisme qui se bornent à idolâtrer les faits et à entériner la réalité donnée : c'est ce que montre le concept de nature humaine qui sous-tend les théories du droit naturel — ou les formes utopiques du socialisme au XVIIIe siècle quand, sur la base de ce concept, elles relaient l'anthropologie juridique par une anthropologie politique *. L'essentialisme hégélien, dans la mesure où il permet de mesurer l'existence à l'essence, la réalité à l'idée, remplit ou peut remplir des fonctions du même ordre. Marx en tire toutes les conséquences quand il tente de marier Feuerbach et Hegel en empruntant au premier un concept de l'essence humaine que néglige le second. Or ce concept — socle du passage de Hegel à Marx — détermine le contenu de la critique. On comprend alors quelle charge explosive habite l'anthropologie des *Manuscrits de 1844* : l'essentialisme qui la fonde dynamite, d'entrée, toutes les formes réifiées de l'existence sociale que l'Économie politique entérine.

Mais, en même temps, *l'essentialisme requis par la critique peut basculer de la critique à l'utopie* : c'est ce que permet de vérifier l'utopie initiale de Marx. Quand une parfaite adéquation des formes de l'existence des hommes à leur essence est donnée pour réalisable, l'utopie des perfections imaginaires est de retour. Quand, de surcroît, l'histoire est investie de la promesse de réaliser le souhait d'une unité sans failles de l'essence et de l'existence, l'utopie des solutions illusoires a simplement, quoique radicalement, changé d'axe. Une utopie promise s'est substituée aux utopies démises. La nécessité historique de la réalisation de l'essence humaine accomplit les vœux de la nécessité rationnelle. Ainsi se trouvent ramenées sur un même plan les conclusions de la critique et les productions de l'histoire. L'essentialisme historique a digéré l'utopie anhistorique : en dépit de la rupture avec l'essentialisme statique qui sous-tend la rupture marxienne avec l'utopisme, c'est sur le terrain d'une promesse de réalisation de l'essence humaine que s'effectuent le sauvetage et l'intégration des utopies, et plus généralement, dans les *Manuscrits de 1844* — bien que ce retour n'en épuise pas, loin s'en faut, la portée —, le retour de l'utopie.

Le sauvetage de la dialectique est en même temps un sauvetage de l'utopie parce qu'il se confond avec un sauvetage utopique de l'essentialisme hégélien, pris dans une version anthropologique qui le distord en le transposant. L'adoption du communisme par Marx

* P.F. Moreau, *Le Récit utopique. Droit naturel et roman de l'État*, P.U.F., 1982.

est, au sens que Marx donnera ultérieurement au concept d'utopie, une adoption anti-utopique. Mais elle demeure, en un sens élargi, une adoption utopique du communisme coïncidant avec l'adoption d'un communisme utopique. Certes, l'adoption du communisme par Marx n'est pas, mesurée à son propre concept de l'utopie, une adoption utopique : l'adoption du communisme est fondée non sur sa rationalité théorique, mais sur son actualité historique. Mieux : non seulement Marx récuse l'opposition entre Raison et réalité qui, à ses yeux, est le propre de l'utopie, mais l'adoption du communisme coïncide avec l'effacement dans le discours de Marx de la thèse de la rationalité du réel et de l'avènement nécessaire de la Raison : le tournant vers le matérialisme, fût-il encore inachevé, interdisait le recours à l'affirmation d'une raison préexistant à ses manifestations *. Mais cet effacement n'en rend que plus saillant le maintien d'une version historique de l'essentialisme ; puisque la nécessité historique dont il s'agit ici se comprend comme la nécessité pour l'essence humaine d'apparaître dans une forme d'existence qui lui soit adéquate.

Or ce passage de l'essence à l'existence, à travers lequel l'histoire délivre son sens, permet à l'utopie, chassée par une porte, de rentrer par l'autre. Non que Marx revienne à l'essentialisme platonicien qui fonde non seulement l'utopie de Platon, mais toutes les utopies qui prétendent se modeler sur la connaissance de l'essence humaine : bien qu'elle reste implicite, la critique de l'essentialisme platonicien est impliquée dans la critique marxienne des utopies. Mais Marx reprend l'essentialisme hégélien (et aristotélicien), pour lequel l'essence immanente doit nécessairement se manifester dans l'existence. L'essence séparée qui se découvre à la Raison (dans la conception platonicienne) devient l'essence qui se réalise dans l'histoire et révèle la Raison (dans la conception hégélienne). Si l'essentialisme platonicien offre à l'utopie son prototype initial, l'essentialisme hégélien devient ici le prototype d'une forme d'utopie : force est de constater que c'est une version anthropologique de l'essentialisme ontologique de Hegel qui sous-tend l'adoption marxienne du communisme.

Plusieurs commentateurs n'ont pas manqué de relever cet héritage et ses effets. Ainsi, Kolakowski désigne à bon droit comme « utopie anti-utopique » cette conception qui « en appelle à un état de choses qui réalise non pas ce que demandent les individus empi-

* Merleau-Ponty, *Les Aventures de la dialectique*, Gallimard/Idées, p. 52-55.

riques, mais ce que demande l'*eidos* de l'humanité * ». Mais de cette utopie, il n'a pas, nous semble-t-il, analysé rigoureusement les figures et le destin dans l'œuvre de Marx [6]. Plus radicalement, Michel Foucault débusque, dans cette œuvre, « les promesses mêlées de la dialectique et de l'anthropologie » qui culminent dans une « utopie d'achèvement » ** Mais de cette utopie, il n'a guère suivi les tensions et les détours [7]. Pourtant, force est d'admettre que la pensée de Marx est initialement dominée par la tentative, et en permanence marquée par la tentation, de gager l'histoire sur une promesse utopique : l'essence humaine (tel est le versant anthropologique), par le truchement de la nécessaire négation de l'aliénation de cette essence (tel est le versant dialectique), est promise à son effectuation. Il reste que — telle est la faiblesse commune aux diagnostics de Kolakowski et de Foucault — la pensée de Marx ne peut être rabattue sur ses formulations initiales et sur les dimensions utopiques de celles-ci : dimensions qui, pourtant, atteignent leur plus grande extension avec le point de vue de la totalité.

Un totalisme utopique ? Ce qui est vrai du point de vue de l'essence l'est aussi du point de vue de la totalité : la nécessaire distinction entre le versant critique et le versant utopique de l'essentialisme de Marx s'impose à nouveau sous une autre forme. Déjà dans la *Lettre à Ruge* de décembre 1843, la critique, en mesurant les formes du socialisme et du communisme à « la réalité de la véritable essence humaine » (Corr., t. 1, p. 298), semble avoir trouvé son fondement : c'est une critique menée du point de vue de la totalité conçue comme totalité de l'essence de l'homme. Mais en se proposant de « dégager des formes propres de la réalité existante, la réalité effective comme son devoir-être » (Corr., t. 1, p. 299), la critique semble tendue vers une promesse de réalisation de l'essence humaine. Le point de vue de la totalité (fût-il encore le point de vue de la totalité de l'essence humaine, dont Marx rectifie la compréhension dans la suite de son œuvre) remplit des fonctions critiques radicales qui détournent des partialités mal comprises où le prétendu réalisme fait son lit. Mais le modèle devient projet, et le projet d'une totalité de l'essence humaine réalisée dans tous les

* L. Kolakowski, *L'Esprit révolutionnaire*, éd. Complexes, p. 129-132, et *Histoire du marxisme*, Fayard, t. 1, p. 598-610.
** M. Foucault, *Les Mots et les Choses*, Gallimard, p. 262-275.

hommes et en chacun, est promis à l'accomplissement : il revêt, sous la forme qu'il prend à cette étape de la pensée de Marx, une signification utopique indiscutable.

Mais, au même titre que l'essentialisme, le totalisme de Marx, nous l'avons relevé, doit être examiné avec précision. La critique du totalisme messianique de Marx ne saurait se borner à relever des analogies sans établir ce qui théoriquement les fonde. Suffit-il, pour diagnostiquer l'« esprit révolutionnaire », la « mentalité révolutionnaire » ou le « messianisme révolutionnaire » de relever la croyance en un salut total de l'homme instauré par une discontinuité radicale de l'histoire humaine ? Suffit-il surtout de souligner que l'opposition entre un salut total et un salut graduel est typique de l'opposition entre la réforme luthérienne et l'Eglise romaine, pour conclure que la théorie de Marx serait « modelée sur le même schéma dichotomique » que la doctrine chrétienne * ? Stérile quand elle préfère relever des analogies, plutôt que d'étudier la structure d'une argumentation, la critique le reste quand, sous le nom de totalisme utopique, elle attribue d'autant plus aisément une conception de la totalité commune à tous les utopistes et à Marx qu'elle amalgame sans discernement les variétés successives du concept de totalité dans la pensée de Marx et les absorbe dans une conception de la totalité qui n'est ni celle des œuvres initiales ni celle des œuvres terminales : tel est le cas, nous y reviendrons, de la critique de Popper.

Pourtant, c'est à sa promesse de l'avènement de la totalité que Marx met à l'épreuve les utopies et qu'il doit être mis à l'épreuve. Dans sa première version, qui sera corrigée ultérieurement, le totalisme de Marx repose sur une promesse d'avènement de la totalité de l'essence humaine. C'est ce point de vue de la totalité qui lui permet de critiquer les partialités chimériques des formes antérieures du socialisme et du communisme. C'est par le comble de l'utopie que s'amorce le dépassement des utopies que Marx se propose de congédier. On comprend alors pourquoi Marx, en ces années de passage au communisme, avalise les dimensions critiques des socialismes sans marquer leurs limites par le concept d'utopie : pour qu'une science révolutionnaire puisse alors fonder les propositions utopiques établies par une science doctrinaire, pour qu'une science historique puisse s'installer à l'horizon de l'histoire, sans prendre encore réellement l'histoire pour objet, il suffit de replacer

* L. Kolakowski, « L'esprit révolutionnaire », in *L'Esprit révolutionnaire, op. cit.*, p. 9 sq.

l'essentialisme utopique dans l'histoire et de développer le totalisme qu'il porte en germe : *l'utopie conjurée n'est alors que le revers de l'utopie révélée.* Cette utopie repose sur la certitude que l'existence humaine puisse réaliser pleinement l'essence humaine — pleinement, c'est-à-dire totalement : l'utopie n'est autre que l'utopie d'une émancipation totale.

Et force est de constater que la problématique de Marx impose un *implacable enchaînement.* Parce qu'elle promet l'adéquation de l'existence humaine à son essence, l'émancipation humaine doit être *totale* : c'est-à-dire tout à la fois *complète* (surmontant la totalité des aliénations), *universelle* (surmontant l'aliénation de la totalité des hommes) et *intégrale* (surmontant la totalité des aliénations de chaque individu) — la réalisation de l'homme total en chaque individu singulier. Parce que cette émancipation est la réalisation historique de l'essence humaine, elle ne peut être qu'*ultime* : l'achèvement d'une émancipation totale ne laisse aucune tâche d'émancipation devant elle. Parce que l'unité de l'essence et de l'existence en constitue l'effectivité, l'émancipation, pour être achevée, doit être *parfaite* : elle sera accomplie dans une société rendue à l'immanence, à l'omnipotence et à la transparence.

Le dépassement de l'aliénation de l'essence humaine, parvenue à son comble dans les formes d'existence du prolétariat, revient à annuler le divorce entre l'essence des hommes et leurs formes d'existence. Il suppose, par conséquent, le retour à l'unité de tout ce qui est séparé, le dépassement des contradictions, non par leur médiation, mais par leur abolition : et notamment par la suppression des médiations illusoires proposées par la conception hégélienne de l'État — et le dépassement du détour imposé par une émancipation politique réalisée par l'intermédiaire de l'État *. Ainsi s'accomplirait une présence immédiate de l'essence dans l'existence : une *parfaite immanence.* Le retour des forces aliénées à leurs sujets créateurs, le dépassement de toutes les scissions qui font des hommes des être dominés par leurs propres créations, la réappropriation totale par tous les hommes et par chacun de leur essence sociale impliquent que les hommes placent toutes les forces qui jusqu'alors les dominaient sous leur propre contrôle : une *parfaite omnipotence.* Avec le renversement de l'aliénation, ce qui n'est visible que pour la critique le deviendra pour tous les hommes, dont l'essence humaine transparaîtra dans toutes les formes de leur existence. La présence

* M. Henry, *Marx*, t. 1, Gallimard, Tel, 1991, p. 59-67 ; S. Naïr, *Marx et Machiavel*, P.U.F., p. 125-170.

immanente de l'essence dans l'existence, de la nature sociale de l'homme dans ses formes d'existence sociale, et la puissance omnipotente des hommes sur leurs relations permettent d'instaurer la lisibilité de l'essence dans l'existence : une *parfaite transparence.*

Immanence, omnipotence, transparence : tels seraient les points culminants d'une utopie révélée si la pensée de Marx pouvait être enfermée dans cette première étape et réduite à ses dimensions utopiques. Mais, bien qu'il ne s'agisse que de dimensions, elles sont ici indéniables, *au risque que l'utopie soit à son comble, celui des perfections imaginaires* que stigmatise le concept classique de l'utopie : perfections qui sans doute restent fécondes quand il ne s'agit que d'armer la critique de l'ordre social existant et d'éprouver les potentialités que contrarie son maintien, mais qui cessent de l'être quand la promesse de leur réalisation tient lieu de dépassement des raccourcis de l'utopie. C'est cette promesse même qui porte l'utopie à son comble et donne naissance à une utopie promise. L'utopie promise : forme inédite de l'utopie, au regard des utopies oniriques ou héroïques qui tentent de marier à une nécessité rationnelle le souhait et/ou la volonté que Marx prétend allier à la nécessité historique. Et c'est le prolétariat qui est chargé d'incarner cette alliance — et d'honorer la promesse.

Il faut alors revenir, bien que nous ayons déjà largement anticipé sur leur examen, sur les arguments qui fondent la certitude de l'avènement de l'utopie.

II. UNE PROMESSE UTOPIQUE

L'adoption du communisme par Marx se fonde sur la reconnaissance de sa nécessité, historiquement comprise comme la réalisation nécessaire de l'essence humaine : cette dialectique de l'essence fonde la révélation utopique du sens de l'histoire. Mais, pour être dialectiquement comprise, la nécessité du communisme implique la négation de l'aliénation. Or le processus historiquement défini de la négation requiert un sujet historiquement défini : sous ce double aspect, c'est, à nouveau, la dialectique qui est en question. Processus de la négation, sujet de la négation : ces deux aspects, étroitement dépendants l'un de l'autre, doivent être d'abord examinés séparément.

1. Le processus de la négation

Comme on l'a vu, le *Manuscrit de 1843* présente la démocratie véritable comme une négation de la l'aliénation politique : une négation de la négation. Les *Manuscrits de 1844*, se conformant au même schéma, présentent la nécessité du communisme comme un processus de négation de la propriété privée : une négation de la négation, mais qui appelle son dépassement dans l'humanisme positif ou socialisme. Ce n'est pas accidentellement que Marx recourt pour exposer le sens et la nécessité du communisme à la figure de la négation de la négation : son exposé sert à la fois d'illustration et de confirmation d'une critique de la dialectique de Hegel [8]. Cette critique de Hegel se présente comme une critique de la *dialectique de la réconciliation* avec la réalité (dont le processus maintient la réalité de ce qu'elle dépasse par la conscience et dont le sujet ne peut être que l'esprit). A laquelle Marx oppose, point par point, une *dialectique de l'émancipation* (qui énonce non pas comment ce qui est doit être pensé, mais comment ce qui est doit être transformé). Ainsi, la démarche même des *Manuscrits de 1844* montre que Marx s'efforce de déterminer quelle est la conception de la dialectique que requièrent la théorie et la pratique de l'émancipation humaine.

Quelle est donc cette dialectique ? A supposer que la dialectique de Hegel soit essentiellement mystique, la dialectique de Marx n'est-elle pas négativement utopique ? L'émancipation consiste dans un processus de la réalisation de l'essence humaine dans sa totalité. Quelle est la trajectoire de ce processus d'émancipation ? Quelle est la nécessité qui l'habite ?

La trajectoire du processus. La trajectoire du processus d'émancipation est dialectiquement comprise comme un processus de négation de la négation — une négation de l'aliénation qui n'est pourtant qu'une négation médiatrice.

L'athéisme et le communisme sont deux formes de négation de l'aliénation et du processus de retour de l'homme à lui-même : « L'athéisme, suppression de Dieu, est le devenir de l'humanisme théorique ; le communisme, abolition de la propriété privée, est la revendication de la vie réelle de l'homme comme sa propriété, est le devenir de l'humanisme pratique » (M44, p. 143).

Cette double négation est une étape inaugurale du devenir humain ; le communisme et l'athéisme constituent des *moments* de ce processus de réalisation de l'essence humaine : « Mais l'athéisme et le communisme ne sont pas une fuite, une abstraction, une perte du monde objectif engendré par l'homme, une perte de ses forces essentielles qui ont pris une forme objective. Ils ne sont pas une pauvreté qui retourne à la simplicité contre nature et non encore développée. Ils sont bien plutôt, pour la première fois, le devenir réel, la réalisation devenue réelle pour l'homme de son essence en tant qu'essence réelle » (M44, p. 143-144).

Et ce double processus est compris comme *processus de négation de la négation* qui, à travers l'athéisme et le communisme, supprime la négation de l'essence humaine consommée par l'aliénation religieuse et l'aliénation sociale. Ainsi, « le communisme pose le positif comme *négation de la négation*, il est donc le moment réel de l'émancipation et de la reprise de soi de l'homme, le moment *nécessaire pour* le développement à venir de l'histoire » (M44, p. 99).

Mais la négation de la négation — le communisme — n'est, selon Marx, qu'une *négation médiatrice.* Le communisme — non seulement ses formes partielles, mais le communisme lui-même — est une *négation de la négation prisonnière de l'aliénation.* C'est ce que Marx établit en dressant un parallèle entre l'athéisme et le communisme. L'athéisme pose le positif comme négation de la négation : négation de Dieu, qui est la négation de l'homme. Mais tant que la question de l'existence de Dieu se pose, c'est que « la réalité essentielle de la nature et de l'homme » n'existe pas encore. Au contraire, quand elle existe, « la question d'un être étranger, d'un être placé au-dessus de la nature et de l'homme est devenue pratiquement impossible — cette question impliquant l'aveu de l'inessentialité de la nature et de l'homme » (M44, p. 99). L'affirmation selon laquelle « le communisme pose le positif comme négation de la négation » vaut critique de ses limites : le communisme — la négation de la négation — est « l'appropriation de l'essence humaine qui a pour *moyen terme* avec elle-même la négation de la propriété privée parce qu'*il ne pose pas encore le positif de façon vraie, en partant de lui-même, mais au contraire, en partant de la propriété privée* » (M44, p. 107).

Le devenir de l'humanisme théorique s'effectue à travers la négation de Dieu, et le devenir de l'humanisme pratique s'effectue à travers la négation de la propriété privée : « en d'autres termes, l'athéisme est l'humanisme ramené à lui-même par le moyen terme de la suppression de la religion, le communisme est l'humanisme ramené à lui-même par celui de l'abolition de la propriété privée ».

Mais, « *ce n'est que par la suppression de ce moyen terme* (...) *que naît l'humanisme qui part positivement de lui-même, l'humanisme positif* » (M44, p. 143).

L'humanisme véritablement positif — le socialisme — appelle donc la *suppression du moment de négation de la négation* (une nouvelle négation, une ultime négation ?). Ainsi, l'athéisme pose l'existence de l'homme par le moyen terme de la négation de Dieu : « mais le socialisme en tant que socialisme n'a plus besoin de ce moyen terme ». Il dépasse l'athéisme : « Il part de la conscience théoriquement et pratiquement sensible de l'homme et de la nature comme de l'essence. Il est la conscience de soi positive de l'homme, qui n'est plus par le moyen terme de l'abolition de la religion. » De même, le communisme pose l'existence de l'homme par le moyen terme de la négation de la propriété privée : le socialisme en tant que socialisme n'a plus besoin de ce moyen terme. Il dépasse le communisme. Sous le socialisme, « la vie réelle est la réalité positive de l'homme qui n'est plus par le moyen terme de l'abolition de la propriété privée, le communisme » (M44, p. 99).

On mesure alors à quel point et en quel sens la nécessité du communisme est fondée sur une conception dialectique de l'histoire que résume le thème — on n'ose dire la thèse — de la négation de la négation. Or cette dialectique est postulée et non démontrée. Elle est illustrée et non fondée. Pourtant, si elle est utopique, ce n'est pas — ou pas seulement — parce qu'elle n'est pas scientifique : c'est en raison même du contenu de la promesse dont elle certifie l'accomplissement et du sujet qu'elle convoque à cette fin. Mais, avant d'en venir à ce sujet, il faut poursuivre : quelle est la nécessité qui répond du communisme et de son dépassement ?

La nécessité du processus. La nécessité du processus, avant même que sa trajectoire ne soit précisée, est rationnellement établie avant d'être historiquement fondée. C'est d'abord comme *nécessité qui s'impose rationnellement à la critique de l'histoire* que Marx fonde la nécessité d'une émancipation totale. Un impératif catégorique dégagé par les leçons de la critique et un impératif stratégique tiré des leçons de l'histoire permettent de déterminer la nécessité de l'émancipation comme rationnellement et/ou stratégiquement indispensable.

La nécessité du communisme est d'abord reconnue comme une conséquence de la critique de l'aliénation qui juge les limites de l'émancipation politique du point de vue des exigences de l'émancipation humaine : la nécessité du communisme est une nécessité posée par la critique. Les leçons de la critique font reconnaître un *impératif catégorique* : « l'impératif catégorique qui commande de renverser toutes les conditions au sein desquelles l'homme est un être diminué, asservi, abandonné, méprisable » (CPDH, Aubier bil., p. 81). Les leçons de la critique de l'histoire, prolongeant ainsi les leçons de la critique de l'aliénation, font reconnaître cette exigence comme un impératif historique — un *impératif stratégique* : une nécessité requise, dont il n'est nullement démontré, ce faisant, que l'histoire l'accomplira, sauf à penser qu'avec le problème est déjà donnée sa solution. Deux arguments préalables — en droit distincts, mais cumulés — viennent fonder rationnellement la nécessité d'une émancipation/révolution totale en posant cette nécessité comme effet de l'impossibilité et/ou de l'inefficacité de l'émancipation des réformes partielles. La preuve par l'impossibilité repose sur l'affirmation selon laquelle, du moins en Allemagne, « ce n'est ni la révolution radicale qui constitue un rêve utopique (...) ni l'émancipation généralement humaine, mais au contraire la révolution uniquement partielle » ; par conséquent « c'est l'impossibilité de la libération graduelle qui doit engendrer la liberté totale » (CPDH, Aubier bil., p. 91 et 97). La preuve par l'inefficacité fonde la nécessité d'une émancipation globale sur l'impuissance des solutions politiques à la question sociale ; Marx oppose à Ruge l'impuissance de l'intelligence et des mesures politiques quand il s'agit de résoudre les questions sociales, et en particulier le paupérisme : « face aux conséquences qui résultent de la nature antisociale de ce mode de vie bourgeois (...) l'impuissance est la loi naturelle de l'administration » (GMC, Grandjonc, p. 153-154). Or ces deux arguments ne dépassent guère la reconnaissance rationnelle d'un objectif stratégique, dont il n'est nullement démontré, ce faisant, que l'histoire puisse en garantir la réalisation : ainsi commencent — c'est leur préface — toutes les utopies.

Ce qui est vrai de l'objectif poursuivi l'est également des conditions qui permettent de l'atteindre ; si l'émancipation est indispensable, il en va de même de la négation de la négation qui l'inaugure : le communisme lui-même, *moment nécessaire* qui procède d'une négation *pratique*. Le communisme est une négation *nécessaire* : le communisme est « *le moment nécessaire pour* le développement à venir de l'histoire » (M44, p. 99), c'est-à-dire « *une condition préalable nécessaire* » (M44, p. 143). La nécessité de cette négation coïncide avec la nécessité d'une *négation pratique*. Si le communisme est une *négation réelle* de l'aliénation humaine, la négation nécessaire de cette aliénation ne consiste pas à surmonter une aliénation spirituelle par une appropriation idéelle ; elle suppose, au contraire, une action réelle : « Pour abolir l'idée de la propriété privée, le communisme pensé suffit entièrement. Pour abolir la propriété privée réelle, *il faut une action communiste réelle* », c'est-à-dire une révolution.

Mais les nécessités théoriquement fondées ne sont pas pour autant historiquement garanties : cette nécessité requise, dont la critique impose la reconnaissance, n'est une *nécessité qu'impose effectivement l'histoire* qu'à condition que l'histoire en fasse reconnaître l'actualité. Or la réalisation de l'indispensable est, de proche en proche, donnée pour inéluctable. Ainsi en va-t-il tout d'abord de l'existence des conditions objectives et subjectives de l'émancipation. L'impossibilité d'une révolution uniquement politique ne suffit pas à établir la possibilité historique d'une révolution totale. Pour que l'émancipation humaine puisse s'accomplir, l'impossibilité d'une émancipation partielle doit avoir pour contrepartie une « possibilité positive » : celle-ci réside dans la formation du prolétariat qui fournit à la philosophie ses « armes matérielles » — les conditions objectives de l'émancipation —, tandis que « le prolétariat trouve dans la philosophie ses armes spirituelles » — les conditions subjectives de l'émancipation. Ces conditions font office de médiation dans la réalisation effective de l'essence humaine : nous retrouverons cette figure (pour l'analyser) dans les œuvres postérieures. Mais surtout, Marx soutient ici non seulement que les conditions intérieures de la Révolution allemande ne manqueront pas d'être réunies, mais qu'elles ne manqueront pas de produire leur effet (CPDH, Aubier bil., p. 99 et 101-103). De même, le communisme ne peut s'accomplir que par une action pratique, on sait que l'histoire l'apportera : « *Il faut une action communiste réelle. L'histoire l'apportera* et ce mouvement (...) passera dans la réalité par un processus très rude et très étendu » (M44, p. 107). On peut saisir ici, sur le vif, comment Marx passe des conditions rationnellement requises à la certitude de leur réalisation. Autrement dit, des conditions requises aux conditions remplies, d'une simulation à une solution : la nécessité de la dialectique tient lieu de démonstration.

Finalement, les arguments auxiliaires, fondés sur les leçons de la critique et de l'histoire, sont absorbés dans un argument ultime : la nécessité de voir l'essence humaine apparaître dans une forme qui lui est adéquate, par le truchement de la négation de la négation. Dans la version de la dialectique immanente que proposent les *Manuscrits de 1844*, la nécessité transhistorique de la réalisation de l'essence humaine fonde et absorbe la nécessité intrahistorique du dépassement de la propriété privée : celle-ci est fondée non sur les contradictions immanentes du système capitaliste mais sur la contradiction entre l'essence et l'existence, entre l'essence humaine et les formes aliénées de l'existence qui imposent leur négation. Sans doute cette négation est-elle présentée, dans *La Sainte Famille*, comme le mouvement même de la propriété privée qui « s'achemine d'elle-même vers sa propre dissolution », mais elle le fait « uniquement en engendrant le prolétariat » (SF, p. 47) : c'est la contradiction entre l'essence humaine et les formes aliénées d'existence du prolétariat qui guide le processus.

Ainsi que l'a noté Maurice Godelier « la nécessité pour Marx de la révolution sociale » présente une « ambiguïté (...) parce qu'elle cèle un double sens dans un même mot. D'une part, elle naît du développement même de la propriété privée et apparaît comme une nécessité concrète, historique, mais d'autre part elle naît de la contradiction entre la réalité historique et la "véritable essence humaine", et cette contradiction — entre la réalité et l'essence — fonde l'autre, la première nécessité, intérieure, à la propriété privée *. » Cette ambiguïté se résout d'elle-même : c'est la nécessité historique pour l'essence humaine d'apparaître sous une forme qui lui soit adéquate qui *inclut* la nécessité historique du dépassement de la propriété privée (comme elle inclut la nécessité historique du dépassement de l'État politique).

Reste enfin à établir le *rapport entre la négation et l'affirmation.* Le communisme (comme l'athéisme) est nécessaire, mais comme forme d'un mouvement dont il n'est pas le but : « Le communisme est la forme nécessaire et le principe énergétique du futur prochain, mais le communisme n'est pas en tant que tel le but du développement humain — la forme de la société humaine » (M44, p. 99). Le communisme est un moment nécessaire. C'est une forme nécessaire comme action, mouvement historique réel. Mais le communisme n'est pas le but : il est un mouvement « dont nous savons déjà en pensée qu'il s'abolit lui-même ». Or la conscience du sens du mouvement (sa limite et son but) est acquise, de même que la conscience qui dépasse le mouvement lui-même : « nous devons considérer comme un progrès réel que, de prime abord, nous avons acquis une conscience tant de la limitation que du but du mouvement, et une conscience qui les dépasse » (M44, p. 107).

* M. Godelier, *Rationalité et irrationalité en économie*, Maspero, 1966, p. 111 (et p. 115).

Cette conscience qui dépasse le but du mouvement actuel (il s'agit ici du moment de la négation) n'est pas seulement la marque d'un progrès théorique : elle garantit pratiquement, semble-t-il, la présence du but ultime dans les moyens intermédiaires. C'est ce que confirme l'esquisse, qui vient immédiatement après (et que nous allons bientôt retrouver), d'une dialectique des buts et des moyens dans la conscience des ouvriers communistes ; se réunir de moyen devient un but — l'association —, et l'association devient moyen à son tour en vue d'un nouveau but : la société. *C'est donc le prolétariat qui incarne le moyen et le but : il est à la fois l'agent de la révolution communiste et de la préfiguration de la communauté humaine que cette révolution inaugure.*

2. Le sujet de la négation

La conception de Marx, ici encore, est sous-tendue par sa critique de Hegel. La dialectique de la réconciliation, chez Hegel, appelle un sujet qui corresponde à son contenu : « Il faut que ce processus ait un agent, un sujet ; mais ce sujet n'apparaît que comme résultat ; c'est pourquoi ce résultat, le sujet qui se connaît lui-même, comme la conscience de soi absolue, est Dieu, l'Esprit absolu, l'Idée qui se connaît et se manifeste. L'homme réel et la nature réelle deviennent de simples prédicats, des symboles de cet homme irréel caché et de cette nature irréelle » (M44, p. 144). Une dialectique de l'émancipation appelle un autre sujet. C'est donc une démarche philosophique qui permet de tracer l'emplacement et de dessiner la figure de ce sujet. Si la négation de la négation est un acte réel, et non une activité spirituelle, elle requiert un sujet réel, et non un sujet spirituel — et ce sujet ne peut être que le prolétariat. D'emblée, la démarche philosophique absorbe, mais sans l'annuler, l'observation empirique. C'est le prolétariat qui pose la négation de la propriété privée et de toutes les aliénations qu'elle soutient. Ce qu'il doit faire lui est dicté par *ce qu'il est* : la *négation de l'essence humaine.* Une négation qui est porteuse de sa négation : l'affirmation de l'essence humaine et la réalisation de l'universalité du genre humain [9].

La négation de l'humanité. L'aliénation de l'essence humaine culmine dans l'aliénation du prolétariat, défini par une double privation : la privation de société et la privation d'humanité.

Le prolétariat se définit tout d'abord par la *privation de société*. Plus exactement, dans le prolétariat, la société bourgeoise est d'ores et déjà dissoute ou en voie de dissolution. Cette idée, antérieure à l'adoption du communisme, apparaît, sous une forme atténuée, dès le *Manuscrit de 1843* : « L'absence de possession et l'état du travail immédiat, du travail concret, forment *moins un état de la société civile-bourgeoise que le sol sur lequel reposent et se meuvent les cercles de cette société* » (M43, p. 136). Les transitions critiques et politiques qui mènent Marx à l'adoption du communisme, en attribuant spécifiquement cette privation au prolétariat, en radicalisent la présentation. Selon l'*Introduction à la critique de Hegel...*, la « possibilité positive » d'une émancipation humaine réside « dans la formation d'une classe aux chaînes radicales, d'une classe de la société civile-bourgeoise *qui n'est pas une classe de la société civile-bourgeoise, d'un état qui est la dissolution de tous les états* (...). Cette *dissolution de la société*, réalisée dans un état particulier, c'est le prolétariat » (CPDH, Aubier bil., p. 98-103).

Cette caractérisation est confirmée dans *La Sainte Famille* : le prolétariat « est le côté négatif de la contradiction, l'inquiétude au sein de la contradiction, la propriété privée dissoute et se dissolvant ». Comprenons que dans le prolétariat la propriété privée est déjà dissoute et que son action a un effet dissolvant. Cela ne signifie pas que l'autre côté de la contradiction ne joue aucun rôle : « Il est vrai que dans son mouvement économique, la propriété privée s'achemine d'elle-même vers sa propre dissolution. » Mais elle ne le fait qu'en engendrant le prolétariat (SF, p. 47). Ainsi le prolétariat défini par la privation de société est en même temps la dissolution de cette société. Cette analyse est corroborée par celle que propose Engels, au même moment, dans *La Situation de la classe laborieuse en Angleterre* [10]. Nous verrons qu'elle n'est pas totalement abandonnée dans les œuvres postérieures.

Or, la privation de société se double de la *privation d'humanité*. Le prolétariat est séparé de l'essence humaine, car il est la négation même de cette essence.

Ainsi, les *« Gloses marginales » contre Ruge* soulignent que l'exclusion du prolétariat équivaut à son exclusion de la communauté humaine et de l'essence humaine. Le prolétariat n'est pas seulement isolé de la communauté politique, comme tous les acteurs de soulèvements, à commencer par les bourgeois qui firent la révolution de 1789 : « Mais la communauté dont l'ouvrier est séparé est une communauté d'une tout autre réalité et d'une tout autre ampleur que la communauté politique. *Cette communauté dont le sépare son propre travail est la vie même,* la vie physique et intellectuelle, la vie morale humaine, l'activité humaine, la jouissance humaine, *l'essence humaine.* L'essence humaine est la véritable communauté des hommes » (GMC, Grandjonc, p. 161).

C'est cette inhumanité que diagnostique encore *La Sainte Famille* : « Si les auteurs socialistes attribuent au prolétariat ce rôle historique, ce n'est pas du tout (...) parce qu'ils considèrent les prolétaires comme des dieux. C'est plutôt l'inverse. *Dans le prolétariat pleinement développé se trouve pratiquement achevée l'abstraction de toute humanité, même de l'apparence d'humanité ;* dans les conditions de vie du prolétariat se trouvent condensées toutes les conditions de vie de la société actuelle dans ce qu'elles peuvent avoir de plus inhumain » (SF, p. 47).

Ainsi, négatif et négation de la société et de l'humanité, l'essence du prolétariat se résume dans son *exclusion* : exclusion non seulement de la communauté politique, mais surtout de la communauté sociale ; exclusion de la propriété privée comprise comme exclusion radicale de toute participation à la richesse — exclusions que signent son aliénation et sa paupérisation. Les œuvres de la maturité, nous y reviendrons, tendent au contraire à définir le prolétariat par un rapport d'inclusion dans le mécanisme de sa reproduction (exploitation), et non par un rapport d'exclusion de l'essence humaine. Mais, initialement, l'exclusion du prolétariat détermine précisément sa *situation*, c'est-à-dire ses conditions d'existence, son être. Les conditions d'existence du prolétariat sont en contradiction avec l'essence humaine ; et c'est cette contradiction même qui, plus encore que l'exclusion ou la privation, définit l'essence du prolétariat — son *essence* révolutionnaire. L'essentialisme de Marx est de retour : et, une fois encore, il faut souligner la formidable charge critique — littéralement extraordinaire au regard de l'ordinaire d'une critique philosophique compassée — qui habite cet essentialisme et ne pas le passer trop vite par-dessus bord. Mais cette contradiction entre l'existence et l'essence humaine détermine, aux yeux de Marx, la *vocation* révolutionnaire du prolétariat, au risque que le dispositif critique vire à l'utopie. Car l'aliénation, une fois parvenue à son comble, doit, selon Marx, nécessairement se renverser. Le prolétariat, négation de toute humanité, est, *par le mouvement de négation de cette négation*, l'affirmation de l'humanité : l'incarnation de l'humanité.

L'humanité du prolétariat. Cette idée a une histoire. Dans sa *Lettre à Ruge* de mai 1843, Marx oppose au monde inhumain des philistins le monde humain de la démocratie. L'annonce de ce monde humain réside alors, pour Marx, dans l'entente de l'humanité pensante et de l'humanité souffrante, de la tête et du cœur. L'activité de l'esprit et le désir de liberté sont les signes avant-coureurs de la réalisation de l'essence humaine que définissent précisément la Raison et la Liberté (Corr., t. 1, p. 296). Or la radicalisation de la critique et l'adoption du point de vue d'une émancipation humaine intégrale réintègrent ces déterminations dans une perspective plus vaste et les attribuent au prolétariat.

Si le prolétariat incarne négativement, comme dissolution de fait, la dissolution à venir de la société bourgeoise, il incarne aussi positivement la constitution à venir de la société humaine : « Quand le prolétariat annonce la dissolution de l'ordre du monde existant jusqu'alors, il ne fait qu'exprimer le secret de sa propre existence, car il est la dissolution effective de cet ordre du monde. » La société civile-bourgeoise repose sur la propriété privée et se partage en de multiples états particuliers. Le prolétariat, dans la mesure où il est privé de la propriété et de la particularité des états, est la négation-dissolution de fait de cette société : « Quand le prolétariat exige la négation de la propriété privée, il élève simplement au rang de principe de la société ce dont la société a fait son principe à lui, *ce qui est déjà incarné en lui sans sa collaboration, comme le résultat négatif de la société* » (CPDH, Aubier bil., p. 98-103).

Si le prolétariat se définit par la privation de toute humanité, les ouvriers communistes, par leur activité pratique comme leur conscience théorique, incarnent, d'ores et déjà, le dépassement de l'aliénation humaine et la réalisation de l'essence humaine : la *noblesse humaine*, selon l'expression que Marx répète avec insistance, à peu de variantes près. C'est cette noblesse qui se manifeste dans le besoin de société, la soif de culture et la conscience même des ouvriers.

C'est *le besoin de société* que Marx place au premier plan. Ainsi : « Lorsque les ouvriers communistes se réunissent, c'est d'abord la doctrine, la propagande, etc., qui est leur but. Mais, en même temps, ils s'approprient par là *un besoin nouveau, le besoin de la société, et ce qui semble le moyen est devenu le but.* On peut observer les plus brillants résultats de ce mouvement pratique lorsque l'on voit réunis les ouvriers socialistes français. Fumer, boire, manger, etc., ne sont plus là comme des prétextes à réunion ou des moyens d'union. L'assemblée, l'association, la conversation qui à son tour a la société pour but leur suffisent, la fraternité humaine n'est pas chez eux une phrase vide, mais une vérité, et *la noblesse de l'humanité* brille sur ces figures endurcies par le travail » (M44, p. 107-108).

Or le besoin de société n'est rien d'autre pour Marx que le *besoin de l'essence humaine.* Ainsi, dans une lettre adressée le 11 août 1844 à Feuerbach, Marx, pour expliquer que ce dernier a donné « un fondement philosophique au socialisme », écrit : « *L'unité entre les hommes et l'humanité,* qui repose sur les différences réelles entre les hommes, le concept de genre humain ramené du ciel de l'abstraction à la réalité terrestre, qu'est-ce sinon le concept de société ! » La réalisation de cette unité passe par la réappropriation par les hommes de leur humanité. On ne sera pas étonné que ce soit en s'adressant à Feuerbach que Marx souligne ceci : « C'est un phénomène remarquable de voir que, à l'inverse du XVIIIe siècle, la religiosité est devenue le fait des classes moyennes et de la classe supérieure, alors que par contre l'irréligion — j'entends par là celle de l'homme qui se sent homme véritablement — est devenue l'apanage du prolétariat français. » Or l'affirmation de l'humanité, qui se déprend notamment de l'aliénation religieuse, confère aux ouvriers leur noblesse humaine. Marx poursuit en effet, sans transition : « Il faudrait que vous ayez assisté à une réunion des ouvriers français pour pouvoir croire à la fraîcheur juvénile, à la *noblesse* qui se manifeste chez ces ouvriers éreintés » (Corr., t. 1, p. 323-324).

Cette noblesse des ouvriers est proportionnée à la *soif de culture* qui les anime. C'est ce qui ressort des distinctions que Marx établit à la suite de l'éloge des ouvriers français : « Le prolétariat anglais fait aussi des progrès gigantesque, mais il lui manque le *caractère cultivé* des Français. Mais je ne dois pas oublier de souligner les mérites des ouvriers allemands en Suisse, à Londres et à Paris sur le plan théorique » (Corr., t. 1, p. 324). C'est sur cette soif de savoir que Marx met l'accent dans *La Sainte Famille* : « Il faut avoir connu l'application studieuse, la *soif de savoir,* l'énergie morale, l'infatigable instinct de développement des ouvriers français et anglais, pour pouvoir se faire une idée de la *noblesse humaine* de ce mouvement » (SF, p. 106).

Cette soif de culture coïncide avec le besoin de réaliser l'essence humaine et l'homme dans son intégralité. Ainsi, comme pour souligner que le développement théorique n'est qu'un aspect partiel du développement humain, Marx, après avoir souligné les « mérites des ouvriers allemands (...) sur le plan théorique », ajoute : « *Seulement l'ouvrier allemand reste encore trop ouvrier* » (Corr., t. 1, p. 324). Autrement dit, si nous comprenons bien, il n'incarne pas encore la plénitude des besoins humains. Or, c'est cette plénitude, et en particulier la présence de la passion au cœur de la pensée, qui aux yeux de Marx est typique du caractère français tel qu'il ressort de l'affirmation de Fourier, citée par Marx : « *L'homme est tout entier dans ses passions.* » Clin d'œil à Feuerbach qui avait affirmé avec force la nécessaire union de la tête et du cœur.

Enfin, dans le prolétariat s'incarne la véritable *conscience humaine.* Par la conscience même de son inhumanité, le prolétariat témoigne de son humanité. Si la vocation révolutionnaire du prolétariat est comprise dans son essence, elle l'est particulièrement dans la conscience de cette essence. C'est ce que Marx indique en toutes lettres dans les *« Gloses marginales » contre Ruge* : « Le soulèvement silésien commence précisément où finissent les soulèvements ouvriers français et anglais, par *la conscience de l'essence du prolétariat* » (GMC, in Grandjonc, p. 157). Marx ne dit pas ici clairement en quoi consiste cette essence, mais souligne que dans le chant des tisserands le prolétariat « clame immédiatement et de façon frappante, brutale, tranchante, violente *son opposition à la société de la propriété privée* ». On peut en conclure que la conscience de l'essence du prolétariat est la conscience de cette opposition. *La Sainte Famille* corrobore cette appréciation. Si « la propriété privée s'achemine, d'elle-même vers sa propre dissolution », c'est « uniquement en engendrant le prolétariat en tant que prolétariat, la misère consciente de cette misère morale et physique, *l'humanité consciente de cette inhumanité qui, du fait de cette conscience, s'abolit en se dépassant* » (SF, p. 47). On comprend alors qu'il suffit de savoir « ce que le prolétariat est » pour savoir « ce qu'il sera obligé historiquement de faire conformément à cet être » (SF, p. 48) : sa vocation révolutionnaire et communiste est inscrite dans cet être [11]. Et cette vocation est confirmée par l'universalité du prolétariat.

L'universalité du prolétariat. La nécessité d'une émancipation *humaine* trouve sa possibilité dans un acteur historique qui a pour vocation d'incarner l'essence humaine dont cet acteur est dépossédé. La nécessité d'une émancipation *totale* trouve sa possibilité dans un acteur historique qui a pour vocation d'incarner l'émancipation dans sa totalité parce qu'il concentre l'aliénation dans sa totalité : le prolétariat a vocation d'incarner une émancipation totale, c'est-à-dire une *émancipation complète* (qui surmonte la totalité des aliénations), *émancipation universelle* (qui surmonte l'aliénation de la totalité des hommes), *émancipation intégrale* (qui surmonte la totalité des aliénations de l'individu).

L'*Introduction à la critique de Hegel*... lie étroitement ces trois dimensions :

— Le prolétariat est porteur de l'*émancipation universelle* de tous les hommes : c'est grâce à lui que l'émancipation universelle qui en Allemagne est « la condition *sine qua non* de toute émancipation partielle », peut se réaliser. S'il en est ainsi, c'est que dans le prolétariat se concentre la totalité des aliénations humaines, et partant, de l'aliénation de tous les hommes. L'émancipation humaine dépend de l'action d'une « sphère qui possède un caractère universel *(universellen)* de par ses souffrances universelles *(universellen)* » : cette sphère, c'est le prolétariat.

— Ainsi, et du même coup, si le prolétariat est porteur d'une émancipation universelle (de tous les hommes), c'est parce qu'il est porteur d'une *émancipation complète* (de toutes les aliénations) ; et s'il s'agit d'une émancipation globale (qui atteint toutes les formes de l'aliénation de tous les hommes), c'est parce qu'elle est radicale (parce qu'elle les atteint à la racine). Quel est, en effet, le rôle de cette sphère universelle ? « Elle ne se trouve pas dans une opposition partielle *(einseitigen)* avec les conséquences de la structure politique allemande, mais dans une opposition *universelle (allseitigen)* avec les conditions préalables de cette structure. »

— Dès lors, l'émancipation universelle coïncide avec l'*émancipation intégrale* de l'homme (et de chaque homme), parce que cette sphère « constitue, en un mot, la perte totale *(völlige)* de l'homme et ne peut se reconquérir que par la reconquête *totale (völlige)* de l'homme » (CPDH, Aubier bil., p. 96-101).

Et les écrits postérieurs reprennent cette analyse.

Les *Manuscrits de 1844* l'explicitent par la critique du travail aliéné. Le prolétariat est porteur d'une émancipation universelle sous la forme d'une émancipation particulière : « De ce rapport du travail aliéné à la propriété privée, il résulte que l'émancipation de la société de la propriété privée, etc., de la servitude, s'exprime sous la forme politique de l'émancipation des ouvriers, non pas comme s'il s'agissait seulement de leur émancipation *universelle* de l'homme. » Or c'est parce qu'elle est porteuse d'une émancipation complète que l'émancipation universelle de l'homme est incluse dans l'émancipation particulière des ouvriers : « celle-ci y est incluse parce que tout l'asservissement de l'homme est impliqué dans le rapport de l'ouvrier à la production, et que tous les rapports de servitude ne sont que des variantes et des conséquences de ce rapport » (M44, p. 68).

Les *« Gloses marginales » contre Ruge* confirment que dans la révolte contre une aliénation complète (de la totalité de l'homme) est impliquée une signification universelle (qui concerne tous les hommes). « L'essence humaine est la véritable communauté des hommes *(Gemeinwesn des Menschen).* » Or le prolétariat est séparé de cette essence, et « la funeste séparation d'avec cette essence est infiniment plus universelle *(allseitiger)*... que l'isolement de la communauté politique ». Aussi, « le soulèvement industriel, si partiel *(partiell)* soit-il, n'en renferme pas moins une âme universelle *(universelle)* », alors que « le soulèvement politique, si universel soit-il, n'en cache pas moins sous sa forme la plus colossale un esprit étriqué » (GMC, Grandjonc, p. 161).

La Sainte Famille réaffirme que l'émancipation de tous les hommes est impliquée dans les conditions d'une émancipation de toutes les formes d'aliénation concentrées dans le prolétariat. L'aliénation est, certes, universelle : « La classe possédante et la classe prolétaire représentent la même aliénation. » Mais la première « possède en elle l'apparence d'une existence humaine ». Dans le prolétariat l'inhumanité est totale, et partant universelle : « Dans le prolétariat pleinement développé se trouve pratiquement achevée l'abstraction de toute humanité, même de l'apparence d'humanité ; dans les conditions de vie du prolétaire se trouvent condensées *toutes* les conditions de vie de la société actuelle dans ce qu'elles peuvent avoir de plus inhumain. » L'émancipation du prolétariat doit par conséquent réaliser une émancipation complète : « il ne peut se libérer lui-même sans abolir ses propres conditions de vie. Il ne peut abolir ses propres conditions de vie sans abolir *toutes les* conditions de vie inhumaine de la société actuelle, que résume sa propre situation » (SF, p. 47-48). Et par conséquent émanciper la totalité des hommes. Selon cette conception, le prolétariat est à la fois l'agent de l'émancipation humaine et la préfiguration, au moins partielle, de l'humanité émancipée. Ainsi s'opère le retour de l'utopie.

3. Le retour de l'utopie

Les projets de constitution d'une société nouvelle confrontent leurs auteurs à des difficultés dont la solution réputée impossible renvoie ceux qui s'efforcent de les résoudre sans précaution aux contrées inaccessibles de l'utopie.

La résolution des apories. Les projets qui ne cèdent pas à la tentation d'une solution illusoire permettent d'appréhender le sens des difficultés à surmonter, qui dans les utopies sont résolues sans même être nommées.

Rousseau, pris ici à titre d'exemple, les expose à sa façon (c'est-à-dire dans des termes qui n'appartiennent qu'à sa propre démarche). Quel sera le fondateur de la législation idéale ? Quel sera son rôle ?

Sa nature, ou son identité, hypothétiquement indiquée, est prise dans la contradiction suivante : « Pour découvrir les meilleures règles de société qui conviennent aux nations, il faudrait une intelligence supérieure (...) qui n'eût aucun rapport avec notre nature et qui la connût à fond (...). Il faudrait des Dieux pour donner des lois aux hommes. »

Quant à son rôle, il est pris, pour Rousseau, dans la contradiction entre le principe collectif du contrat (et de la souveraineté) et le principe individuel de la volonté législatrice : « Le Législateur est à tous égards un homme extraordinaire dans l'État (...). Cet emploi, qui constitue la république, n'entre point dans sa constitution. (...) Celui qui commande aux lois ne doit pas non plus commander aux hommes *. »

Ces deux difficultés renvoient, au fond, à la même aporie : l'aporie d'une œuvre immanente reposant sur un principe transcendant. La législation idéale repose sur la nécessaire transcendance de son fondateur, dont la nature et le rôle ne doivent pas dépendre de la législation qu'il doit façonner. Mais l'aporie du fondateur se double de l'aporie de la fondation : au fond, dans la figure du législateur, on trouve non seulement la substitution de sa souveraineté à celle du peuple, mais aussi l'anticipation de la société qu'il doit contribuer à forger : « les meilleures règles de société qui conviennent aux nations ». Mais comment instaurer le nouveau à partir de l'ancien ?

Comme on le voit, les difficultés sont de deux ordres. Il s'agit tout d'abord des difficultés que soulèvent la nature et le rôle du fondateur — la double *aporie du fondateur.* La première concerne sa nature : il doit être supérieur aux hommes et extérieur à la société qu'il veut transformer. La seconde concerne son rôle : il doit créer les conditions de la souveraineté ou de l'émancipation sans se substituer à elle et en figurer un exercice antérieur à l'activité qui le

* Rousseau, *Du contrat social,* éd. Aubier Montaigne, p. 179-180 et p. 182 et le commentaire d'Halbwachs, p. 190 et 192.

légitime ou l'accomplit. L'aporie du fondateur se double alors de l'*aporie de la fondation* puisque celle-ci suppose, semble-t-il, que son acteur et son action portent en eux le principe de la fondation et son contenu, le moyen et le but, la forme et le contenu. Ainsi ce qui est en question dans tout projet de réorganisation sociale et politique, ce sont l'identité et la fonction du sauveur, et la modalité et le contenu du sauvetage. L'utopie se révèle — et en ce sens l'œuvre de Rousseau n'en est pas une — à ce qu'elle donne, par avance, ces problèmes pour résolus [12].

Nous sommes, apparemment, très loin de Marx. Mais il faut poursuivre. Qu'est-ce qu'une utopie, si ce n'est une fondation donnée pour accomplie, dont nous est proposé le modèle, par un fondateur donné pour défini, dont nous est proposé le portrait ? Que ce portrait et ce modèle nous soient présentés selon les règles d'énonciation d'un idéal philosophique ou selon les procédés de la fiction littéraire, l'utopie proprement dite dépasse en pensée, mais sans les penser, les apories : dans le législateur idéal ou le fondateur utopique nous est donné le démiurge de la société nouvelle dont le contenu est intégralement présent dans le projet dont il est porteur. Or, dans le communisme initial de Marx, toutes les conditions de possibilité du communisme sont données dans l'essence du prolétariat : en lui et par lui, les solutions sont déjà présentes ou en voie de devenir.

Avant même qu'il n'en fonde et utilise le concept et que dans les *Thèses sur Feuerbach* Marx ne l'établisse comme critère de démarcation à l'égard des utopies qu'il récuse, l'idée d'autoémancipation est acquise ; et telle qu'elle est pensée par Marx avant ces *Thèses,* l'autoémancipation du prolétariat permettrait la résolution des apories du fondateur et de la fondation.

Avec l'autoémancipation du prolétariat serait résolue l'aporie du fondateur. Cette aporie peut être résolue, au moins fictivement, en recourant à plusieurs figures. Dieu parmi les hommes, le fondateur serait saint ou prophète. Mais s'il n'y a ni Dieu ni Sauveur suprême ? Pour Marx, le dépassement de l'utopie exclut le recours à un sauveur suprême, auquel seraient nécessairement attribués une identité et un rôle fictifs ou illusoires. Aussi prend-il soin de nous indiquer que les prolétaires n'ont rien à voir avec un tel sauveur : ce ne sont pas des dieux. D'entrée, le fondateur utopique, le Législateur politique, est détrôné : *le mythe du sauveur suprême se résout dans l'autoémancipation du prolétariat.* Mais si le prolétariat remplace le fondateur utopique, c'est qu'il occupe le trône devenu vacant. Les étapes de cette destitution, dans l'œuvre de Marx, épousent celles de l'inversion des rapports entre la philosophie et le prolétariat — entre l'activité initialement attribuée à la première et la passivité dévolue au second *.

En fin de parcours, le prolétariat reçoit tous les attributs du fondateur. Ce dernier, pour remplir sa tâche, doit transcender la société existante : détenir une excellence qui dépasse les aptitudes que la société existante peut faire naître et qui anticipe sur les qualités qui ne pourraient naître que d'une société réconciliée. Ne pouvant naître de l'avenir, il ne doit pas dépendre non plus du présent. Il n'est déjà plus et il n'est pas encore. Il doit annoncer l'avenir puisque l'avenir lui appartient, mais sans lui appartenir. Il doit annoncer l'avenir sans en dépendre, car c'est le présent qui le tient. Il doit appartenir au présent sans rien lui devoir, puisque l'avenir en dépend. Le prolétariat, dans la représentation qu'en propose Marx, correspond exactement à ce portrait. Extérieur au présent et à l'avenir, il est leur trait d'union. Il n'est plus d'aujourd'hui et pas encore de demain. L'autoémancipation du prolétariat permet d'accomplir le franchissement déjà inscrit dans l'essence du prolétariat. C'est l'autoéducation du prolétariat qui le rend apte à remplir son office, et résout ainsi le problème de la *nature* du fondateur. C'est l'autoactivité du prolétariat qui réalise cet office, et résout ainsi le problème du *rôle* du fondateur.

Mais, avec l'autoémancipation du prolétariat serait également résolue l'aporie de la fondation. Pour résoudre cette aporie, *il suffit que la nature de la fondation soit déjà inscrite dans la nature du fondateur.* Telle est bien la solution qui se dégage dans les écrits antérieurs à *L'Idéologie allemande.* Pour Marx, le dépassement de l'utopie exclut le recours à un sauvetage transcendant dont le contenu et la modalité seraient nécessairement imaginaires ou doctrinaires. Aussi prend-il soin d'indiquer sans relâche que l'instauration d'une société nouvelle ne dépend pas d'inventions et de réalisations dogmatiques. D'emblée, la fondation utopique — la création démiurgique retaillée aux dimensions d'une œuvre humaine surhumaine — est disqualifiée : l'utopie du sauvetage transcendant se dissout dans l'autoémancipation du prolétariat : l'existence même et l'activité de ce dernier portent en germe le *contenu* de la société nouvelle. Ce qui dès lors est en question ce ne sont pas la portée historique, la valeur critique et l'actualité pratique de la thèse, mais le sens et la fonction qui sont attribués à cette

* M. Löwy, *La Théorie de la Révolution chez le jeune Marx*, Maspero, p. 24-26.

autoémancipation : réaliser l'essence humaine par un processus d'autonégation de l'inhumanité. Car, si l'existence et l'activité du prolétariat sont, *en elles-mêmes*, porteuses du contenu de l'émancipation, l'utopie du sauvetage total se résout dans l'utopie du prolétariat : la résolution des apories se solde, une fois encore, par le retour de l'utopie.

Les impasses de l'utopie. La validité descriptive ou explicative de la critique marxienne de la situation du prolétariat n'est pas totalement compromise par la construction philosophique qui la soustend : elle l'est d'autant moins qu'elle est loin d'avoir perdu toute actualité. C'est donc avec précision qu'il convient de détecter les infiltrations utopiques qui accompagnent cette critique : le point où la critique bascule dans l'utopie quand le prolétariat est défini par son exclusion d'une société dont il est la dissolution. Marx se défend d'être un utopiste (au sens où il l'entend lui-même) qui jugerait du présent au nom de l'avenir. Mais il se donne l'avenir dans le présent, en raison non seulement de la méthode qui préside à sa critique de la société existante, mais surtout de l'incarnation attribuée à cette critique. La société sans classe est déjà donnée dans sa conception du prolétariat comme classe qui est elle-même abolition de toutes les classes. De nombreux auteurs n'ont pas manqué de le souligner, à commencer par Merleau-Ponty qui, du moins initialement, niait cependant que le marxisme fût une utopie *[13].

Pourtant, Marx peut se prévaloir, du moins après 1845, d'avoir dépassé l'utopie. La critique marxienne de l'utopie porte alors sur deux points : Marx récuse, dans un même mouvement, la substitution de l'autorité de la science à la spontanéité du prolétariat et la substitution des inventions de la science aux conditions de l'histoire. La réversion de ces substitutions par la logique de la révolution permettrait de dépasser l'utopie **. Elle permettrait du même coup de dépasser les apories. La substitution de la spontanéité du prolétariat à l'autorité de la science permettrait de résoudre l'aporie du fondateur. La substitution des conditions historiques de l'émancipation à ses conditions imaginaires permettrait de résoudre l'aporie de la fondation. Mais à supposer que l'utopie soit alors

* Merleau-Ponty, *Les Aventures de la dialectique*, Gallimard/Idées, p. 338-339.
** H. Maler, *Congédier l'utopie ?*, op. cit., p. 194-203.

dépassée, l'est-elle déjà quand Marx adopte le communisme ? Cette adoption qui se dit historiquement fondée est utopiquement conçue : l'utopie est transférée plutôt que dépassée.

Le *déplacement de l'utopie* transparaît quand la théorie de Marx est *mesurée à ses propres fondements.* Paraissent alors utopiques aussi bien la démarche que son résultat.

La démarche qui assigne au prolétariat le rôle de fondateur d'une société nouvelle est une démarche proprement utopique dans la mesure où elle pose, d'abord indépendamment de toute condition objective, la nécessité d'une société nouvelle à partir d'une critique philosophique de l'ancienne. A la façon dont la figure du fondateur utopique émerge de la critique des réformes partielles dans l'utopie classique, la découverte du prolétariat, présentée comme une découverte indépendante du mouvement propre de la critique, est formulée dans les termes exactement requis par la critique elle-même. La critique s'adjuge le fondateur dont elle a besoin : *le concept utopique du prolétariat est précisément celui qui permet de lire l'idéal dans la réalité, le but dans le moyen, la fin dans le mouvement, l'essence dans l'existence — l'effectivité du communisme.*

Le résultat d'une telle démarche est non moins utopique puisque la réalité empirique est prise à tort pour l'effectivité. L'exclusion du prolétariat définit ses pires formes d'existence : elle n'en réalise pas uniformément l'essence. Et rien n'indique que sa vocation coïncide avec ses aspirations — ou avec celles que la critique, prisonnière de ses urgences, lui prête. C'est pourtant ce prolétariat empirique que Marx investit d'une mission philosophique, forgeant ainsi le concept utopique du prolétariat. Et la démarche qui le fonde est utopique pour deux raisons indissociables : parce qu'elle égale le prolétariat à son objet, le mouvement au but final, le fondateur à la fondation ; parce qu'elle investit, pour reprendre une première et une dernière fois ce vocabulaire ambigu, l'immaturité du prolétariat d'une vocation que doit accomplir sa maturité. Quelle est, en effet, pour Marx, la mesure de la maturité du prolétariat ? La mission qu'il lui attribue. Or jamais le prolétariat ne sera conforme à son concept, pure révélation de son essence, absolue réalisation de sa promesse. Le prolétariat dont Marx rêve qu'il préfigure l'humanité est un prolétariat utopique dans la mesure où l'humanité et l'universalité qu'il lui prête *ne peuvent naître que de l'émancipation qu'il est appelé à réaliser.* Ainsi, la détermination de l'essence du prolétariat par l'exclusion/dissolution de la société existante, quand elle dépasse la critique de ses conditions d'existence, précipite cette critique au-devant d'une utopie vertigineuse : dans cette exclusion se liraient une tendance (présente dans toutes les formes d'existence du prolétariat) et une vocation (inscrite dans l'essence du prolétariat) à porter l'accomplissement de l'essence humaine dans sa totalité. L'essentialisme de Marx atteint alors son point culminant. Le déplacement de l'utopie que Marx entendait congédier pour sauver le socialisme et le communisme est confirmé.

Le *replacement de l'utopie* que la critique marxienne entendait récuser en découle aussitôt : la conception de Marx, *mesurée à sa propre critique des utopies*, recourt à des substituts utopiques. Marx critique comme anticipations utopiques les anticipations imaginaires d'un contenu de l'émancipation qui excède les moyens de sa réalisation et les anticipations doctrinaires de formes de l'émancipation qui se substituent à ses conditions historiques *. Mais si l'utopie, comme le dit Marx, consiste à ne pas apercevoir les conditions historiques de l'émancipation — les conditions et les antagonismes matériels et sociaux qui la rendent possible —, force est de constater que Marx n'aperçoit initialement que d'hypothétiques conditions sociales, mais ne se prononce que par allusions sur ses conditions proprement économiques : le développement des forces productives, et la contradiction entre ce développement et les rapports de production. Autrement dit, Marx, à cette étape de sa pensée, trouve réalisées les conditions historiques de l'émancipation, non pas directement dans ses conditions matérielles, mais immédiatement dans ses conditions sociales. Ce n'est que dans *L'Idéologie allemande*, nous y reviendrons, que se dissout cette concentration dans le prolétariat de toutes les conditions de son émancipation — de sa nécessité et de son contenu : les précisions apportées à dater de cet écrit auront alors valeur d'aveu d'une précipitation utopique initiale [14]. L'indistinction des conditions matérielles et des conditions sociales, la négligence de l'inscription du prolétariat dans les rapports de production et l'allusion seulement furtive au rôle du développement des forces productives trahissent une improvisation utopique : la possibilité de l'émancipation est directement donnée dans les déterminations de son agent et dans son activité. Le prolétariat porte en lui l'émancipation, c'est-à-dire à la fois (car la notion d'émancipation les soude) la révolution et le communisme : c'est une *anticipation utopique* [15]. A cette étape de sa pensée, Marx *transfère* l'anticipation utopique, mais ne la

* H. Maler, op. cit., p. 158-173.

résorbe pas. Les raccourcis de l'utopie promise se soldent par le retour des raccourcis de l'utopie démise : c'est parce qu'elle est utopique que la conception de Marx n'est pas encore scientifique, et non l'inverse.

Reste à prendre la mesure de cette utopie. L'essentialisme, dans la mesure où il est commun à toutes les utopies et à tous les millénarismes qui s'attachent à renverser l'exclusion radicale, est l'expression de cette exclusion : sa racine historique permet de comprendre sa figure théorique — son formidable potentiel, mais aussi ses limites. L'essentialisme sous-jacent à nombre d'utopies (non de restauration, mais d'émancipation) est partagé par le millénarisme proprement dit. Il ne s'agit pas seulement d'un paradigme théorique qui leur serait commun : cet invariant, dont il convient d'apprendre à distinguer les variétés et les variations, n'apparaît et ne réapparaît périodiquement dans les représentations et les discours utopiques que pour des raisons historiques que Marx lui-même nous append à reconnaître. C'est à l'exclusion sociale, qu'elle soit ou non provisoire, que l'essentialisme le plus radical fait écho : quand les exclus de la société réclament, ou que l'on réclame en leur nom, une inclusion dans une communauté qui réalise l'essence humaine, c'est précisément en raison de la figure sociale de leur exclusion. Il faut alors toute la morgue et toute la suffisance des tenanciers de l'ordre social établi pour récuser l'utopie sans en capter le sens.

L'utopie initiale

Ainsi, nous avons donc affaire, à tous égards, à cette étape de la pensée de Marx, à un moment utopique qui délivre déjà des impasses de l'utopie que Marx ne tardera pas à congédier, sans délivrer des impasses de l'utopie. L'adoption du communisme par Marx présente tous les traits de l'utopie que Marx ne retient pas dans son concept d'utopie et qui se détachent sur le fond de l'essentialisme anthropologique (et ontologique) commun à la plupart des utopies. Cet essentialisme gouverne une *adoption utopique du communisme* qui laisse persister l'horizon utopique sous-jacent à toutes les constructions utopiques. Il gouverne une *adoption d'un communisme utopique* qui laisse persister une solution utopique : la présentation utopique d'une société totalement réconciliée avec elle-même. Le communisme de Marx se confond avec une *utopie promise.* Quel est le gain d'une telle appellation et de l'exposition qui tente de la fonder ?

Les œuvres contemporaines du passage de Marx au communisme, et particulièrement les *Manuscrits de 1844*, ont mérité et méritent partiellement tous les qualificatifs dont, selon l'optique choisie, on les a affublés : philosophiques, anthropologiques, idéologiques, éthiques. Mais de telles désignations ont en commun de renvoyer le communisme que Marx revendique à ses options morales ou à ses opinions privées. Cette position est intenable : qu'il s'agisse de l'histoire ou de la dialectique (que l'on distribue précipitamment dans les rayons distincts de la Science et de la Philosophie), le communisme de Marx leur est coextensif et détermine la structure interne de sa théorie : celle-ci ne peut être examinée en faisant abstraction, provisoirement ou définitivement, de l'orientation qu'elle adopte et de l'horizon qu'elle vise. La négligence du communisme que Marx revendique permet d'enclore l'examen de sa théorie sur un terrain balisé par la Philosophie et la Science. Les conséquences de ces choix théoriques sont immédiates : le questionnement sur le rapport de l'œuvre de Marx à ses sources se borne en général à évoquer vaguement la confrontation avec les formes utopiques du socialisme et du communisme, bien que le soubassement et l'enjeu de tout le travail théorique de Marx soient déterminés par le projet de leur dépassement. De même, que ce soit pour encenser ou pour contester l'humanisme de cette étape de la pensée de Marx, la plupart des commentaires consacrés font l'impasse sur le communisme qu'il revendique et/ou contournent l'examen des dimensions proprement utopiques de ce communisme. L'humanisme théorique de Marx, dûment diagnostiqué par Althusser, n'absorbe pas la totalité de la signification des œuvres où il s'expose *. Mais les impasses de cet humanisme théorique coïncident avec celles d'un communisme utopique. Seule la négligence du communisme de Marx permet d'en tenir l'utopie pour négligeable.

Mais, tant que l'on n'a pas étudié la structure spécifique de son argumentation, on n'a rigoureusement rien dit sur l'adoption du communisme par Marx quand on l'a qualifiée d'*utopique* (et, a fortiori d'éthique ou d'idéologique), surtout quand on se borne à ausculter ses motivations ; quand, pour désigner la conception que Marx se fait de la nécessité du communisme et de la vocation révolutionnaire du prolétariat, on l'a qualifiée de *messianique* [16]. Dans

* L. Althusser, *Pour Marx*, Maspero, 1966 : *Réponse à John Lewis*, 1973.

la mesure où c'est la nécessité du communisme qu'il annonce, Marx parle le langage de la prophétie. Dans la mesure où c'est le contenu du communisme qui est esquissé, Marx parle le langage de l'utopie. Mais le dispositif théorique qui sous-tend l'argumentation importe plus que les figures du discours qui le manifestent. Les analogies ne parlent pas d'elles-mêmes : les convergences thématiques ne valent que par la problématique qui les sous-tend. Cent fois relevées, la tonalité et la facture prophétiques, voire messianiques, du discours de Marx n'en délivrent pas le sens au ras des similitudes ; elles sont l'effet de la figure de la révélation qui le sous-tendent : le virage de l'essentialisme historique à l'essentialisme utopique. On peut, il est vrai, tenter d'établir, comme l'ont fait Karl Löwith et Michel Henry, les chaînons théoriques qui permettent de comprendre les proximités entre la structure de la pensée d'un Joachim de Flore ou d'un Jacob Boehme et celle de Hegel ou de Marx *. Encore convient-il de ne pas réduire toute l'œuvre de Marx à cet héritage, comme le fait le premier cité, ou de la comprendre comme une sécularisation d'une doctrine du salut, comme ils le font tous deux[17]. En tout cas, dégager la structure d'une problématique ne remplace pas l'examen d'une argumentation : les critiques lacunaires, quand elles ne sont pas faussées, de l'essentialisme et du totalisme de Marx le montrent à l'évidence. Et l'examen d'une argumentation n'est pas épuisé par la révélation de son filigrane : notre insistance à parler de *dimensions utopiques* n'avait d'autre objectif que de le signaler.

Pourtant, à condition d'en préciser les contours, on peut comprendre à quel point l'utopie constitutive du communisme initial est décisive. Cette utopie remplit une fonction inaugurale dans la critique marxienne de l'utopie : c'est le comble de l'utopie qui constitue la condition du dépassement des utopies. Cette utopie remplit une fonction paradoxale dans le devenir scientifique de l'œuvre de Marx : c'est le comble de l'utopie qui ouvre le champ de la critique et menace de l'engloutir. Comble de l'utopie, dans la mesure où le passage à la totalité de l'émancipation désigne dans les utopies des partialités mal comprises ; comble de l'utopie, dans la mesure où sont fixées, à cette étape, les conditions, rattachées à l'histoire, d'un arrachement à l'histoire. Mais peut-être ne s'agit-il, au fond, que d'errements provisoires, dont on peut concéder l'existence pour

* K. Löwith, *Weltgeschischte und Heilgeshehen*, Stuttgart, 1953 ; M. Henry, *Marx*, t. 1, Gallimard, 1991, p. 120-161.

soutenir aussitôt que la fondation scientifique de la nécessité et de l'actualité du communisme est une œuvre postérieure à son adoption.

Pourtant, si les figures de l'utopie initiale sont effacées dans les œuvres ultérieures, elles ne sont pas abolies : Marx n'a cessé de se débattre avec un dispositif théorique dont il ne franchit les frontières que pour les reconduire plus loin, sans jamais les supprimer complètement. C'est ce que montrent les œuvres rédigées entre 1845 et 1848, contemporaines de la fondation du communisme par Marx. Nous nous proposons de l'établir : cette fondation qui permet à Marx d'asseoir sa critique de l'utopie héritée annonce prématurément son dépassement et sa déchéance. Mais surtout, la persistance des dimensions utopiques initiales laisse subsister, dans le communisme de Marx, une *utopie rectifiée*, plutôt que dépassée : telle est la rançon des ambiguïtés d'une démarche scientifique qui ne rompt que partiellement avec les présupposés antérieurs et en reconduit discrètement les effets.

CHAPITRE II

L'UTOPIE RECTIFIÉE
(L'insistance de l'utopie, 1845-1848)

A l'adoption utopique du communisme succède ou succéderait, dans les *Thèses sur Feuerbach* et dans *L'Idéologie allemande*, sa fondation scientifique [1]. Selon quel processus ? La mise au jour de la conception matérialiste de l'histoire n'est pas l'accomplissement d'une intuition originaire, prose véritable dont tout le travail théorique de Marx ne serait que le travestissement poétique. Pourtant, elle ne se résout pas non plus dans le pur avènement d'une science, marquée encore par des impuretés idéologiques, mais démarquée de la révélation utopique du sens de l'histoire et de la figuration utopique de son accomplissement. Aussi doit-on, prenant le parti de la complexité, tenter de mesurer ce que, pour le meilleur et pour le pire, la fondation scientifique du communisme ne doit plus et doit encore, dans ses commencements, aux formes utopiques de son adoption. C'est d'abord la démarche adoptée par Marx qui permet d'en juger.

I. UNE DÉMARCHE SCIENTIFIQUE ?

Ce sont les mutations des concepts d'essence et de totalité, dont l'utopie initiale était solidaire, qui permettent de cerner les éventuelles persistances.

1. L'essence et la totalité

Dès 1844, l'essence humaine se voit reconnaître des attributs (activité et socialité) qui ne permettent pas qu'on la confonde avec l'essence humaine telle que Feuerbach la conçoit : ce qui, pour

Marx, définit l'homme, ce n'est pas un ensemble de caractères désocialisés, mais déjà un ensemble de rapports, avec la nature et avec les autres hommes. Il faut cependant attendre les *Thèses sur Feuerbach* et *L'Idéologie allemande* pour que Marx défasse le mariage qu'il avait lui même conclu entre la dialectique de Hegel et l'anthropologie de Feuerbach, et pour qu'il rompe ouvertement avec ce dernier. Marx propose alors des rectifications qui portent précisément sur le concept d'essence humaine et qui ont, au moins partiellement, valeur d'autocritique.

De l'abstrait au concret. La conception marxienne de l'essence réelle et de la totalité concrète repose sur une critique de l'abstraction sous la double forme qu'elle revêt chez Hegel et chez Feuerbach : sa forme idéaliste et sa forme matérialiste.

La critique de Hegel, dans le texte célèbre de *La Sainte Famille*, est une critique de l'abstraction spéculative (qui attribue une existence réelle à l'essence abstraite du fruit) et de la construction spéculative qui voit dans les fruits réels des réalisations de cette essence abstraite.

Rappelons ce texte qui emprunte l'exemple choisi à Hegel lui-même * : « Quand opérant sur des réalités, pommes, poires, fraises, amandes, je me forme *l'idée générale* de "fruit" ; quand, allant plus loin, je m'imagine que mon idée abstraite "le fruit", déduite des fruits réels, est *un être qui existe en dehors de moi* et, bien plus, constitue *l'essence véritable* de la poire, de la pomme, etc., je déclare — en langage spéculatif — que "le fruit" est la "substance" de la poire, de la pomme, de l'amande, etc. Je dis donc que ce qu'il y a d'*essentiel* dans la poire ou la pomme, ce n'est pas d'être poire ou pomme. *Ce qui est essentiel dans ces choses, ce n'est pas leur être réel, perceptible aux sens, mais l'essence que j'en ai abstraite et que je leur ai attribuée, l'essence de ma représentation :* "le fruit". Je déclare alors que la pomme, la poire, l'amande, etc., sont de simples *formes d'existence,* des modes du "fruit". Mon entendement fini, appuyé par mes sens, distingue, il est vrai, une pomme d'une poire et une poire d'une amande ; mais ma raison spéculative déclare que cette différence sensible est inessentielle et sans intérêt. Elle voit dans la pomme la même chose que dans la poire et dans la poire la même

* Hegel, *Encyclopédie des sciences philosophiques, I. La Science de la logique,* éd. Vrin, p. 158.

chose que dans l'amande, c'est-à-dire "le fruit". Les fruits particuliers réels ne sont plus que les fruits *apparents*, dont l'essence vraie est "la substance", "le fruit" » (SF, p. 73-74).

Marx critique donc l'abstraction spéculative parce qu'elle attribue une existence réelle et objective aux idées générales, conçues comme essences des êtres particuliers ; parce qu'elle présente les êtres réels comme des formes d'existence de l'essence idéelle, abstraite et hypostasiée ; parce qu'elle dissout les différences entre les êtres réels dans l'unité d'un genre essentiel. Ce texte inaugure une critique radicale de l'essentialisme philosophique, mais il ne la clôt pas. Marx n'abandonne pas le concept d'essence, mais laisse entendre, face à la conception idéaliste que l'essence réelle ne doit pas être confondue avec l'essence pensée (cette essence n'est rien d'autre que la totalité des rapports réels) ; que les être réels ne sont pas les formes d'existence apparentes d'une essence idéelle cachée (ce qui n'exclut pas que des formes d'existence réelles puissent n'être que des formes phénoménales d'une essence réelle) ; que les êtres réels ne sont pas les différenciations inessentielles d'une essence idéelle, car l'essence n'existe pas en dehors de ces êtres et de leurs différences.

Ce sont les principaux aspects de cette critique générale qui sont à l'œuvre dans la critique de Feuerbach. Marx critique dans un même mouvement : la résurgence de l'abstraction spéculative qui substitue l'idée d'Homme comme essence de l'homme aux hommes réels ; l'attribution de cette essence abstraite à l'individu singulier ; la compréhension de cette essence non comme une essence sociale, mais comme une genre naturel. C'est ainsi que Feuerbach, précise Marx, « dit "l'Homme" au lieu de dire "les hommes historiques réels" » (IA, p. 24), comprenant, par conséquent, cette essence abstraite « en tant que "genre", universalité interne, muette, liant de façon naturelle les multiples individus », et réduit, enfin, l'essence humaine à une « abstraction inhérente à l'individu singulier » (ThF, in IA, p. 3).

Ainsi, Marx joue successivement Feuerbach contre Hegel et Hegel contre Feuerbach. Il reprend à Feuerbach la critique de l'abstraction idéaliste dirigée contre Hegel : l'essence ne doit pas être conçue comme une abstraction idéelle, mais comme une essence réelle. Et il retourne contre Feuerbach la leçon de Hegel : l'essence ne doit pas être conçue comme une abstraction isolante, mais comme un ensemble de rapports. Mais il s'agit de rapports réels, c'est-à-dire sociaux et historiques. Ainsi, la confusion spéculative du réel et de l'idéel qui attribue une existence réelle aux abstractions spéculatives est récusée : l'essence humaine, comprise comme ensemble de propriétés saisies par abstraction, n'existe pas ; l'Homme n'a pas d'existence réelle et les être réels ne sont pas les formes phénoménales d'une essence idéelle, mais d'une essence réelle. Tel est le point de vue du nouveau matérialisme qui implique non pas l'abandon du concept d'essence, mais sa redéfinition : ce sont les conditions de production de l'homme par l'homme qui permettent de saisir et de définir l'essence humaine comme essence réelle, c'est-à-dire sociale et historique [2].

De la société à l'histoire. C'est la *socialité de l'essence humaine* que Marx fait valoir tout d'abord quand, non sans ambiguïté, il définit par la totalité des rapports sociaux aussi bien l'essence humaine que la société civile.

Ainsi de la société civile : « La société civile embrasse *l'ensemble des rapports matériels des individus* à l'intérieur d'un stade de développement déterminé des forces productives. Elle embrasse *l'ensemble de la vie commerciale et industrielle* d'une étape et déborde par là même l'Etat et la nation, bien qu'elle doive par ailleurs s'affirmer à l'extérieur comme nationalité et s'organiser à l'intérieur comme Etat » (IA, p. 73). Par conséquent, l'essence de la propriété bourgeoise — l'essence du mode de production capitaliste — doit être comprise du point de vue de la totalité des rapports spécifiques qui la définissent : « *Les rapports de production de toute société forment un tout* » (MPh., p. 160). Une conséquence en découle immédiatement : « A chaque époque historique la propriété s'est développée différemment et dans une série de rapports sociaux entièrement différents. Ainsi, *définir la propriété bourgeoise n'est autre chose que faire l'exposé de tous les rapports sociaux de la production bourgeoise* » (MPh., p. 160). Le point de vue de l'essence des phénomènes étudiés est bien, en ce sens, le point de vue de la totalité.

Aussi est-ce le point de vue de la totalité qui justifie la réévaluation de la portée scientifique de la théorie de Ricardo : « La théorie des valeurs de Ricardo est l'interprétation scientifique de la vie économique actuelle. (...) Ricardo constate la vérité de sa formule en la faisant dériver de *tous les rapports économiques,* et en expliquant par ce moyen *tous* les phénomènes, même ceux qui au premier abord semblent la contredire, comme la rente, l'accumulation des capitaux et le rapport des salaires aux profits ; c'est là précisément ce qui fait de sa doctrine un système scientifique » (MPh., p. 60-61). C'est cette totalité qu'il convient d'appréhender par-delà ses manifestations phénoménales, partielles et illusoires.

Car c'est elle qui définit l'essence humaine : « L'essence humaine n'est pas une abstraction inhérente à l'individu singulier. *Dans sa réalité, c'est l'ensemble des rapports sociaux* » (ThF, in IA, p. 3). Ainsi l'existence réelle des individus, loin d'être une manifestation inessentielle d'une essence abstraite dont ils seraient l'incarnation, dépend des conditions de cette existence. Ce sont elles qui définissent leur essence.

Ce que sont les individus dépend, par conséquent, du mode de production de la vie matérielle. Le mode de production n'est pas seulement la « reproduction de l'existence physique des individus » : « Il représente au contraire déjà (...) *une façon déterminée de manifester leur vie* (...). La façon dont les individus manifestent leur vie reflète très exactement *ce qu'ils sont. Ce qu'ils sont coïncide donc avec leur production,* aussi bien avec ce qu'ils produisent qu'avec la façon dont ils le produisent. *Ce que sont les individus dépend donc des conditions matérielles de leur production* » (IA, p. 15). Mais aussi de la totalité des rapports dans lesquels ils produisent.

Ainsi, selon Marx, l'essence humaine n'est pas une totalité indépendante des rapports sociaux : une réalité séparée des formes sociales qui la définissent et de la totalité des rapports sociaux historiquement déterminés qui définissent la société civile, mais une essence réelle qui n'est autre que la totalité des rapports sociaux.

La rupture consommée par les *Thèses sur Feuerbach* permet de redéfinir dans un même mouvement les concepts d'essence, de société et de totalité. L'essence n'est pas une entité résultant d'une abstraction de la totalité : *l'essence est la totalité concrète elle-même.* La totalité n'est pas celle d'une essence humaine sous-jacente, voire logiquement ou historiquement antérieure, aux rapports sociaux, mais se confond avec eux. *Le point de vue de la société réelle coïncide avec le point de vue de la totalité sociale, qui n'est autre que le point de vue de l'essence sociale des hommes.* Et le point de vue de la socialité de l'essence humaine se confond avec le point de vue de la totalité.

Avec de tels fondements, le renversement de la conception idéaliste de l'histoire en conception matérialiste est effectivement opéré, et l'*historicité de l'essence humaine* vient au premier plan.

La conception spéculative de l'histoire procède à la substitution de l'Homme aux hommes réels. De même que les fruits réels, dans la conception spéculative, apparaissent comme des autodifférenciations de l'essence du Fruit, les hommes réels peuvent être représentés comme des réalisation de l'essence de l'Homme : « si l'on considère, d'un point de vue philosophique, le développement des individus dans les conditions d'existence commune des ordres et des classes qui se succèdent historiquement et dans les représentations générales qui leur sont imposées de ce fait, on peut, il est vrai, s'imaginer que le Genre ou l'Homme se sont développés dans ces individus ou qu'ils ont développé l'Homme (...). On peut alors comprendre ces différents ordres et ces différentes classes comme des spécifications de l'expression générale, comme des subdivisions du Genre, comme des phases de développement de l'Homme » (IA, p. 62).

Ainsi : « Les individus qui ne sont plus subordonnés à la division du travail, les philosophes se les sont représentés, comme idéal, sous le terme d'"Homme", et ils ont compris tout le processus que nous venons de développer comme étant le développement "de l'Homme" ; si bien qu'à chaque stade de l'histoire passée *on a substitué "l'Homme" aux individus existants et on l'a présenté comme la force motrice de l'histoire* » (IA, p. 72-73). Cette abstraction non seulement est postérieurement attribuée à l'individu singulier, mais surtout elle est rétroactivement placée comme sujet au début de l'histoire. C'est, au contraire, de la base réelle de l'histoire qu'il convient de partir au lieu de lui substituer sa représentation abstraite : « Cette somme de forces de production, de capitaux, de formes de relations sociales que chaque individu et chaque génération trouvent comme données existantes est *la base concrète de ce que les philosophes se sont représenté comme "substance" et "essence de l'homme"* » (IA, p. 39).

L'histoire humaine, par conséquent, n'est pas la réalisation de l'Homme : elle n'est pas produite par l'Homme et n'a pas comme fin immanente de le réaliser. Ce n'est pas l'Homme qui réalise l'histoire, et l'histoire n'est pas la réalisation de l'Homme. Ce n'est pas l'essence abstraite de l'homme qui constitue la base de l'action historique des individus, mais leur essence réelle ; c'est l'historicité de l'essence humaine qui doit être expliquée par l'histoire au lieu que l'essence humaine serve à expliquer l'histoire. En d'autres termes, *l'histoire n'est pas un produit de la nature humaine, mais la nature humaine est un produit de l'histoire :* « L'histoire tout entière n'est qu'une transformation continue de la nature humaine» (MPh., p. 153). L'histoire des hommes est le produit des individus socialement déterminés et des rapports sociaux qui déterminent les individus. *L'Homme n'a pas d'existence réelle ; l'histoire n'a pas l'Homme pour démiurge* — l'essentialité abstraite de l'homme, succédané matérialiste de l'Esprit. L'histoire a les conditions de la vie matérielle pour support. Ces rapports matériels sont les produits de l'activité humaine qui doit être saisie comme telle.

L'histoire est l'histoire des hommes définis par leur conditions matérielles d'existence. La matérialité, il faut le souligner, n'est pas ici la matière spéculativement conçue comme un ensemble de propriétés abstraites. Elle est comprise comme un ensemble de rapports matériels qui sont les produits et les conditions de l'activité humaine : si l'Homme ne doit pas être conçu comme une abstraction, indépendante des rapports sociaux et antérieure à eux, les hommes ne doivent pas non plus être saisis en dehors de leur pratique. Mais si l'essence est la totalité concrète, cette totalité concrète n'est pas le moteur de l'histoire : ce sont les hommes qui font l'histoire.

Le changement de problématique (pour autant, du moins, qu'il n'était pas déjà partiellement impliqué dans certaines formulations antérieures) est, semble-t-il, complet : l'essentialisme philosophique (ou ontologique) qui féconde les utopies serait récusé et remplacé par un essentialisme scientifique (ou méthodologique) qui prévaut dans les textes de la maturité. Reste à savoir si ce changement annule les antécédents, si la rupture avec l'essentialisme et le totalisme initiaux est aussi radicale qu'elle le paraît — si, sous le changement, ne court pas la continuité.

De la science à la critique. Dans la mesure où, sous le concept d'essence humaine, il ne s'agit que de connaître les hommes dans la totalité des rapports qui les conditionnent, le matérialisme correspondant peut suffire à fonder la recherche scientifique. Mais quel est exactement le *point de vue du nouveau matérialisme ?*

A première vue, tout semble clair : « Le point de vue de l'ancien matérialisme est la société civile-bourgeoise, le point de vue du nouveau, la société humaine ou l'humanité sociale », ou, selon la correction d'Engels, « l'humanité socialisée » (ThF, trad. Labica, P.U.F., p. 22, in IA, p. 3). On peut comprendre cette thèse comme une réaffirmation du caractère immédiatement social de l'essence humaine et la poursuite de la critique de la réduction de l'essence humaine en une « abstraction inhérente à l'individu singulier », dans la mesure où cette réduction correspond à la société bourgeoise : à la différence de l'ancien matérialisme qui part du point de vue de l'individu isolé, le nouveau matérialisme part du point de vue de l'individu socialisé, ou plutôt des conditions de socialisation des individus. Mais, selon une seconde interprétation, on peut comprendre l'essence sociale de l'homme dont il s'agit comme celle que réalise le communisme, parce qu'il est l'humanité sociale : « point de vue de l'humanité sociale » signifie alors point de vue communiste [3]. La distance qui sépare ces deux interprétations ne saurait être mésestimée : la seconde subordonne le nouveau matérialisme à un concept prospectif de la réalisation véritable de l'essence humaine, qui opère encore comme modèle normatif de la critique (et de la pratique), mais qui menace, du même coup, de virer à l'utopie, si ce modèle est promis à la réalisation.

La problème se précise lorsque l'on tente de répondre à la question suivante : Quel est donc le *point de vue de la critique ?* « Dans sa réalité effective » *(in seiner Wirklichkeit)*, nous dit Marx, l'essence humaine coïncide avec « l'ensemble des rapports sociaux » : dans la mesure où, sous le concept d'essence humaine, il ne s'agit que de connaître la totalité de ces rapports, l'essentialisme peut se présenter comme le fondement d'une méthode scientifique. Mais, poursuit Marx, Feuerbach « n'entre pas dans la critique de cette essence effective » *(wirklichen Wesens)*. Quelle est la méthode de la critique ? Marx ne le dit pas explicitement. Ne s'agit-il pas, à la façon dont Marx, dès les *Manuscrits de 1843*, mesure l'essence de l'Etat moderne à l'essence de l'Etat, de mesurer l'essence réelle de la société moderne à l'essence réelle de « la société humaine ou humanité sociale » ? Quel est le fondement de la critique ? Ne prend-elle pas pour norme une essence véritable — l'essence humaine parvenue à sa réalisation ou destinée à se réaliser ? S'il en est ainsi, l'essentialisme critique qui double l'essentialisme scientifique ne saurait être confondu avec lui. Et avec la persistance du premier, c'est l'insistance de l'utopie promise qui risque de se faire sentir.

Marx (ou Engels, qui est peut-être l'auteur de ce passage) reproche en particulier à Feuerbach sa conception de l'identité entre l'Être et l'essence, qui futilise la possibilité d'un divorce [4]. Certes, il peut arriver que « dans la vie de l'homme seul », nous dit Feuerbach, « l'être » (c'est-à-dire, selon l'interprétation de Marx, « les conditions d'existence ») « se sépare de l'essence, mais seulement dans les cas anormaux et malheureux » *.

---

* L. Feuerbach, *Principes de la philosophie de l'avenir* (1843), in *Manifestes philosophiques*, 10-18, p. 222-223.

A cette conception qui, dit-il, comprend « chaque exception comme une anomalie qu'on ne peut changer » (« un malheur inévitable qu'il conviendrait de supporter tranquillement »), Marx oppose que les prolétaires, insatisfaits de « leur condition de vie » — leur « être » — « mettront celle-ci » en harmonie avec leur « essence » dans la pratique, au moyen d'une révolution (IA, p. 42-43). Quelle est donc cette « essence » des prolétaires si ce n'est la véritable essence humaine, opposée à leur existence réelle et actuelle, et appelée à se réaliser dans des conditions d'existence qui lui soient adéquates ? Il semble alors se vérifier que la critique des conditions de vie réelle n'opère pas seulement à partir des contradictions immanentes à la réalité, mais à partir d'un point de vue qui reste celui d'une véritable essence humaine. N'est-ce pas cet essentialisme critique qui sert de base à la critique de l'aliénation et qui menace, une fois encore, de basculer dans l'utopie des émancipations imaginaires ? Quel est, plus précisément, le trajet qui conduit de la critique de l'aliénation au projet d'émancipation ?

2. L'aliénation et l'émancipation

La principale conséquence de la mutation du point de vue de l'essence et de la totalité réside dans le changement de sens du concept de l'aliénation, qu'il ne suffit pas, pour la comprendre, de mesurer à une essence humaine préalable ou terminale.

L'aliénation réelle. Le concept d'aliénation est repris, mais dans le contexte d'une critique radicale de son *concept idéologique* [5]. C'est un concept idéologique, d'abord, quand c'est *un concept spéculatif qui résulte de l'abstraction.* A une conception abstraite de l'essence humaine répond nécessairement un conception abstraite de l'aliénation : la *« substitution de la catégorie de l'aliénation »* à l'analyse des rapports et des individus réels comme aliénés (IA, p. 277) ; la présentation de tous les produits de l'activité humaine comme des « aliénations de l'essence de l'homme » (IA, p. 498) ; la réinterprétation idéologique de la littérature française en « spéculation oiseuse sur la société véritable, sur la réalisation de l'essence humaine » (MPC, bil., p. 99-101). Mais le concept d'aliénation est un concept proprement idéologique, surtout quand c'est un *concept spéculatif qui résulte de la réduction de la domination à la domination des idées.* Le processus d'autoaliénation (compris comme « processus d'autoaliénation "de l'Homme" ») est « transformé en un processus de développement de la conscience » (IA, p. 72-73). Passage donc de l'abstraction à l'idéologie : l'aliénation n'est autre, dans cette perspective, que la conscience aliénée, enfermée dans des illusions. Il ne reste plus, en guise de transformation de la réalité, qu'à « échanger ces illusions contre des pensées correspondant à l'essence de l'homme », comme le soutient Feuerbach lui-même (IA, p. 9).

Au concept idéologique de l'aliénation, Marx oppose son *concept historique* : celui d'une « aliénation » — « pour que notre exposé reste intelligible aux philosophes » — mais « *réelle* ». C'est ainsi que Marx oppose à Stirner la nécessité de « se donner pour tâche de *décrire les individus réels avec leur aliénation réelle et les conditions empiriques de cette aliénation* » (IA, p. 277). De cette aliénation, il est nécessaire de retracer la genèse. A cette fin, Marx place au centre de son analyse le concept de division du travail. La division du travail explique le processus : le *devenir étranger et opposé des produits de l'activité humaine.* Le terme d'aliénation décrit le résultat : le concept d'aliénation semble désormais scindé.

L'aliénation revêt de multiples formes. Les individus sont dominés, d'abord, par les formes sociales de l'activité productive dont la « puissance sociale » leur apparaît « comme une puissance étrangère, située en dehors d'eux ». Ensuite, les hommes sont dominés par les effets de la division du travail. Celle-ci les subordonne à « une sphère d'activité particulière et déterminée » : une « *pétrification de notre propre produit en une puissance objective qui nous domine, échappant à notre contrôle,* contrecarrant nos attentes, réduisant à néant nos calculs » (IA, p. 32). La division du travail transforme les intérêts personnels en intérêts de classe qui « *deviennent autonomes,* et, sous cet aspect autonome, prennent la forme d'intérêts généraux, puis, à ce titre, *entrent en conflit* avec les individus réels », aliènent et réifient le comportement de l'individu (IA, p. 243). Les individus, enfin, sont « asservis à une puissance qui leur est étrangère » : le marché mondial (IA, p. 35-36).

L'aliénation n'est plus alors conçue comme autoaliénation d'une essence humaine ; elle désigne une forme particulière et décisive des contradictions immanentes aux rapports sociaux capitalistes : *les hommes sont dominés par la totalité des rapport sociaux au lieu de les dominer.* La réification n'est qu'un aspect de l'aliénation : c'est parce que la totalité des rapports sociaux échappe au contrôle conscient des individus que les rapports entre les hommes prennent la forme de rapports entre les choses [6].

Reste à savoir *quelle est la mesure de cette aliénation*, qui justifie qu'on en conserve au moins le terme : peut-elle être donnée sans la figure de son dépassement dans une essence humaine véritable ?

Une réponse négative semble devoir s'imposer. Dès lors que l'aliénation n'est plus comprise comme celle d'une essence humaine, l'opposition entre « humain » et « inhumain » ne recouvre plus l'opposition entre l'essence humaine et son aliénation. Stirner s'imagine que les hommes se sont libérés « dans la mesure exacte où cela était nécessaire à la réalisation en eux-mêmes », c'est-à-dire de leur idée de l'homme ; il exclut, en outre, que le résidu, incompatible avec la réalisation de cet idéal (et, pour cette raison, qualifié d'« inhumain »), puisse participer à leur émancipation.

C'est à ces deux arguments — l'argument selon lequel c'est l'*idée de l'homme* qui guide l'émancipation, l'argument selon lequel l'« inhumanité » (qui n'est pas une idée mais une réalité immanente à des rapports sociaux déterminés) ne participe pas à cette émancipation — que Marx s'oppose, dans un même mouvement : l'« humanité » et l'« inhumanité » sont à la fois réelles et efficientes, précisément parce qu'elles sont historiquement relatives. Point n'est besoin alors, semble-t-il, de prendre pour norme une essence humaine véritable. Ainsi, Marx objecte que le degré d'émancipation n'est pas déterminé par l'idéal de l'homme, mais par les forces productives existantes. Or, jusqu'ici, le faible développement de ces forces productives explique que toutes les émancipations ont eu pour cadre les antagonismes au sein de la société. Au point que si la classe dominée, dont les membres sont « *exclus de tout progrès* », satisfait ses besoins « *de façon anormale* », « *l'"inhumain" se rencontre également dans la classe dominante* ». « Humain et inhumain sont donc des expressions relatives à un certain niveau de production et à certaines modalités de satisfaction des besoins ». « *Humain* désigne la situation dominante, et l'expression négative *inhumain* correspond à la tentative quotidiennement renouvelée, et suscitée par ce même niveau de production, de nier cette situation dominante et de nier aussi la façon dominante de satisfaire les besoins dans le cadre du mode de production existant » : inutile, une fois encore, de se référer à une essence humaine absolue, ou, même véritable, qu'elle soit préalable ou terminale (IA, p. 437-438).

Pourtant, ce partage est globalement référé à un développement des forces productives limité, qui « ne permet pas de satisfaire la société tout entière » et où l'aliénation dans la satisfaction des besoins, quoique inégalement partagée et efficiente, est générale : le concept d'essence humaine véritable court toujours, point d'appui d'un essentialisme critique qui menace à nouveau de virer à l'essentialisme utopique, pour autant que la mesure de l'aliénation ne puisse être donnée sans la figure déjà présente de l'émancipation.

L'émancipation totale. Dans l'exacte mesure où l'aliénation est complète, universelle, intégrale, elle exige une émancipation complète, universelle et intégrale. C'est ce qu'enseignent le contenu que Marx lui attribue, comme la nécessité qui selon lui l'impose. Arrêtons-nous, d'abord, sur le contenu. Que signifie cette persévération ?

L'émancipation, tout d'abord, doit être *universelle.* Le développement des forces productives, soutient Marx, a engendré le comble de l'aliénation et l'a rendue insupportable, au point que les « individus de l'époque actuelle sont contraints d'abolir la propriété privée » (IA, p. 445) par une appropriation des forces productives, qui ne peut être qu'universelle : « les individus sont obligés de s'approprier *la totalité* des forces productives existantes non seulement pour parvenir à manifester leur moi, mais avant tout pour assurer leur existence » (IA, p. 71). Le même texte envisage cette appropiation sous toutes ses faces. Dans la mesure où cette appropriation est déterminée par son objet, c'est une *appropriation de forces productives universelles* : « Cette appropriation est conditionnée, en premier lieu, par l'objet qu'il s'agit de s'approprier, ici donc les forces productives développées jusqu'au stade de la totalité et existant uniquement dans le cadre d'échanges universels. Déjà sous cet angle cette appropriation doit nécessairement présenter un caractère *universel* correspondant aux forces productives et aux échanges. » Dans la mesure où elle est déterminée par son sujet, c'est une *appropriation universelle des forces productives*, qui la subordonne à tous les individus : mais « les échanges universels modernes ne peuvent être subordonnés aux individus qu'en étant *subordonné à tous* ». Cette appropriation, « conditionnée par la façon particulière dont elle doit s'accomplir », suppose, enfin, *un processus universel d'appropriation* qui repose nécessairement sur l'union universelle du prolétariat : elle suppose une « union obligatoirement *universelle* à son tour, de par le caractère du prolétariat lui-même », et une « révolution qui (...) développera le caractère *universel* du prolétariat » (IA, p. 71-72).

Cette appropriation universelle est, en même temps et du même coup, nécessairement *intégrale*. C'est l'objet même de l'appropriation qui l'implique : « L'appropriation de ces forces n'est elle-même pas autre chose que le développement des facultés individuelles correspondant aux instruments matériels de production. Par là même, l'appropriation d'une totalité d'instruments de production est déjà *le développement d'une totalité de facultés des individus eux-mêmes* » (IA, p. 71). L'appropriation d'une totalité de forces productives et le développement d'une totalité de facultés individuelles se conditionnent réciproquement. Seul le développement des facultés rend possible l'appropriation qui rend possible à son tour ce développement. C'est ce second aspect que Marx développe en faisant sans doute référence au passage précédent quand il écrit : « Nous avons montré en outre que la propriété privée ne peut être abolie qu'à la condition que soit réalisé un *développement complet des individus ;* ceux-ci se trouvent en effet en présence de forces productives et de formes d'échange de caractère multiforme et seuls des individus dont le développement sera *complet* pourront se les assimiler, c'est à dire en faire l'activité *libre* de leur existence » (IA, p. 445). Or le sujet même de l'appropriation est contraint — nous y reviendrons — d'imposer ce développement.

Enfin, comme toutes les sphères de l'aliénation sont interdépendantes, l'émancipation ne peut être que *complète*. De même que la division du travail engendre une aliénation universelle et intégrale qui requiert une appropriation universelle et intégrale, elle engendre toutes les formes de l'aliénation humaine (de la domination des hommes par les produits de leur propre activité). Dès lors la suppression de la division du travail doit engendrer une émancipation globale, qui doit mettre un terme à la subordination des hommes à la division du travail (IA, p. 31-34), dépasser l'antithèse entre travail et plaisir (IA, p. 210-212), déjouer la fixité des désirs. Elle doit, en particulier, affranchir les hommes de l'existence des institutions politiques. L'existence de l'Etat résulte de la division du travail qui engendre « la contradiction entre intérêts particuliers et intérêt collectif qui amène l'intérêt collectif à prendre, en qualité d'Etat, une forme indépendante » (IA, p. 31). La suppression de la division du travail doit donc entraîner celle de l'Etat. « De ce que nous avons dit plus haut contre Feuerbach, il ressort que les révolutions qui ont eu lieu jusqu'à présent, dans le cadre de la division du travail, ont nécessairement conduit à de nouvelles institutions politiques ; il en ressort également que *la révolution communiste qui abolit la division du travail aboutit en fin de compte à la disparition des institutions politiques* » (IA, p. 381).

La récapitulation qui précède introduit alors des questions décisives. *Comment concevoir que l'émancipation totale certifiée par la science puisse être, à quelques variations près, la même que celle qui est promise par l'utopie initiale ?* Si ce n'est parce que la certitude de l'avènement de l'essence humaine hante encore le raisonnement ? Et que la nécessité historique de cet avènement répond de son contenu ? Quelle est cette nécessité qui « contraint » et « oblige » les individus à s'émanciper ou qui « ne peut que » ou « doit nécessairement » (quand la condition n'est pas donnée simplement comme accomplie) prendre les formes envisagées par Marx ? Comment se conjuguent l'indispensable et l'inéluctable ? Mais d'abord, quelles sont les forces qui sont garantes de cette émancipation ?

3. Les fossoyeurs et leurs armes

Marx introduit, après 1845, deux rectifications essentielles : la nécessité de l'émancipation humaine n'est pas abstraitement portée par la nécessité de la réalisation de l'essence humaine ; son contenu n'est pas immédiatement et positivement incarné dans le prolétariat. Marx déclare, en particulier, contre les utopistes (et les idéologues), que « la révolution communiste ne se laissera pas guider par les "institutions sociales de réformateurs ingénieux", mais bien par l'état des forces productives » (IA, p. 381). Cette rectification vaut *aveu de l'anticipation utopique initiale*, et permet, semble-t-il, de la dépasser. On peut se demander, pourtant, si le rôle dévolu au développement des forces productives n'est pas affecté des déterminations utopiques propres à la conception de la dialectique entre les forces productives et les rapports de production : nous y reviendrons. Mais, surtout, on peut se demander dans quelle mesure ce rôle abolit les déterminations utopiques antérieures de la figure et du rôle du prolétariat. Quelles sont les modalités de la transformation et le rôle des fossoyeurs de la société bourgeoise — les prolétaires ?

La transformation du prolétariat. Les écrits postérieurs à 1845 modifient et tempèrent le jugement selon lequel le processus de négation de leur propre humanité fait des travailleurs l'incarnation de l'humanité.

C'est, en premier lieu, le *processus de transformation des hommes* lui-même dont le sens et l'ampleur sont précisés à l'occasion d'une double polémique :

— La première polémique vise les matérialistes intuitifs, et en conséquence les utopistes qui, faute de comprendre la pratique révolutionnaire comme unité de la transformation des circonstances et des hommes, doivent attribuer à une partie de l'humanité le soin d'éduquer l'autre, repose sur la thèse suivante : « La doctrine matérialiste du changement des circonstances et de l'éducation oublie que les circonstances sont changées par les hommes et que l'éducateur doit lui-même être éduqué. C'est pourquoi elle doit diviser la société en deux parties — dont l'une est élevée au-dessus d'elle. *La coïncidence du changement des circonstances et de l'activité humaine ou autochangement ne peut être saisie et rationnellement comprise que comme pratique révolutionnaire* » (ThF, trad. Labica, P.U.F., p. 20, in IA, p. 2).

C'est à condition de comprendre le caractère pratique des circonstances et des hommes que l'on peut saisir leur unité, et surtout l'autochangement des hommes dans et par la modification des circonstances. Thèse décisive parce qu'elle fonde théoriquement l'autoémancipation du prolétariat, qui, comprise comme autoéducation, est explicitement donnée comme point de rupture avec les socialismes antérieurs puisque ici se trouve donc localisé le fondement théorique de la posture et de la pratique doctrinaires : faute d'inclure l'activité humaine, et particulièrement l'activité révolutionnaire dans la compréhension du matérialisme, on s'expose ou bien à une attitude contemplative (c'est le cas de Feuerbach), ou bien à une attitude doctrinaire.

— La seconde polémique vise les idéologues proprement dits, pour lesquels il s'agit de se changer au lieu de changer le monde, ou de changer de conscience pour changer le monde dont elle est la conscience. C'est ainsi que Marx dénonce, dans la conception de Stirner, « l'attitude de la phraséologie idéaliste selon laquelle Je, l'élément réel, ne doit pas changer la réalité, ce que je ne peut faire qu'avec d'autres, mais *me changer moi-même au fond de moi-même* » (IA, p. 205). Pour Marx, il s'agit non de se changer au lieu de changer le monde, mais de changer le monde pour se changer ou, plus exactement, de se changer en changeant le monde.

C'est ce que Marx confirme quand il revient à la charge contre Stirner un peu plus loin : « Stirner croit (...) que les prolétaires communistes qui révolutionnent la société et établissent les rapports de production et la forme des relations sur une base nouvelle, c'est-à-dire eux-mêmes, en tant qu'hommes nouveaux, sur leur nouveau mode de vie, restent "ceux qu'ils étaient dans le passé". La propagande inlassable que font les prolétaires, les discussions qu'ils organisent entre eux quotidiennement prouvent à suffisance combien peu eux-mêmes veulent rester "ceux qu'ils étaient", et combien, d'une manière générale, ils souhaitent que les hommes ne restent pas ceux qu'ils étaient. Ils ne resteraient ceux qu'ils étaient que si avec saint Sancho ils cherchaient la faute en eux-mêmes ; mais ils savent trop bien que c'est seulement quand les conditions seront modifiées qu'ils cesseront d'être "ceux qu'ils étaient" et c'est pourquoi ils sont décidés à modifier ces conditions à la première occasion. Dans l'activité révolutionnaire, se changer soi-même et changer ces conditions coïncident » (IA, p. 207-208).

Se changer et changer le monde coïncident. Ainsi la conception initiale est infléchie : l'activité des prolétaires ne témoigne pas de l'humanité qu'ils incarnent déjà, mais d'une volonté de se transformer en transformant les circonstances.

Les conditions de cette autotransformation permettent de comprendre plus précisément le *processus de transformation de la conscience.* Quelle est l'origine de la conscience communiste ? « Dans le développement des forces productives, il arrive un stade où (...) naît une classe qui supporte toutes les charges de la société sans jouir de ses avantages, qui est expulsée de force de la société et se trouve, de force, dans l'opposition la plus ouverte à toutes les autres classes, une classe qui forme la majorité de la société et *d'où surgit la conscience de la nécessité d'une révolution radicale, conscience qui est la conscience communiste* et peut se former aussi, bien entendu, dans les autres classes quand on y voit la situation de cette classe » (IA, p. 37). La conscience communiste, c'est-à-dire la « conscience de la nécessité d'une révolution radicale », a pour racine l'exclusion des prolétaires de la société bourgeoise et « surgit » de la dissolution en acte de cette société. Mais, *première inflexion notable,* elle n'est plus définie comme celle de l'inhumanité consciente de son inhumanité, affirmant par là son humanité.

Si, « depuis un bon bout de temps déjà », tous les communistes « sont d'accord », sur la nécessité d'une révolution communiste, « la création en masse de cette conscience communiste » suppose « une transformation massive des hommes », qui « ne peut s'opérer que par un mouvement pratique, par une révolution » : la conscience de la nécessité d'une révolution communiste, pour la majorité des prolétaires, ne naît pas de la simple conscience de leur être social.

Mais, de plus, elle naît de la révolution communiste elle-même : « *Une transformation massive des hommes s'avère nécessaire pour la création en masse de cette conscience communiste,* comme pour mener à bien la chose elle-même ; *or une telle transformation ne peut s'opérer que par un mouvement pratique, par une révolution ;* cette révolution n'est donc pas seulement rendue nécessaire parce qu'elle est le seul moyen de renverser la classe dominante, elle l'est également parce que seule une révolution permettra à la classe qui renverse l'autre de balayer toute la pourriture du vieux système qui lui colle après et de devenir apte à fonder la société sur des bases nouvelles » (IA, p. 37-38). Ainsi, *seconde inflexion notable,* seuls les communistes, la fraction la plus résolue et la plus consciente, commencent par atteindre la conscience communiste dont la conquête, pour la grande masse, chevauche la révolution si elle ne s'accomplit pas après elle.

Les rectifications ainsi opérées permettent à la fois de lever les ambiguïtés des formulations de la période précédente et d'en reconduire partiellement certaines leçons. Sans doute, les prolétaires révolutionnaires ne sont-ils pas dans le moment même de leur activité l'incarnation de l'humanité dont ils ont en charge de réaliser l'essence ; mais, dans et par la transformation des circonstances qui chevauche la révolution elle-même, c'est leur émancipation comprise comme autoémancipation qu'ils accomplissent. Sans doute la conscience communiste n'est-elle plus celle de l'inhumanité consciente de son inhumanité ; mais le processus qui la fait naître et qui la développe accomplit la conscience nécessaire à l'émancipation totale. Sans doute cette conscience communiste ne peut-elle naître avant la Révolution que dans une minorité ; mais elle préfigure ce qui s'accomplira pour l'immense majorité. Finalement, rien n'interdit, à cette étape de la présentation, de comprendre la coïncidence de la transformation de soi et de la transformation des circonstances comme la réalisation positive de l'essence humaine dont les prolétaires constituent le négatif. Pourtant, ce ne sont plus, semble-t-il, l'activité et la conscience des prolétaires qui préfigurent la société communiste : ne faut-il pas, dès lors, attribuer ce rôle aux forces productives ? Quels sont les rapports entre les fossoyeurs et leur armes ?

La vocation du prolétariat. L'enracinement intrahistorique de la nécessité du communisme prend en compte désormais des conditions matérielles et sociales qui le rendent possible. Mais, les soupçons relatifs à l'articulation ces deux conditions historiques de l'affranchissement du prolétariat se précisent : *la vocation révolutionnaire du prolétariat et la vocation communiste de la révolution sont inscrites dans le développement des forces productives.* C'est, en dernière analyse, au seul développement des forces productives que revient la création des conditions matérielles et sociales du communisme.

Quelles sont les conditions d'une « transformation radicale » (IA, p. 2) ou d'une « révolution radicale » (IA, p. 37) ? Quelles sont les conditions de cette révolution que Marx désigne le plus souvent comme « révolution communiste » (IA, p. 36, 37, 381), expression qui englobe en général indistinctement, comme pour marquer l'unité du processus, l'acte politique et la transformation sociale ? Les conditions qui rendent possibles indissolublement la révolution et le communisme (une révolution débouchant sur le communisme) sont « d'une part, les forces productives existantes et, d'autre part, la formation d'une masse révolutionnaire qui fasse la révolution » (IA, p. 39).

Le développement des forces productives doit être à la fois universel et élevé pour rendre le communisme possible (IA, p. 22, 33, 45, 50, 381) : le communisme comme mouvement (« mouvement réel qui abolit l'état actuel ») ; le communisme comme révolution (« acte soudain et simultané des peuples dominants ») ; le communisme comme émancipation reposant sur l'abondance (car, sans développpement, « c'est la pénurie qui deviendrait générale, et, avec le besoin, c'est la lutte pour le nécessaire qui recommencerait et l'on retomberait fatalement dans la même vieille gadoue » (IA, p. 33).

Mais quel est le rapport entre le développement de ces deux conditions, forces productives et classe révolutionnaire ? Marx l'établit ainsi : la privation de « la masse de l'humanité » de toute propriété et son opposition au monde existant « présupposent toutes deux un grand accroissement de la force productive, c'est-à-dire un stade élevé de son développement » (IA, p. 33). Au développement des forces productives, « qui ne peuvent être que néfastes dans le cadre des rapports existants et ne sont plus des forces productives, mais des forces destructrices (le machinisme, l'argent) » correspond un « fait lié au précédent » : la naissance d'une classe révolutionnaire (IA, p. 37) — qui se constitue comme telle au fil du développement de ses révoltes, subordonné à son tour au développement des forces productives (IA, p. 196-197 par ex.).

Misère de la philosophie confirme cette liaison. Marx commence par affirmer que le développement des forces productives crée « les conditions matérielles nécessaires à l'affranchissement du prolétariat et à la formation d'une société nouvelle » et que du développement du prolétariat dépend sa capacité de « se constituer en classe » et de donner à sa lutte un « caractère politique » (MPh., p. 133). Or la liaison de ces deux conditions est ainsi présentée : « les coalitions n'ont pas cessé un instant de marcher et de grandir avec le développement et l'agrandissement de l'industrie moderne » (MPh., p. 176). De même, les forces productives (qui entrent en contradiction avec les rapports de production) incluent « le plus grand pouvoir productif » que constitue « la classe révolutionnaire elle-même ». Par conséquent : « L'organisation des éléments révolutionnaires comme classe suppose l'existence de toutes les forces productives qui pouvaient s'engendrer dans le sein de la société ancienne » (MPh., p. 178).

Ainsi, c'est du seul développement des forces productives que dépendent les conditions matérielles et sociales de l'affranchissement.

Au point que Marx *semble* confier à ce développement l'accomplissement des promesses dont l'être même du prolétariat était le porteur dans l'utopie initiale :

— *La vocation du prolétariat à la révolution* est inscrite dans le développement des forces productives. Le rapport, métaphoriquement établi, mérite qu'on s'y arrête : « *La bourgeoisie n'a pas seulement forgé les armes qui la mettront à mort : elle a produit aussi les hommes qui manieront ces armes — les ouvriers modernes, les prolétaires* » (MPC, p. 49). Autrement dit, elle a développé, avec les forces productives, à la fois les armes qui la détruiront et les prolétaires qui les manieront : le prolétariat est chargé d'exécuter la sentence prononcée par le développement des forces productives [7].

— *La vocation communiste de la révolution* est suspendue au développement des forces productives : si le développement universel de forces productives rend insupportable l'aliénation qu'il provoque, et engendre avec le prolétariat la force qui nécessairement doit abattre la domination du capital par une révolution et une appropriation des forces productives, c'est dans le développement universel de ces même forces productives que se trouve préfiguré, sous la forme de ses conditions matérielles, le communisme lui-même.

Les ruptures avec l'utopie doctrinaire des fondateurs (indifférents aux conditions historiques de l'émancipation), comme avec l'utopie révélée de Marx lui-même (initialement peu soucieux de ces conditions matérielles), semblent être consommées. La conception de

Marx en est-elle moins utopique pour autant ? Il faut alors concentrer tous les soupçons accumulés jusqu'ici et les résumer en une question : *Le Manifeste,* qui concentre et ponctue l'ensemble de l'élaboration relancée par les *Thèses sur Feuerbach,* n'est-il pas un Manifeste utopique ?

II. UN MANIFESTE UTOPIQUE ?

L'annonce du communisme fait corps, dans *Le Manifeste,* avec la promesse de la victoire du prolétariat, garantie par le développement des forces productives : « La bourgeoisie produit avant tout ses propres fossoyeurs. Sa chute et la victoire du prolétariat sont également inévitables » (MPC, bil., p. 66-67). Quels sont donc alors le processus de l'émancipation et le sujet de l'émancipation ?

1. Le processus d'émancipation

La présentation de la nécessité du communisme fait l'objet de notables rectifications, qui masquent de non moins notables persévérations.

Ce sont au premier chef les *figures de la nécessité* qui sont soumises à révision : le recours à la figure d'une nécessité transhistorique, appelée à réaliser l'essence humaine, s'efface, au moins apparemment, devant la figure d'une nécessité intrahistorique, inscrite dans la dynamique de la société bourgeoise.

Cet effacement comporte plusieurs aspects :

— effacement de la téléologie sous-jacente à la thématique de la réalisation de l'essence humaine (et au concept d'aliénation qui en est solidaire) ;

— effacement corrélatif de la thématique de la négation de la négation (qui ne figure ni dans l'*Idéologie allemande* ni dans le *Manifeste)* ;

— effacement, par conséquent, d'une conception quasi métaphysique de la nécessité héritée de Hegel.

Ainsi s'amorce une trajectoire théorique que confirmeront partiellement les écrits postérieurs à 1848. Nous y reviendrons : qu'il suffise ici de noter que la dialectique intrahistorique prend le pas sur la dialectique transhistorique, et que, par conséquent, la dialectique de la réalisation de l'essence humaine fait place à la dialectique de la possibilité et de l'effectivité.

Mais en même temps, c'est le *contenu de la dialectique* intrahistorique qui change. Déjà, dans *La Sainte Famille*, la dialectique interne à la propriété privée qui la pousse à la dissolution trouve son accomplissement dans la dialectique des antagonismes de classes. Mais les conditions matérielles de l'émancipation sociale ne sont pas clairement identifiées, et le rôle de la contradiction entre le développement des forces productives et les rapports de production n'est pas établi. Désormais, la dialectique intrahistorique prend en compte les conditions et les contradictions *matérielles* engendrées par le développement capitaliste des forces productives : ce dernier décide de la nécessité et de l'actualité du communisme. Mais cette rectification ne lève pas les ambiguïtés que révèlent les tentatives de conclure de l'indispensable à l'inéluctable.

De la critique à l'histoire. Sont indispensables aussi bien la révolution communiste que les conditions qui la rendent possible ou nécessaire. Et l'indispensable, de ce double point de vue, est dès l'abord présenté comme leçon de la critique ou de l'histoire, *selon une procédure de simulation hypothétique des solutions et de leurs conditions.*

C'est cette procédure qui est mise en œuvre s'agissant de l'horizon visé : la *nécessité d'une révolution communiste.* C'est une nécessité qui s'impose d'abord rationnellement comme leçon de la critique et de l'histoire. Ainsi en va-t-il, comme on l'a vu, dans les écrits de 1844-1845 : leur démarche est reconduite et précisée dans les écrits de 1845-1848. Si l'aliénation religieuse s'explique par le déchirement de son fondement mondain, la critique de la religion mène à la reconnaissance théorique d'*un double impératif* : un impératif théorique (qui définit les tâches de la critique), l'impératif de comprendre théoriquement la contradiction de la réalité existante ; un impératif pratique (qui définit les tâches de la Révolution), l'impératif de supprimer la contradiction de la réalité existante) : le fondement mondain « *doit donc en lui-même être autant compris dans sa contradiction que révolutionné pratiquement* » (ThF, trad. Labica, P.U.F., p. 21, in I.A., p. 2).

De façon générale, l'impératif de la pratique est d'abord posé comme conséquence de la limite de la critique et comme leçon de ses résultats. Déjà, dans l'*Introduction à la critique de Hegel...*, la critique, éprouvant ses propres limites, en appelait à la complémentarité entre les tâches de la critique et les tâches de la pratique. Désormais, en raison même de la polémique contre la critique idéologique, imbue de sa prétendue omnipotence, la distinction entre critique et pratique est radicalisée. Les mérites d'une critique matérialiste lui font reconnaître les limites des pouvoirs de la critique et le rôle de la pratique : l'impératif d'une transformation pratique. Ainsi, « pour le matérialiste *pratique,* c'est-à-dire pour le *communiste,* il s'agit de révolutionner le monde existant, d'attaquer et de transformer l'état de choses qu'il a qu'il a trouvé » (IA, p. 24.). La conception matérialiste de l'histoire « n'explique pas la pratique d'après l'idée, elle explique la formation des idées d'après la pratique matérielle : elle arrive par conséquent à ce résultat que toutes les formes et produits de la conscience *peuvent* être résolus non pas grâce à la critique intellectuelle (...), mais uniquement par le renversement pratique des rapports sociaux concrets d'où sont nées ces sornettes idéalistes » (IA, p. 39).

Ainsi, la nécessité de la révolution et du communisme, à cette étape du raisonnement, ne relève pas, à proprement parler, d'une nécessité historique immanente, mais est posée comme un impératif stratégique dont le développement de l'histoire livre tout au plus les conditions de réalisation. Il ne s'agit pas d'une perspective inéluctable mais d'une perspective indispensable. La révolution est « *rendue nécessaire parce que...* », en fonction de l'horizon communiste qu'elle vise, elle est indispensable au renversement de la classe dominante et à la transformation de la classe dominée : pour qu'elle devienne « *apte à fonder la société sur des nouvelles bases* » (IA, p. 37).

C'est selon cette démarche hypothétique qui permet de fonder sa nécessité que sont reconnues les *conditions de la révolution communiste.* Pour déterminer les conditions qui rendent le communisme nécessaire, Marx détermine quelles sont les conditions nécessaires au communisme, ses conditions indispensables : *les conditions requises sont déduites de l'horizon visé.* Dès 1844, la critique permet de déterminer que la possibilité de l'émancipation humaine dépend de l'existence d'une force, sans laquelle sa nécessité historique boiterait, et d'en tracer les contours : l'existence du prolétariat remplit les conditions posées par la critique (CPDH). Cette méthode est reconduite lorsque Marx expose les « *présuppositions pratiques* » d'une abolition de l'aliénation. Il faut tout d'abord que l'aliénation « devienne une puissance "insupportable", c'est-à-dire une puissance contre laquelle on fait la révolution ». Ces présuppositions sont des conditions requises : « *Il est nécessaire* qu'elle (l'aliénation) ait fait de la masse de l'humanité une masse totalement "privée de propriété", qui se trouve en même temps en contradiction avec un monde de richesse et de culture existant réellement, choses qui *présupposent* toutes deux un grand accroissement de la force productive, c'est-à-dire un stade élevé de son développement. » Ce développement des forces productives qui est « *la condition pratique préalable absolument indispensable* » de l'abondance nécessaire au communisme et « *une condition pratique sine qua non* » de l'établissement des « relations universelles du genre humain » (IA, p. 33). Ce qui est vrai des conditions objectives l'est encore des conditions subjectives : leur réalisation dépend d'un impératif stratégique — la nécessité de la révolution — dont la formulation est présentée plus comme une leçon de l'histoire que comme son effet : « Une transformation massive des hommes s'avère *nécessaire pour* la création en masse de cette conscience communiste, comme pour mener à bien la chose elle-même ; or une telle transformation *ne peut s'opérer que par* un mouvement pratique, par une révolution » (IA, p. 37).

Une variante de ce mode de raisonnement ressort d'un passage de *Misère de la philosophie*, qui cumule la déduction logique et la leçon historique pour fonder la nécessité du communisme et ses conditions. Ainsi, de la nécessité du communisme : si « une classe opprimée est la condition vitale de toute société fondée sur l'antagonisme de classe », « l'affranchissement de cette classe *implique donc nécessairement* la création d'une société nouvelle ». Il en va de même des conditions nécessaires à l'affranchissement de toute classe opprimée en général (et par conséquent du prolétariat) : « Pour que la classe opprimée puisse s'affranchir (c'est-à-dire réaliser la création d'une société nouvelle), *il faut* que les pouvoirs productifs déjà acquis et les rapports sociaux existants ne puissent plus exister les uns à côté des autres » et, au premier rang de ces pouvoirs productifs, « la classe révolutionnaire elle-même », dont l'organisation « *suppose* l'existence de toutes les forces productives qui pouvaient s'engendrer dans le sein de la société ancienne » (MPh., p. 178-179).

Ainsi, l'ensemble de la démarche de Marx, jusque-là, repose sur l'affirmation de l'exigence d'une émancipation humaine totale (dont les traits confirment ceux qui avaient été déterminés dans la phase précédente), et sur la déduction des impératifs stratégiques et des conditions historiques qui sont nécessaires à sa réalisation. « Si... alors » : un raisonnement hypothético-déductif précède ou soustend la démonstration historique. Que la fin soit ou non utopique, *il ne s'agit encore que d'une simulation opératoire, et non d'une solu-*

tion illusoire, qui revêtirait alors tous les traits négatifs de l'utopie. Mais une fois posés les fins et les moyens *stratégiquement* indispensables, Marx ne manque pas de donner l'émancipation pour *historiquement* indispensable. Est *nécessaire* dans l'histoire, en ce sens, ce que l'histoire rend *indispensable.* Mais indispensable revêt un double sens. La révolution et le communisme sont stratégiquement nécessaires (indispensables) car, seuls, ils permettent de résoudre les contradictions de la réalité existante. La révolution et le communisme sont historiquement nécessaires (indispensables) parce que l'histoire impose la résolution des contradictions qu'elle engendre.

On passe ainsi de ce que l'histoire suppose à ce que l'histoire impose. Pourquoi l'appropriation de forces productives universelles équivalant à la suppression de la propriété privée est-elle indispensable ? Ce sont les effets contradictoires et destructeurs du développement des forces productives qui imposent leur appropriation : « (...) les individus de l'époque actuelle sont *contraints* d'abolir la propriété privée parce que les forces productives et les formes d'échange ont atteint un tel niveau de développement qu'elles sont devenues, sous le règne de la propriété privée, des forces destructrices et parce que les antagonismes de classes ont atteint leur limite extrême » (IA, p. 445). L'émancipation est devenue indispensable (et même inéluctable) parce que le développement des forces productives a engendré le comble de l'aliénation et l'a rendue insupportable. Puissance insupportable, « *c'est-à-dire puissance contre laquelle on fait la révolution* », et puissance qui rend nécessaire l'appropriation des forces productives, devenues étrangères et hostiles. En effet, si l'aliénation signifie la séparation entre les travailleurs et les forces productives, et la séparation de la vie matérielle et de la manifestation de soi, l'émancipation rend nécessaire l'appropriation des forces productives qui ne peut être qu'universelle : « Nous en sommes arrivés aujourd'hui au point que les individus *sont obligés* de s'approprier la *totalité* des forces productives existantes non seulement pour parvenir à manifester leur moi, mais avant tout pour assurer leur existence » (IA, p. 71). L'universalité de l'émancipation consiste précisément dans l'appropriation universelle des forces productives. Ainsi, l'émancipation universelle implique doublement le prolétariat : dans la détermination de son contenu et dans celle de son processus. Quelle est la raison ultime de cette vocation, c'est ce que nous verrons plus loin. Mais, de proche en proche, ce qui est stratégiquement indispensable devient historiquement inéluctable.

De l'indispensable à l'inéluctable. Ce sont les *conditions indispensables,* tout d'abord, dont la réalisation est donnée pour inéluctable, selon une démarche caractéristique qui permet de *passer des conditions requises aux conditions remplies.* Ainsi en va-t-il dans les œuvres de 1844-1845. Il en va de même dans les œuvres postérieures : les « présuppositions pratiques » du communisme sont des conditions dont il est affirmé qu'elles sont remplies ou susceptibles de l'être. Ce qui permet d'affirmer du communisme qu'il est « le mouvement réel qui abolit l'état actuel ». Ainsi, les conditions nécessaires ne manquent ou ne manqueront pas d'être réunies puisqu'elles « résultent de la présupposition qui existe actuellement » (IA, p. 33). De même, avant de présenter, les conditions requises pour la création d'une conscience communiste, Marx donne pour remplies les conditions de la révolution et du communisme (IA, p. 37). La révolution et le communisme sont stratégiquement nécessaires, car seuls ils permettent de résoudre les contradictions de la réalité existante. La révolution et le communisme sont historiquement nécessaires, parce qu'ils sont possibles. Mais, dans ce passage des nécessités reconnues aux conditions données pour remplies ou en voie de l'être, la conception de Marx est menacée des infiltrations utopiques dont il combat l'inondation dans les systèmes doctrinaires. Encore ne s'agit-il que d'une menace.

Mais, en second lieu, ce sont les *objectifs indispensables,* dont la réalisation est donnée pour inéluctable. Une fois reconnues et tenues pour réalisées ou en voie de l'être les deux conditions historiques de l'affranchissement du prolétariat, restent à déterminer leur rôle et leur articulation.

C'est tout d'abord le *rôle des conditions* dans la détermination de la nécessité du communisme qui vient alors en question : si les conditions nécessaires à une émancipation totale sont données pour historiquement réunies, et que leur rôle promet un accomplissement inéluctable de cette émancipation, la rupture avec la conception antérieure est-elle totale ?

On peut en douter pour deux raisons essentielles :

— Premier motif de suspicion : la nécessité historique chargée de réaliser les impératifs stratégiques tend à les absorber totalement. Ainsi, et en un premier sens relativement indépendant de la fin visée, *cette promesse est utopique, s'il est vrai qu'est utopique ce qui neutralise la stratégie.* En effet, les conditions rendent le communisme nécessaire, mais en deux sens qui menacent en permanence d'être confondus : les conditions qui lui sont nécessaires et les conditions qui le rendent nécessaire. De même que la « nécessité historique » du communisme peut être prise en un double sens, comme production nécessaire de ses conditions et production nécessaire de son avènement. Dès que la fusion ou confusion est effectuée, *les conditions nécessaires au communisme deviennent les conditions qui le rendent nécessaire*, parce que l'histoire produit l'indispensable et engendre l'inéluctable, au point que l'indispensable devient inéluctable, que les conditions requises sont inévitablement produites et que la perspective qui les a fait reconnaître est promise à l'existence. Dès lors est effacée *la distinction entre ce qui est stratégiquement nécessaire et ce qui est historiquement promis.* Comme on peut le voir quand il s'agit de la nécessité de la révolution : c'est un impératif stratégique pour l'affranchissement de toute classe opprimée de créer une nouvelle société ; c'est une condition nécessaire pour la création d'une nouvelle société que se développent suffisamment les forces productives. Mais en même temps l'affrontement indispensable est subrepticement présenté comme inéluctable : la révolution est l'aboutissement et le dernier dénouement des oppositions de classes (MPh., p. 178-179). Ou, exemple célèbre, mais trop souvent pris à la légère, comme pur symptôme de prophétie ou comme exagération de propagande : « La bourgeoisie produit avant tout ses propres fossoyeurs. Sa chute et la victoire du prolétariat sont également inévitables » (MPC, bil., p. 66-67).

— Second motif de suspicion : l'émancipation totale que les conditions ont pour rôle d'engendrer nécessairement coïncide avec celle que promet la réalisation de l'essence humaine. Ainsi, en un second sens dépendant de la fin visée, *cette promesse est utopique, s'il est vrai qu'est utopique ce qui promet la réalisation totale de l'essence humaine.* On peut se demander si le passage à une version intrahistorique de la dialectique, où les conditions et les contradictions matérielles tiennent entièrement la place qu'occupait la dialectique de la réalisation de l'essence est autre chose que sa reconduction à l'aide d'un nouveau chapitre de la Logique de Hegel. En effet, la nécessité dont il s'agit est pensée selon des figures héritées de Hegel : selon la figure du passage de la possibilité à l'effectivité et selon la figure du passage de l'essence à la réalité effective. Ces figures persistent dans les œuvres postérieures, comme le montrera leur examen. Les conditions qui non seulement rendent le communisme nécessaire mais qui l'engendrent nécessairement remplissent encore, mais subrepticement, une fonction de médiation d'une réalisation nécessaire de l'essence, comme elles le sont dans la Logique de Hegel : la médiation d'un nécessaire apparaître de l'essence humaine dans une forme d'existence qui lui soit adéquate.

Or ces suspicions sont confortées quand on passe de l'examen du rôle à celui de l'*articulation des conditions.* Tant qu'il reporte sur le développement du prolétariat et de son antagonisme avec la bourgeoisie la totalité des conditions du communisme, Marx fonde la dialectique historique de l'émancipation sur une conception utopique du prolétariat. La reconnaissance du rôle dévolu au développement des forces productives, et à l'antagonisme entre les forces productives et les rapports de production, introduit une rupture décisive ; la fondation du matérialisme historique change l'axe de l'argumentation de Marx : la nécessité et le contenu du communisme ne sont plus déterminés seulement par la seule existence du prolétariat.

La *nécessité du communisme*, pour autant qu'elle est fondée sur la seule nécessité historique, ne trouve plus son fondement ultime dans la nécessaire réalisation de l'essence humaine impliquée dans l'être même du prolétariat. Jusqu'alors, les conditions historiques de l'émancipation étaient exclusivement comprises dans les conditions sociales, et ces conditions sociales entièrement conçues comme négation/incarnation de l'essence humaine dans le prolétariat. Désormais, l'enracinement intrahistorique de la nécessité du communisme prend en compte des conditions matérielles et sociales qui le rendent possible. Le communisme ne peut parvenir à l'existence qu'une fois que sont réunies ses conditions. Mais à supposer que celles-ci soient remplies, comment opèrent-elles ? Quelle est la nécessité qui répond du communisme ? Nous y reviendrons dans le chapitre suivant. Qu'il suffise de noter que la dialectique historique s'accomplit dans la double figure de la dialectique de l'antagonisme entre les forces productives et les rapports de production, et de l'antagonisme entre le prolétariat et la bourgeoisie. Et cette double dialectique intrahistorique est le point d'aboutissement d'une double dialectique transhistorique portant sur les mêmes antagonismes.

Le *contenu du communisme*, du même coup, n'est plus seulement porté par un sujet social, mais s'inscrit directement dans la matérialité des forces productives et des acteurs sociaux. Avec ce dédoublement des conditions historiques s'opère un déplacement de leur détermination et de leur rôle. La dissolution de la société bourgeoise est encore réalisée dans le prolétariat ; mais elle est aussi réalisée dans le mode de production. Progressivement, d'ailleurs, c'est la reconnaissance de la dissolution déjà impliquée dans le mouvement du mode de production capitaliste qui devient dominant, comme on peut le voir dans les *Grundrisse.* Dès lors, la thématique de la dissolution se déplace du prolétariat aux forces productives, et, par conséquent, la thématique de la Crise se déplace du social à l'économique. L'annonce et l'attente du communisme se déplacent du même coup : elle portent alors non seulement la vocation révolutionnaire du prolétariat, mais l'adéquation du capitalisme à son concept, et la réalisation de ses contradictions dans sa crise. Ce serait sans compter avec d'étonnantes persévérations : en dépit du recentrage opéré autour du développement des forces productives, voire d'une utopie des forces productives, la nécessité de la révolution et le contenu de l'émancipation restent inscrits dans l'être même du prolétariat.

2. Le sujet de l'émancipation

Le prolétariat se définit par une privation totale, c'est-à-dire tout à la fois complète, intégrale et universelle. Cette privation signe à la fois une exclusion radicale de la société existante et une dissolution totale de cette société. Reste à se demander quelle est la place qu'occupe la double figure de l'exclusion et de la dissolution dans la démonstration de la nécessité de la révolution et dans détermination de la nécessité du communisme. Il apparaît alors que ces arguments fondent à la fois la vocation du prolétariat à la révolution et la vocation communiste de la révolution.

De l'exclusion à la révolution. C'est d'abord la figure de l'exclusion qui permet de définir la situation du prolétariat. Le prolétariat se définit par une exclusion totale puisqu'il est universellement privé de propriété, complètement privé de société et intégralement privé d'humanité. Le prolétariat, « la masse des ouvriers qui ne sont qu'ouvriers », est « une force travail massive » à la fois « *coupée* du capital et de toute satisfaction même bornée » (IA, p. 33) ; c'est une classe « *expulsée de la société* » (IA, p. 37) ; les prolétaires sont « *totalement exclus de toute manifestation de soi* » (IA, p. 71-72). Ainsi, le prolétariat, comme dans les écrits de la phase précédente, est défini par son exclusion de la société civile et sa misère, plutôt que par son inclusion dans les rapports de production et la précarité de sa condition : inclusion et précarité qui viendront au premier plan dans les œuvres ultérieures. La totale exclusion du prolétariat culmine dans son absolue privation : sa paupérisation.

C'est cette exclusion totale qui détermine la vocation du prolétariat à la révolution. Cette vocation n'est pas seulement la conséquence du développement du prolétariat et de ses luttes — développement indexé sur le développement de la grande industrie : ce développement accomplit l'essence révolutionnaire du prolétariat.

C'est d'abord la complète exclusion du prolétariat qui prépare son rôle révolutionnaire. Marx le souligne quand il enchaîne ainsi paupérisarion, exclusion et opposition : avec la transformation des forces productives en forces destructrices, « il naît une classe qui supporte toutes les charges de la société, sans jouir de ses avantages, qui est *expulsée de la société* et se trouve de force, dans l'opposition la plus ouverte, à toutes les autres classes » (IA, p. 37).

C'est ensuite l'universelle exclusion du prolétariat, portée par le développement des forces productives, qui est la condition de l'universalité de sa fonction historique : pour que l'aliénation « devienne une puissance (...) contre laquelle on fait *la révolution*, il est nécessaire qu'elle ait fait de la *masse de l'humanité* une masse *totalement* "privée de propriété" ». La privation totale est donc massive, voire universelle, dans la mesure où elle « suppose à son tour, un développement *universel* des forces productives » (IA, p. 33).

Enfin, c'est la paupérisation, stade ultime d'une privation globale, qui détermine, en dernière instance, l'actualité de la révolution sociale.

C'est ainsi que le *Manifeste* introduit, dans le fil de l'argumentation où il entend suivre l'histoire de la lutte des classes jusqu'à la révolution et la conquête du pouvoir, deux ruptures. La première rupture a pour objet d'expliquer pourquoi « seul le prolétariat est une classe révolutionnaire ». Or, il apparaît que c'est, notamment, parce qu'il n'a « *rien à sauvegarder* » : c'est à cet endroit que figure le résumé, sur lequel nous reviendrons, de tous les arguments qui montrent qu'il est la dissolution en acte de la société existante. La seconde rupture survient précisément après l'histoire des luttes prolétariennes. C'est alors, et alors seulement, après avoir retracé le cours de l'histoire qui assure de la vocation révolutionnaire du prolétariat, que Marx évoque les raisons d'une chute inéluctable de la domination bourgeoise.

La bourgeoise ne peut plus satisfaire à deux conditions de sa domination : l'existence des prolétaires et l'existence du salariat (MPC, Aubier bil., p. 103-105) :

— Premier argument : la bourgeoisie « est incapable de régner, car elle est incapable d'assurer l'existence de son esclave même au sein de son esclavage ». C'est ainsi qu'apparaît la place dévolue à la paupérisation du prolétariat. Cet argument ne disparaît pas avec les œuvres de la maturité puisqu'on peut lire dans l'« Adresse de la ligue de la terre et du travail aux ouvriers et ouvrières de Grande-Bretagne et d'Irlande », publiée en 1869 : « *La domination de classe est possible aussi longtemps que les opprimés sont préservés de la misère la plus extrême.* Or, dans les meilleures années, les classes dominantes n'ont pas réussi à protéger les ouvriers salariés de l'industrie de la misère et de la mort par inanition. (...) Chaque moyen qu'elles ont appliqué n'a fait qu'aggraver encore vos malheurs, et elles n'ont plus rien à proposer. Leur règne est donc voué à la ruine *. »

— Deuxième argument : la bourgeoisie ne peut continuer à reproduire « la condition *la plus essentielle* », c'est-à-dire l'existence du salariat. Celle-ci, en effet, « repose exclusivement sur la concurrence des ouvriers entre eux » mais est minée par « leur union révolutionnaire par l'association », engendrée par le progrès de l'industrie lui-même.

Sans doute la vocation révolutionnaire du prolétariat est-elle indexée sur le développement des forces productives, mais ce développement accomplit l'essence révolutionnaire du prolétariat. Force est cependant de constater que la place accordée à la paupérisation est paradoxale puisque celle-ci joue un rôle à la fois décisif et secondaire : la paupérisation porte à son comble l'antagonisme entre le prolétariat et la bourgeoisie et concentre l'absolue privation qui définit le prolétariat, mais ce sont les contradictions qui minent le salariat qui sont décisives. Il semble pourtant que ce soit la misère elle-même qui serve de moteur à l'autoactivité du prolétariat et sonne le glas de la domination bourgeoise. On comprend alors en quoi la bourgeoisie engendre ses propres fossoyeurs : la domination bourgeoise est déjà morte du fait même de son incapacité à assurer l'existence des ouvriers.

La chute de la bourgeoisie et la victoire du prolétariat sont donc « également inéluctables ». Reste à déterminer quel est le contenu

* « Adresse de la Ligue de la terre et du travail aux ouvriers et ouvrières de Grande-Bretagne et d'Irlande », in *Le Syndicalisme*, textes réunis par R. Dangeville, Maspero, t. 1, p. 81-82.

du communisme dont répond la nécessité de la révolution. La réponse de Marx est claire : si le contenu du communisme coïncide, comme on l'a vu, *avec une émancipation complète, universelle et intégrale, celle-ci est inscrite dans l'être même du prolétariat défini par une privation complète, universelle, intégrale.*

De la dissolution à l'émancipation. La privation totale qui définit le prolétariat détermine son exclusion. Mais la figure de l'exclusion se double de celle de la *dissolution.* Marx reprend l'essentiel des arguments de la phase antérieure : le prolétariat est la dissolution en acte de la société existante. *L'Idéologie allemande* multiplie les remarques dispersées qui le montrent [8]. Le *Manifeste* en propose une formulation concentrée : « Les conditions d'existence de la vieille société sont déjà *supprimées* dans les conditions d'existence du prolétariat. Le prolétaire est sans propriété ; ses relations avec sa femme et ses enfants n'ont plus rien de commun avec celles de la famille bourgeoise ; le travail industriel moderne, l'asservissement moderne au capital, aussi bien en Angleterre qu'en France, ont dépouillé *(agestreift)* le prolétaire de tout caractère national » (MPC, bil., p. 61-63).

Les prolétaires sont sans propriété, sans famille (au sens bourgeois), sans patrie : arguments que Marx reprend quand il répond, point par point (MPC, bil., p. 74-75, 76-77, 80-81), aux critiques qui accusent les communistes de vouloir abolir la propriété (alors que « *la propriété privée est abolie pour les neuf dixièmes* » des membres de la société actuelle), de vouloir abolir la famille (alors que l'« *absence de toute famille* » est réalisée dans le prolétariat) et de vouloir abolir la nationalité (alors que « *les ouvriers n'ont pas de patrie* »). Les communistes se bornent à annoncer à la bourgeoisie que le prolétariat va retourner contre elle ce que sa domination a engendré [9]. Il n'est pas jusqu'à l'idéologie dominante qui ne soit dissoute dans le prolétariat puisque le développement de la grande industrie « *anéantit le plus possible l'idéologie, la religion, la morale, etc.* », ou les réduit à des « *mensonges flagrants* » (IA, p. 58, note 2, p. 41). Le *Manifeste* notera encore : « Les lois, la morale, la religion sont à ses yeux autant de préjugés bourgeois derrière lesquels se cachent autant d'intérêts bourgeois » (MPC, bil., p. 61-63). Ces formulations semblent, de toute évidence, en contradiction — contradiction relevée et discutée notamment par Patrick Tort * — avec celle qui affirme : « La classe qui dispose des moyens de la produc-

* P. Tort, *Marx et le problème de l'idéologie*, P.U.F., 1988, p. 41 sq.

tion matérielle dispose, du même coup, des moyens de la production intellectuelle, si bien que l'un dans l'autre les pensées de ceux à qui sont refusés les moyens de la production intellectuelle sont soumises du même coup à cette classe dominante » (IA, p. 44). Mais cette contradiction ne fait que mettre en valeur l'intention générale des autres arguments, dont il suffit de noter, pour en comprendre toute l'importance, qu'aucun d'entre eux ne figure dans les projets initiaux de Hess et Engels.

La vocation communiste de la révolution, à son tour, est inscrite dans l'absolue privation qui définit le prolétariat. Elle est inscrite, négativement, dans son être, défini par son exclusion de la société bourgeoise et sa dissolution : « la révolution communiste (...) supprime le travail et abolit la domination de toutes les classes en abolissant les classes elles-mêmes, *parce qu'elle est effectuée par la classe qui n'est plus considérée comme une classe dans la société*, qui n'est plus reconnue comme telle et qui est déjà *l'expression de la dissolution de toutes les classes, de toutes les nationalités,* etc., dans le cadre de la société actuelle » (IA, p. 37). Telle est la portée de l'évocation de la dissolution de tous les aspects de la société bourgeoise.

D'abord, parce qu'elle est complète, cette dissolution annonce une émancipation complète. Si la dissolution de la société existante — dissolution de la propriété, de la famille, de la nationalité et de l'idéologie dominante — est pour et dans le prolétariat accomplie ou sur le point de l'être, c'est encore dans l'être même du prolétariat que se trouve inscrit le contenu du communisme. Ensuite, parce qu'elle est universelle, cette privation/dissolution annonce une émancipation universelle : le prolétariat est porteur d'une émancipation universelle, parce qu'il se définit par une privation universelle. Dans le prolétariat, l'abolition de toute appartenance et de toutes les nationalités ne fait qu'exprimer, quoique négativement, son universalité. Cette universalité qui, dans les textes de Marx, se tenait jusqu'alors dans des limites nationales est désormais présentée dans sa dimension planétaire. Enfin, parce qu'elle est intégrale, la privation/dissolution annonce une émancipation intégrale : dans la privation intégrale de toute manifestation de soi, est inscrite la possibilité d'une émancipation intégrale.

L'émancipation intégrale de l'individu suppose la satisfaction totale de la totalité des besoins qui procèdent de son essence humaine : de la totalité de ses besoins humains. Or le besoin humain fondamental est précisément le besoin d'universalité, c'est-à-dire de manifestation universelle de l'individu, de manifestation de la totalité de ses facultés créatrices, le besoin d'une activité universelle. Dès lors, le prolétariat ne peut être posé en émancipateur de l'homme que dans la mesure où il manifeste lui-même ce besoin d'universalité : de développement intégral des facultés humaines individuelles.

Ce sont les conditions d'appropriation des forces productives qui font apparaître cette exigence. L'appropriation des forces productives, on l'a vu, est conditionnée par leur objet : les forces productives étant universelles, l'appropriation ne peut être qu'universelle. « Déjà, sous cet angle », le développement intégral des individus est impliqué : « L'appropriation de ses forces n'est elle-même autre chose que le développement des facultés individuelles correspondant aux instruments matériels de production. Par là même, *l'appropriation d'une totalité d'instruments est déjà le développement d'une totalité de facultés dans les individus eux-mêmes.* » Mais c'est la privation intégrale des « individus qui s'approprient » qui en est le fondement ultime : « Seuls les prolétaires de l'époque actuelle, *totalement exclus de toute manifestation de soi*, sont en mesure de parvenir à *une manifestation de soi totale*, et non plus bornée, qui consiste dans *l'appropriation d'une totalité de forces productives* et dans *le développement d'une totalité de facultés* que cela implique » (IA, p. 71-72).

En particulier, c'est *dans les effets de privation produits par la division du travail qu'est inscrite la possibilité de sa suppression.* Aux effets de la division sociale du travail viennent s'ajouter ceux de la division du travail dans l'atelier automatique où le travail « *a perdu tout caractère de spécialité* ». « Mais, poursuit Marx, du moment que tout développement spécial cesse, le besoin d'universalité, la tendance vers un développement *intégral* de l'individu commence à se faire sentir » (MPh., p. 150-151). S'il en est ainsi, c'est que « l'atelier automatique efface les espèces et l'idiotisme de métier », qui, suggère Marx, bloquaient l'aspiration à l'universalité. L'aspiration au développement intégral naît alors d'un dénuement intégral (« ce seul côté révolutionnaire de l'atelier automatique » que Proudhon n'a pas compris). La privation de toute spécialité du travail conforte les effets de la privation de toute manifestation de soi dans le travail, en rendant nécessaire et possible le développement intégral de chacun, qui devient la condition de l'émancipation universelle de tous [10].

Bien qu'on ne puisse prendre la mesure de ces persévérations qu'à condition d'inscrire ces analyses dans le cadre des rectifications qui les conditionnent, il se confirme que le rôle dévolu au développement des forces productives ne change guère les déterminations initiales de la figure et des fonctions du prolétariat. Quand le prolétariat est défini par son exclusion d'une société dont il est la dissolution, la critique, par-delà sa validité et son actualité descriptives ou explicatives, menace une fois encore de basculer dans l'utopie, et les infiltrations utopiques de cette critique de provoquer les embardées utopiques repérables déjà dans les œuvres précédentes. Certes, Marx renonce à une conception abstraite de l'essence humaine, de son aliénation et de sa réalisation. Mais l'essence révolutionnaire du prolétariat et le contenu de son émancipation sont compris dans les termes de l'utopie promise par l'essentialisme initial. Certes, la préfiguration des conditions du communisme ne repose plus sur les seules épaules du prolétariat. Mais, suspendue au développement des forces productives, la formation d'un prolétariat conforme à son essence (c'est-à-dire exclu de la société dont il est la dissolution) annonce la réalisation d'une vocation communiste conforme à cette essence. Certes, du point de vue qui nous occupe ici, il apparaît que Marx a renoncé à la dialectique utopique qui s'en remettait au seul prolétariat pour réaliser l'essence humaine : la nécessité pour le prolétariat d'accomplir une révolution communiste est imposée par le développement des forces productives qui rendent possible le communisme lui-même. Mais la nécessité qui pousse ou plutôt contraint le prolétariat à « exécuter la sentence que la propriété privée prononce contre elle-même » est inscrite dans son essence, définie comme dans les œuvres précédentes. Ainsi, l'adjonction des conditions matérielles de l'émancipation change la portée de ses conditions sociales sans en changer le sens. Il ne reste plus qu'à attendre que le prolétariat se conforme à son essence, et, pour accélérer le processus, à contribuer à sa constitution en parti.

3. L'insistance de l'utopie

Manifeste du communisme et manifeste de son parti, le *Manifeste du Parti communiste* qui devait se substituer au « spectre du communisme », est hanté par le spectre de l'utopie promise.

Un manifeste de parti. La conception initiale de la vocation révolutionnaire du prolétariat se réfléchit dans la conception du parti.

A l'annonce de la vocation révolutionnaire du prolétariat, répond l'annonce de sa constitution en parti. Car la vocation historique du prolétariat coïncide avec sa vocation à se constituer historiquement en parti. Tel est *le parti historique*, ou historiquement défini.

A la conception du communisme comme mouvement réel répondent, étroitement liées entre elles, les conceptions de la pratique des travailleurs comme autoémancipation, et du parti comme autoorganisation. A la définition du prolétariat par son exclusion répond la définition du parti par son indépendance. A la conception du mouvement prolétarien comme processus de constitution en classe révolutionnaire répond la conception du parti comme processus d'autoorganisation. A la conception du prolétariat comme dissolution en acte de la totalité bourgeoise répond la conception du parti comme expression de cette dissolution totale. De même que la pratique révolutionnaire du prolétariat est inscrite dans son être et que sa conscience révolutionnaire est inscrite dans le devenir de cette pratique, le parti communiste est l'expression nécessaire du mouvement d'autoémancipation du prolétariat [11]. C'est donc la théorie de l'autoémancipation du prolétariat qui fonde la conception du Parti. L'autoémancipation assure l'unité de la théorie et de la pratique : elle est autoactivité. Elle assure l'unité de la conscience théorique et de la conscience communiste : elle est autoéducation. Dès 1846, Marx conçoit (et contribue à construire) le parti communiste selon ces deux critères : la forme d'organisation la plus favorable à l'autoactivité des masses, et la forme d'organisation la plus favorable à l'autoéducation des masses. Ce n'est que dans la forme d'organisation qui incarne le mieux l'autoactivité du prolétariat que son autoéducation dans la pratique peut recevoir la contribution de la théorie. Le parti du prolétariat n'est rien d'autre que le mouvement d'autoémancipation du prolétariat, dont le parti communiste est la fraction pratiquement la plus résolue et théoriquement la plus avancée : le parti communiste est une fraction du parti ouvrier.

Ainsi, le parti prolétarien est avant tout *un parti-processus* : il se confond avec l'achèvement du processus d'organisation du prolétariat en classe. L'existence du parti est le produit de la lutte du prolétariat : de la transformation historique des luttes économiques en lutte politique (MPh., p. 177). Le devenir révolutionnaire du prolétariat implique le passage à la lutte politique. C'est cette lutte politique qui le constitue véritablement en classe. Encore faut-il que cette lutte politique oppose la classe en tant que classe à la classe qui le domine : c'est dans cette opposition que se lit son indépendance ; c'est par cette indépendance qu'il se constitue en classe et par conséquent en parti politique distinct : distinct des autres partis de classe, mais non distinct des autres partis ouvriers. Or cette indépendance est avant tout l'indépendance de la conscience de classe du prolétariat : le parti-processus est également *le parti-conscience* dans et par lequel se réalise l'autoéducation du prolétariat, et il ne peut, par conséquent, être subordonné à aucune doctrine particulière, fût-ce à la doctrine théorique de Marx. Pour toutes ces raisons, le parti-processus ne se confond pas pour Marx avec *le parti-institution.* Et cette distinction en recouvre une autre : entre le parti historique et les partis empiriques, entre l'effectivité du parti et la réalité du parti. Cette distinction transparaît clairement à l'analyse du *Manifeste,* où, disent leurs auteurs, les communistes « opposent aux fables que l'on rapporte sur ce spectre communiste un manifeste du parti lui-même » (MPC, bil., p. 28-29). De quel parti communiste le *Manifeste* est-il le manifeste ? C'est, à n'en pas douter, le manifeste du parti historiquement défini : le parti tel que le *Manifeste* lui-même le définit.

Le parti est un parti-processus. Le passage de la lutte des prolétaires à une lutte nationale la transforme en une lutte de classes, d'où résulte l'« *organisation des prolétaires en classe, et donc en parti politique* ». Celle-ci « est sans cesse de nouveau détruite par la concurrence que se font les ouvriers entre eux. Mais elle renaît toujours et toujours plus forte, plus ferme, plus puissante » (MPC, bil., p. 57-59). Et Marx de décrire le passage des « collisions individuelles entre l'ouvrier et le bourgeois » aux « collision entre deux classes », le passage des « coalitions contre les bourgeois » pour défendre les salaires aux « associations permanentes, pour être prêts en vue de soulèvements éventuels », la « réalisation de plus en plus large des travailleurs (...) favorisée par l'accroissement des moyens de communication » qui permettent de « mettre en relation les ouvriers de localités différentes », ce qui suffit « pour centraliser les nombreuses luttes locales de même caractère en une lutte nationale, pour en faire une lutte de classes ».

Le parti est un parti-conscience. Le parti communiste n'est ni un parti organisationnellement distinct (puisqu'il n'est qu'une partie des partis ouvriers — *Teil der Arbeiterparteien),* ni un parti essentiellement différent des autres partis ouvriers (puisque « *le but immédiat des communistes est le même que celui de tous les partis ouvriers* ») (MPC, bil., p. 67-69). Le parti se définit non comme un parti particulier opposé aux autres partis ouvriers, fondé sur des principes particuliers. Il se définit par sa pratique, comme « la partie la plus résolue des partis ouvriers de tous les pays, et par sa théorie comme la partie qui a, sur les restes de la masse du prolétariat, l'avantage d'une intelligence claire des conditions, de la marche et des résultats généraux du mouvement prolétarien » (MPC, bil., p. 66-67). Mais nous n'avons pas pour autant répondu totalement à notre question : de quel parti communiste le *Manifeste* est-il le manifeste ?

La réponse semble comprise dans un simple constat empirique : c'est le manifeste de l'organisation qui l'a adopté — la Ligue des communistes — et de toutes celles qui le feront. Mais force est de constater le divorce existant entre le parti réellement existant et le parti défini par son concept. A l'évidence, la Ligue des communistes ne correspond pas à ce concept : la ligue des communistes est et se conçoit, avant comme après l'adoption du Manifeste, comme un parti particulier dont les membres ne montrent pas l'intelligence théorique attribuée aux communistes. Dès lors, cette définition du parti anticipe sur le mouvement historique ; elle définit sa vocation, et non son être, une essence qui n'est pas encore parvenue à l'existence vraie, mais qui est promise à l'effectivité : c'est une *définition utopique du parti* [12].

En effet, le parti communiste défini par Marx n'a pas (pas encore) d'effectivité ; son existence n'est pas adéquate à son essence : c'est ce que montre la réalité du parti — le *parti empirique.* Avant même que le *Manifeste* ne soit écrit et adopté, la cause était entendue. Il suffit de lire la correspondance qu'Engels adresse à Bruxelles alors qu'il séjourne à Paris. Entre les tailleurs, adeptes de Weitling et les menuisiers, adeptes de Grün et de Proudhon, Engels ne sait ceux qu'ils doit critiquer le plus fermement [13]. Quant aux dirigeants de Londres, ils ne valent apparemment pas mieux que les ouvriers allemands de Paris : *Straubinger*, comme les autres, à peine plus fréquentables que les autres. Or, face aux *Straubinger*, « nous ne pouvons qu'en appeler à un prolétariat communiste qui, en Allemagne, doit d'abord se constituer » (Corr., t. 1, p. 443-444) : il faut attendre que le prolétariat communiste devienne adéquat à son concept [14].

En janvier 1848, la situation à Paris ne s'est pas améliorée. Engels esquisse une explication : « Le weitlingialisme et le proudhonisme sont vraiment l'expression de la condition sociale de ces imbéciles et voilà pourquoi on ne peut rien faire. Les uns ne sont que de vrais *Straubinger*, une bande de vieilles badernes vieillissantes, les autres des petits bourgeois débutants. » Ces ouvriers forment donc une classe « totalement inutilisable » (Corr., t. 1, p. 514-515). Aussi Engels doit-il constater que, « *malheureusement, l'aspect théorique est pour le moment notre seule force* » (Corr., t. 1, p. 517). Tant que le prolétariat ne répond pas à son concept, la théorie permet d'attendre et de se préparer. Ce deviendra, quelques mois plus tard, un leitmotiv. Dès lors, il est clair que le *Manifeste du parti communiste* n'est qu'accidentellement (et comme à contresens) le manifeste d'un parti réel. Marx et Engels pourront amplement le vérifier après les révolutions de 1848.

Le parti communiste tel que Marx le conçoit se confond avec le processus de constitution du prolétariat en classe révolutionnaire. En d'autres termes, si le processus qui constitue le prolétariat en classe révolutionnaire est un processus de venue au jour d'une existence adéquate à son essence, le processus de formation du parti se confond avec la réalisation de l'essence révolutionnaire du prolétariat. Or, si le devenir révolutionnaire du prolétariat est la réalisation de son essence, seule l'existence d'un prolétariat révolutionnaire est adéquate à son essence : le prolétariat est révolutionnaire ou il n'est pas. Il ne s'agit évidemment pas de nier l'existence de prolétaires, et, en ce sens, d'un prolétariat. Mais le prolétariat, au sens empirique du terme, ne saurait se confondre avec le prolétariat au sens historique. Or, si le devenir communiste du parti se confond avec le devenir révolutionnaire du prolétariat, la réalité effective du parti ne se confond pas avec sa réalité empirique ; le parti au sens historique du terme ne se confond pas avec les partis empiriques qui en sont les formes d'existence éphémères : Marx est nécessairement conduit à distinguer entre les partis épisodiques et le parti historique, selon un dispositif qui correspond à une distinction entre les formes d'existence et l'essence du parti qui est nécessairement appelé à une forme d'existence adéquate à l'horizon de l'histoire [15]. En ce sens, parce qu'elle ne se lie pas à cette perspective, la conception léniniste du parti contredit la définition initiale du prolétariat dans l'œuvre de Marx : nous y reviendrons.

Dès lors, le mépris affiché par Marx et Engels pour les partis empiriques (strictement équivalent à celui qu'ils affichent pour les prolétaires empiriques) est constant : ils ne les considèrent au mieux que comme des moments de la réalisation de l'essence révolutionnaire du prolétariat, uniquement dans cette perspective et uniquement s'ils la servent. Pas plus qu'il n'est nécessaire de s'en remettre à la conscience temporaire des ouvriers, il n'est nécessaire de s'en remettre à la forme partidaire provisoire qui exprime cette conscience. En attendant, c'est donc dans la seule conscience des théoriciens du communisme révolutionnaire que résident, à titre de manifestation exotérique, le mouvement et le but du communisme.

C'est de leur seul mandat qu'ils détiennent le titre de représentants du prolétariat. Pour cela, il leur suffit d'exhiber leur science et leur opposition à l'ordre existant. Non pas attendre et voir, mais attendre et savoir, ainsi que que le donne à comprendre le commentaire de Jacques Rancière qui a fortement inspiré le nôtre (qu'il s'agisse des fondements de l'attentisme de Marx ou de la fonction assignée à l'œuvre de la science) *.

L'essence du prolétariat doit venir à l'existence : cette certitude condamne le philosophe à chercher, à trouver cette existence ou à attendre sa venue. Et toute l'œuvre de Marx permet de mesurer les tensions de l'espérance et du désespoir, les alternances de la découverte et de l'attente : les affolements de la théorie face aux turpitudes de l'histoire. L'attente d'un prolétariat révolutionnaire conforme à son concept et d'un parti communiste qui soit l'expression adéquate de l'essence révolutionnaire du prolétariat durera jusqu'en 1895. La conception initiale de Marx, en effet, a sans doute connu des inflexions dans le cours de son évolution, mais il ne nous semble pas qu'elle ait fondamentalement changé.

Aussi est-ce en elle que l'on voit se réfléchir, avant 1848 et au-delà, l'insistance des conceptions utopiques initiales du prolétariat :

— *Entre 1843 et 1848*, le prolétariat, déjà, se dérobe à son concept. A peine l'essence du prolétariat est-elle découverte dans l'*Introduction à la critique de Hegel...* que l'histoire se charge de la faire apparaître : dans le soulèvement des tisserands silésiens, dans la noblesse humaine des ouvriers communistes, dans les œuvres théoriques des prolétaires. En 1844, l'avènement est tout proche. Engels lui-même n'en doute pas quand, à Barnem et dans toute l'Allemagne, il découvre des communistes partout. Mais les premiers démentis de l'histoire ne tardent pas, qu'enregistrent le déclassement des œuvres théoriques des artisans, la dérisoire humanité des artisans communistes, bégaiement historique du mouvement historique. Il ne reste plus qu'à attendre. Or Marx et Engels n'attendent pas : ils font endosser aux *Straubinger* le manifeste du prolétariat qu'ils ne sont pas encore.

— *De 1848 à 1870*, les retards s'accumulent. Les révolutions de 1848 permettent de doubler la figure de l'arriération de celle de l'immaturité : à qui l'on doit les promesses, mais les promesses non tenues. En effet, le mouvement reflue, les communistes se déchirent, le lumpen s'impose ; dans l'exil, à nouveau il ne reste plus

* J. Rancière, *Le Philosophe et ses pauvres*, Fayard, p. 130-131 et 157-184.

qu'à attendre : attentisme vigilant et tourmenté d'une réalisation par le prolétariat de la mission qui lui est dictée par sa situation, mais en même temps volontarisme jalonné par les luttes fractionnelles au sein de l'AIT, qui présupposent une autre conception du prolétariat et du parti que celle qui est énoncée par la théorie. Il ne reste plus qu'à attendre : la théorie tient en dépôt ce que l'histoire refuse ; les armes de la critique sont fourbies en attente et en remplacement de la critique des armes ; le philosophe ne tient sa légitimité que de lui-même. C'est dans la rédaction du Livre (le *Capital*) que se concentre le tranchant révolutionnaire : dans la Critique, tant que le prolétariat ne parvient pas à exécuter sa sentence. L'attente durera jusqu'en 1870.

— *En 1870*, à nouveau, tout bascule, mais pour peu de temps. Ce qui se fondera alors fera apparaître les émules petits-bourgeois de Lassalle ; les communistes arrogants de France, les prolétaires bourgeois d'Angleterre. Sans entamer, pour autant, la confiance de Marx dans le mouvement irrésistible de l'histoire, appelé à mettre à jour une action et une conscience conformes à l'être du prolétariat [16].

L'attente d'un prolétariat révolutionnaire conforme à son concept et d'un parti communiste qui soit l'expression adéquate de l'essence révolutionnaire du prolétariat durera jusqu'en 1895. A cette date, Engels, dans son introduction à la réédition des *Luttes de classes en France*, pourra écrire : « Alors, c'était encore la pléiade des évangiles fumeux de petits groupes avec leurs panacées, aujourd'hui c'est la seule théorie de Marx universellement reconnue, d'une clarté lumineuse et qui formule de façon décisive les fins dernières de la lutte » (LCF).

Pourtant, deux ans plus tard, éclate la « crise du marxisme », bientôt suivie de quelques autres *. Or cette crise (comme les suivantes) met précisément en cause, dans l'ignorance de ses protagonistes, la distinction entre, d'une part, un prolétariat historique (voire « transcendantal ** »), investi d'une mission de réalisation de l'essence humaine et, d'autre part, un prolétariat empirique qui se dérobe à cette mission. On l'a compris : les pénombres de l'utopie initiale ne sont pas totalement dissipées par les œuvres postérieures à 1848.

---

* G. Bensussan, « Pour une histoire des crises du marxisme », in *Étudier Marx*, éd. du CNRS, 1985.

** J. Robelin, *Dictionnaire critique du marxisme*, article « Communisme », p. 210.

Pourtant, à peine Marx vient-il d'achever sa rédaction que les luttes révolutionnaires en Europe semblent donner raison au *Manifeste* : seule l'immaturité du prolétariat peut expliquer sa défaite, mais l'avenir lui appartient. Mais l'avenir certifié est un avenir contrarié par l'utopie tant que le communisme est rivé à l'attente d'une révolution destinée à s'emparer d'une machine d'Etat qui menace de l'engloutir : à l'anticipation utopique de la vocation révolutionnaire du prolétariat et de la vocation communiste de la révolution répondent des extrapolations utopiques des moyens offerts par la société existante d'accomplir l'émancipation projetée.

Un manifeste du communisme. Les anticipations utopiques d'un avenir donné d'avance ont pour contrepartie une extrapolation utopique des moyens donnés par le présent pour atteindre l'avenir. La mesure de ces raccourcis utopiques nous est offerte, une fois encore, par la question de l'Etat. C'est ici l'ensemble de la trajectoire qui conduit de 1843 à 1848 qui est riche d'enseignements.

Tant que le dépérissement de l'Etat politique est conçu dans une perspective essentialiste, qu'il résolve dans la démocratie l'énigme des constitutions politiques ou qu'il résolve dans le communisme l'énigme de l'histoire, son horizon se lève sur fond de la révélation utopique d'une destination idéale : la promesse de la réalisation de l'essence communautaire de l'homme par le truchement de la négation de la négation. Dans la mesure où l'on reconnaît dans ces promesses le moment utopique de la pensée de Marx, le dépérissement de l'Etat n'est qu'une des figures de l'utopie promise. Mais cette utopie promise fait écran à la critique historique qui permettrait son dépassement : *les moyens envisagés sont dès lors utopiques au sens où Marx lui-même l'entend.* L'accomplissement de cette promesse, dans les premières œuvres, implique uniquement le moment de la négation par la révolution politique (appelée à accomplir l'émancipation sociale dont le dépérissement de l'Etat sera l'aboutissement inéluctable). Il n'implique aucune pratique politique spécifique prenant l'Etat lui-même pour objet. Raccourcis utopiques et aveuglements utopiques se conditionnent réciproquement.

Les raccourcis utopiques — et en particulier les extrapolations utopiques — sont l'effet d'aveuglements utopiques de la critique, dont Marx lui-même nous donne la mesure dans sa critique initiale de l'Etat. La perspective d'un effacement de l'Etat politique conçue comme effet de la réalisation de l'essence humaine ouvre une perspective qui conditionne l'analyse qui prétend la fonder : elle produit non seulement des effets politiques qui pèsent sur le projet communiste, mais aussi des effets théoriques qui pèsent sur la critique de l'Etat bourgeois. Dans la mesure où l'horizon de la fin de l'Etat politique est solidaire de la révélation utopique d'un sens de l'histoire qu'accomplit la dialectique de l'aliénation et de son dépassement, cet horizon remplit une fonction de filtre et d'écran dans l'analyse de l'Etat bourgeois : une fonction de filtre qui permet de mesurer l'Etat politique à son essence et de critiquer son abstraction ; une fonction d'écran dans la mesure où sous le concept d'aliénation est présente la thématique de son dépassement : une thématique qui interdit de penser jusqu'au bout l'origine et les formes de cette aliénation.

Les rectifications ultérieures ne changent rien sur le fond : l'horizon de la révolution sociale dispense de préciser les conditions de la révolution politique. Sans doute le dépérissement de l'Etat politique n'est-il plus présenté comme effet d'une réalisation de l'essence communautaire de l'homme confiée à la négation d'une négation, négation de la négation elle-même promise à son propre dépassement.

L'aliénation politique est progressivement reconduite à son fondement, selon une trajectoire théorique que l'on peut, schématiquement, décomposer en trois temps :

Premier temps (les *Manuscrits de 1844*) : l'aliénation politique résulte de l'existence de la propriété privée et de l'aliénation du travail. C'est pourquoi, « l'abolition positive de la propriété privée, l'appropriation de la vie humaine, signifie donc la suppression positive de toute aliénation, par conséquent *le retour de l'homme hors de la religion, de la famille, de l'Etat, etc., à son existence humaine c'est-à-dire sociale* » (M44, p. 88).

Deuxième temps *(L'Idéologie allemande)* : l'existence de l'Etat résulte de la division du travail. C'est pourquoi « la révolution communiste qui abolit la division du travail aboutit en fin de compte à *la disparition des institutions politiques* » (IA, p. 381).

Troisième temps *(Misère de la philosophie)* : la division du travail sous-tend les antagonismes de classes que l'Etat résume parce qu'il en résulte. C'est pourquoi « la classe laborieuse substituera, dans le cours de son développement, à l'ancienne société civile une association qui exclura les classes et leur antagonisme, et *il n'y aura plus de pouvoir politique proprement dit*, puisque le pouvoir politique est précisément le résumé officiel de l'antagonisme de la société civile » (MPh., p. 178-179).

Le *Manifeste* reprend les termes de *Misère de la philosophie* : « Les différences de classes une fois disparues dans le cours du développement, toute la production étant concentrée dans les mains des individus associés, *le pouvoir public perd alors son caractère politique.* Le pouvoir politique, à proprement parler, est le pouvoir organisé d'une classe pour l'oppression d'une autre. Si le prolétariat dans sa lutte contre la bourgeoisie, se constitue forcément en classe, s'il s'érige par une révolution en classe dominante, et, comme classe dominante, abolit par la violence les anciens rapports de production, il abolit en même temps les conditions de l'antagonisme des classes, il abolit les classes en général et, par là même, sa propre domination de classe » (MPC, bil., p. 87-89).

Ce rapide résumé le laisse entrevoir : les formes spécifiques de la domination étatique et les formes spécifiques de l'émancipation prolétarienne sont occultées (au moins jusqu'à ce que prévalent les analyses de l'Etat-machine, postérieures à 1848).

De ces raccourcis utopiques, deux conséquences découlent aussitôt :

— La promesse transhistorique — qui certifie que la suppression des causes engendre nécessairement celle des effets et qu'avec la disparition nécessaire des antagonismes de classes (soutenue par le développement des forces productives) le dépérissement de l'Etat est assuré — tient lieu de démonstration : c'est une anticipation utopique.

— L'anticipation utopique de la fin de l'Etat politique a pour revers une extrapolation utopique du rôle de l'Etat bourgeois, dont la machine est conservée et chargée de socialiser les forces productives par leur étatisation.

La perspective transhistorique qui prend en charge la promesse du dépassement de l'Etat politique, si elle ne tient pas lieu de démonstration, survole les déterminations historiques concrètes : celles-ci ne surgissent que dans le cadre d'explications conjoncturelles où se fait jour une conception instrumentale de l'Etat, solidaire de la perspective de conquête d'un pouvoir politique dont les formes ne sont pas pensées. Des formulations telles que « la conquête du pouvoir politique par le prolétariat », « la conquête de la démocratie », laissent entendre que le prolétariat s'empare du pouvoir d'Etat sans en transformer substantiellement l'appareil ou la machine. La principale modification que Marx et Engels reconnaîtront pour nécessaire dans la préface de l'édition allemande de 1872 du *Manifeste* concerne précisément ce point (MPC, bil.,

p. 125). Car « *la Commune de Paris qui, pendant deux mois, mit pour la première fois aux mains du prolétariat le pouvoir politique* » a constitué une des « *expériences concrètes* » qui ont eu valeur de démonstration : « *La Commune, notamment, a démontré...* » Ainsi l'histoire a trouvé ce que la théorie n'avait pas su établir : il faudrait alors admettre non seulement que la théorie ne peut se substituer aux découvertes de l'histoire sans s'abandonner à des anticipations dogmatiques, mais aussi que l'utopie, en un sens qui n'est pas nécessairement négatif, est inévitablement inscrite dans la théorie, condamnée nécessairement à anticiper sur les conditions de sa réalisation au risque d'extrapoler les conditions existantes. Quand la théorie, informée par l'histoire, permet de découvrir, comme une nécessité qui lui serait immanente, que la machine de l'Etat doit être détruite, cette démonstration a valeur d'aveu : le *Manifeste*, qui ne dit rien sur cette destruction, ne propose alors qu'un raccourci utopique. Se borner à constater, comme le font Marx et Engels, que le programme est « périmé », c'est-à-dire simplement dépassé par l'histoire, confirme cet aveu d'utopisme par sa dénégation.

Est utopique, nous dit Marx, tout projet qui ne se fonde pas sur les conditions historiques de l'émancipation et leur substitue des conditions imaginaires : tel serait le cas de la *conquête du pouvoir* dans le cadre de la république parlementaire, si l'on en croit, du moins, le bilan de la Commune de Paris. Ce bilan ajoute, en effet, aux conditions matérielles et sociales de la Révolution, l'achèvement de ses conditions politiques : l'existence de l'Empire, *forme achevée et ultime* du pouvoir de la bourgeoisie. Est utopique, nous dit Marx, toute projet qui, pour ne pas avoir saisi cet ordre social dans sa totalité, se propose de changer l'ordre social existant par des moyens qui lui appartiennent totalement : tel serait alors le cas de l'exercice du pouvoir dans le cadre de l'Etat-machine. En effet, l'émancipation humaine qui prend appui sur la forme d'Etat préexistante est appelée à laisser se reproduire l'aliénation dont cet Etat est la forme politique. C'est dire que la suprématie politique du prolétariat sans révolutionnarisation de la machine d'Etat est utopique, comme est utopique la révolutionnarisation sociale sans suprématie politique, comme l'est le dépérissement de l'Etat sans émancipation sociale. Marx tente de penser la dialectique entre transformation politique et transformation sociale. Mais, et c'est le dernier point, cette dialectique n'est pas inscrite dans la nécessité immanente à une histoire qui se chargerait d'en trouver les formes : elle dépend d'une pratique qui doit les inventer : c'est ce que montre, comme on le verra plus loin, le destin réservé par Marx et Engels *eux-mêmes* à la leçon de la Commune de Paris.

On l'a compris, une fois encore : les pénombres de l'utopie initiale ne sont pas totalement dissipées par les œuvres postérieures à 1848 ; l'utopie requise est encore recouverte par la tentation de céder, sous des formes toujours plus discrètes, à l'utopie promise — de se laisser prendre aux *sortilèges de l'utopie.* Aussi, bien que la critique de l'économie politique et les leçons de l'histoire permettent à Marx de se déprendre progressivement de ces sortilèges, ce sont eux qu'il reste nécessaire de défaire complètement, pour dissiper leur influence.

DEUXIÈME PARTIE

SORTILÈGES DE L'UTOPIE

Marx, 1848-1883

PRÉAMBULE

L'ambivalence de l'utopie

« La tendance subjective de l'auteur (que lui imposaient peut-être sa position politique et son passé), c'est-à-dire la façon dont il se présente lui-même ou dont il présente aux autres le résultat ultime du mouvement actuel du processus social, n'a aucun rapport avec son analyse réelle. »

Marx à Engels, 7 décembre 1967.

Force est de constater que la fondation du matérialisme historique n'a pas totalement dégagé le communisme de Marx des impasses de l'utopie. Certes, c'est à l'écart de toute construction utopique que Marx prétend fonder la nécessité du communisme et en déterminer le contenu. Mais, sur ces deux points, Marx est tenté de *remplacer* une utopie par une autre : la thèse de la nécessité historique du communisme dissimule le recours à une destination utopique ; la thèse du contenu immanent du communisme dissimule le recours à une solution utopique. Tant que les problèmes de l'émancipation humaine sont donnés pour résolus par la promesse de leur résolution et que les solutions elles-mêmes restent marquées du sceau des perfections imaginaires, la résolution dialectique des énigmes de l'histoire équivaut à sa résolution dogmatique : une utopie promise se substitue à l'utopie démise qu'elle prétendait dépasser. Du même coup, Marx est tenté de *replacer* l'utopie dans une autre : l'utopie démise fait retour au cœur de l'utopie promise qui laisse entrevoir sous des formes nouvelles des anticipations utopiques qui devancent l'avenir qu'elles prétendent certifier et des extrapolations utopiques qui reconduisent le présent qu'elles prétendent dépasser. Ces embardées utopiques qui taillent à la mesure de l'avenir qu'elles promettent les moyens qui devraient permettre de l'atteindre — ces dimensions négativement utopiques, partiellement rectifiées — ne se bornent pas à hanter les développement de la science : elles menacent d'asphyxier la dynamique positivement utopique de la conception de Marx. La dialectique qui enferme l'histoire dans une destination et une solution chimériques neutralise une dialectique et une simulation stratégiques. L'utopie promise neutralise l'utopie requise. C'est assez dire l'ambivalence — voire la dualité — de l'utopie marxienne.

Ce qui est vrai du communisme initial de Marx l'est-il encore du communisme terminal ? Après 1848, Marx persévère dans la tentative de démontrer la nécessité du communisme, c'est-à-dire de présenter le contenu immanent de l'histoire comme communisme et de démontrer la nécessité de ce contenu. Cette tentative suppose que l'on puisse montrer conjointement que le communisme est *nécessaire* et que c'est le *communisme* qui est nécessaire. Ce sont donc les ultimes figures de ces tentatives de démonstration qu'il convient, par priorité, de mettre à l'épreuve, dans le but de répondre aux questions suivantes : la nécessité qui répond du communisme place-t-elle ce dernier à l'horizon d'une l'histoire disponible ou le présente-t-elle comme la destination d'une histoire certifiée ? Le communisme dont répond sa nécessité se présente-t-il sous les traits d'une utopie concrète ou sous son déguisement ? Les alternatives ainsi ouvertes renvoient à nouveau à l'ambivalence de l'utopie marxienne.

Marx lui-même avoue, à sa façon, cette ambivalence, quand il reconnaît indirectement celle du *Capital* dans la *lettre à Engels du 7 décembre 1867* : indirectement dans la mesure où Marx propose ici à Engels le schéma d'un compte rendu destiné à « embobiner » — le mot est de Marx — son éditeur éventuel. Dans ce but, il s'agit de révéler le sens du *Capital* en dissimulant partiellement sa portée. Aussi Marx propose-t-il de distinguer les « développements positifs » et les « conclusions tendancielles » et, s'agissant des secondes, d'opérer une nouvelle distinction. Parlant de lui-même, Marx écrit : « Quand il démontre que la société actuelle, considérée du point de vue économique, porte en elle les germes d'une forme sociale nouvelle supérieure, il ne fait que montrer sur le plan social le même processus de transformation que Darwin a établi dans le domaine des sciences naturelles. (...) L'auteur a du même coup, par cette conception critique qui est la sienne — peut-être malgré lui !

— sonné le glas de tout socialisme professionnel, c'est-à-dire le glas de tout utopisme. La tendance subjective de l'auteur, par contre — peut-être était-il tenu par la place qu'il occupe dans son parti et par son passé d'agir ainsi et dans l'obligation de le faire —, c'est-à-dire *sa manière de se représenter ou de présenter aux autres le résultat final du mouvement actuel du processus social, n'a aucun rapport avec son analyse réelle.* Si la place le permettait, en allant au fond des choses, on pourrait peut-être montrer que son analyse "objective" réfute ses propres lubies "subjectives" » (Corr., t. 9, p. 112-113, trad. revue). En dépit du formalisme (parfaitement intentionnel) des distinctions, de la référence (très troublante) à Darwin, et du partage (peu convaincant) entre objectivité et subjectivité, cette lettre est éloquente : Marx semble admettre qu'il peut exister un décalage entre la démonstration de la possibilité d'un « type social nouveau et supérieur » et la présentation de sa réalisation.

L'ambivalence de la démonstration, on le pressent, sera vérifiée par l'ambivalence de la critique. Que la dialectique prenne pour objet les contradictions de l'histoire ou les contradictions du capitalisme, chaque fois que le projet de leur dépassement se confond avec sa promesse, la critique de ces contradictions est prédéterminée par la perspective de leur abolition. Dans les deux cas, un *telos utopique* oriente l'analyse qui prétend fonder scientifiquement cette perspective : l'horizon utopique du communisme permet de découvrir dans les antagonismes existants la figure de la négation qui promet leur dépassement. Cet horizon utopique agit comme un *filtre*, révélateur des contradictions historiques en général, et des contradictions du capitalisme en particulier. Mais cet horizon utopique agit comme un *écran* qui obstrue la détection des possibilités effectives, résorbées dans une fin proclamée, et masque les difficultés objectives, utopiquement résolues. Tout dépend de l'horizon utopique lui-même.

L'œuvre de Marx, après 1848, le confirme : qu'il s'agisse de la nécessité ou du contenu de l'émancipation, elle laisse subsister les ambiguïtés des premiers écrits. Elle propose une *simulation hypothétique* du contenu du communisme, en cédant à la tentation de le présenter comme la *résolution historique* d'une énigme, et procède à une démonstration de la *nécessité de la possibilité* d'un nouvel ordre social en cédant à la tentation d'une démonstration de la *nécessité de l'effectivité* de cet ordre social. Ces tentations ne sont sans doute pas toujours dominantes et uniformes : on ne peut les mettre au jour sans forcer parfois le trait. Mais tout incite à les débusquer, au lieu de s'en démarquer silencieusement : à condition de renoncer à ces tentations, la dialectique, fermée par une promesse, peut être ouverte sur un horizon utopique de bon aloi, et l'utopie, prisonnière d'une révélation, libérée pour un projet utopique, mais retaillé aux dimensions de la finitude humaine. Aussi, avant d'élargir l'ouverture ménagée par Marx, convient-il de poursuivre jusqu'au bout l'examen des impasses de l'utopie promise — et de résumer ici ce que nous essaierons d'établir.

Les infiltrations utopiques de la théorie de Marx transparaissent avec la tentation de confondre la nécessité du communisme avec une promesse tutélaire et de présenter, par conséquent, le communisme comme une *utopie exaucée*, prisonnière des mirages de l'histoire. La tentation (voire la tentative) de présenter le communisme non comme un horizon stratégiquement disponible, mais comme une destination historiquement inéluctable, mobilise des figures de la nécessité et de la dialectique qui hypothèquent le sens du communisme de Marx. Ces infiltrations ne deviennent proprement utopiques, même s'il ne s'agit alors que des illusions d'une *utopie effacée*, que lorsqu'elles gagnent le contenu du communisme : la tentation (voire la tentative) de présenter le communisme non comme une proposition cohérente, mais comme une émancipation ultime, mobilise, dans la critique du capitalisme et l'évocation du communisme, une logique et des figures qui placent cette émancipation dans les pénombres de l'utopie. Enfin, c'est une *utopie enlisée*, plutôt que dépassée, que révèle la double épreuve de vérité que constitue, pour l'utopie de mauvais aloi, son incapacité à se convertir en stratégie et à s'inscrire dans l'histoire : les raccourcis de l'utopie déjà présents avec Marx comme autant de débours d'une utopie promise se solderont, après lui, par le retour massif de l'utopie démise — une utopie doctrinaire, qu'aucune théorie, il est vrai, n'aurait suffi à balayer.

CHAPITRE I

L'UTOPIE EXAUCÉE ?

(Les mirages de l'histoire)

Tout ce qui est inaccompli n'est pas irréalisable ; la transgression de l'ordre social établi n'est pas destinée à se confondre avec un rêve d'absolu : l'utopie peut toujours s'entendre de deux façons. Mais, que le contenu même du communisme paraisse ou non mériter notre convoitise, l'utopie avoue son échec ou le prépare quand elle se donne pour exaucée, consignée dans sa figuration ou promise à son exécution : quelle qu'en soit la teneur, une utopie exaucée est une utopie condamnée. Que gagnerait-on au change si aux systèmes doctrinaires qui prétendent détenir la clé de toutes les énigmes devait se substituer une histoire tutélaire qui prétend ouvrir toutes les portes ?

Marx ne s'en remet jamais, du moins fondamentalement, à une histoire automate ; l'histoire n'est pas un sujet, et encore moins une machine : « L'histoire ne fait rien, elle "ne possède pas de richesse énorme", elle "ne livre pas de combats" ! C'est au contraire l'homme, l'homme réel et vivant qui fait tout cela, possède tout cela et livre tous ces combats ; ce n'est pas, soyez en certains, l'"histoire" qui se sert de l'homme comme moyen pour réaliser ses fins à elles ; elle n'est que l'activité de l'homme qui poursuit ses fins à lui » (Engels, SF, p. 116).

Mais qu'arrive-t-il si l'on double cette histoire empirique d'une histoire essentielle qui délivre le sens et la destination de la première ? Une histoire qui placerait l'utopie sous sa protection n'est pas nécessairement une histoire qui serait son propre moteur : même les décrets de la Providence doivent composer avec les actions des hommes.

Il faut le redire : Marx n'est pas plus le théoricien d'une histoire automate qu'il n'est le messager d'une société totalitaire. Rien n'est plus étranger à sa pensée que les prétentions d'un déterminisme absolu : le déterminisme de Marx n'est réductible ni à un déterminisme de type théologique (providentialiste ou fataliste), ni à un déterminisme de type métaphysique (version laïque du précédent), ni à un déterminisme scientifique (rabattu sur le mécanisme). Marx récuse du même coup les conceptions théologiques, ontologiques ou mécaniques qui absorbent toutes les formes de nécessité relative dans une nécessité absolue et ne font une place au possible (quand elles lui en laissent une) que dans la perspective d'une nécessité toujours implacable. Marx est un penseur du possible autant que du nécessaire (et, plus précisément un penseur de l'unité de la nécessité et de la possibilité) : c'est ce que montre Michel Vadée (dans un livre appelé à rester longtemps un ouvrage de référence) quand il fait ressortir que ce sont tous les principaux concepts de Marx qui sont habités, à des niveaux et à des titres divers, par la catégorie de la possibilité * [1]. Mais il ne suffit pas de rétablir, bien qu'elle ait été trop souvent négligée, la place accordée par Marx au possible dans sa critique de l'économie politique ou dans sa conception de l'histoire pour lever toutes les équivoques de sa conception de la possibilité/nécessité historique du communisme : c'est ce que montre l'examen successif et, provisoirement, séparé des figures de la nécessité et des figures de la dialectique.

I. FIGURES DE LA NÉCESSITÉ

Comment Marx pense-t-il la possibilité/nécessité du communisme ? S'agit-il de la nécessité historique de sa possibilité ou de la nécessité historique de son effectivité ? Force est de constater que les deux versions coexistent et menacent de se recouvrir : Marx procède à une démonstration de la *nécessité de la possibilité* d'un nouvel ordre social en cédant à la tentation d'une démonstration de la *nécessité de l'effectivité* de cet ordre social ; au risque d'attribuer, comme on le verra, la possibilité du communisme à des promesses historiques qui neutralisent la stratégie ; au risque, comme on peut le comprendre, de présenter cette nécessité comme une fatalité. Cette fatalité, sans doute, ne se tient pas exclusivement en surplomb de l'histoire dont elle guiderait le sens : la nécessité du communisme ne s'impose pas comme un destin s'imposant du dehors à une société déchirée en classes antagoniques pour mettre un terme à ce déchirement ; mais il n'empêche que la tentation de Marx de pré-

* M. Vadée, *Marx, penseur du possible*, Méridiens Klincksiek, 1992.

senter le communisme comme une nécessité inexorable affleure en maintes occasions. Aussi, avant de revenir sur les tentatives de démonstration de la nécessaire possibilité du communisme (et sur les auteurs qui comprennent Marx dans cette perspective), il nous faut d'abord *suivre jusqu'au bout la pente qui conduit Marx à la tentation de conclure de la possibilité du communisme à son inéluctable effectivité.* Pour suivre ce penchant, il convient de s'arrêter sur les deux figures de la nécessité immanente à l'histoire que découvre la critique de l'économie politique : la nécessité immanente au système capitaliste et à son mouvement, et la nécessité immanente au passage de ce système à un autre — la nécessité du passage au communisme.

1. Le mouvement du capital

Comment Marx comprend-il la dynamique et l'histoire du mode de production capitaliste ? Pour énoncer la nécessité immanente à l'histoire telle qu'elle se découvre à l'analyse du mode de production capitaliste, Marx recourt aux notions de *loi* et de *tendance* [2]. Comment convient-il de les entendre ?

Les lois du capital. Le concept de loi, omniprésent dans l'œuvre de Marx, se prête à de multiples confusions. Une première équivoque pèse sur l'existence de lois naturelles : à première vue, Marx tout à la fois récuse et affirme l'existence de ces lois puisqu'il oppose à la prétendue naturalité des lois du mode de production capitaliste leur historicité et présente cependant ces lois comme des lois naturelles. Pourtant, il ne s'agit nullement d'une contradiction, ouvrant sur deux conceptions opposées de la nécessité, contrairement à ce qu'il arrive à certains auteurs d'affirmer *.

L'opposition et l'identification ne se situent pas sur le même plan. Deux distinctions sont mises en œuvre puisque le terme de nature (ou de naturel) est pris, tantôt dans son opposition à volonté (ou volontaire), tantôt dans son opposition à histoire (ou historique) :

— Dans le premier cas, il s'agit de mettre en évidence qu'un ordre de phénomènes échappe à la maîtrise consciente des hommes : telles sont les « lois naturelles de la production capitalis-

* A. Haller, *La Théorie des besoins chez Marx,* 10-18, p. 107-108.

te » (Kap, p. 5), qui permettent d'« appréhender le développement de la formation économico-sociale comme un processus historique naturel » (Kap, p. 6).

— Dans le second cas, il s'agit de mettre en évidence la différence entre des lois immuables et des lois transitoires — la différence entre les prétendues lois naturelles de l'économie et les lois historiques de la production capitaliste : ainsi Marx oppose l'économie politique ricardienne, qui considère le rapport entre capitaliste et travailleur salarié comme « une loi de la nature », et ses successeurs, qui « ne reconnaissent plus que la justification historique de ce rapport » (TPV, t. 3, p. 507).

Mais ces deux distinctions ne sont pas clairement établies sur le plan conceptuel, et très rarement présentées conjointement. Pourtant, en exposant, dans les *Théories sur la plus-value*, les mérites et les limites des physiocrates, Marx recourt à une double distinction :

— Il distingue tout d'abord entre naturel et volontaire : les « nécessités naturelles de la production elle-même » constituent leurs « lois physiques », dans la mesure où elles sont « indépendantes de la volonté des hommes, de la politique, etc. ».

— Il distingue ensuite entre absolu et transitoire : entre la « loi abstraite régissant uniformément toutes les formes de société » et la « loi physique d'un certain état historique de la société » (TPV, t. 1, p. 31).

Ainsi, Marx défend la thèse de l'*historicité des lois naturelles* du mode de production capitaliste (comme de tous les autres) et appuie cette thèse sur la distinction entre une *nécessité absolue* (que les économistes prétendent enregistrer dans leurs prétendues lois naturelles) et une *nécessité historique*. Et cette distinction entre absolu et historique équivaut à la distinction entre éternel et transitoire : « Or à partir du moment où l'on a reconnu comme *historique* le mode de production bourgeois, ainsi que les rapports de production et de distribution qui lui correspondent, cesse l'illusion consistant à les considérer comme lois *naturelles* de la production et s'ouvre la perspective d'une nouvelle société, d'une formation socio-économique dont ce mode n'est que la *transition* qui y mène » (TPV, t. 3, p. 507).

Mais la confusion entre la nécessité naturelle et la nécessité historique menace d'être rétablie quand elles désignent des nécessités inexorables. Lorsque « naturel » signifie « qui ne dépend pas de la volonté », s'introduit le thème de la *fatalité des lois naturelles* : les

« lois naturelles de la production capitaliste » sont des « tendances qui se manifestent et se réalisent avec *une nécessité de fer* » (Cap I, 1, p. 18) comme « cette loi qui établit une corrélation *fatale* entre l'accumulation du capital et l'accumulation de la misère » (Cap I, 3, p. 88) ; de sorte que, comme l'écrit Engels, « la production marchande comme toute autre forme de production a ses lois particulières, immanentes, inséparables d'elle », qui « s'imposent (...) sans les producteurs et contre les producteurs comme *lois naturelles* de leur forme de production, lois à l'action aveugle » (SUSS, bil., p. 153). Cette nécessité implacable des lois se transmet, semble-t-il, à l'histoire du capitalisme, s'il est vrai que « le développement de la formation économique de la société est assimilable à la marche de la nature et à son histoire » (Cap I, 1, p. 20). Ce développement obéit-il à des lois et lesquelles ?

L'équivoque entretenue sur le *sens* de la notion de lois naturelles se double de l'équivoque portant sur l'*objet* de ces lois : s'agit-il des lois qui président au fonctionnement d'un système ou de celles qui président à ses transformations ? La réponse à cette question est malaisée puisque Marx confond sous une même appellation, sans toujours les distinguer quand il le faut ou justifier leur identité quand c'est nécessaire, des *lois de fonctionnement* et des *lois d'évolution* : une nécessité systémique et une nécessité dynamique. Les lois de fonctionnement immanentes au système sont déterminées par sa structure [3]. Mais elles sont, pour la plupart, des lois de mouvement : les lois du mouvement interne du système. Ces lois du mouvement interne d'une société sont-elles du même coup les lois qui président à son abolition ? S'agit-il de la (ou des) loi(s) du mouvement interne au capitalisme ou de la loi (ou des) loi(s) en direction du communisme ? On ne peut pas toujours l'établir avec certitude à la simple lecture des textes où Marx évoquant les « lois naturelles de la production capitaliste » et ramenant ces lois à une loi qui détermine non seulement le fonctionnement d'une société mais son mouvement fait allusion à la « loi naturelle qui préside à son mouvement » et aux « phases de son développement naturel » que cette société « ne peut ni dépasser d'un saut ni abolir par des décrets » (Cap I, 1, p. 18, 19, 20). Le compte rendu que Marx cite élogieusement dans la postface de la deuxième édition allemande ne lève pas cette équivoque quand son auteur déclare que Marx « envisage le mouvement social comme un enchaînement naturel de phénomènes historiques, enchaînement soumis à des lois » (Cap I, 1, p. 27-28).

Dans tous les cas, ces lois de mouvement ne peuvent être pensées comme des lois de transition que sous certaines conditions : que l'on puisse démontrer, comme Marx tente de le faire, que les lois immanentes du capitalisme le précipitent vers sa dissolution, et que la nécessité qui gouverne un ensemble déterminé et la nécessité qui gouverne la transition d'un ensemble à un autre sont analogues, voire identiques. Car des lois systémiques sont sans doute des lois historiques, mais l'historicité des lois ne les transforme pas en lois de l'histoire. Il reste que l'une au moins de ces lois tend non seulement à mouvoir le mode de production capitaliste, mais à préparer son dépassement : la tendance historique de l'accumulation capitaliste. Pour approcher le sens de ce dépassement, il convient d'abord de s'arrêter sur ces lois naturelles (et historiques) du mode de production capitaliste qui se font valoir comme tendances : des « tendances qui se manifestent et se réalisent avec une nécessité de fer » (Cap I, 1, p. 18).

Les tendances du capital. Quel sens attribuer à l'existence de tendances internes à un mode de production ? Le concept de tendance soulève alors un double problème : pourquoi la loi est-elle tendance, et pourquoi la tendance est-elle contradictoire ?

Pourquoi la loi est-elle tendance ? Quelle est la nécessité de la tendance ? Est nécessaire aussi bien l'existence des tendances que la corrélation qu'elles expriment. Ainsi de la tendance à la baisse du taux de profit : « le progrès de la production capitaliste implique nécessairement que le taux général moyen de la plus-value se traduise par une baisse du taux de profit général : c'est là une *nécessité* évidente découlant de l'*essence* même du mode de production capitaliste » (Cap III, 1, p. 227). A ce titre, la tendance ne diffère en rien de la loi, « connexion interne et nécessaire entre deux choses qui se contredisent dans les phénomènes apparents » (Cap III, 1, p. 238). La tendance n'est alors qu'une forme de la loi. Quelle forme ? Il semble difficile de réduire sur ce point les différences entre les formulations de Marx.

Certains énoncés laissent penser que *toute loi est tendancielle,* parce qu'elle s'impose à travers des circonstances contingentes. Ainsi, de l'existence d'un taux général de la plus-value qui « comme toute loi économique n'est en fait qu'une tendance » (Cap III, 1, p. 191). Et plus nettement encore : « Somme toute, dans l'ensemble de la production capitaliste, la loi générale ne s'impose comme tendance dominante qu'approximativement et de manière complexe et se présente comme une moyenne de fluctuations éternelles qu'il est impossible de fixer rigoureusement » (Cap III, 1, p. 177-178). Or cela est commun à toutes les lois : « La loi absolue et générale de l'accumulation capitaliste (l'accroissement corrélatif de la richesse sociale et de la misère ouvrière) comme toute loi se trouve modifiée dans ses applications concrètes par divers facteurs » (Kap, p. 723). D'autres énoncés laissent entendre, par contre, que la tendance est une forme spécifique de la loi : une loi contrariée. Tel est notamment le cas de la loi de la baisse tendancielle du taux de profit, telle qu'elle est présentée dans *Le Capital* : « cette baisse ne se manifeste pas sous une forme *absolue (absoluten Forme)*, mais sous forme d'une tendance à une baisse *progressive (in Tendenz zum progressiven Fall)* » (Cap III, 1, p. 227). Ainsi la hausse du taux de plus-value est un facteur qui « ne supprime pas la loi générale, mais qui a pour résultat d'en faire plutôt une tendance, c'est-à-dire une loi dont la réalisation est arrêtée, ralentie, affaiblie par des causes qui la contrecarrent » (p. 247). Or une lecture attentive du texte fait apparaître que la baisse du taux de profit est *une loi, c'est-à-dire une tendance nécessaire*, et que les facteurs qui la contrecarrent n'affectent pas sa détermination de loi (en la transformant en simple tendance), mais en transformant la tendance en *tendance seulement progressive.* Marx, d'ailleurs, parle aussi bien des « causes qui contrecarrent la loi » (p. 245) que « des causes qui (...) contrecarrent la tendance » (p. 248). Autrement dit, qu'on la comprenne ou non comme une loi contrariée : *la tendance est la forme nécessaire de la loi.* Reste à savoir si la tendance, nécessaire selon sa modalité d'existence, l'est également par les effets qu'elle produit.

A quoi tend la tendance ? Une fois encore, les formulations de Marx ne sont pas homogènes. Les énoncés du *Capital* relatifs à la chute tendancielle du taux de profit parlent parfois des influences qui « *suppriment l'effet* de la loi générale et lui confèrent simplement le caractère de tendance » (p. 245). Mais il ne s'agit pour l'essentiel que d'une suspension provisoire qui diffère l'effet sans l'abolir — qui en annule la manifestation, mais non l'existence.

Les énoncés des *Grundrisse* sont généralement moins ambigus : ils laissent entendre que dans le concept de Capital (ou dans l'essence du capital) sont comprises ses tendances nécessaires qui le portent à trouver des *formes d'existence qui lui sont adéquates* [4]. Les tendances d'un mode de production apparaissent tout d'abord comme des ébauches de ses lois. Ainsi, la libre concurrence réalise les tendances du capital et les posent en tant que lois : « C'est alors seulement que *les lois internes du capital — qui n'apparaissent qu'en tant que tendances aux stades antérieurs de son évolution* — sont posées en tant que lois ; la production fondée sur le capital ne se pose dans ses formes adéquates que pour autant que la libre concurrence se développe » (Grund., t. 2, p. 142). Ce n'est que lorsqu'un mode de production a trouvé, sous l'effet des tendances qui lui sont immanentes, les formes qui lui sont adéquates que ces tendances deviennent des lois. Mais, en même temps, les lois déterminent des tendances nécessaires qui réalisent l'essence du mode de production capitaliste dans des formes d'existence adéquates à cette essence. La tendance, par conséquent, se réalise nécessairement dans certaines formes. Ainsi, « *la tendance nécessaire* du capital à viser une circulation sans temps de circulation », tendance qui est la « détermination fondamentale du crédit et des dispositifs du crédit du capital » (Grund., t. 2, p. 151). Ou encore : « *la tendance nécessaire* du capital est l'accroissement de la force productive et la négation maximale du travail nécessaire. Et *la réalisation de cette tendance*, c'est la transformation du moyen de travail en machinerie » (Grund., t. 2, p. 185) dans laquelle le capital « se donne sa figure adéquate » (Grund., t. 2, p. 187). *La tendance tend à se réaliser dans une forme ultime et adéquate.* La tendance ainsi comprise est nécessaire non seulement selon sa modalité, mais également par les effets qu'elle produit : c'est en cela qu'elle est une loi. Mais celle-ci ne se réalise que progressivement : c'est en cela qu'elle est une tendance. La tendance se réalise avec une nécessité qui n'abolit ni la contingence, ni les contre-tendances, mais « avec une nécessité de fer ». Cela reste-t-il vrai de la tendance du mode de production capitaliste à transgresser ses propres limites ? C'est ce qu'il conviendra d'examiner. Mais il faut répondre au préalable à notre seconde question : quel est le rapport entre tendance et contradictions ?

En quoi la tendance est-elle contradictoire ? Quel est, par conséquent, le mouvement qu'elle imprime au système ou que le système lui imprime ? Les contradictions appartiennent-elles aux origines ou aux effets de la tendance ? La tendance est génératrice de contradictions : ainsi la loi de l'accumulation capitaliste est la tendance à la polarisation des classes sociales. Est-ce à dire que les contradictions appartiennent aux effets de la tendance, et non à ses causes ? Une même cause peut produire des effets contradictoires, voire des « tendances antagonistes » (Cap III, 1, p. 246). La tendance elle-même peut être à l'origine des contre-tendances qui la contrarient. Mais ce qui apparaît comme cause n'est à son tour qu'un effet de l'essence du mode de production capitaliste — une essence contradictoire : la production et l'accumulation de plus-value. Et de façon plus générale, l'effet contradictoire n'est que la forme de la contradiction fondamentale entre le développement des forces productives et les rapports de production [5].

Si la contradiction appartient à l'essence du mode de production capitaliste et détermine par conséquent son mouvement, *la tendance est au mouvement ce que la loi est au système.* Tel est le cas de la loi « du point de vue historique (...) la plus importante » : « la tendance du taux de profit à baisser *au fur et à mesure* du développement du capital » (Grund., t. 2, p. 236 et p. 251). Si la tendance est, en général, un mode d'existence de la loi dans lequel s'expriment les contradictions internes du système capitaliste, on comprend qu'elle en détermine le mouvement, ou, si l'on veut, la dynamique. Les tendances ou lois dynamiques (dans lesquelles le capital est saisi comme procès) traduisent les lois systémiques (où le capital est saisi comme rapport) : les lois structurales se manifestent par des lois tendancielles. Et ces lois tendancielles ne sont rien d'autre que des lois qui traduisent la tendance du capital à réaliser son essence dans des formes qui lui sont adéquates, et à traduire dans des contradictions phénoménales sa contradiction essentielle.

Reste une dernière question : *en quoi la tendance est-elle historique* ? Quel est le rapport entre dynamique et histoire ? L'analyse des rapports fondamentaux qui constitue l'essence du mode de production capitaliste permet d'en dégager la *structure.* Cette structure est celle de rapports contradictoires qui impriment le mouvement de l'ensemble ; la loi générale de mouvement que Marx prétend dégager est dès lors celle de la *dynamique* de l'ensemble : ainsi sont soudées structure et dynamique. Mais la dynamique du mode de production n'est pas nécessairement égale à son *histoire* : d'abord, parce qu'il n'existe d'histoire que d'une formation sociale donnée, combinant divers types de modes de production ; ensuite, parce que la dynamique des rapports politiques interfère avec celle du mode de production. Pourtant, du rapport entre dynamique et histoire, Marx propose fréquemment une version affaiblie, qui est en même temps une version forte de la dialectique. Selon cette version, la dynamique est appelée à se convertir en histoire : l'essence du mode de production capitaliste est vouée à atteindre une réalité effective qui soit adéquate à son concept, et qui appelle, du même coup, sa négation (de même que — nous y reviendrons — l'essence de l'État bourgeois est appelée à se réaliser dans une forme qui suscite son antithèse). Comment, dès lors, penser la négation immanente au mode de production capitaliste, ou le passage de la constitution à la dissolution ?

2. Le dépassement du capital

La nécessaire dissolution du mode de production capitaliste et la nécessaire instauration du communisme sont fondées par Marx en recourant à des figures spécifiquement dialectiques de la nécessité. Mais, avant de les analyser, il convient de compléter notre examen par quelques précisions préalables sur la nécessité qui préside, selon Marx, à un changement de société. Les conditions et les tendances qui le rendent possibles se confondent-elles avec celles qui le rendent inévitables ? Les œuvres postérieures à 1848 reconduisent la démarche et les ambiguités relevées dans les œuvres antérieures. Quitte à nous répéter, il faut les relever.

Les conditions du communisme. Le passage d'un mode de production à un autre, d'une formation sociale à une autre, et spécialement du capitalisme au communisme, suppose que soient réunies (ou en voie d'être réunies) un ensemble de conditions. Ces conditions indispensables sont cent fois énoncées comme des conditions requises — des conditions qu'« il faut » réunir. Comme on peut le lire par exemple dans les *Grundrisse* : « *Il faut que* la dépendance réciproque soit d'abord élaborée et développée dans toute sa pureté avant qu'on puisse penser à une communauté sociale effective. Que tous les rapports apparaissent comme des rapports posée par la société et non déterminés par la nature » (Grund., t. 1, p. 218). Or le capital fait ce qu' « il faut ».

Ainsi s'opère *un premier passage de l'indispensable à l'inéluctable*, quand on passe des conditions requises au conditions remplies. En ce sens, le capitalisme est lui-même nécessaire. Ainsi, Marx se propose d'examiner « plus tard » en quoi « la forme extrême de l'aliénation (...) représente un *point de passage nécessaire* et pourquoi cette forme contient en soi, simplement sous une forme encore inversée, la dissolution de tous les présupposés bornés de la production, et même, au contraire, *crée et produit les présupposés indispensables* de la production, et donc l'ensemble des conditions matérielles, du développement total, universel, des forces productives de l'individu » (Grund., t. 2, p. 8). Car l'histoire engendre nécessairement les conditions indispensables. Ainsi, Marx écrit à Kugelmann le 17 mars 1868 : « Je représente la grande industrie non seulement comme la mère de l'antagonisme, mais aussi comme *la créatrice des conditions matérielles et spirituelles nécessaires* à la solution de cet antagonisme, une solution qui évidemment ne pourra pas se faire en douceur » (Cap I, 3, p. 233). L'indispensable théoriquement requis se trouve, par une heureuse coïncidence, historiquement produit : *l'indispensable est accompli par l'inéluctable.*

S'annonce alors *un second passage de l'indispensable à l'inéluctable*, masqué, une nouvelle fois, par le double sens de « nécessaire ». Le glissement du premier sens au second s'opère en un tour de main : les conditions nécessaires au communisme deviennent les conditions qui le rendent nécessaire. Mais de quelle nécessité s'agit-il ? Faut-il comprendre que les conditions nécessaires à... deviennnent les conditions nécessaires de..., voire des causes qui engendrent nécessairement leurs effets ? Que ce passage soit attribué, comme on le verra, à la réunion de l'intégralité des conditions ou à l'effet de leur causalité, l'exposé de Marx pèche par défaut de clarté, notamment quand la distinction entre la nécessité des causes et la nécessité des conditions n'est pas établie. Et la même clarté fait défaut quand il s'agit non seulement des tendances contradictoires du système lui-même, mais des tendances à son dépassement et à sa nécessaire dissolution. Que signifie alors la tendance au communisme ?

La tendance au communisme. Recoupant la confusion entre conditions et causes, mais plus fréquemment signalée, l'identification des tendances à des lois risque de produire les mêmes conséquences. Elle sert notamment à conclure du caractère inexorable des lois du capitalisme au caractère inéluctable de la révolution communiste. L'extension du concept de tendance est, en effet, des plus variables : à un premier usage du terme de tendance (le plus fréquent), pour désigner la nécessité immanente au mode de production capitaliste, se juxtapose un second, destiné à désigner une nécessité immanente qui détermine son dépassement. Peut-on transférer la conception de la loi comme tendance qui exprime la dynamique interne du mode de production capitaliste à celle de la loi comme tendance qui imprime au passage à un autre mode de production une nécessité de fer ? A supposer que le système capitaliste produise inéluctablement, avec les conditions indispensables, la (ou les) tendance(s) au dépassement du système capitaliste, n'est-ce pas le finalisme et le mécanisme qui sont réintroduits : le finalisme dans la mesure où le concept de tendance comprend l'idée d'une fin immanente d'un processus (le système tend à...) ; le mécanisme, dans la mesure où avec l'existence nécessaire de la tendance serait donnée la nécessité de son aboutissement ?

S'il est vrai, comme nous croyons l'avoir établi, que, quand il s'agit de la nécessité immanente au mode de production capitaliste, les tendances sont à sa dynamique ce que les lois sont à sa structure et, partant, que tendances et lois ne sont pas de nature différente, est-ce encore le cas quand il s'agit de la nécessité qui gouverne le dépassement du mode de production capitaliste ?

Deux questions solidaires sont alors posées :

— Les tendances au dépassement du mode de production capitaliste doivent-elles être définies dans les mêmes termes que les tendances immanentes qui gouvernent sa dynamique interne ? Autrement dit, s'il est vrai que pour Marx les secondes produisent nécessairement leurs effets, peut-on l'affirmer des premières ? *Sont-elles identiques par leurs effets ?*

— Les tendances au dépassement du mode de production capitaliste se confondent-elles avec les tendances immanentes au mode de production capitaliste ? *Sont-elles des tendances identiques par leur contenu ?*

La réponse à la seconde question dépend de la réponse à la première : *Quelle est la nature et quels sont les effets de la (ou des) tendance(s) au dépassement du mode de production capitaliste ?* Si l'on prend pour acquise, sans en discuter ici la validité, l'analyse marxienne des lois dynamiques ou tendances nécessaires de la production capitaliste, les énoncés de Marx ne manquent pas qui concluent de la nécessité des tendances internes au système à la nécessité de son abolition ; c'est-à-dire qui concluent des tendances nécessaires du système (au double sens où la structure démontre la nécessité de telles tendances et la nécessité de leurs effets) aux tendances nécessaires de son dépassement : *parce qu'elles sont, au fond, identiques.* Ainsi, dans les *Grundrisse*, comme on l'a vu plus haut, Marx déploie une logique cohérente que l'on peut résumer. Dans le concept de Capital (ou dans l'essence du capital) sont comprises ses tendances nécessaires qui le portent à trouver des formes d'existence qui lui sont adéquates. Mais les mêmes tendances du capital qui lui sont inhérentes lui sont contradictoires. Aussi la tendance à la réalisation de son essence se double de la tendance à la dissolution. C'est une tendance « *inhérente au capital* » (faut-il comprendre : « conforme à son essence » ?) « mais qui lui est contradictoire en tant qu'il est une forme de production bornée, et qui le pousse à sa dissolution » (Grund., t. 2, p. 32). En effet, « les conditions qui ressortent de la nature du capital lui-même sont donc contradictoires », comme le montre, par exemple, le temps de circulation que le capital cherche à abolir sans pouvoir y parvenir (Grund., t. 2, p. 41).

Ainsi la tendance du capital à dépasser tous les obstacles se réalise comme tendance à leur généralisation jusqu'au moment où il s'éprouve (se ressent) et se manifeste lui-même comme obstacle. Ou encore : la tendance inhérente au capital à l'inversion de tous les rapports est en même temps tendance à la réversion de l'inversion. La dissolution d'un mode de production apparaît comme négation de ses présupposés et position des présupposés d'un nouveau mode de production.

Est-ce à dire, alors, que les tendances nécessaires du système, qui sont des tendances nécessaires à son dépassement parce qu'elles en produisent nécessairement la possibilité, sont des tendances qui nécessairement en produisent la réalité ? Le refus d'une conception fataliste d'une loi de l'histoire qui mènerait inexorablement au communisme conduit de nombreux auteurs, sur lesquels nous reviendrons, à une définition de la tendance au dépassement du mode de production capitaliste comme unité de la nécessité (de son développement) et de la possibilité (de ses effets). La dialectique de Marx est souvent beaucoup plus implacable. Avec elle, c'est la *nécessité* qui répond du communisme, et le *communisme* qui accomplit la nécessité : la dialectique promet l'accomplissement de la tendance. Reste à observer comment, mais après avoir fourni quelques précisions complémentaires.

3. La nécessité du communisme

De quoi est-il question lorsque Marx évoque la nécessité du communisme ? Prêtent à confusion non seulement l'*objet de la nécessité* (la triple nécessité de la révolution, de la transition et du communisme), mais surtout la *nature de la nécessité*, en particulier quand il s'agit de la nécessaire instauration du communisme — de la nécessité historique du communisme. Et d'abord, de quelle nécessité et de quelle historicité s'agit-il ? Répondre à cette question revient à reprendre (et donc à répéter) des analyses antérieures pour les vérifier dans les œuvres postérieures à 1848.

Nécessité et historicité. De façon générale, la nécessité est *historique* en plusieurs sens qui menacent de se confondre et qu'il convient de distinguer :

— *La nécessité est historique, en un premier sens,* dans la mesure où elle n'est pas absolue (et éternelle), mais relative (et transitoire). Ainsi, et par exemple, Marx souligne à l'occasion d'une critique de Rossi que ce dernier ne parvient pas à expliquer qu'« une forme sociale déterminée de la production, bien qu'elle puisse être une *nécessité historique,* n'en est pas pour autant une *nécessité absolue,* et qu'elle ne doit donc pas être tenue pour une condition éternelle immuable de la production » (M61, p. 154). Ou encore, à propos de l'inversion du procès d'objectivation en procès d'aliénation : « manifestement, ce procès d'inversion n'est qu'une nécessité *historique* (...), mais en aucun cas une nécessité *absolue* de la production ; il est au contraire une nécessité *éphémère* » (Grund., t. 2, p. 323). C'est la même distinction qui court sous cette autre : la distinction entre la nécessité *historique* (et provisoire) et la nécessité *naturelle* (et éternelle). C'est à ce titre, par exemple, que Marx ironise sur la bonne conscience de celui qui « croit à l'éternelle nécessité naturelle du mode de production capitaliste » (Kap, p. 502). Encore convient-il de préciser qu'il existe des nécessités historiques *universelles* (communes à toutes les sociétés et tous les modes de production) et des nécessités historiques *particulières* (propres à des sociétés et à des modes de production historiquement déterminés) ; mais, en tout cas, les nécessités naturelles reçoivent toujours une détermination historique. En ce sens, la nécessité *est* historique.

— *La nécessité est historique, en un deuxième sens,* dans la mesure où elle n'est pas (ou pas seulement) idéelle ou idéale, mais positive ; dans la mesure où elle ne relève pas (ou pas seulement) d'une exigence prescrite par la raison, mais d'une actualité ou d'une urgence inscrite dans l'histoire : elle est historique dans la mesure où elle n'est pas seulement rationnelle. Mais l'idéal peut *devenir* réel. C'est dans la mesure où la nécessité du communisme n'est ni absolument éternelle ni strictement rationnelle qu'elle est historique. Le communisme est historiquement nécessaire, en ce sens, parce que c'est *une nécessité posée par l'histoire,* et non par la seule raison : *une nécessité qui s'impose à la critique parce que l'histoire l'impose.* Si, comme on l'a vu, c'est d'abord comme *nécessité qui s'impose rationnellement à la critique de l'histoire* que Marx reconnaît la nécessité du communisme, la nécessité dont la critique impose la reconnaissance n'est *une nécessité qu'impose effectivement l'histoire* qu'à la condition que l'histoire en fasse reconnaître l'actualité, voire l'urgence. Ainsi s'effectue le passage d'une nécessité rationnelle à la nécessite historique. Dans ce contexte, « historique » qualifie la nécessité par opposition à « rationnelle » : les exigences de la raison sont relayées par l'immanence de l'histoire. C'est cette historicité que fait valoir Engels quand il déclare, de « la prise de possession de l'ensemble des moyens de production par la société », qu'elle « a bien souvent flotté plus ou moins vaguement devant les yeux tant d'individus que de sectes entières, comme *idéal d'avenir* », mais qu'« elle ne pouvait devenir possible, devenir une nécessité *historique* qu'une fois données les conditions effectives de sa réalisation » (SUSS, bil., p. 179-191). En ce sens, la nécessité *devient* historique.

— *La nécessité est historique, en un troisième sens,* qui déborde et absorbe les précédents, quand historique qualifie le domaine d'exercice de la nécessité, parce que c'est dans l'histoire que s'impose la nécessité ou parce que c'est l'histoire qui impose sa nécessité. La nécessité posée par l'histoire est alors reconnue comme *la nécessité immanente à l'histoire : la nécessité qui s'acccomplit dans l'histoire et que l'histoire accomplit — la nécessité qui s'impose dans l'histoire ou dont l'histoire impose l'existence ou l'effectivité.* En ce sens, l'histoire obéit à la nécessité et la nécessité *gouverne* l'histoire.

Mais de quelle *nécessité* historique s'agit-il ? Cette nécessité doit être comprise non comme une nécessité externe (et forcée), mais comme une *nécessité immanente* (et processuelle). Quelle est précisément cette nécessité immanente ?

— *Est nécessaire dans l'histoire, en un premier sens,* ce qui est, historiquement *indispensable* : ce qui est nécessaire au développement de l'histoire ou ce qui est rendu nécessaire par l'histoire à son propre développement : ce que qui est indispensable à l'histoire ou ce que l'histoire rend indispensable. C'est en ce sens que l'aliénation est une nécessité historique : « *une nécessité pour* le développement des forces productives à partir d'un point de vue historique déterminé » (Grund., t. 2, p. 323). Il reste que cette nécessité indispensable peut être comprise comme ce qui est stratégiquement requis et/ou comme ce qui est historiquement à l'ordre du jour. Or ce qui est indispensable ne le devient qu'à la condition de devenir réalisable ou praticable.

— *Est donc nécessaire dans l'histoire, en un deuxième sens,* ce que l'histoire rend réalisable ou possible. Ce qui est nécessaire historiquement — rendu indispensable par l'histoire — ne le devient qu'à la condition d'être possible. Est historiquement, et non pas rationnellement ou stratégiquement, indispensable ce qui est *réalisable.* Quand la nécessité procède non plus de la raison mais de l'histoire, c'est une nécessité qui gouverne une *possibilité.* C'est cette nécessité historique du possible qui le fait passer de l'idéal à la réalité dont parle Engels quand — dans le passage que nous avons déjà mentionné, mais qu'il nous faut accentuer différemment — il déclare de la socialisation des moyens de production qu'« elle ne pouvait devenir *possible,* devenir une *nécessité historique,* qu'une fois données les conditions effectives de sa réalisation », et qu'il précise : « Comme tout autre progrès social, elle devient *praticable* non par la compréhension acquise du fait que l'existence des classes contredit à la justice, à l'égalité, etc., non par la simple volonté d'abolir ces classes, mais par certaines conditions économiques nouvelles » (SUSS, bil., p. 179-191). C'est la création des conditions nécessaires au communisme qui fait apparaître sa possibilité historique comme une nécessité historique. Mais en quoi la nécessité historique du possible est-elle une nécessité, s'il ne s'agit pas d'un simple besoin ? Comment sont engendrées les conditions nécessaires à... ?

— *Est nécessaire dans l'histoire, en un dernier sens,* ce que l'histoire rend effectif ou *inévitable.* Mais cette nécessité inévitable peut être comprise, non seulement comme *une nécessité dont l'histoire réalise la possibilité,* mais encore comme *une nécessité dont l'histoire promet l'accomplissement.* La nécessité historique — cette nécessité dans l'histoire — gouverne aussi les résultats que l'histoire engendre inévitablement : ce que les possibilités historiques parvenues à maturité rendent ou rendront *inéluctable.*

Si cet exposé synthétique est fondé, il laisse apparaître, outre la complexité de la terminologie de Marx, trois sources d'équivoques majeures :

— *Première équivoque :* si nécessaire s'entend comme indispensable au développement de l'histoire, deux sens menacent en permanence d'être confondus : ce qui est rationnellement et stratégiquement requis et/ou ce qui est historiquement et matériellement à l'ordre du jour ; ce que l'histoire suppose éminemment pour que le possible s'accomplisse et ce que la stratégie impose impérativement ; actualité historique et/ou stratégique. Or la nécessité historique n'est immanente qu'à la condition d'être distinguée de la nécessité rationnelle et/ou stratégique.

— *Deuxième équivoque :* si nécessaire s'entend comme accompli par le développement de l'histoire, la nécessité historique n'est transitoire qu'à la condition d'être distinguée d'une nécessité inconditionnelle ou absolue. Or la nécessité historique peut s'entendre non seulement comme mouvement réel d'un accomplissement possible, mais comme terme inévitable du mouvement qui le rend possible ; comme nécessité de la possibilité et comme nécessité de l'effectivité.

— *Troisième équivoque :* si nécessaire s'entend à la fois comme indispensable et inéluctable, le passage de l'indispensable à l'inéluctable est source de toutes les confusions, comme le montre le double passage de l'indispensable à l'inéluctable que nous avons déjà plusieurs fois relevé. En effet, et en un premier sens, l'histoire n'impose que les conditions requises par son développement : les conditions nécessaires à... reconnues pour indispensables avant d'être, le cas échéant, données pour remplies. Mais si les conditions nécessaires à... engendrent nécessairement leurs effets, la nécessité immanente à l'histoire devient la nécessité de son accomplissement non seulement tel qu'il peut être rétrospectivement conçu, mais également tel qu'il peut être prospectivement prévu.

Les difficultés culminent quand les figures de la démonstration viennent redoubler les ambiguïtés de la conceptualisation. En effet, de quelque façon qu'on l'entende, la nécessité historique du communisme fait l'objet d'une double tentative d'exposition et/ou de démonstration : comme nécessité transhistorique et comme nécessité intrahistorique. Et dans la mesure où la nécessité dont il s'agit est d'ordre dialectique, cette dialectique est présentée selon les deux modalités, parfois confondues, de la dialectique transhistorique et de la dialectique intrahistorique. Alors que la seconde fonde la nécessité du communisme sur le mouvement qui parcourt l'ordre social existant, la première révèle et accomplit le sens de l'histoire. Que deviennent ces figures dans les œuvres postérieures à 1850 ?

Nécessité et dialectique. Une conception matérialiste de la nécessité doit ou devrait entraîner des ruptures en cascade avec la conception idéaliste ou spéculative de la nécessité et avec l'ensemble des figures de la dialectique qui en sont solidaires.

Elle requiert, tout d'abord, une *rupture avec la conception ontologique* de la dialectique qui présuppose l'identité du procès de pensée et du procès réel. Cette rupture est consommée par Marx dès les *Manuscrits de 1843*, et l'*Introduction de 1857* en déploie les conséquences méthodologiques dans le champ de l'Economie politique. Or cette conception ontologique de la dialectique la présente nécessairement comme le déploiement d'un absolu originaire, l'Esprit : c'est pourquoi elle est inévitablement téléologique.

Est requise, par conséquent, *la rupture avec la conception téléologique* de la dialectique qui (comme toute téléologie infinie, même quand elle reste immanente) attribue à une cause finale transcendant le cours de l'histoire le soin d'en déterminer l'orientation et la fin. Cette rupture est officiellement accomplie par Marx à travers la rupture avec l'idéalisme hégélien, puis avec l'humanisme feuerbachien : l'histoire n'est pas le déploiement d'un absolu originaire, qu'il s'agisse de l'Esprit ou de l'Homme. Or la conception téléologique de la dialectique la présente nécessairement comme une promesse d'accomplissement de l'absolu originaire : elle est inévitablement utopique (dans un sens inédit dans l'œuvre de Marx) quand, la détournant de son usage hégélien, on la tourne vers l'avenir.

Marx a-t-il évité le piège ? La *rupture* avec une *conception négativement utopique* de la dialectique est-elle consommée ? On peut en douter quand on constate que Marx déploie très inégalement les conséquences de ces ruptures, en particulier tant qu'il recourt, d'abord ouvertement puis plus discrètement, à une promesse utopique fondée sur *la dialectique de la réalisation de l'essence humaine.* L'adoption du communisme (1844-1845) est ouvertement fondée sur la conception téléologique et utopique de la dialectique de la réalisation de l'essence humaine, promise au terme d'un processus de négation de la négation qui se confond avec le communisme. La fondation du communisme (1845-1848) efface cette conception sans l'abolir complètement : en privant la dialectique idéaliste de ses principaux piliers, elle remet en cause l'essentialisme (et le finalisme) et le totalisme utopiques, et privilégie une seconde figure de la dialectique hégélienne : la *dialectique de la possibilité et de l'effectivité.* Mais la version utopique initiale de la dialectique n'en disparaît pas pour autant. C'est une version affaiblie et remaniée de cette conception qui se maintient : elle transparaît dans les arguments qui fondent la vocation émancipatrice du prolétariat et le contenu de son émancipation. Ainsi, dans ces deux étapes prévaut ou persiste une figure utopique de la dialectique qui garantit la nécessaire adéquation de l'existence à l'essence. Et, quand les ruptures inaugurales font ressentir leurs effets, elles ne parviennent pas à lever toutes les équivoques qui, après 1848, peuvent être localisées, une fois encore, dans le maintien de figures hégéliennes de la dialectique.

Aux yeux de Marx, la logique spéculative — logique du contenu du pur penser — est bien, en un sens qui n'est ni allégorique ni métaphorique, ce qu'en dit Hegel lui-même : « la pensée de Dieu avant la création du monde et de l'homme ». C'est ce Hegel-là — Hegel tel qu'il le comprend — que Marx tente de réfuter (parfois avec rigueur, souvent avec désinvolture), avant de tenter d'arracher à la dialectique une méthode avec laquelle, du moins selon la conception de Hegel, elle ne se confond pas. Cette méthode, nous le savons, est rarement explicitée comme telle, et quand Marx « flirte » avec celle qu'il attribue à Hegel, il n'en propose souvent qu'une *transposition* (un rapport qui n'est pas complètement pensé par son auteur) et n'en retient pour l'essentiel que des *figures* (les effets d'une transposition qui n'est pas réfléchie) : des emprunts. Ce Hegel pris dans Marx, au risque d'en devenir méconnaissable, intervient constamment. Au point que, avec ces emprunts, il arrive à Marx de se rendre prisonnier de son propre Hegel.

II. FIGURES DE LA DIALECTIQUE

Dans la tendance générale du mode de production capitaliste serait comprise sa tendance à engendrer les contradictions qui le minent et les conditions qui le dépassent. Aussi, la nécessité du communisme peut-elle être fondée par Marx sur les contradictions qui conduisent le capitalisme à sa dissolution, en raison particulièrement de l'existence de conditions matérielles d'un nouvel ordre social qui précipitent sa chute. L'ouverture de la dialectique sur l'avenir s'opère ainsi du double point de vue de la nature, et du rôle des contradictions et des conditions. A supposer que la *nature* des contradictions et des conditions soit correctement établie, quel est le *rôle* qui leur est assigné ? La dialectique de Hegel propose alors ses services : en dépit de l'effacement de la dialectique de la réalisation de l'essence humaine, la nécessaire dissolution du mode de production capitaliste et la nécessaire instauration du communisme sont comprises à partir de la dialectique de la possibilité et de l'effectivité et restent prises, dans quelques énoncés célèbres, dans la dialectique de la négation de la négation.

1. La dialectique de la possibilité et de l'effectivité

Quand Marx propose une détection *historique* des conditions matérielles et sociales du communisme, il recourt à une compréhension *logique* des rapports entre possibilité et nécessité, dont la Logique de Hegel lui fournit le modèle *. Marx hérite de ce modèle dès sa *thèse de doctorat*: nous verrons comment.

Les moments de l'effectivité. Le mouvement qui anime *La Science de la Logique* comprend dans chaque catégorie la virtualité de la suivante. Le possible n'est pas seulement pensé sous l'exposé de la catégorie correspondante : il est déjà présent dans la distinction entre l'en-soi et le pour-soi, la dialectique de l'intérieur et de l'extérieur, et l'exposé de la catégorie de la condition. Mais quand Hegel en vient à examiner, dans *La Doctrine de l'essence*, l'effectivité, il enchaîne dialectiquement (comme il le fait dans l'*Encyclopédie*, quoique sous une forme différente) les moments qui permettent de distinguer rigoureusement les formes de la possibilité et conduisent de la possibilité formelle à la possibilité réelle **.

L'exposé de Hegel repose sur la distinction entre la possibilité formelle — « *abstraction vide* », où tout est aussi bien possible qu'impossible, c'est-à-dire pensable — et la possibilité réelle, qui se présente d'abord comme simple possibilité. Or cette distinction est reprise par Marx, dans sa thèse de doctorat, dans des termes qui attestent sa réception de l'héritage hégélien. Partant du constat selon lequel « Démocrite fait intervenir la *nécessité*, Epicure le *hasard* », Marx expose cette différence, en soulignant que « la nécessité relative ne peut être déduite que de la *possibilité réelle* (...) », alors que « le hasard est une réalité qui n'a que la valeur de la possibilité, mais la *possibilité abstraite* est justement l'antipode de la possibilité réelle » (Doc.) ***.

Ainsi la possibilité n'est d'abord que la « simple forme de l'identité-avec-soi » (Enc., p. 394) : « Dans le sens de cette possibilité formelle, *est possible tout ce qui ne se contredit pas* » (SL, t. 2, p. 252), « et ainsi tout est possible (...). Mais tout est aussi bien impossible (...) », c'est-à-dire « pensable » (Enc., p. 394-395). « Le royaume de la possibilité est par conséquent la variété illimitée » (SL, t. 2,

* H. Marcuse, *Raison et révolution*, éd. de Minuit, p. 193-199 et 336-338.

** Nous avons, en général, limité nos références à *La Science de la logique* et à l'*Encyclopédie* (abréviations SL et Enc.). *Science de la logique*, Premier tome-Deuxième livre : La doctrine de l'essence, trad. P.J. Labarrière et G. Jarczyk, Aubier 1976. *Encyclopédie des sciences philosophiques. I. La Science de la logique,* trad. B. Bourgeois, Vrin, 1970.

*** *Différence de la philosophie de la nature chez Démocrite et Epicure,* Ducros, trad. Ponnier, p. 230-233, et Pléiade t. 3, p. 30-31 (pour cette citation comme pour les suivantes).

p. 250), souligne Hegel. Et Marx surenchérit, en affirmant que la possibilité abstraite « est illimitée comme l'imagination *(Phantasie)* ». Dans la mesure où elle exprime « seulement », comme le dit Kant cité par Hegel, le « rapport à la faculté de connaître », « la possibilité est tout d'abord l'abstraction vide de la réflexion-en-soi, de telle sorte qu'elle appartient seulement à la pensée subjective » et tend à se confondre avec le pensable (Enc, p. 394).

Marx radicalise le propos : « La possibilité abstraite ne s'occupe pas de l'objet qui est expliqué mais du sujet qui explique. L'objet *(Gegenstand)* doit seulement être possible, pensable. Ce qui est possible selon la possibilité abstraite, ce qui peut être pensé, cela ne se dresse pas sur le chemin du sujet pensant, cela n'est pas pour lui une limite, ni une pierre d'achoppement. Peu importe que cette possibilité soit également réelle, car l'intérêt ne se porte pas ici sur l'objet de l'entendement en tant qu'objet d'entendement. » Dès lors, précise Marx, « la seule règle que prescrit Epicure, “que l'explication ne doit pas *être contredite* par la perception sensible”, se comprend en soi ; c'est, en effet, justement le propre du possible abstrait d'être libre de toute contradiction, laquelle pour cela doit être prévenue. » Ou encore : « C'est pour cela qu'Epicure procède avec une nonchalance sans borne dans l'explication des divers phénomènes physiques. » Ainsi, à l'égard des opinions des physiciens antérieurs, « il ne rejette aucune de ces opinions, *toutes peuvent* être vraies, car (...) Epicure s'en tient au *possible* » (Doc.).

Il reste que la possibilité n'est pas une simple détermination de la réflexion. L'effectif lui-même est quelque chose de seulement possible : « Avec cette valeur d'une simple possibilité, l'*effectif* est encore un contingent, et, inversement, la possibilité est la simple *contingence* elle-même » (Enc., p. 395). Voilà pourquoi Marx s'autorise à affirmer que l'explication par le hasard relève de la possibilité abstraite : « Du fait que tout le possible est admis comme possible, ce qui répond au caractère de la possibilité abstraite, il est évident que le *hasard de l'être* est purement et simplement traduit dans le *hasard de la pensée.* » Ainsi, Marx fusionne sous le concept de possibilité abstraite les moments de la possibilité formelle et de la possibilité contingente.

Mais la contingence comme possibilité d'un autre est *la condition* : « La contingence (...) est une extériorité qui est là. Elle est ainsi un *présupposé* dont l'être-là immédiat est en même temps une *possibilité* et a la détermination d'être la possibilité d'un Autre — la *condition* » (Enc., p. 396). Avec la possibilité conçue comme condition s'effectue le *passage à la possibilité réelle* : « (...) dans la mesure où l'on s'engage dans les déterminations, circonstances, conditions d'une Chose pour connaître de là sa possibilité, on n'en reste plus à la possibilité formelle, mais on considère sa possibilité réelle » (SL, t. 2, p. 256). A cet énoncé fait écho celui de Marx, comme on le verra plus loin. La possibilité réelle n'est donc que la condition d'un autre. Ainsi, « la possibilité, en tant que pleine de contenu, de telle sorte que par suite la condition lui appartient, est tout d'abord la possibilité réelle » (Enc., p. 232).

Or, bien que le possible *partiellement* conditionné soit un possible réel qui mérite qu'on s'y arrête, Hegel ne s'attarde pas sur ce moment et ne retient que le *passage à l'existence d'une Chose totalement conditionnée.* Ainsi, il écrit : « Quand toutes les conditions d'une Chose sont présentes, alors elle entre dans l'existence » (SL, t. 2, p. 141-143). Ce passage à l'existence ne se confond pas avec le *passage à l'effectivité,* qui requiert la présence *intégrale* des conditions : « Lorsque *toutes* les conditions d'une Chose sont *intégralement* présentes, elle entre dans l'effectivité » (SL, t. 1, p. 258). Dès lors, la possibilité n'est proprement réelle qu'avec l'ensemble des conditions de l'effectivité.

Mais surtout, la modalité selon laquelle s'effectue le passage de la possibilité réelle à l'effectivité réelle, c'est la nécessité : « Lorsque *toutes les conditions* sont présentes, la Chose *doit nécessairement* devenir effective » (Enc., p. 396). La présence de l'intégralité des conditions est identique à son effectuation. La possibilité réelle est identique à l'effectivité. Et « cette identité de la possibilité et de l'effectivité est la *nécessité* » (Enc., p. 232). Ce qui est réellement possible est réellement nécessaire. Dès lors que la possibilité n'est proprement réelle qu'avec l'ensemble des conditions de l'effectivité, la possibilité réelle est par conséquent identique à la nécessité : « Ce qui par conséquent est réellement possible, cela ne peut plus être autrement ; de ces conditions et circonstances ne peut s'ensuivre quelque chose d'autre. Possibilité réelle et nécessité ne sont par conséquent qu'apparemment différentes ; celle-ci est une identité qui ne devient pas seulement, mais est déjà présupposée et se trouve au fondement » (SL, t. 2, p. 260).

Cette nécessité n'est encore que la nécessité relative : « Mais cette nécessité est en même temps relative. Elle a en effet une présupposition à partir de laquelle elle commence, elle a son point de départ dans le contingent » (SL, t. 2, p. 260). Cette nécessité relative coïncide, au moins partiellement, avec le déterminisme [6]. Or c'est bien ce que Marx retient quand il explique que la nécessité relative se fonde sur la possibilité réelle : « La nécessité apparaît (...) dans la nature finie comme *nécessité relative*, comme *déterminisme*. La nécessité relative ne peut être déduite que de la *possibilité réelle*, ce qui veut dire que c'est un enchaînement de conditions, de causes, de raisons, etc., qui médiatise cette nécessité. La possibilité réelle est l'explication de la nécessité relative. Et nous la voyons employée par Démocrite » (Doc.).

Mais à la différence de Kant — qui s'en tient à la nécessité relative qui permet d'expliquer non l'existence des choses, mais leur état selon les lois de la causalité — Hegel entend rendre compte de la nécessité absolue. Or la nécessité relative implique l'acceptation de la contingence de son point de départ, alors que la nécessité absolue sursume la contingence. Cette perspective domine toute la conception hégélienne du passage de la possibilité à l'effectivité : précisément parce qu'elle a la nécessité pour objet, la conception hégélienne ne permet de comprendre la possibilité réelle que comme possibilité nouée à un processus qui la rend nécessaire et comme possibilité d'un accomplissement nécessaire. Emprisonner le possible dans cette perspective ne va pas sans conséquences.

Du possible à l'effectif. Placer le possible dans la perspective d'une effectuation nécessaire, c'est *assigner aux possibilités partielles une place qui en mutile le sens.* Hegel distingue les moments du passage de la possibilité abstraite à la possibilité réelle, mais ne s'arrête sur aucun d'eux : la contingence est prise dans la condition qui, avec d'autres conditions, dessine la possibilité réelle, et celle-ci ne le devient vraiment qu'avec l'ensemble des conditions qui portent à l'existence et/ou à l'effectivité. Tout se passe alors comme si le possible, tant qu'il repose sur un conditionnement partiel, n'avait aucune réalité, ou plutôt n'était encore qu'une réalité déficiente : le possible n'est réel qu'en vue de l'existence et de l'effectivité qui supposent, précisément, un conditionnement total. Faudra-t-il comprendre, avec Marx, que le communisme est déjà là parce que la réunion de toutes ses conditions est présente ou promise ?

Négliger la réalité du possible partiellement conditionné menace de *priver la pensée du possible de toute ouverture sur un avenir inédit.* Comme le signale Bloch : « Pour Hegel le pressenti, voire la simple tentative d'une détermination pensée à partir d'un possible imminent, n'apparaît jamais que comme songe-creux ou comme abstraction sans objet d'un vide devoir-être *. » Sans doute est-il excessif d'affirmer, comme Bloch le fait ici, qu'en Hegel le penseur

* E. Bloch, *Sujet-Objet*, Gallimard, 1977, p. 214.

du crépuscule triomphe à ce point du penseur de l'aube que tout s'achève pour lui avec la nuit, sans que puisse être pensée une aube nouvelle. Mais il est vrai qu'avec le crépuscule s'achève le rôle de la philosophie, du moins quand elle se donne pour objet la nécessité de l'effectivité et l'effectivité du rationnel. Au point que l'on peut parler — paradoxe qui n'est qu'apparent — d'une connaissance rétrospective de l'avenir : Hegel se tourne vers l'avenir en lui tournant le dos. La nécessité d'une chose ne peut être comprise que lorsque la totalité de ses conditions est réalisée ou en voie de l'être : en ce sens il n'existe de connaissance que du passé ou du présent, ou de l'avenir nécessairement compris dans le présent, et toute connaissance de la nécessité est rétrospective, y compris celle de l'avenir à l'œuvre dans le présent.

L'avenir, à ce dernier titre, n'est pas, dans le système même de Hegel, absolument clos : ce système, contrairement à une légende tenace, n'est pas entièrement tourné vers le passé, comme le montre particulièrement la conception hégélienne, névralgique à ce propos, de l'État *. Mais le concept ontologique du possible neutralise son concept stratégique : les préposés à l'interprétation du monde délèguent aux grands hommes chargés de sa transformation le soin de trancher la question de la réalité des possibles qui peuvent advenir. Tout autre est la tâche le la philosophie : si n'est pas proprement réelle la possibilité qui n'implique pas la nécessité de l'effectivité, cette possibilité réelle ne peut être connue comme telle qu'après coup. Ainsi, comme le signale E. Bloch (qui s'appuie, en la citant, sur la thèse hégélienne de l'identité de la possibilité réelle et de la nécessité), « cette possibilité qu'il appelle réelle est complètement encerclée par la réalité devenue ** ». Mais cet encerclement résulte d'une pensée qui dissocie les tâches dévolues à la philosophie et les tâches dévolues à la stratégie. Faudra-t-il, avec Marx, rabattre la pensée du possible sur son interprétation philosophique (et rétrospective) ou l'ouvrir sur sa compréhension stratégique (et disruptive) ?

Enfin, indexer la réalité du possible sur le passage nécessaire à l'existence et/ ou à l'effectivité, c'est *prendre le risque de rabattre les conditions sur les causes, et la nécessité relative sur le seul déterminisme mécanique.* Comme le note encore E. Bloch, Hegel recourt, à sa façon, à la distinction entre les causes et les conditions, mais cette distinction « est acquise chez Hegel au prix d'une sous-estimation

* E. Weil, *Hegel et l'État,* Vrin, 1980, p. 72 sq.
** E. Bloch, *Le Principe Espérance,* t. 1, Gallimard, p. 297.

de l'état d'incertitude propre aux conditions * ». Cette sous-estimation est l'effet d'une philosophie dont l'ambition est de déterminer non comment le monde doit être, mais comment il doit être pensé. Et force est de reconnaître la fécondité et la valeur explicative de la Logique de Hegel. Mais qu'en est-il de sa valeur prospective ? Faudra-t-il comprendre, avec Marx, que la nécessité de l'effectivité du communisme est intégralement présente dans ses conditions ?

Pour Marx, on l'a vu, la production nécessaire des conditions indispensables au dépassement du capitalisme en fait des conditions historiquement nécessaires. La nécessité dont il s'agit alors est une nécessité fonctionnelle. Marx peut ainsi évoquer des auteurs qui « comprennent la *nécessité historique* du capital ou au moins la reconnaissent de fait », parce qu'ils admettent qu'il est *nécessaire au* développement des forces productives (TPV, t. 3, p. 305-306). Mais il est tantôt question de *nécessité pour...* et tantôt question de *nécessité de...* : de fin immanente à certains effets et d'effets immanents à certaines causes ou conditions. Au risque d'introduire les causes finales sous le couvert d'énoncés sur les causes matérielles (et d'amalgamer la nécessité de l'histoire et la nécessité de son progrès), et de confondre les conditions nécessaires à... et les causes nécessaires de... : bref, de réintroduire une conception téléologique de l'histoire et une conception mécanique de la causalité en histoire.

La réintroduction d'*une conception téléologique de l'histoire* semble ressortir de la logique même des formulations où semble s'énoncer une nécessité fonctionnelle qui réalise une fin immanente : puisque la nécessité historique engendre inexorablement la nécessité de la possibilité, rétrospectivement le passage de la possibilité à la réalité fait apparaître la nécessité comme la fin immanente de la possibilité. L'hypothèque de la téléologie, qui fait du présent le but du passé, peut être levée à condition de préciser que les formulations équivoques de Marx et Engels ne signifient pas qu'ils cèdent à l'*illusion* rétrospective mais qu'ils procèdent à une *présentation* rétrospective : tout se passe comme si... [7]. Mais à supposer que soit levée l'hypothèque de la téléologie, il resterait que des conditions nécessaires à... ne constituent pas les causes nécessaires de...

C'est alors l'hypothèque d'*une conception mécanique de la causalité en histoire* qu'il conviendrait de lever. A supposer que l'inéluctable accomplisse l'indispensable en produisant nécessairement les conditions nécessaires à..., il reste à démontrer que, une fois réalisé, *l'indispensable produit l'inéluctable* : que la nécessité

* E. Bloch, *Experimentum Mundi*, Payot, 1981, p. 123.

pour... engendre la nécessité de... Plus précisément, si la nécessité qui gouverne non le changement de la société, mais le changement de société, le passage d'un mode de production à un autre, dépend de la création au sein d'un mode de production des conditions matérielles du passage à un autre, c'est le rôle de ces conditions qui doit être d'éclairci. Et, à cette fin, il est nécessaire — pour comprendre la nécessité immanente au capitalisme de produire des effets qui le dissolvent — de *distinguer la nécessité des causes et la nécessité des conditions.* La nécessité des causes est précisément inconditionnée : les causes produisent nécessairement leur effet. Il suffit que les causes existent pour que l'effet s'ensuive nécessairement : tel n'est pas le cas des conditions. Cette distinction est indispensable. Pourtant, elle n'est pas clairement établie par Marx lui-même.

Les conditions qui rendent possible font apparaître *nécessairement* cette possibilité qui, à ce titre, devient réelle, mais qui n'est pas pour autant nécessairement promise au passage à l'existence ou à l'effectivité. Or tel est le tribut payé par Marx à la conception hégélienne : la nécessité, telle qu'il la comprend souvent, inclut la totalité des conditions qui rendent identiques la possibilité réelle et la nécessité. L'identité entre la possibilité réelle de l'effectivité et sa nécessité — identité conquise avec la présence intégrale des conditions — ouvre toutes les équivoques. Marx, en reprenant ces figures hégéliennes, s'en rend prisonnier. « Quand toutes les conditions d'une Chose sont présentes, alors elle entre dans l'existence » : c'est sur cette citation de Hegel que Bloch fonde une interprétation de Marx qu'il n'adopte pas toujours : « Le fait que les conditions soient mûres (remplies) et le caractère *inévitable* de la suite du succès, le cas échéant du jour de la résurrection, comme le dit Marx dans le *Manifeste communiste*, se rattachent littéralement à cette prémisse hégélienne *. » On comprend, dès lors, que la conception de Marx devait virer, chez certains de ses successeurs — dialectique mise à part ou dialectique incluse — dans un déterminisme absolu et dans toutes les variétés de catastrophisme, indifférents au rôle du facteur subjectif. On comprend aussi que de nombreux commentateurs se soient attachés à lire dans Marx une conception qui laisserait au facteur subjectif un rôle spécifique et lui-même partiellement conditionné. Ce serait oublier une autre leçon de Hegel.

---

* E. Bloch, *Sujet-Objet,* p. 163 (souligné par moi). C'est par erreur que Bloch fait référence au *Manifeste* : c'est dans l'*Introduction à la critique de Hegel...,* que nous citons plus loin, qu'il est question de cette « résurrection ».

De l'objectif au subjectif. Le processus qui permet d'opérer le passage des conditions à l'existence ou à l'effectivité suppose, outre les conditions, l'activité. En effet, « les conditions sont passives ; on les emplit pour la Chose comme matériaux et ainsi elles passent dans le contenu de la Chose ; elles sont aussi conformes à ce contenu et en contiennent déjà en elles toute la détermination ». L'activité « est le mouvement qui transfère les conditions dans la Chose et celle-ci en celles-là, c'est-à-dire dans le côté de l'existence ; bien plutôt toutefois, elle fait sortir la Chose des conditions où elle est contenue en soi pour donner à la Chose l'existence en mettant de côté l'existence même des conditions » (Enc., p. 397). Rien ne suggère que cette activité modifie les déterminations de la chose : la Chose est intégralement comprise dans ses conditions.

Quel sens revêt, en effet, la thèse hégélienne quand elle est transférée à la philosophie de l'histoire ? L'Esprit se réalise à travers des conditions. Et l'activité qui transfère les conditions dans la chose et accomplit ainsi les virtualités comprises dans l'Esprit relève apparemment d'une activité extérieure : elle coïncide dans l'histoire avec le rôle des grands hommes. Mais cette activité est tout aussi bien intérieure au déploiement de l'Esprit puisque la possibilité, comme la *dynamis* d'Aristote, est aussi *potentia*, force et puissance, comme on va le voir. L'Esprit s'accomplit ainsi non plus selon une nécessité extérieure, mais selon une nécessité immanente. Faudra-t-il comprendre, avec Marx, que l'intervention du prolétariat qui permet l'effectuation du communisme est aussi prédéterminée que les conditions dont il s'empare ?

C'est ce que laissent penser les équivoques qui pèsent sur l'efficacité propre des luttes du prolétariat à la fois sur l'évolution du système capitaliste (et de la situation du prolétariat) et sur le devenir révolutionnaire du prolétariat. Alors que les textes politiques tendent à attribuer un rôle décisif aux luttes de classes, les textes « économiques » tendent aisément à leur conférer un rôle subalterne. Alors que le *Manifeste* (MPC, bil., p. 58-59) et les textes politiques ultérieurs — *Les Luttes de classes en France* ou le *18 Brumaire* — ou également *Salaire, prix et profit* tendent à leur attribuer un rôle décisif, *Le Capital* tend à l'effacer ou à multiplier les énoncés divergents comme le montrent les développements consacrées à la journée de travail et à la législation sur les fabriques. Tantôt le rôle des luttes de classes consiste à exécuter les tendances immanentes, à les accomplir, à les réaliser puisque « la législation sur les fabriques, cette *première réaction consciente et méthodique de la société* à la configuration naturelle prise par son procès de production, est *un produit nécessaire de la grande industrie*, au même titre que le fil à coton, les machines automatiques et le télégraphe » (Kap, p. 540). Tantôt le rôle des luttes des classes gagne en autonomie, en imposant au système ses mutations puisque, « *entre des droits égaux, c'est la violence qui tranche* » (Kap, p. 262) et que la fixation d'une norme est « *le résultat d'une lutte plusieurs fois séculaire entre capitaliste et ouvrier* » (Kap, p. 302). Tantôt, enfin, une figure ambiguë résume la difficulté sans la résoudre : les dispositions sur l'organisation de la journée de travail « se sont développées au fur et à mesure, en fonction des conditions réelles comme autant de *lois naturelles du mode de production capitaliste.* Leur formulation, *leur reconnaissance officielle et leur formulation par l'État furent le résultat d'une lutte de classes de longue haleine* » (Kap, p. 316). En tout état de cause, l'autoactivité du prolétariat n'apparaît jamais, dans ces textes, que comme l'effet de la dynamique du mode de production ; et la conscience du prolétariat n'est à son tour que l'expression de la nécessité, et non la médiation de son accomplissement : de quelque façon que l'on comprenne ou que l'on torture les textes, l'autoactivité du prolétariat apparaît plus que jamais comme simple exécution d'une sentence prononcée en dehors de lui et sa conscience comme simple prise de conscience d'une nécessité qui s'impose à lui.

On commence à desserrer l'étau d'une conception entièrement placée sous l'emprise de la nécessité quand on souligne que le possible réel ne peut être actualisé par les seules conditions objectives : autrement dit, sans l'intervention du facteur subjectif — sans *l'accomplissement de l'objectif par le subjectif.* Mais a-t-on gagné au change quand cette intervention du facteur subjectif est pensée comme inéluctable ou comme prédéterminée ? Or Marx énonce très tôt dans son œuvre comment doivent être réunies les conditions du passage à la réalisation de l'émancipation humaine. Après avoir souligné l'impossibilité de la libération graduelle en Allemagne, Marx affirme, dans l'*Introduction à la critique de Hegel...*, que la « *possibilité* positive de l'émancipation allemande » réside dans la formation du prolétariat, et conclut : « Quand toutes les *conditions intérieures* seront remplies, le jour de la résurrection allemande sera annoncé par le chant du coq gaulois » (CPDH, Aubier, p. 104). Ces conditions intérieures, comme l'ensemble du contexte le montre, consistent dans la réunion de la réalisation de la philosophie et de la formation du prolétariat. E. Bloch, corrigeant alors son commentaire de *Sujet-Objet*, interprète ainsi ce passage : « Le facteur subjectif doit transformer des conditions relativement statiques en causes efficientes actives pour qu'on ne se contente pas de la simple maturité d'une situation », avant de conclure : « En résumé : les causes, bien qu'elles ne doivent pas être exagérées en un sens mécaniste, sont, dans les choses, les présupposés d'une réalisation obéissant à une loi de nécessité ; les conditions, elles, sont dans les choses, les présupposés d'une réalisation possible qui ne s'accomplit pas sans l'intervention du sujet *. » Sans doute, mais que devient cette conception quand, comme c'est souvent le cas chez Marx, l'intervention du sujet est placée au nombre des conséquences nécessaires du développement capitaliste lui-même ?

De l'essence à l'existence. L'encerclement du possible est, en dernière analyse, l'effet d'*une conception ontologique du possible* : le possible est déjà compris dans l'absolu originaire dont il sert le déploiement, qu'il s'agisse de l'Esprit ou de l'essence.

Le sens de cette conception ressort clairement quand les catégories de la Logique apparaissent dans la Philosophie de l'histoire. L'En-soi n'est pas la simple identité-avec-soi des déterminations de la réflexion, mais l'Esprit : « L'Esprit commence par son infinie possibilité, simple possibilité il est vrai, mais qui enferme son contenu absolu comme l'En-soi et pose la fin et le but que l'Esprit n'atteindra que dans son résultat — résultat qui sera alors sa seule réalité. »

L'En-soi plein de contenu est à la fois imparfait (puisqu'il n'est pas réalisé) et parfait puisqu'il comporte en puissance sa réalisation : « Dans l'existence, la succession apparaît ainsi comme une progression de l'imparfait vers le plus parfait, et l'imparfait ne doit pas être saisi abstraitement comme seulement imparfait, mais comme ce qui contient également en soi, comme germe et comme tendance *(trieb)*, le contraire de soi-même, à savoir ce qu'on nomme le parfait. La possibilité indique, tout au moins par réflexion, quelque chose qui doit se réaliser, et la dynamis d'Aristote est aussi potentia, force et puissance **. »

Or l'Esprit comme germe porte en soi virtuellement la totalité de son développement ultérieur : « L'histoire universelle (...) est la représentation de l'esprit dans son effort pour acquérir le savoir de ce qu'il est ; et comme le germe porte en soi la nature entière de

* E. Bloch, *Experimentum Mundi*, Payot, p. 122 et p. 124.

** Hegel, *La Raison dans l'histoire*, trad. Papaioannou, 10-18, p. 186-187, et *Leçons sur la Philosophie de l'histoire*, trad. Gibelin, Vrin, p. 52.

l'arbre, le goût la forme des fruits, de même les premières traces de l'esprit contiennent déjà aussi virtuellement toute l'histoire *. » Cet absolu originaire se réalise à travers des conditions.

Ce que la Philosophie de l'histoire dit de l'Esprit se vérifie dans la Logique à cette étape du procès logique qui ne comprend encore l'absolu que comme essence. Ainsi, pour Hegel, c'est dans l'*essence* que sont comprises, mais non encore déployées, l'ensemble des conditions de l'effectivité : « La Chose est avant d'exister ; et elle est premièrement comme essence, ou comme inconditionnée ; deuxièmement elle a être-là, ou est déterminée, et ceci de la double manière considérée, d'un côté dans ses conditions, de l'autre dans son fondement. (...) Cette immédiateté médiatisée par fondement et condition, et identique à soi par le sursumer de la médiation, est l'existence » (S.L, t. 2, p. 141-143). Or ce qui est vrai de l'existence de la chose l'est a fortiori de l'effectivité.

Ainsi, c'est la dialectique de la possibilité et de l'effectivité qui accomplit le passage de l'essence à l'effectivité. Faudra-t-il comprendre, avec Marx, que la possibilité du communisme se confond avec l'actualité de la réalisation d'une promesse originaire ? Si le passage nécessaire des conditions à l'effectivité accomplit le passage de l'essence à l'effectivité, on ne peut sans risques retenir le premier schème sans véhiculer avec lui le second. La dialectique de la possibilité et de l'effectivité reprise de Hegel engage alors ses conséquences les plus lourdes. On ne peut imputer à Hegel les effets de cette transposition : on chercherait en vain chez lui, me semble-t-il, la logique d'une essence comprise comme Marx comprend l'essence, et, a fortiori, le concept ou le schème persistant d'une quelconque essence humaine.

Les conditions, en effet, sont les médiations de la réalisation de l'essence ; intégralement réunies, elles permettent de réaliser l'unité de l'essence et de l'existence : l'effectivité, ou réalisation effective de l'essence. Le recours initial — en 1844-1845 au moins — à la *dialectique de l'essence et de l'existence*, dans la mesure où celle-ci ne se confond pas avec celle de Hegel, permet de passer de la réconciliation prématurée avec le réel à l'émancipation préfigurée pour le futur ; mais, parce qu'elle reprend la conception de Hegel, cette dialectique permet d'exprimer, ici par avance, la nécessité pour l'essence d'apparaître dans une forme d'existence qui lui soit adéquate. Cette problématique de la réalisation nécessaire de l'essence humaine tend ultérieurement à s'effacer. Mais le recours renforcé

* Hegel, *Leçons sur la Philosophie de l'histoire*, Vrin, p. 27.

— au-delà de 1848 — à la *dialectique de la possibilité et de l'effectivité*, en suivant Hegel, place la possibilité sous l'emprise de la nécessité — de la nécessité de son émergence et de la nécessité d'un accomplissement effectif — au risque de confondre le possible ultime avec l'essence humaine : on est donc en droit de *se demander si, en effaçant la problématique de la réalisation d'une essence humaine originaire, Marx ne l'a pas réintroduite, malgré lui, par le truchement de la dialectique des conditions et de l'effectuation.*

Ainsi, bien que d'autres lectures restent possibles tant son œuvre est imprécise à ce propos, il apparaît que Marx n'a levé ni les hypothèques de la conception hégélienne dont il a hérité ni les hypothèques de son utopie première. Mais ce n'est pas tout : un nouvel ordre social ne saurait naître des seules conditions qui le rendent possible, si ne comptaient au nombre de ces conditions des contradictions qui précipitent la négation de l'ordre social existant. C'est alors une nouvelle figure de la dialectique qui entre en scène : la dialectique de la négation et de sa négation, qui permet de présenter la négation elle-même comme fatale.

2. La dialectique de la négation et de sa négation

La dialectique revêt essentiellement deux formes : la dialectique intrahistorique se double d'une dialectique transhistorique. Ces deux formes persistent dans les œuvres de la maturité : la dialectique intrahistorique (qui fonde la nécessité du communisme sur l'histoire du capitalisme) repose sur deux moteurs : antagonisme des forces productives et des rapports de production, antagonisme du prolétariat et de la bourgeoisie ; et la dialectique transhistorique (qui fonde la nécessité du communisme sur la totalité de l'histoire humaine) est celle qui rythme l'histoire des modes de production : c'est la dialectique de l'expropriation résumée dans *Le Capital.*

La dialectique intrahistorique. C'est d'abord la dialectique intrahistorique qui doit précipiter la chute du capitalisme qu'il convient de mettre en question : c'est-à-dire la *nécessité de la négation.* Mettre au jour la nécessité historique, c'est mettre au jour une nécessité transitoire, c'est-à-dire des lois qui soient à la fois des lois de système et des lois de mouvement. Or ces lois de mouvement du système sont mues par des contradictions qui doivent précipiter sa négation, fréquemment comprise comme inéluctable.

Deux séries de questions se posent alors :

— La nécessité des contradictions d'un système est-elle équivalente à la nécessité de sa dissolution ? Et en particulier, les contradictions motrices d'un système coïncident-elles avec celles qui précipitent sa négation ?

— La nécessité des contradictions d'un système qui le poussent à sa négation permet-elle d'en penser non seulement la nécessité, mais également les modalités et le contenu ?

Aux premières questions, sur lesquelles on commencera par s'arrêter ici, l'analyse de la dynamique du capitalisme, dont la critique de l'Economie politique a la charge, devrait permettre de donner une réponse : même s'il ne s'agit pas ici de mettre en discussion la validité et la fécondité de la théorie marxienne du capitalisme pour autant qu'elle concerne sa dynamique interne, mais d'éprouver les figures logiques de la démonstration du passage au communisme qu'elle inclut. Or les œuvres de la maturité sont remarquables par les tensions qui les habitent, comme le montre le texte des *Grundrisse*, systématiquement ponctué, à la différence du *Capital*, de références au communisme [8]. Si Marx, dans ce texte, explore l'indispensable (ce qui est nécessaire pour...), il est généralement plus avare de démonstration de l'inéluctable (ce qui est le résultat nécessaire de...) : il explore des potentialités plus souvent qu'il n'en certifie l'accomplissement. N'en sont que plus saillantes les tentatives de montrer que la dynamique du capitalisme conduit inévitablement au communisme.

La nécessité du communisme s'annonce par la mise au jour de la *nécessité des contradictions*, engendrées par le capitalisme. Le capitalisme jette les bases du communisme en développant les contradictions qui minent le capitalisme et les conditions qui préfigurent le communisme : les conditions matérielles de l'instauration d'un nouveau mode de production ne pourraient pas se réaliser sans les contradictions qui portent à la dissolution de l'ancien. C'est pourquoi, dans un ensemble d'énoncés sur lesquels nous aurons à revenir, Marx s'efforce de montrer que les tendances immanentes du capitalisme lui sont contradictoires (parce que le développement des forces productives qu'il impulse lui est contradictoire) ; il s'efforce, en particulier, de mettre en évidence, en empruntant à Hegel la dialectique de la limite et de l'obstacle, que les limites du mode de production capitaliste se transforment en barrières et que les barrières deviennent contradictions. Ainsi, la dialectique qui porte le capitalisme à créer les conditions de l'instauration du communisme se double de la dialectique qui porte les contradictions du capitalisme à sa propre dissolution : des contradictions qui sont littéralement explosives puisqu'elles sont pour la société bourgeoise « *autant de mines pour la faire éclater* » (Grund., t. 1, p. 95).

Mais cela ne suffit pas à démontrer la fatalité de l'explosion, pas plus que la nécessaire effectivité du communisme : il faut établir que les contradictions engendrent la *nécessité de la négation.* Or celle-ci est inscrite dans la contradiction entre le développement des forces productives et les rapports capitalistes de production, que Marx expose, dans ces Manuscrits, comme dialectique de la limite et de l'obstacle : « Au-delà d'un certain point, le développement des forces productives devient un obstacle pour le capital ; donc le rapport capitaliste devient un obstacle au développement des forces productives.[9] » Mais la négation n'est encore qu'une potentialité nécessaire, et non d'une effectivité nécessaire. Marx, pourtant, franchit le pas : « parvenu à ce point, le capital, c.-à-d. le travail salarié (...) devient *une entrave dont nécessairement on se débarrasse* » (Grund., t. 2, p. 237). La disparition est programmée d'avance : le capital est une forme contradictoire de développement, mais « cette forme contradictoire elle-même est *une forme qui disparaît* et produit les conditions de sa propre abolition » (Grund., t. 2, p. 34). L'ordre de cette phrase, qui place les conditions de l'abolition après sa certitude, le suggère : c'est alors d'une *nécessité inéluctable* qu'il s'agit.

Le trépas du capital est inscrit dans *la conscience* qui sonne le glas d'un capital moribond : « Reconnaître les produits comme étant ses produits et juger cette séparation d'avec les conditions de sa réalisation comme quelque chose d'inacceptable et d'imposé par la force, cela représente une immense conscience, qui est elle-même le produit du mode de production fondé sur le capital, *et qui sonne le glas de son trépas.* » De la même manière lorsque l'esclave a pris conscience qu'il ne pouvait être la propriété d'un tiers, l'esclavage n'a plus vivoté artificiellement et *a cessé de pouvoir perdurer comme base de production* » (Grund., t. 2, p. 402).

Ce trépas du capital est inscrit dans les contradictions qui produisent les *crises* : « ces catastrophes périodiques sont vouées à se répéter à plus large échelle et *conduisent finalement au renversement violent du capital* » (Grund., t. 2, p. 238). Mais, à supposer que la fatalité de cette négation soit ou puisse être démontrée, rien ne permet d'affirmer qu'elle coïncide avec la nécessité du communisme. Cette nécessité de la négation, hâtivement affirmée, et de surcroît unilatéralement indexée sur le développement des forces productives, pourquoi est-ce au communisme qu'elle conduit inexorablement ? Qu'est-ce qui permet alors de démontrer que cette nécessité est précisément la *nécessité du communisme ?* Pour répondre à ces questions, Marx est tenté d'établir que la négation qui engendre le système capitaliste conduit nécessairement à la négation de cette négation et rétablit à un niveau supérieur ce qui avait été antérieurement nié : la nécessité immanente du communisme ne peut être démontrée que par le recours à... la négation de la négation (Grund., t. 2, p. 237).

Sur ces questions, *Le Capital* est nettement plus sobre que les *Grundrisse*, mais pas moins équivoque : plus sobre, car l'évocation de la possibilité/nécessité du communisme ne jalonne pas les étapes successives de l'exposé ; mais non moins équivoque, car la méthode générale de l'exposition, pour peu qu'on l'interprète comme une tentative de donner à lire la dialectique de l'évolution historique dans la dialectique de l'exposition conceptuelle, peut être comprise comme une tentative de démonstration de la fatalité de l'issue communiste. Cette interprétation remplit, comme le souligne Jacques Bidet pour la contester, une fonction « par trop visible : faire apparaître l'issue du capitalisme sous les traits de l'inéluctable simplicité dont peut se parer plus aisément le discours sur le capital * ». Cette interprétation de la méthode de Marx n'est guère recevable ; mais il reste qu'elle est rendue possible par le *contenu* de la démonstration. La loi de l'accumulation capitaliste est en même temps la tendance historique de l'accumulation, qui *pousse* à l'expropriation de expropriateurs. Marx pourrait s'en tenir là. Or, la réalisation de cette tendance est présentée comme une nécessité historique appelée à se réaliser inéluctablement. Pour le montrer, à défaut de pouvoir le démontrer, l'exposé de Marx conjugue alors ou plutôt juxtapose, sans déterminer leurs relations, des processus hétérogènes : expropriation immanente, socialisation croissante, rôle du prolétariat. Cette juxtaposition ne peut pas satisfaire les exigences d'une analyse rigoureuse, et, une fois encore, c'est la dialectique de la négation de la négation qui promet la nécessité d'un dépassement du capitalisme se confondant avec le communisme.

Avant d'en venir à ce point, que faut-il penser de la dialectique intrahistorique qui prétend fonder la nécessité du communisme sur le double passage qui porte des conditions à la réalisation et des contradictions à la dissolution ? La dialectique intrahistorique qui

* J. Bidet, *Que faire du Capital ?* Klincksieck, p. 150 et 152.

tente de fonder la nécessité du communisme sur les antagonismes immanents de la société bourgeoise se présente comme un dépassement de l'utopie : c'est dans le procès contradictoire du développement de la société bourgeoise que seraient inscrits la nécessité et le contenu du communisme tels que l'ont anticipé les utopistes. Mais, quand la démonstration de la nécessité du possible se confond avec celle de la nécessité de l'effectif, on peut se demander si c'est la dialectique qui résorbe l'utopie ou si c'est l'utopie qui gouverne la dialectique : c'est un horizon utopique qui permet non seulement de découvrir dans les contradictions de l'ordre social existant la figure de la négation possible, mais aussi la promesse de leur dépassement. Les équivoques sont alors à leur comble car le contraste est complet entre le contenu de la démonstration et les modalités de l'énonciation.

Le Capital démontre :

1. Le caractère socialement déterminé, et donc historiquement transitoire du mode de production capitaliste ;

2. Le caractère antagonique de l'économie capitaliste et de ses effets sociaux ;

3. L'existence des conditions nécessaires à une société autre, inscrites dans la société actuelle.

Mais force est de constater que, si l'on excepte les tentatives des derniers chapitres du Livre I, *Le Capital* ne démontre pas :

1. Que le mode de production appelé à succéder au mode de production capitaliste doive être nécessairement socialiste ;

2. Que les antagonismes économiques et sociaux doivent nécessairement déboucher sur une Révolution ;

3. Que les conditions de possibilité du socialisme coïncident avec sa nécessité.

Le caractère transitoire du mode de production capitaliste, le caractère antagonique de son développement, le caractère potentiellement communiste de sa transformation n'impliquent nullement la nécessité historique du communisme. Par conséquent, si le recours à une perspective intrahistorique permet de mettre en évidence l'actualité du communisme, elle ne suffit pas à fonder la nécessité de son avènement [10]. Deux questions ne sont pas réglées par une dialectique de la négation fatale : sa fatalité même et la fatalité de son contenu.

C'est alors le recours à la dialectique de la négation de la négation

— seconde version de la dialectique de la négativité, qui double la première — qui fait office d'une impossible démonstration : c'est cette dialectique transhistorique qu'il faut interroger.

La dialectique intrahistorique qui prétend fonder la nécessité du communisme sur les antagonismes immanents de la société bourgeoise est relayée par une dialectique transhistorique qui prétend la fonder sur le dépassement des antagonismes immanents à la totalité de l'histoire. Le procès contradictoire du développement de la société bourgeoise, conforté par le procès contradictoire de l'expropriation, conduirait nécessairement au communisme en préfigurant son contenu, génialement mais confusément appréhendé par les utopistes. Mais dans l'un et l'autre cas, on peut se demander une fois encore si c'est la dialectique qui résorbe l'utopie ou si c'est l'utopie qui gouverne la dialectique. Postulées et non fondées, ces deux figures de la dialectique anticipent, respectivement, sur le dépassement des contradictions immanentes à l'histoire et sur le dépassement des contradictions immanentes au capitalisme. Or, si le recours à une perspective transhistorique permet de mettre en évidence le caractère transitoire du mode de production capitaliste, il ne suffit pas à démontrer que c'est le communisme qui est appelé à lui succéder. C'est alors *la négation de la négation* qui vient en question.

La dialectique transhistorique. Après une éclipse partielle et provisoire, c'est sur le thème de la négation de la négation que s'articule une conception dialectique de l'histoire appelée à fonder la nécessité du communisme. Ainsi, le recours à la figure de la négation de la négation revêt, dans l'œuvre de Marx, deux formes successives qui ne sont pas identiques : à la figure d'une dialectique de l'aliénation succède la figure d'une dialectique de l'expropriation.

Marx, dans les *Grundrisse*, présente le travail salarié comme une négation des formes antérieures de la production qui appelle sa négation, la négation de la négation : « les conditions matérielles et intellectuelles de *la négation du travail salarié et du capital*, qui sont déjà elles-même la *négation des formes antérieures de la production sociale non libre*, sont elles-même résultats de son procès de production » — du procès de production capitaliste (Grund., t. 2, p. 237).

Mais c'est dans *Le Capital* que la figure de la dialectique de la négation de la négation occupe une place qui semble décisive : « Le mode d'appropriation capitaliste issu du mode de production capitaliste, la propriété capitaliste donc, est la négation première de la propriété individuelle, fondée sur le travail fait par l'individu. *Mais la production capitaliste engendre à son tour, avec l'inéluctabilité d'un processus naturel, sa propre négation. C'est la négation de la négation.* Celle-ci ne rétablit pas la propriété privée, mais, en tout état de cause, la propriété individuelle fondée sur les conquêtes mêmes de l'ère capitaliste : sur la coopération et la propriété commune de la terre et des moyens de production produits par le travail proprement dit » (Kap, p. 856-857).

Que signifie ce recours à la négation de la négation ? La critique de la conception spéculative de la négation de la négation, exposée dans les *Manuscrits de 1844*, est reprise sobrement (épurée des douteux apports inspirés de Feuerbach) dans *Misère de la philosophie*: la dialectique de Hegel est une dialectique des catégories logiques, de la raison impersonnelle, des abstractions, qui accorde à la méthode une puissance absolue et réduit la négation de la négation à une « formule sacramentelle », à une « formule purement logique du mouvement » (MPh., p. 114-118). Mais cela n'empêche pas Marx d'y avoir recours quand il oppose à Proudhon que le monopole moderne est la négation de la négation du monopole féodal par la concurrence (MPh., p. 157). Et, si la formule sacramentelle de la négation de la négation est rarement utilisée dans les œuvres de la maturité, sa figure en est régulièrement présente même quand elle n'est pas mentionnée. Dans la plupart des cas, elle permet de traduire *le mouvement circulaire d'une contradiction, ou son développement en spirale.* Ainsi, et à titre d'exemple, Marx expose le procès de la consommation productive comme « consommation de la consommation elle-même », et poursuit : « dans l'abolition de ce qui est matériel, il y a *abolition de cette abolition, et, par là, position de ce même matériel* » (Grund., t. 1, p. 239). De même, revenant sur les rapports entre concurrence et monopole pour dénoncer les illusions qu'ils engendrent, Marx les pense à nouveau dans le cadre de la négation de la négation. La concurrence « apparaît historiquement comme négation de toutes les limites et barrières propres aux phases de production antérieures au capital » (et fait naître l'illusion de l'individualité libre). Et — négation de la négation — la concurrence engendre la négation de la concurrence par le monopole et, partant, entretient l'« ineptie qui consiste à considérer (...) la négation de la concurrence comme la négation de la liberté individuelle et de la production sociale fondée sur la liberté individuelle » (Grund., t. 2, p. 141-144). Ces usages, partiels et circonscrits, exposent indifféremment des processus qui relèvent de l'abstraction rationnelle (ainsi pour la consommation productive) et des processus dynamiques : ceux-ci peuvent chevaucher des modes de production différents (ainsi pour la dialectique du monopole et de la concurrence) ou, plus simplement, retracer le mouvement d'une série spécifique et limitée de phénomènes. L'emploi de la figure de la négation de la négation est alors rigoureusement *descriptive* et *rétrospective.* Tel n'est pas le cas de la dialectique transhistorique de la négation de la négation si on la comprend comme explicative et prospective : dans cette optique, elle assume alors une fonction générale de démonstration de la nécessité du communisme (et révèle ainsi le sens de l'histoire) et repose sur un emploi prospectif (ou dissimule la position anticipée du Savoir absolu).

Le recours à la négation de la négation a-t-il valeur de *méthode de démonstration* de la nécessité du communisme ? C'est ce que pense Dühring, dont Engels résume ainsi l'argument : « Marx ne peut *prouver* la nécessité de la révolution sociale, d'une société reposant sur la propriété commune de la terre et des moyens de production créés par le travail, que par l'appel à la négation de la négation selon Hegel » (AD, p. 160). A cette objection, Engels répond que la dialectique n'est pas une méthode de démonstration. Du passage du *Capital* incriminé, il résulte, à ses yeux, que Marx a « démontré par l'histoire » et non par la dialectique la nécessité historique d'un processus. C'est ce processus historique que Marx « désigne, en outre, comme un processus qui s'accomplit selon une loi dialectique déterminée ». Il ne serait donc dialectique que par surcroît : « en caractérisant le processus comme négation de la négation, Marx ne pense pas par là en *démontrer* la nécessité historique. Au contraire, c'est après avoir *démontré par l'histoire* comment, en fait, le processus en partie s'est réalisé, en partie doit forcément se réaliser encore que Marx le *désigne, en outre, comme un processus qui s'accomplit selon une loi dialectique déterminée* ». Ainsi, « Marx *démontre simplement par l'histoire*, et ici résume brièvement : *de même* qu'autrefois la petite entreprise par son évolution a nécessairement engendré les conditions de son anéantissement, l'expropriation des petits propriétaires, *de même* aujourd'hui le mode de production capitaliste a engendré également lui-même les conditions matérielles qui le feront nécessairement périr » (p. 163).

Mais ce résumé est étrangement fautif, puisqu'il énonce sur un mode comparatif l'existence successive de deux négations dont la similitude porte sur leur nécessité plus que sur leur contenu ; alors que Marx expose sur un mode démonstratif le développement en spirale d'un contenu. Or on ne saurait confondre la nécessité pour une négation d'engendrer sa propre négation, et la nécessité pour une négation de succéder à une autre : en retenant cette seconde interprétation, Engels se détourne de la version hégélienne.

Selon Engels, ce qui dans le texte de Marx est montré, c'est le processus historique lui-même, ou, en d'autres termes, la nécessité du processus : « Le processus est un processus historique, et s'il est en même temps dialectique, ce n'est pas la faute de Marx, si contrariant que ce soit pour M. Dühring » (p. 163). La démonstration par l'histoire n'est pas une démonstration par la dialectique : c'est la nécessité de l'histoire qui permet de la caractériser comme dialectique, et de l'*exposer* comme *dialectique de la nécessité* ; et non le recours à la dialectique, c'est-à-dire à *la nécessité de la dialectique*, qui permet de *démontrer* la nécessité de l'histoire. Mais que vaut cette distinction si l'on affirme par ailleurs que la nécessité historique se confond avrec la nécessité dialectique ? Quoi qu'il en soit, ce serait donc « faire preuve d'un manque total d'intelligence de la nature de la dialectique que de la tenir, comme fait M. Dühring, *pour un instrument de pure démonstration*, à la façon dont on peut se faire une idée bornée, disons de la logique formelle ou des mathématiques élémentaires » (p. 164).

Si la dialectique n'est pas une méthode de démonstration, faut-il la concevoir comme *une méthode d'investigation ?* C'est ce qu'Engels invite à penser : « Même la logique formelle est avant tout *une méthode pour trouver* des résultats nouveaux, pour progresser du connu à l'inconnu, et cela est vrai, mais dans un sens bien plus élevé encore de la dialectique » (p. 164). Laissons de côté la question controversée de la fécondité de la logique formelle : en quoi la dialectique est-elle une méthode d'investigation ? La réponse proposée dans *L'Anti-Dühring* est pour le moins embarrassée puisqu'elle consiste à expliquer que la dialectique de la négation de la négation est une loi générale qui, en raison de cette généralité, de l'aveu même d'Engels, n'a qu'une pauvre portée méthodologique et n'offre qu'un bien faible secours à la recherche. Engels commence par montrer la présence de la négation de la négation dans tous les domaines, avant de conclure : « Qu'est-ce donc que la négation de la négation ? Une loi de développement de la nature, de l'histoire et de la pensée extrêmement générale et, précisément pour cela, revêtue d'une portée et d'une signification extrêmes » (p. 169).

En quoi consiste cette extrémité ? Sans doute dans la généralité même de cette loi. Engels précise en effet : « *Il va de soi que je ne dis rien du tout du processus de développement particulier suivi*, par exemple, par le grain d'orge, depuis la germination jusqu'au dépérissement de la plante qui porte fruit *quand je dis qu'il est négation de la négation* », car, en comprenant « *sous cette loi du mouvement* » les processus les plus divers, « *je ne tiens pas compte des particularités de chaque processus spécial pris à part* ». La dialectique, si on l'enferme dans une loi générale, n'apprend donc rien par elle-même sur la logique spécifique de l'objet spécifique. En quoi est-elle encore une méthode d'investigation ? La réponse d'Engels est, pour le moins, indirecte puisqu'il reconnaît lui-même qu'une loi générale est insuffisante, en s'insurgeant contre l'interprétation de la dialectique qu'en donnent les métaphysiciens : « Si je dis de tous ces processus qu'ils sont négation de la négation, je les comprend tous sous cette loi du mouvement et, de ce fait, je ne tiens pas compte des particularités de chaque processus spécial pris à part » (p. 170). Or, pour autant que la dialectique énonce des lois générales, comme la loi de la négation de la négation, elle est non une méthode mais une science : « En fait, la dialectique n'est pas autre chose que la science des lois générales du mouvement et du développement de la nature, de la société humaine et de la pensée » (p. 170).

Arrivé à ce point, on est tenté de conclure que la dialectique de la négation de la négation n'est rien d'autre qu'*une méthode d'exposition*, répondant à une loi générale, qui rend compte de la succession des négations. Mais Engels, amené à préciser en quoi consiste la négation, s'engage dans des explications qui démentent aussitôt cette hypothèse.

Puisque la négation n'est pas une simple déclaration de non-existence ou une simple destruction de l'existence de son objet, quelle est sa signification ?

— D'abord, la négation, en tant qu'elle porte sur un processus, est déterminée par l'existence ou la possibilité du processus : « Je dois non seulement nier, mais aussi lever de nouveau la négation. Il faut donc *instituer* la première négation de telle sorte que la deuxième reste ou devienne possible » (p. 170). Formulation étrange qui, si elle ne renvoie pas à un mode de présentation, suggère non seulement que la nécessité historique coïncide avec la nécessité de la négation, mais que chaque négation doit être *comprise* comme la possibilité d'une seconde, et que c'est la compréhension de la seconde qui dicte l'exposé de la première : on comprend alors que c'est la dialectique elle-même qui délivre le sens de l'histoire. La négation de la négation n'ayant de sens que comme négation déterminée, cette figure, quand elle est rigidement comprise, impose de se présenter la seconde négation comme intégralement comprise dans la première : l'action qui la délivre ne la produit pas.

— En second lieu, la négation, en tant qu'elle porte sur un objet spécifique, doit être déterminée par la spécificité de son objet. En effet, il faut que la deuxième négation soit possible. « *Comment cela ?* » s'interroge Engels. Et il répond : « Selon la nature spécifique de chaque cas pris à part. (...) Chaque genre de choses a donc son genre original de négation de façon qu'il en sorte un développement, et de même chaque genre d'idées et de concepts » (p. 170). La dialectique comme méthode rejoint alors la dialectique comme processus, mais son indéniable fécondité n'a plus rien à voir avec la négation de la négation conçue comme la spirale inéluctable de l'histoire.

De la dialectique transhistorique nous sommes alors renvoyés à la dialectique intrahistorique : c'est à condition que soit démontré que le capitalisme engendre nécessairement sa négation déterminée sous la forme du communisme que la nécessité de ce dernier peut être présentée comme fondée sur la nécessité de la négation. Or, si celle-ci ne peut être démontrée que comme une possibilité réelle et non comme une fatalité certaine, la figure de la négation de la négation non seulement reconduit les équivoques comprises dans la nécessité de la négation, mais les aggrave et en produit de nouvelles.

D'abord, et une fois de plus, cette dialectique est postulée et non démontrée. Elle est illustrée et non fondée. Elle ne peut avoir de sens — s'il faut, à toute force, lui en trouver un — que comme visée stratégique, et non comme révélation historique. Sans doute la rupture avec la conception spéculative d'une histoire gouvernée par la Raison et avec la téléologie qui lui est sous-jacente n'est-elle pas remise en question, mais au contraire confortée par la rupture avec la conception spéculative de la négation de la négation qui étaye cet ensemble. Mais un exposé qui, par le truchement de la négation de la négation, se place d'emblée au terme du trajet historiquement possible, mais seulement possible, réintroduit, comme en contrebande, la téléologie que l'on prétendait avoir chassée.

Quand la dialectique intrahistorique établit qu'il existe une équivalence entre nécessité des contradictions et nécessité de la négation (et, par conséquent, que ne sont motrices d'un système déterminé que les seules contradictions qui précipitent sa négation), elle ne se borne pas à dénoncer dans le capitalisme la catastrophe en permanence, mais elle confie aux formes paroxystiques de cette catastrophe l'espérance de sa propre abolition. Et quand cette dialectique laisse entendre qu'il existe une relation d'équivalence entre la *succession des négations* (qui rend intelligible les séquences d'histoires partielles) et la *spirale des négations* (qui restitue le sens de l'histoire globale), elle indexe toute espérance sur la certitude de son accomplissement : l'utopie, désarmante et désarmée, est alors à son comble — satisfaite avant même d'être accomplie. Quand les possibilités historiques menacent d'être écrasées sous le poids d'une fatalité dialectique, quand se confondent la perspective d'une transgression utopique de l'ordre social existant et la certitude d'atteindre l'horizon, toujours dérobé, qui le dépasse, l'utopie, aussi fondée qu'en soit la teneur, est prise en otage par une histoire tutélaire qui permet d'entrevoir le mirage d'une utopie exaucée. A moins que la triomphale affirmation de Marx — « c'est la négation de la négation » — ne soit qu'une concession verbale aux charmes d'une dialectique elle-même ensorcelée.

La dialectique ensorcelée

La dialectique est ensorcelée quand elle menace de « transformer la logique de la Chose en Chose de la logique », selon l'expression que Marx applique à Hegel. Ainsi l'histoire ne peut être conçue comme l'incarnation des figures de la dialectique, mais au contraire la dialectique doit présenter les figures particulières de l'intelligibilité des formes concrètes de l'histoire. Il faut alors *se garder de confondre la dialectique de la nécessité et la nécessité de la dialectique,* qui imposerait que la dialectique de la nécessité prenne inévitablement la forme de la négation de la négation, dont l'histoire, toujours et partout, serait l'incarnation.

C'est la nécessité de la dialectique, postulée plutôt que démontrée, qui transforme la nécessité en fatalité : l'histoire étant nécessairement dialectique, elle produit fatalement son résultat, et la nécessité du communisme est présentée comme une nécessité fatale, inéluctable [11].

C'est cette fatalité qu'énonce clairement le *Manifeste* : « Ainsi, le développement de la grande industrie sape sous les pieds de la bourgeoisie la base même sur laquelle elle a établi son système de production et d'appropriation. La bourgeoisie produit avant tout ses propres fossoyeurs. Sa chute et la victoire du prolétariat sont également *inévitables (unvermeidlich)* » (MPC, bil., p. 65-67). Cette conception reste inchangée puisque, dans *Le Capital*, Marx cite ce passage du *Manifeste* en note finale du chapitre 32 à l'appui de ses affirmations sur l'expropriation des expropriateurs (Cap I, 3, p. 205). De même, dans la préface à la deuxième édition russe du *Manifeste*, en 1882, Marx et Engels pouvaient encore écrire : « *Le Manifeste communiste* avait pour tâche de proclamer la disparition *inéluctable (unvermeidlich) et prochaine de la propriété bourgeoise moderne* » (MPC, bil., p. 151).

Cette tâche, plus généralement, était dictée, selon Engels, par les conditions du dépassement du socialisme utopique : « Le problème était (...) de représenter ce mode de production capitaliste dans sa connexion historique et sa nécessité pour une période déterminée de l'histoire, avec par conséquent *la nécessité de sa chute* (...) » (AD, p. 55). Comment « représenter » cette nécessité de la négation sans recourir à la dialectique ? C'est ainsi que Marx, en 1873, dans la postface de la deuxième édition allemande du *Capital*, affirme sans la moindre ambiguïté que la nécessité inclut la fatalité de son accomplissement, à charge pour la dialectique de l'établir : « sous son aspect rationnel, elle est un scandale et une abomination pour les classes dirigeantes et leurs idéologues doctrinaires parce que, dans la conception positive des choses existantes, elle inclut du même coup *l'intelligence de leur négation fatale*, de leur destruction nécessaire ; parce que, saisissant le mouvement même dont toute forme faite n'est qu'une configuration transitoire, rien ne saurait lui imposer (...) » (Cap I, 1, p. 29).

C'est à la fois dire trop — quelle est cette fatalité ? — et trop peu — car la fatalité de la négation ne dit rien sur son contenu : s'il n'est pas vérifié que Marx a démontré que la dialectique de la nécessité se confond avec l'avènement inéluctable du communisme, c'est tout simplement parce qu'*une telle démonstration est scientifiquement impossible* ; et que la dialectique qui prétend fonder une telle démonstration cesse d'être rationnelle pour devenir, dans le plus mauvais sens du terme, utopique. On ne peut sur ce point que souscrire au diagnostic proposé par Bernard Chavance *, malgré les quelques réserves qu'il inspire, et notamment celle-ci, sur laquelle nous reviendrons : on ne peut tenir exclusivement pour « rationnelle » que la dialectique qui se tient dans les limites d'une étude des contradictions du capitalisme [12]. Il reste que la dialectique ne

* B. Chavance, « La dialectique utopique du capitalisme et du communisme chez Marx », in *Marx en perspectives*, Éd. des Hautes Études en sciences sociales, 1985, p. 121-134.

promet que des mirages quand le déploiement des conditions et des contradictions nécessaires au communisme est inscrit dans la perspective de la fatalité de son effectuation et que le travail de la négativité est confondu avec la fatalité de la négation : ce qui est vrai de la fin de l'appropriation privée l'est également, nous le verrons, de la fin de l'État politique.

Sans doute, en dépit des rechutes toujours possibles (et qui, dans l'histoire des marxismes, n'ont pas manqué), la conception marxienne de la nécessité n'est-elle pas une conception mécanique de la nécessité. Mais le renoncement à la nécessité mécanique (ou son dépassement) n'implique pas l'abandon d'une mécanique de la nécessité, qui laisse prise à la conception d'une histoire automate, fût-elle dialectique [13]. Cette conception hante la théorie de Marx, mais n'en résume pas le sens : la dialectique ensorcelée par le mécanisme et le finalisme, n'est pas toute la dialectique, et son ouverture positivement utopique, largement pensable avec Marx, peut être repensée mais au-delà de Marx. En effet, quelles qu'en soient les figures, du communisme initial au communisme terminal, la tentative d'ouverture de la dialectique hégélienne par Marx se solde trop souvent par *une fermeture utopique de la dialectique*. Dans cette tentative, un exercice sur des possibilités disruptives reste prisonnier d'une proclamation de certitudes oraculaires : il restera à vérifier si l'on peut le délivrer de cet enfermement.

Cet enfermement confie à une histoire tutélaire le soin sinon d'accomplir, du moins d'authentifier, les vœux de l'utopie ; il menace, nous le verrons, de subordonner la critique aux promesses de la dialectique et d'enfouir la stratégie dans l'histoire. C'est en cela que la conception marxienne de la nécessité du communisme porte déjà, mais pas plus, la marque de l'utopie et de ses impasses. Mais que nous dit Marx, après 1848, du contenu du communisme ? Le communisme que promet la dialectique de Marx peut-il trouver son lieu dans l'histoire ? Se propose-t-il, à ce titre, comme un communisme topique ? Sans doute moins que ne l'aurait souhaité Marx lui-même, car le contenu du communisme qui se lève à l'horizon de sa promesse porte les traces d'une *utopie effacée*.

CHAPITRE II

L'UTOPIE EFFACÉE ?

(Les pénombres de l'utopie)

La critique de l'économie politique n'est pas seulement une épreuve de vérité pour le mode de production capitaliste ; elle l'est aussi pour la perspective de son dépassement. Le contenu du communisme dont répond sa nécessité est-il délesté, après 1848, des hypothèques qui pesaient sur ses premières définitions ? Il ne fait aucun doute que Marx poursuit alors un travail de déblaiement qui contribue à dissiper les ombres de l'utopie. N'en demeurent pas moins ses pénombres : une utopie effacée plutôt que dépassée. Grevée par la tentative de démonstration de sa nécessité, la présentation du contenu du communisme reconduit au sein du communisme terminal de Marx les illusions utopiques du communisme initial : en particulier quand le contenu du communisme se confond avec une parfaite réalisation de l'essence humaine. Un bref retour sur la méthode du *Capital* permet de se convaincre de la persistance de cette logique de l'utopie.

I. LOGIQUE DE L'UTOPIE

La critique marxienne du capitalisme opère à partir d'un modèle de réalisation de l'essence humaine, dissimulé mais efficient. Certes, la critique du capitalisme après 1848 procède d'une méthode qui reste irréductible aux présupposés anthropologiques des *Manuscrits de 1844* : les œuvres de la maturité, prolongeant *Misère de la philosophie*, semblent sanctionner un dépassement définitif de l'essentialisme ontologique au bénéfice exclusif d'un essentialisme méthodologique. Mais on peut se demander si l'essentialisme et le totalisme qui président à la révélation utopique du communisme initial ne persistent pas dans les thèses du communisme terminal : *si le spectre de l'essence humaine ne continue pas à hanter les développements de la science.*

1. Un essentialisme méthodologique ?

Le point de vue méthodologique de Marx dans sa critique de l'économie politique repose sur une claire revendication : la nécessité de comprendre les phénomènes du point de vue de leur essence, c'est-à-dire de leurs connexions (et, le cas échéant, de leurs contradictions) internes, et du point de vue de la totalité de ces connexions. Tel est alors le point de vue de l'essence.

Le point de vue de l'essence. Suivant des métaphores constantes de Marx, la science doit se proposer de *résoudre des énigmes*, de *percer des secrets*, de *déchiffrer des hiéroglyphes* [1]. L'activité scientifique ainsi comprise n'a de sens et n'est possible qu'à condition que l'on distingue l'apparent et le caché. Le mouvement de la théorie doit donc *reconstituer la genèse qui va du caché à l'apparent* [2]. Or le rapport du caché et de l'apparent est le *rapport entre le contenu réel et la forme phénoménale, et entre l'essence et sa manifestation.* Et quand le terme d'essence est effacé, sa place est occupée par la notion de connexion interne [3]. Adopter le point de vue de l'essence consiste donc, dans la perspective d'une critique scientifique, à soutenir que la réalité doit être connue selon les rapports qui, sous-jacents aux apparences, expliquent celles-ci parce que ces apparences en dépendent. Le mouvement réel des planètes ne coïncide pas avec leur mouvement apparent : par analogie, « une analyse scientifique de la concurrence n'est possible qu'une fois qu'on a compris la *nature interne du capital*, de la même façon que le mouvement *apparent* des corps célestes n'est intelligible qu'à celui qui connaît leur mouvement *réel*, mais imperceptible au sens » (Kap, p. 356). C'est ainsi que les mérites scientifiques de l'économie classique se mesurent à sa capacité de progresser en direction de l'essence du mode de production capitaliste, de remonter des phénomènes aux rapports internes, et de saisir ces rapports dans des concepts adéquats. Le point de vue scientifique distingue les rapports internes (ou essence) et les phénomènes apparents ; c'est cette distinction que thématise l'opposition de la profondeur et de la superficialité, opposition qui vaut aussi bien pour la réalité étudiée que pour ceux qui l'étudient [4].

Marx maintient donc la catégorie d'essence : une nouvelle clarification du concept d'essentialisme devient alors nécessaire. L'essentialisme ontologique prétend saisir des *essences absolues* (qu'elles soient transcendantes ou immanentes), dont l'ensemble du mode phénoménal est l'accomplissement (qu'il les imite ou les réalise). Cet essentialisme peut être sous-jacent à un essentialisme méthodologique qui se fixe les mêmes ambitions. Ainsi défini, et sous ces deux formes, l'essentialisme peut être opposé, suivant une tradition philosophique qui remonte à l'Antiquité, au nominalisme. C'est dans ce débat que s'inscrit Popper.

L'essentialisme, dans la langue de Popper, désigne d'abord la doctrine qui affirme que les concepts universels dénotent des objets universels ou « essences » sous-jacents aux existences, par opposition au nominalisme qui affirme que les concepts universels ne sont que des conventions. Quand le réalisme, dans le débat qui l'oppose au nominalisme, soutient que les termes universels dénotent des propriétés « réelles », c'est, souligne Popper, comme « essences qu'il comprend ces objets universels (appelés "Formes" ou "Idées" par Platon) qui sont désignés par des termes universels sont aussi appelés leurs "essences"* ». Dès lors, le réalisme peut aussi bien être appelé « essentialisme ». Sous cette forme, l'essentialisme constitue une *réponse à un problème métaphysique.* C'est cette réponse que nous désignons ici comme essentialisme ontologique. Mais l'essentialisme, selon Popper, peut être opposé au nominalisme en un autre sens : l'essentialisme est alors la méthode qui se propose de « pénétrer jusqu'à l'essence des choses », par opposition à celle qui « soutient que la science n'a pour tâche que de décrire le comportement des phénomènes » (MH, p. 28). Sous cette forme, l'essentialisme constitue une *réponse à un problème méthodologique.* C'est à cet essentialisme méthodologique que Popper oppose le nominalisme méthodologique qu'il soutient.

De l'aveu même de Popper, essentialisme ontologique et essentialisme méthodologique ne se confondent pas nécessairement. Mais bien que le problème méthodologique puisse être apprécié indépendamment du problème métaphysique, le problème métaphysique a des implications méthodologiques (MH, p. 26-28). Le passage d'un problème à l'autre a pour ressort l'importance des définitions pour la science, s'il est vrai que les universaux permettent d'atteindre l'essence des choses. Aussi Renée Bouveresse a-t-elle raison de rappeler que l'essentialisme, pour Popper, englobe deux aspects :

* K. Popper, *Misère de l'historicisme*, Plon, p. 26 (titre abrégé : MH).

« Popper critique sous ce nom deux attitudes (que la pensée aristotélicienne réunit) : 1) l'idée de l'importance des définitions pour la connaissance (...) ; 2) l'idée (...) selon laquelle la connaissance pourrait atteindre l'essence des choses *. »

C'est la confusion de ces deux formes d'essentialisme que vise la critique de Karl Popper quand il démonte le passage toujours possible de l'essentialisme ontologique à l'essentialisme méthodologique. C'est à ces deux formes confondues qu'il oppose le nominalisme méthodologique. Et force est de constater que l'essentialisme ontologique, qui affirme la réalité d'une essence humaine appelée à se réaliser dans l'existence, sous-tend, dans une version anthropologique, l'adoption marxienne du communisme et détermine un essentialisme méthodologique qui semble tout lui devoir. Mais ni l'essentialisme ni le nominalisme ne peuvent être enfermés dans les définitions que Popper en propose. Le nominalisme tel qu'il en énonce le projet s'en tient aux phénomènes. Aussi peut-on à bon droit lui opposer un essentialisme méthodologique qui ambitionne de dépasser l'alternative philosophique entre essentialisme et nominalisme.

L'essentialisme méthodologique se borne alors à affirmer que les formes phénoménales d'une réalité spécifique doivent être comprises en fonction de la totalité spécifique de *rapports sous-jacents, et, en ce sens, essentiels*. Un tel essentialisme méthodologique (à supposer que le terme d'essentialisme lui convienne encore) ne saurait être confondu avec l'essentialisme méthodologique, qui repose sur des fondements ontologiques. Marx recourt successivement (et parfois conjointement) à ces deux variétés d'essentialisme méthodologique (que Popper confond à tort, nous semble-t-il, dans sa critique de Marx).

A l'évidence, la conception de Marx ne coïncide pas totalement avec le nominalisme méthodologique tel que Popper le définit : « Selon cette théorie, la science a pour but de décrire et d'expliquer à l'aide de lois universelles les choses et les événements que notre expérience nous a permis de constater **. » Une telle définition, même si on laisse de côté ses connotations empiristes, *semble* exclure que, pour passer de la description à l'explication, on doive remonter des relations apparentes à des relations cachées. L'essentialisme méthodologique tel que Marx le comprend est alors indispensable non seulement parce qu'il instaure avec l'objet qu'il s'agit de décrire

* R. Bouveresse, *K. Popper*, J. Vrin, 1981, note 1, p. 97.
** K. Popper, *La Société ouverte et ses ennemis*, Plon, t. 1, p. 34 (abrégé : SOE).

et d'expliquer une distance critique sans laquelle aucune science n'est concevable, mais parce qu'il permet de comprendre les lois elles-mêmes comme lois immanentes à des rapports internes.

On comprend alors pourquoi la critique de Popper manque, du moins partiellement, son objet, quand il s'efforce de cerner l'essentialisme de Marx, qui doit être, dans la logique de la position popperienne, la base de l'historicisme marxien. Popper fusionne ou confond dans sa critique le concept ontologique d'une essence appelée à se réaliser historiquement et le concept méthodologique de l'essence conçue comme ensemble de rapports sous-jacents aux apparences. C'est à ce second concept qu'il rapporte ses critiques de l'essentialisme de Marx : Popper finit par le découvrir là où le concept d'essence est absent, parce qu'il assimile l'essentialisme à la recherche de causes comprises comme des « structures cachées des choses » (SOE, t. 2, note 6, p. 252). Ainsi Popper assimile à une « forme d'essentialisme » — qui lui « paraît cependant un peu supérieure à l'idéalisme de type hégélien ou platonicien » — le rôle attribué par Marx aux « conditions économiques », et particulièrement aux forces productives, qu'il comprendrait comme une « réalité essentielle sous-jacente » ou « essence sous-jacente » — l'ensemble des autres phénomènes étant ravalés au rang de simples apparences (SOE, t. 2, p. 74, 75, et notes 8 et 9, p. 228). Cet essentialisme en gouvernerait un autre puisque la définition même de l'Etat chez Marx serait une réponse essentialiste à une question « typiquement essentialiste qui consiste à se demander ce qu'est l'Etat » (SOE, t. 2, p. 82). Enfin, c'est « sous l'influence de l'idéalisme platonicien et de sa distinction entre l'apparence et la réalité essentielle », que Marx définirait la valeur et la distinguerait des prix (SOE, t. 2, p. 117-118, et note 10, p. 231). Une telle critique avoue que le nominalisme qu'elle revendique prétend saisir les phénomènes directement sous la forme où ils se manifestent, au risque de rester prisonnier de simples apparences. Et cela d'autant plus qu'elle récuse tout totalisme méthodologique. Or, pour Marx, l'essence du mode de production capitaliste n'est rien d'autre que *la totalité des rapports spécifiques* qui le constitue : le point de vue de l'essence conçue comme ensemble de rapports sous-jacents se confond avec le point de vue de la totalité.

Le point de vue de la totalité. Le point de vue de la totalité est-il, comme le veut Popper, nécessairement utopique ? Popper prend acte de la critique marxienne de l'utopie, qu'il identifie à la critique globale de toute technologie sociale. A l'utopie, Marx opposerait la prophétie : le socialisme scientifique est fondé « sur la prophétie de son propre avènement ». Plus exactement, à l'utopisme Marx opposerait l'historicisme : « Le marxisme étant de l'historicisme pur est une méthode fort médiocre » (SOE, t. 2, p. 60-62).

Selon Popper, l'historicisme — du moins quand il fonde ses prétentions non sur des thèses pronaturalistes qui prétendent appliquer aux phénomènes sociaux les méthodes propres aux sciences de la nature, mais sur des thèses antinaturalistes qui récusent la légitimité de cet emploi-recourt généralement au totalisme.

Celui-ci apparaît sous deux formes.

— D'une part, l'historicisme affirme que les objets de la sociologie (que Popper désigne comme les groupes sociaux) doivent être considérés comme des totalités : il conviendrait alors de les étudier non par des procédés atomistiques, mais selon des procédés totalistes *(holistic)*, qui requièrent le recours à l'histoire (MH, section 7, p. 14-17).

— D'autre part, l'historicisme soutient que, en raison du caractère historique des phénomènes sociaux, l'expérimentation ne leur serait pas applicable, en particulier les expérimentations qui seraient nécessaires à leur connaissance comme totalités (MH, section 2, p. 4-5).

Or, selon Popper, l'approche totaliste constitue le fondement de « *l'alliance contre nature de l'historicisme et de l'utopisme* » (MH, p. 71). Ce serait une alliance contre nature parce qu'utopisme et historicisme s'opposent à la façon dont s'opposent la prédiction technologique et la prédiction prophétique (MH, p. 76). Mais ce serait une alliance effective, qui repose sur les traits communs à Platon et à Marx, parce que tous deux préconisent à la fois une connaissance de la totalité et une transformation de la totalité (MH, section 22, p. 73-78). La critique du totalisme se déploie dès lors sur deux plans : une critique de la *méthodologie totaliste*, fonde une critique de la *technologie totaliste* (MH, successivement, section 23, p. 78-85, et section 24, p. 85-95). A ces deux versants du totalisme, Popper oppose une *méthodologie individualiste* et une *technologie fragmentaire.*

Quel est le fondement méthodologique de la critique de Popper ? Celle-ci repose sur la tentative de lever l'ambiguïté du mot « tout » en distinguant : *(a)* la totalité des propriétés ou des aspects d'une chose, et spécialement des relations que soutiennent ses parties constituantes, et *(b)* certaines propriétés spéciales, ou aspects, de la chose en question, à savoir celles qui la font apparaître comme une structure organisée plutôt que comme un « simple amas ». Si l'étude de la totalité au sens *(b)* est, à la rigueur, légitime, la prétention d'étudier des touts au sens *(a)* doit être rejetée : « Si nous voulons étudier une chose, nous sommes forcés de sélectionner certains de ses aspects (...) Toute connaissance, qu'elle soit intuitive ou discursive, est nécessairement celle d'aspects abstraits, et (...) nous ne pouvons jamais saisir la structure "concrète" "de la réalité sociale elle-même". » (MH, section 23, p. 79-81).

Cette critique du totalisme recoupe, de l'aveu même de Popper (SOE, t. 1, p. 240, et t. 2, p. 232), les critiques du totalisme par Hayek qui affirme : « L'objet de la recherche scientifique n'est jamais *la totalité de tous les phénomènes observables* en un lieu et moment déterminés, mais se compose uniquement d'aspects qui lui sont abstraits (...) L'esprit humain ne peut jamais appréhender la "totalité" au sens de tous les aspects distincts de la situation réelle *. » Cette critique méthodologique du totalisme est relayée par la critique de sa version politique — la planification centralisée **.

On peut alors comprendre, mais d'un autre point de vue, pourquoi la critique popperienne de l'essentialisme de Marx, dans la mesure où elle porte sur le totalisme, manque partiellement son but. Popper, en lisant Marx à travers Mannheim, risque de fausser sa compréhension du premier, par cette lecture. Mais cela ne suffit pas à expliquer qu'il confonde le totalisme qu'il met en question avec le point de vue de la totalité chez Marx. Cette confusion lui interdit d'établir toute distinction entre les visées de la totalité qui, en apparence partagées par les utopistes et par Marx, divergent fondamentalement. Or, pour pouvoir discuter la nécessité et la possibilité d'un savoir et d'un pouvoir sur la société en totalité, il faut commencer par admettre que le point de vue de la totalité n'a, qu'il s'agisse de la connaissance ou de l'action, ni le même statut ni le même sens dans l'utopisme et dans le marxisme.

Du point de vue de la connaissance, la critique de Popper est fondée sur la distinction entre deux types de totalités : la totalité des aspects, et la totalité de la structure. Or, précisément, *la méthode de Marx vise la totalité structurale* et non la totalité phénoménale : il n'a nullement en vue la totalité des aspects ou des faits. Mais il ne comprend pas la totalité structurale comme Popper.

* F.A. von Hayek, *Scientisme et sciences sociales*, Plon, 1953, p. 79.
** F.A. von Hayek, *La Route de la servitude* (1943), PUF, 1985.

A la critique de ce dernier, K. Kosik a, nous semble-t-il, parfaitement répondu : « La dialectique de la totalité concrète n'est pas une méthode qui prétend avec ingénuité épuiser tous les aspects de la réalité et en donner une image "totale" ; c'est une théorie de la réalité et de sa connaissance en tant que réalité. La totalité concrète n'est pas une méthode pour saisir et décrire tous les aspects, caractères, propriétés, rapports et procès de la réalité, mais une théorie de la réalité comme totalité concrète *. » Encore convient-il de préciser que cette théorie implique une méthode d'approche de cette totalité. Et c'est en conséquence de cette approche par la totalité structurale que Marx critique comme utopique non la visée de la totalité, mais son échec.

Du point de vue de l'action, la critique de Popper appelle des remarques du même ordre. Le point de vue d'un remodelage global de la société semble commun à l'utopisme et au marxisme. Mais ceux-ci divergent là même où Popper les voit coïncider. Attribuer à l'utopiste le point de vue d'une expérimentation globale ne tient guère compte de la vérité historique : les utopistes du XIXe siècle vise sans doute un « remodelage total », mais par expérimentations partielles. C'est dire que Popper partage, au fond, l'illusion proprement utopique d'une « méthode scientifique en politique », procédant par essais et erreurs, et reposant, inévitablement, sur une « démocratie » de la compétence scientifique.

En tout cas, l'essentialisme et le totalisme méthodologiques de Marx, du moins dans ses œuvres de la maturité, échappent à la critique de Popper. Dans ces œuvres, la détermination de l'essence par la totalité des rapports sous-jacents remplit une double fonction : Marx analyse, d'une part, l'ensemble des formes concrètes du Capital comme des manifestations de son essence, et explicite, d'autre part, la dynamique du Capital comme l'ensemble des tendances qui le portent à revêtir une forme d'existence adéquate à cette essence et à déployer ses contradictions intimes. La nécessité d'un contenu déterminé est comprise sous la double forme d'une nécessaire manifestation (le phénomène) et d'une nécessaire destination (la tendance) de l'essence contradictoire du capitalisme. Pourtant, derrière les vigoureuses déterminations de la science, courent les approximations de l'utopie : l'essentialisme ontologique continue à faire sentir ses effets, non seulement parce qu'il demeure sous-jacent, comme on l'a vu, à la dialectique de la posssibilité et

* K. Kosik, *La Dialectique du concret* (1967), Ed. de la Passion, 1988, p. 21.

de la nécessité qui répond de la nécessité du communisme, mais aussi parce qu'il demeure en filigrane, comme on va le voir, derrière la détermination de son contenu.

2. Un essentialisme utopique ?

Les figures de la nécessité et de la dialectique, formellement, se dégagent de la problématique de la réalisation de l'essence, mais, semble-t-il, y reconduisent à nouveau, non seulement quand il s'agit de garantir sa nécessité, mais encore quand il s'agit d'en esquisser le contenu. Pour reconnaître la permanence de cette problématique, il convient d'abord de parcourir brièvement la critique du capitalisme.

La critique du capitalisme. La dialectique des rapports intimes qui définissent l'essence du capitalisme livre les conditions d'intelligibilité de la structure et de la dynamique de ce dernier. Mais, dans la mesure où cette dialectique coïncide avec la dialectique de la négativité, elle permet d'esquisser, d'un même mouvement, une démonstration selon laquelle l'essence du mode de production capitaliste précipite sa propre négation : parce que cette essence est elle-même contradictoire et se manifeste *sous forme de contradictions qui appellent leur résolution et sous formes d'inversions qui appellent leur réversion* par l'abolition du mode de production capitaliste lui-même.

Ces appels ne relèvent pas, ou pas seulement, d'une condamnation d'ordre éthique : l'éthique ne suffirait pas à fonder ces appels si l'histoire ne permettait pas de les comprendre. Contradictions et inversions, dans la perspective de Marx, ne sont moralement condamnables que dans la mesure où elles le sont historiquement — c'est-à-dire que leur dépassement est devenu possible : l'existence d'une conscience qui condamne les contradictions peut elle-même être expliquée par la science qui comprend celles-ci. A ce titre, c'est encore la dialectique immanente de l'essence du Capital qui permet d'effectuer la soudure entre une critique explicative et une critique normative. Mais elle ne le permet que partiellement : les connexions et contradictions sous-jacentes qui permettent de saisir la structure et la dynamique d'une totalité permettent sans doute d'en saisir le caractère historique et provisoire, mais elles ne suffisent pas à récuser d'un bloc cette totalité. Pour que la critique du capitalisme puisse se prévaloir de l'équivalence entre compréhension et condamnation du capitalisme — pour que la soudure entre une critique explicative et une critique normative soit possible —, il faut qu'un dispositif et un horizon normatifs immanents à l'histoire permettent de juger l'essence du capitalisme comme intolérable et de la comprendre comme transitoire.

Ainsi, l'*essentialisme méthodologique* qui fonde la critique de son objet sur la compréhension de sa dialectique interne se double d'un *essentialisme critique* qui parachève sa condamnation en le confrontant à un modèle sous-jacent de réalisation de l'essence humaine. Un tel modèle ne disqualifie pas a priori comme non scientifique la critique qui s'en réclame. Elle ne le devient, et ne devient du même coup négativement utopique, qu'avec la promesse d'actualisation de ce modèle. En d'autres termes, un savoir qui prétend prendre pour norme de l'intelligibilité du monde humain la nécessité de sa transformation ne renonce pas pour autant à être scientifique. Pour mesurer le monde qu'il s'agit de transformer à cette norme, il n'est pas interdit de le confronter à un modèle de l'essence humaine que ce monde, tel qu'il est, prétend réaliser : pour découvrir dans sa structure et sa dynamique même ce qui fait obstacle à cette transformation et ce qui la rend possible. L'essentialisme est alors nécessaire à la critique : au point que le refus de tout essentialisme, quand rien ne vient le corriger, contraint à des formes plus ou moins avouées de positivisme, comme on le voit chez Popper [5]. Encore faut-il que l'essentialisme en question ne quitte pas le terrain de la critique. Car l'essentialisme méthodologique de Marx, qui ne promet que l'intelligibilité dialectique de son objet ne peut se prévaloir de normes rigoureusement immanentes sans prendre le risque de travestir, au lieu de le maîtriser, un essentialisme onto-anthropologique. Ainsi, quand ce dernier vient au secours de la critique, l'équivalence entre l'*essentialisme critique* et l'*essentialisme utopique* menace d'être rétablie. Or Marx ne peut présenter un dispositif normatif comme *rigoureusement* immanent à l'histoire sans être tenté d'en certifier la réalisation. Alors les certitudes de la dialectique promettent une *équivalence entre l'abolition du capitalisme et la réalisation de l'essence humaine* : l'absence du concept n'en abolit pas le rôle.

Sans doute la dialectique historique immanente n'est-elle plus, après 1848, comprise immédiatement comme la dialectique de la réalisation de l'essence humaine, qui parvenue au comble de son aliénation engendre la négation de sa négation : elle n'est plus présentée comme nécessité pour le capitalisme d'engendrer, par la négation de l'aliénation, la réalisation d'une essence humaine, encore aliénée dans les rapports sociaux qui la manifestent et la définissent, mais promise à une manifestation adéquate. En revanche, elle se présente encore parfois comme la *nécessité pour le capitalisme d'engendrer, par le truchement de la nécessaire négation de son essence, des rapports sociaux conformes à l'essence humaine.*

Ainsi, *et en premier lieu,* la contradiction essentielle du mode de production capitaliste se manifeste sous forme de contradictions phénoménales qui appellent leur résolution par l'abolition du mode de production capitaliste lui-même. Or *la résolution des contradictions équivaut à la réalisation de l'essence humaine.* Ainsi, en va-t-il, pour ne citer qu'un exemple, de la rupture entre l'agriculture et la manufacture. De prime abord, la dialectique s'arrête au dépassement des contradictions à l'aide des conditions qu'elles ont engendrées : « Le mode de production capitaliste consomme la rupture du lien de parenté qui unissait initialement l'agriculture et la manufacture au stade infantile et non développé de l'une et de l'autre. Mais cette rupture crée en même temps les présupposés matériels d'*une nouvelle synthèse à un nouveau supérieur*, de l'association de l'agriculture et de l'industrie sur la base des configurations propres qu'elles se sont élaborées en opposition l'une à l'autre » (Kap, p. 565). Mais, après avoir souligné les effets négatifs de cette rupture du lien entre l'agriculture et la manufacture — la perturbation du métabolisme entre l'homme et la terre, le délabrement physique de ouvriers et le délabrement intellectuel des paysans, notamment —, Marx affirme : « Mais en détruisant les facteurs d'origine simplement naturelle de ce métabolisme, elle oblige en même temps à instituer systématiquement celui-ci en loi régulatrice de la production sociale, *sous une forme adéquate au plein développement de l'homme* » (Kap, p. 566).

La contradiction essentielle du mode de production capitaliste se manifeste, *en second lieu,* sous forme d'inversions qui appellent leur réversion par l'abolition du mode de production capitaliste lui-même. Dans la mesure où le capitalisme est compris non seulement comme ensemble de manifestations de relations essentielles, mais comme manifestations inversées des relations essentielles, la thèse du monde renversé permet de reconduire, sans la dépasser, la thématique de l'aliénation sous la problématique de l'inversion : *la réversion de l'inversion équivaut à la réalisation de l'essence humaine.* Cela est particulièrement le cas, nous allons le voir, des effets de la critique du fétichisme.

Peut-être cette lecture de Marx contredit-elle ses intentions, mais il suffit qu'elle soit possible pour nous alerter : l'essentialisme et le totalisme méthodologiques qui explorent la tendance du Capital à se réaliser dans une forme adéquate à son concept dissimulent l'inflation utopique de cette tendance quand celle-ci est comprise comme tendance du Capital à abolir sa propre essence et laisser ainsi se manifester une essence humaine véritable. Mais cette dissimulation devrait pouvoir être levée et un modèle utopique sous-jacent se laisser entrevoir lorsqu'il est question du contenu du communisme : il apparaîtrait alors que les illusions utopiques du communisme initial sont reconduites. Premier pas en ce sens : l'existence d'un modèle utopique sous-jacent à la critique marxienne du capitalisme est particulièrement lisible dans la critique du fétichisme.

La critique du fétichisme. Cette critique suppose une société transparente à elle-même, dont Marx formule l'hypothèse avant d'en promettre la réalisation. C'est ce que permet de montrer la logique rigoureuse qui conduit de la critique de l'aliénation à la critique du fétichisme, et de la critique du fétichisme au contenu de l'émancipation.

Le passage, dans la critique de Marx, de l'aliénation au fétichisme mérite un bref examen. La théorie de l'aliénation, dès 1846, tend à s'effacer au bénéfice de la théorie de la réification et du fétichisme. Tout se passe comme si Marx, dans *L'Idéologie allemande*, en critiquant l'idéologie était conduit à opposer le concept idéologique de l'aliénation et son concept historique, et, par le travail de cette opposition, à distinguer l'aliénation idéologique et l'aliénation réelle, pointant en direction d'une distinction entre « idéologie » et « réification » : processus de mystification par les idées et processus de domination par les relations sociales « chosifiées ». Mais Marx réintroduit l'équivoque (tout à la fois masquée et révélée par la permanence du concept d'aliénation) quand, sous le concept de fétichisme, il analyse à la fois la mystification inhérente aux rapports marchands et la réification effective de ces rapports [6]. Pourtant, l'interprétation minimale qui comprend le fétichisme comme mystification suffira à notre propos : l'illusion fétichiste consiste à renvoyer aux hommes l'« image des caractères sociaux de leur propre travail comme des caractères objectifs des produits du travail lui même » (Kap, p. 82), à la façon dont le fétichisme, du point de vue de la religion, consiste à attribuer à des objets des qualités inhérentes aux hommes. Mais l'illusion fétichiste ne peut être dissipée par la connaissance, car elle a une valeur objective : dans une société dominée par les relations marchandes, les relations sociales entre les homme prennent effectivement l'apparence de rapports entre des choses.

Le fétichisme est avant tout une illusion religieuse. L'usage métaphorique du terme est lui-même révélateur : de même que la critique de la religion comme aliénation opère du point de vue de la suppression de cette aliénation, *la critique de ce qui est décrit sous le terme de fétichisme opère du point de vue de son abolition.* Autrement dit, si la critique du fétichisme conjugue sa compréhension et sa condamnation, c'est parce qu'elle repose sur la conjugaison de l'hypothèse et de la certitude de son abolition. L'essentialisme critique menace donc de basculer à nouveau dans l'essentialisme utopique. Marx l'affirme : l'opacité des formes sociales ne peut être rendue à la transparence par la seule connaissance de ses raisons. Mais *l'explication de l'opacité permet de comprendre comment est annoncée sa dissolution.*

L'explication du fétichisme est tout entière placée sous le signe d'une série d'oppositions : simplicité/complexité, transparence/opacité, irrationalité/rationalité. Le thème de la complexité (la marchandise est « une chose extrêmement embrouillée ») introduit celui de l'opacité. Marx établit que l'opacité de la forme-valeur ne vient ni de la valeur d'usage ni du « *contenu* des déterminations de valeur » : ni sa substance (le travail), ni sa grandeur (le temps de travail), ni son caractère social en général (les rapports entre producteurs) n'expliquent cette opacité. Elle vient donc de la forme marchandise elle-même, c'est-à-dire des déterminations de forme-valeur elle-même : la forme matérielle de la valeur prise par le travail ; la forme d'une grandeur de valeur prise par le temps de travail ; la forme de rapports entre marchandises prise par les rapports entre les producteurs. Dans la mesure où ce troisième point englobe les précédents, Marx peut résumer : la transformation des caractères sociaux du travail en caractères objectifs de ses produits définit et explique le fétichisme (Kap, p. 81-82). C'est donc, non des déterminations sociales générales du travail, mais « du caractère social propre au travail qui produit des marchandises » que vient l'illusion fétichiste : ce sont des travaux privés menés indépendamment les uns des autres qui imposent le détour de l'échange pour que se manifestent leur caractère social et celui de leur produit.

Or, pour établir que l'opacité du monde des marchandises n'appartient qu'à lui, Marx, dans la première édition du *Capital*, propose, *une fiction et une hypothèse — la fiction de Robinson et l'hypothèse du communisme* : il avoue ainsi que sa critique sollicite implicitement des modèles qui en livrent le sens. En particulier, l'hypothèse du communisme permet d'éclairer, voire de dégager, les caractères spécifiques de la production marchande et capitaliste, qui sont ainsi présentés dans la perspective d'une communisme destiné à les abolir. Le recours à ce modèle hypothétique n'est pas, à proprement parler, une contre-épreuve que seuls des exemples immanents à l'histoire peuvent fournir : sans doute est-ce la raison pour laquelle, dans les éditions ultérieures, en particulier dans la quatrième édition que nous suivrons ici, la fiction et l'hypothèse (qui seules figurent dans la première édition) encadrent des références historiques [7].

L'objectif de tous ces contre-exemples est, de prime abord, circonscrit : il s'agit de conforter l'explication du fétichisme et de montrer que le contenu des déterminations de valeur ne revêt pas nécessairement la forme-valeur de la marchandise dans laquelle s'enracine l'illusion fétichiste. Tel est l'objet du premier exemple : le travail comme substance et le temps de travail comme grandeur sont contenus dans les produits du travail sans qu'ils prennent la forme-valeur ; ces détermination sont impliquées dans les rapports entre Robinson et les choses, qui restent par définition individuels, mais sans cesser pour autant d'être « simples et transparents ». Il en va de même pour le Moyen Age, où le travail et le temps de travail apparaissent dans leurs déterminations sociales immédiates, et où les relations sociales ne prennent pas la forme de rapports entre les choses. Il en va de même encore dans l'industrie agro-patriarcale où le travail et sa durée apparaissent comme déterminations sociales originaires des travaux eux-mêmes. Il en serait de même, enfin, dans une société communiste. Pourtant, avec cet exemple, le raisonnement s'infléchit, puisqu'il s'agit d'une hypothèse (« Représentons-nous (...) une association d'hommes libres »), mais dont le résultat attendu est nettement indiqué : « Ici encore, les rapports sociaux des hommes avec leurs travaux et les produits de ces travaux sont d'une *simplicité transparente*, aussi bien dans la production que dans la distribution » (Kap, p. 90). *Ainsi, l'essence sociale du travail humain se réaliserait dans des formes d'existence qui lui sont adéquates.* Dans ce contexte, pourtant, Marx se borne à formuler sur un mode hypothétique des conditions requises et des effets escomptés.

Mais le recours à la norme de la transparence dépasse les limites de la simple explication, voire de la simple critique, du fétichisme. Le sens de la démarche de Marx, en effet, transparaît dans le développement qui succède immédiatement à la présentation hypothétique du communisme. Sa portée est d'autant plus éloquente qu'il s'agit d'une adjonction — absente de la première édition et proposée sans raison apparente — qui déborde, selon un tracé sinueux, l'examen du fétichisme de la marchandise : il ressort de cette adjonction qu'une société communiste serait la plus transparente de toutes, puisqu'elle permettrait, en rendant caduques toutes les formes de religion, de dissiper le voile du mysticisme (voile qui compromet la transparence, et mysticisme qui compromet la rationalité).

Marx commence par exposer ceci : si le christianisme est la forme de religion la plus appropriée au monde du fétichisme marchand, les formes de religion solidaires des modes de production antiques, « ces anciens organismes sociaux de production, (...) extraordinairement *plus simples et plus transparents* que l'organisme bourgeois », naissent d'un faible développement des forces productives, qui inhibe les rapports de hommes entre eux et avec la nature.

Puis Marx passe brutalement à la conséquence hypothétique, avant de glisser, sans transition, à la promesse historique : « Le reflet religieux du monde réel ne peut disparaître de manière générale qu'une fois que les rapports des travaux de la vie pratique et des jours représentent pour les hommes, de manière quotidienne et *transparente*, des relations *rationnelles* entre eux et avec la nature. La configuration du procès social d'existence (...) ne se débarrasse de son nébuleux *voile mystique* qu'une fois qu'elle est là comme produit d'hommes qui se sont mis librement en société, sous leur propre contrôle conscient et selon un plan délibéré » (Kap, p. 91).

Ainsi, sous réserve d'un développement suffisant des forces productives et d'une maîtrise consciente par les hommes de leur socialisation, la transparence des rapports sociaux permettrait de défaire les formes religieuses d'opacité. En filigrane de cet exposé court l'idée selon laquelle des rapports sociaux transparents sont ceux dans lesquels les formes d'existence des hommes sont adéquates à leur essence : le concept ontologique d'une essence humaine appelée à se réaliser est effacé, mais non ses effets.

Et la logique de la transparence peut alors se déployer. *La transparence appelle l'immanence* : la transparence et la simplicité des déterminations sociales du travail supposent des relations immédiates entre les producteurs, l'absence de toute médiation, distincte de leurs propres rapports-médiation dont l'existence n'est rendue nécessaire que par l'indépendance des travaux privés. Inversement, la parfaite immanence ou absence de médiation rend possible la transparence. Ce n'est pas seulement l'abolition de l'échange et de son produit nécessaire — l'argent — qui sont requis, mais l'absence de l'Etat politique. La socialisation immédiate du travail s'opère par le contrôle immédiat et conscient du processus social de production. *La transparence appelle l'omnipotence* : la transparence de relations sociales rendues à leur immanence et l'immanence de relations sociales qui en assurent la transparence supposent et garantissent l'omnipotence des hommes sur leur propres relations sociales.

Sans doute ne s'agit-il, dans la critique du capitalisme et du fétichisme, que de recourir à des hypothèses critiques, mais Marx ne cesse de donner pour promises à la réalisation les normes auxquelles il recourt : l'utopie négative est tout entière dans cette façon de donner, une fois encore, les problèmes soulevés par la critique pour résolus. Alors sont confondus *l'exercice d'une simulation* (qui rend possible la critique et qui en résulte), et *la promesse d'une solution* (dont les modalités sont comprises dans les problèmes à affronter). En même temps, la prétention à la *prévision scientifique* dévore l'exploration nécessaire d'un *horizon utopique*. De telles confusions peuvent sans doute être levées. Mais il est nécessaire de suivre d'abord cette logique de l'utopie dans ses diverses figures.

II. FIGURES DE L'UTOPIE

Pourquoi parler ici de figures de l'utopie ? Parce qu'à mesure que progresse l'œuvre de Marx c'est en arrière de l'argumentation, mais lisible en elle, que l'utopie désormais effacée laisse encore ses traces. Comment les figures de l'utopie se déploient-elles ? C'est ce que l'on peut essayer d'établir en procédant à une organisation thématique, qui n'a rien d'arbitraire, des énoncés rares et dispersés sur le communisme (si l'on excepte la *Critique du programme de Gotha)* : les lumières de la critique n'en rendent que plus visibles les pénombres de l'utopie.

1. Figure de l'omnipotence

La transparence appelle la maîtrise de la société sur elle-même ; et cette maîtrise doit garantir la maîtrise par l'individu sur son existence. La transparence est alors placée sous les lumières de la planification.

Lumières de la planification ? La transparence, dans une société communiste, repose sur la conscience des hommes libres dont cette société est l'association. C'est ce qu'indique *Le Capital*, dans l'énoncé déjà cité qui ne dissimule pas son caractère hypothétique : « Représentons-nous enfin, pour changer, une association d'hommes libres, travaillant avec des moyens de production collectifs et dépensant *consciemment* leurs nombreuses forces de travail individuelles comme une seule force de travail social. » Or cette conscience, précise le même passage, s'incarne dans la planification : la « répartition socialement planifiée » du temps de travail :

« Le temps de travail jouerait alors un double rôle. *D'un côté*, sa répartition *socialement planifiée* règle la juste proportion des diverses fonctions de travail sur les différents besoins. *D'autre part*, le temps de travail sert en même temps à mesurer la participation individuelle du producteur au travail commun, et, aussi par voie de conséquence, à la part individuellement consommable du produit commun » (Kap, p. 90). « D'un côté »... « D'autre part... » Mais si, « d'autre part », c'est le temps de travail qui permet de mesurer la répartition individuelle du travail, « et aussi par voie de conséquence » la répartition des produits individuellement consommables, il est inévitable que la répartition socialement planifiée du travail gouverne toutes les formes de la répartition. Par hypothèse, tout doit être planifié. De surcroît *cette hypothèse sur le réalisable coïncide avec la certitude de sa réalisation* : une maîtrise de la socialisation reposant, en dernière instance, sur l'économie de temps planifiée.

La répartition planifiée est d'abord *répartition du travail*, c'est-à-dire, pour commencer, répartition des facteurs de la production — la force de travail et les moyens de production : « La société répartit la force de travail et les moyens de production entre les diverses branches d'industrie » (Cap II, 2, p. 14). Cette répartition du travail entre branches équivaut à une répartition du temps : « la société doit répartir adéquatement son temps afin d'obtenir une production conforme à l'ensemble de ses besoins (...) Economie de temps et *distribution planifiée du temps de travail* entre les différentes branches de la production demeurent la première loi économique sur la base de la production collective. C'est même une loi qui s'impose à un bien plus haut degré » (Grund., t. 1, p. 110). Mais c'est « là seulement où la production se trouve *sous le contrôle réel et planifié de la société* » que « celle-ci établit le rapport entre le temps de travail social employé à produire certains articles et le volume des besoins sociaux à satisfaire par ces articles » (Cap III, 1, p. 202-203) : c'est l'ajustement au « volume des besoins sociaux à satisfaire » qui règle la répartition en fonction du « temps de travail social employé à produire » les articles nécessaires. Telle est donc la fonction de la répartition du temps de travail : « sa répartition socialement planifiée règle la juste proportion des diverses fonctions du travail sur les différents besoins » (Kap, t. 1, p. 90).

La répartition planifiée concerne ensuite *la répartition du produit.* Marx, dans la *Critique du programme de Gotha,* contraint de s'expliquer sur la répartition par le texte qu'il critique, ne dissimule pas, mais en conclusion de son propos, ses réticences : « Abstraction faite de ce qui vient d'être dit, c'était de toute façon une erreur que de faire tant de cas de ce qu'on nomme le partage, et de mettre sur lui l'accent » (Gotha, p. 33), alors que c'est l'organisation de la production qui règle l'organisation de la distribution. Cela ne l'empêche pas d'être relativement précis. La répartition du produit est nécessairement double, selon que le produit a une destination sociale (et « ressert comme moyen de production ») ou une destination individuelle (et « est consommé comme moyen de subsistance par les membres de l'association ») : « Le produit global de l'association est un produit social. Une partie de ce produit ressert comme moyen de production. Elle demeure sociale. Mais une autre partie est consommée comme moyen de subsistance par les membres de l'association. Elle doit être partagée entre eux. » Pour établir cette double répartition, il faut donc prévoir l'ampleur des fonds correspondants.

Ainsi, tant la répartition des facteurs de la production entre les différentes branches que la répartition des produits du travail entre les différents fonds reposent sur des décisions sociales préalables — sur une répartition consciente ou planifiée : le « *contrôle prédéterminant* » (dans le texte allemand) ou « *contrôle planifié* » (texte français) qui s'oppose au constat a posteriori et permet d'établir le rapport entre temps de travail nécessaire et besoins à satisfaire (Cap III, 1, p. 203). Quels en sont les effets escomptés ?

Le premier effet attendu de la planification est la *maîtrise de la socialisation.* Ce rôle de la répartition planifiée ressort nettement de celui que l'on peut attribuer à la répartition des facteurs de la production, et, surtout, des forces de travail — à la division planifiée du travail : « Avec la prise de possession des moyens de production par la société (...), *l'anarchie à l'intérieur de la production sociale est remplacée par l'organisation méthodique consciente* » (SUSS, bil., p. 185). On peut alors mesurer l'ampleur du pouvoir que la planification confère, selon Engels, aux hommes qui en bénéficient :

« Dans la mesure où l'anarchie de la production sociale disparaît, l'autorité politique de l'Etat entre en sommeil. *Les hommes, enfin maîtres de leur propre socialisation, deviennent aussi par là même, maîtres de la nature, maîtres d'eux-mêmes, libres* » (SUSS, bil., p. 193) [8]. Comment ne pas invoquer une illusion d'omnipotence ? « La reconstitution consciente de la société » (Cap III, 1, p. 107) s'incarne dans la planification. Et c'est dans la mesure où les hommes deviennent, par la planification (et la mise en sommeil de l'autorité politique de l'Etat), « maîtres de leur propre socialisation » qu'ils deviennent « maîtres d'eux-mêmes, libres ».

De la maîtrise de la socialisation, on passe ainsi à la *maîtrise de l'individuation.* C'est cette maîtrise de l'individuation que doit permettre une « association dans laquelle le libre développement de chacun est la condition du libre développement de tous » (MPC, bil., p. 89). A l'association des producteurs, il appartient de réaliser la liberté, c'est-à-dire, particulièrement, de défaire la réification (et le fétichisme qui lui est lié). C'est pourquoi Marx dénonce l'« ineptie qui consiste à considérer la libre concurrence comme l'ultime développement de la liberté humaine » puisque ce « genre de liberté » est « en même temps l'abolition la plus totale de toute liberté individuelle. A la fois liberté et *total écrasement de l'individualité sous le joug des conditions sociales qui prennent la forme de puissances factuelles (sachlich),* voire de choses toutes-puissantes — de choses indépendantes des individus et des relations qu'ils ont entre eux » (Grund., t. 2, p. 144). Seule, par conséquent, la suppression de cette réification par la maîtrise des conditions sociales peut permettre l'épanouissement de la liberté individuelle et le développement intégral de l'individu.

Ce développpement intégral de l'individu suppose à la fois le développement universel de ses relations et le développement polymorphe de ses facultés ; mais si le développement des forces productives est la condition nécessaire de ce double développement, il n'en est pas la condition suffisante : seule la maîtrise que la société conquiert sur elle-même permet de le réaliser.

Ainsi en va-t-il du *développement universel des relations de l'individu.* C'est le développement universel des forces productives qui jette les bases de « l'universalité de l'individu (...) comme universalité de ses relations réelles et idéelles » (Grund., t. 2, p. 34). Mais cette universalité ne peut devenir effective qu'à la condition que les individus placent le développement de ces forces productives sous leur propre contrôle. L'existence du marché mondial — « la connexion de l'individu singulier avec tous, mais en même temps aussi l'indépendance de cette même connexion par rapport aux individus singuliers » — crée les conditions d'une émancipation intégrale des individus : « les individus développés universellement » — des individus, précise Marx, « dont les rapports sociaux, en tant qu'ils sont leurs propres relations communautaires, sont également *soumis à leur propre contrôle communautaire* ». Ces individus « ne sont pas des produits de la nature mais de l'histoire. Le degré et l'universalité du développement des capacités au sein desquelles cette individualité devient possible présupposent justement le développement de la production sur la base des valeurs d'échange ». Celle-ci « commence par produire avec l'universalité l'aliénation de l'individu par rapport à lui-même et aux autres, mais produit aussi *l'universalité et le caractère multilatéral de ses relations et aptitudes* » (Grund., t. 1, p. 97-98). Et plus loin : « La prostitution généralisée apparaît comme une phase nécessaire du développement du caractère social des dons, facultés, aptitudes et activités personnelles » (Grund., t.1, 101). Le contrôle communautaire des rapports sociaux permet d'inverser les effets de la prostitution en contenu de l'émancipation.

Il en va de même du *développement polymorphe des facultés des individus* : « En aspirant sans trêve à la forme universelle de la richesse, le capital pousse le travail au-delà des frontières de ses besoins naturels et crée ainsi les éléments matériels du développement de cette riche individualité qui est aussi polyvalente dans sa production et dans sa consommation et dont le travail n'apparaît plus par conséquent comme travail, mais comme plein développement de l'activité elle-même, où la nécessité naturelle a disparu sous sa forme immédiate ; parce qu'un besoin produit par l'histoire est venu remplacer un besoin naturel » (Grund., t. 1, p. 264). Réalisation que Marx renvoie à la « phase supérieure de la société communiste » dans laquelle l'« asservissante subordination des individus à la division du travail » aura disparu et où « *le travail ne sera pas seulement un moyen de vivre, mais deviendra le premier besoin vital* » (Gotha, p. 32). Il n'en demeure pas moins que l'exercice de ce besoin, pour être consciemment contrôlé par la société, demande à être planifié par une division volontaire du travail, comme on va le voir.

Ce développement complet des individus dépend enfin du *développement du temps libre* : « C'est le *libre développement des individualités* (...) où l'on réduit le travail nécessaire de la société jusqu'à un minimum, à quoi correspond la formation artistique, scientifique, etc., des individus grâce au temps libéré et aux moyens créés pour eux tous » (Grund., t. 2, p. 193-194). Et le développement correspondant du temps libre modifie le sens même du travail : « Le temps libre — qui est aussi bien temps de loisir que temps destiné à une activité supérieure — a naturellement transformé son possesseur en un sujet différent, et c'est en temps que tel qu'il entre dans le procès de production immédiat » (Grund., t. 2, p. 199-200).

La cohérence du raisonnement semble sans faille : seule la maîtrise de la socialisation rendrait possible la maîtrise de l'individuation — la liberté et la créativité des individus. L'exploration du potentiel utopique, dans le meilleur sens du terme, inscrit dans le développement même du capitalisme, est d'une rare acuité : la critique de Marx, qui fait dépendre la maîtrise de l'individuation de la maîtrise de la socialisation, reste à ce jour inégalée. Pourtant, les lumières de la planification ne suffisent pas à dissiper, dans le mauvais sens de l'expression, les pénombres de l'utopie.

Pénombres de l'utopie. Il est permis, sans même faire référence à l'expérience historique, de douter que la planification permette de réaliser l'omnipotence de la société. A supposer que cette maîtrise ne soit pas intrinsèquement utopique, elle l'est nécessairement quand ne sont pas précisées les conditions de sa réalisation — c'est-à-dire ses *formes.* En effet, qu'il s'agisse de la répartition des facteurs de production entre les diverses branches de la production et de leur ajustement aux besoins (et par conséquent de la détermination de la diversité des produits), ou de la répartition des produits entre ceux qui sont destinés à la consommation individuelle et ceux qui sont destinés aux divers fonds sociaux, la maîtrise de la répartition suppose la maîtrise de la socialisation. Or celle-ci dépend, pour une large part, des modalités de la planification : qui décide et selon quelles procédures, selon quels critères et avec quels moyens ? *L'objet de la planification ne peut être dissocié de ses modalités, le contenu ne peut être dissocié de la forme* : la planification autoritaire s'oppose à la planification démocratique. Mieux : une planification étatique soustrait le procès social de production au « contrôle conscient » des individus associés ; elle réintroduit la scission que la planification prétend combattre, elle la porte à son comble, et les leçons de la dialectique n'y peuvent rien : ce comble ne se renverse pas. Le contrôle de la société sur elle-même renvoie nécessairement à la socialisation directe du travail, et aux formes politiques qui la sanctionnent et la favorisent. Or Marx, nous y reviendrons, ne parvient pas à trancher entre deux modèles de socialisation, dont l'un relève de l'extrapolation utopique et l'autre de l'anticipation utopique.

Mais, à supposer que soit réalisée la maîtrise de la socialisation, que devient alors la maîtrise de l'individuation ? La planification permettrait-elle de réaliser l'omnipotence de l'individu ? C'est alors le problème du dépassement de la subordination à la division du travail qui se trouve posé.

L'émancipation suppose, on l'a vu, la disparition de l'« asservissante subordination des individus à la division du travail ». Celle-ci ne signifie certainement pas la suppression de toute division du travail. Bien que l'ambiguïté de certaines de ses formulations laissent penser le contraire, Marx ne propose pas la suppression de toute division sociale du travail ; pas plus qu'il ne propose la suppression de toute division manufacturière ou industrielle du travail. Marx, en effet, ne confond pas la division sociale du travail et l'aliénation qui en résulte. Si la division du travail est la source de l'aliénation (parce qu'elle subordonne les individus au produit de leur propre travail), c'est parce qu'elle s'impose aux hommes « naturellement » au lieu de leur être subordonnée « volontairement ». La subordination à la division du travail s'impose « aussi longtemps donc que l'activité n'est pas divisée *volontairement*, mais du fait de la *nature* » (IA, p. 32). La naturalité dont il est ici question désigne à la fois les limites imposées par la nature et les limites imposées par une nécessité soustraite au contrôle conscient *. Le concept de *Naturwuchsigkeit* s'éclaire par son opposé : le développement des individus affranchis des limites naturelles et dominant leurs rapports entre eux.

Il ne s'agit donc pas de supprimer toute division de l'activité, comme le confirment les écrits suivants. Si les hommes « travaillaient en tant que propriétaire commun », disparaîtrait « non pas la division du travail, mais la division du travail fondée sur l'échange » (Grund., t. 2, p. 124). La division du travail resterait possible « si ses conditions appartenaient aux travailleurs associés et qu'ils se comportent par rapport à elles comme elles sont in natura : leurs propres activités et les élément matériels de leur propre activité » (TPV, t. 3, p. 319) : il s'agit de supprimer la division du travail en tant qu'elle est fondée sur l'échange et que les conditions de la production échappent au contrôle des producteurs associés.

---

* J. Texier « Le concept de *Naturwuchsigkeit* dans *L'Idéologie allemande* », in *Actuel Marx*, n° 9, P.U.F., p. 97-122.

A l'intérieur des rapports marchands, les travaux privés des producteurs, dans la mesure où ils doivent satisfaire des besoins, doivent « se voir ainsi validés comme branches du travail global, du système *naturel* de la division du travail » (Kap, p. 84). A quoi s'oppose le moment où « la configuration sociale du procès social d'existence, c'est-à-dire du procès de production matérielle, (...) est là comme produit d'hommes qui se sont librement mis en société, *sous leur propre contrôle conscient et selon un plan délibéré* » (Kap, p. 91). La « suppression de la division du travail » (IA, p. 445) ou l'« abolition de l'ancienne division du travail » (Kap, p. 549) ne signifie rien d'autre que l'instauration d'une division volontaire du travail qui n'est plus dès lors division du travail à proprement parler, mais répartition des tâches. Or cette division volontaire n'est autre que la répartition planifiée.

Quels sont les effets attendus d'une division du travail volontaire ou planifiée ?

C'est en raison de la division naturelle du travail que « chacun a une sphère d'activité exclusive et déterminée qui lui est imposée et dont il ne peut sortir » ; la division volontaire du travail aurait donc pour premier effet de supprimer la subordination des individus à une sphère d'activité exclusive en développant la polyvalence de leurs aptitudes et de leurs fonctions : « Dans la société communiste, où chacun n'a pas une sphère d'activité exclusive, mais peut *se perfectionner dans la branche qui lui plaît*, la société réglemente la production générale, ce qui crée pour moi *la possibilité de faire aujourd'hui telle chose, demain telle autre chose (...) selon mon bon plaisir* (...) », sans être borné à une activité exclusive (IA, p. 32). Non seulement « l'individu ne sera plus enfermé dans un art déterminé, mais « dans une société communiste, il n'y aura plus de peintres, mais tout au plus des gens qui, entre autres, feront de la peinture » (IA, p. 397).

La division volontaire du travail — la réglementation par la société de la production générale — produit donc deux effets : le *développement intégral* des individus (qui rend possible l'alternance des tâches) et le *développement libre* des individus (qui choisissent des tâches alternées). Or l'omnipotence de l'individu sur lui-même, à supposer qu'elle ne soit pas intrinsèquement utopique, est nécessairement enveloppée de pénombre utopique dès lors que la division du travail est suspendue à des décisions sociales préalables, et ce quelle que soit leur forme.

Le développement intégral de l'individu, dès lors qu'il dépend de sa polyvalence, remet en question la division manufacturière du travail. Or celle-ci dépend du développement des machines. Il est hors de question par conséquent de procéder à une recomposition du travail de type artisanal puisque les machines « abolissent l'activité artisanale en tant que principe régulateur de la production sociale ». Or, nous dit Marx, c'est « ainsi » que « se trouve éliminée la base technique de l'annexion à vie du travailleur à une fonction partielle » (Kap, p. 415). C'est la suppression de cette base technique que Marx met en avant quand il souligne que « la grande industrie entraîne des changements dans le travail de l'ouvrier, rend sa fonction fluide, en fait un travailleur polyvalent ». Mais cette situation a des effets contradictoires puisqu'elle subordonne l'ouvrier aux « ravages de l'anarchie sociale », mais, en même temps, fait « une question de vie ou de mort de la reconnaissance, comme loi universelle de la production sociale, des changements de travail, donc de la nécessité de la plus grande polyvalence possible pour l'ouvrier, et de l'adaptation de la situation à la réalisation normale de cette loi » (Kap, p. 548). Reste donc à supprimer la base sociale de la subordination à la division du travail.

Le développement de forces productives crée les conditions nécessaires à la réalisation d'une émancipation intégrale : la subordination des individus à la division du travail et à des instruments de production limités est remplacée par « une manifestation de soi totale et non plus bornée qui consiste dans l'appropriation d'une totalité de forces productives et dans le développement d'une totalité de facultés que cela implique » (IA, p. 71-72). *Le Capital* indique à son tour que la grande industrie fait une question de vie ou de mort « du remplacement de *l'individu partiel (Teil Individuum)*, simple support d'une fonction sociale de détail, par *un individu totalement développé (total entwickelt Individuum)* pour qui les diverses fonctions sociales sont autant de modes d'activité qui prennent le relais les unes des autres » (Kap, p. 548).

Quelles sont les conditions de ce *développement intégral* ? La première condition en est une éducation polyvalente, qui sera réalisée « grâce à *l'inéluctable* conquête du pouvoir politique par la classe ouvrière » (Kap, p. 548-549) : elle ne concerne pas directement notre propos. La seconde condition du développement intégral est qu'il soit mis un terme aux « ravages de l'anarchie sociale », pour lesquels Engels ne connaît qu'un seul remède : la planification. Or, à supposer que les formes de la planification n'en neutralisent pas les effets attendus, à supposer que les « producteurs associés » pren-

Dans quel ouvrage était insérée cette carte ?

....

....

Nom et adresse de votre libraire:

....

....

....

Noms et adresses des personnes auxquelles
nous pourrions envoyer notre catalogue:

....

....

....

....

....

Date:..............................

carte postale

nent acte de la nécessaire polyvalence des aptitudes et en tirent toutes les conséquences, la mobilité des fonctions n'en serait pas assurée pour autant, et encore moins le développement intégral des individus dans la production. La polyvalence des aptitudes n'implique pas nécessairement l'exercice de fonctions polyvalentes : celui-ci dépend des modalités d'affectation des forces de travail au niveau de l'entreprise et de la société, et nous renvoie une fois encore aux conditions de socialisation du travail (et aux formes politiques qui les sanctionnent et les réalisent).

Mais qu'en serait-il, en second lieu, du *développement libre des individus ?* Selon Marx, la réglementation par la société, en remplaçant l'assignation imposée par la nature, rendrait possible une division du travail qui supprime la subordination de l'individu à ses effets naturels : la substitution de la liberté individuelle à la nécessité naturelle (et à la contrainte sociale) — le règne de la liberté et du bon plaisir.

Le développement libre des individus repose sur leur participation aux conditions générales de la socialisation : sur les conditions de cette participation, Marx est en général fort discret. Mais il dépend surtout du libre déploiement de leur activité productive. Celui-ci est suspendu aux exigences d'une répartition planifiée du temps de travail. On voit mal, par conséquent — à supposer que chaque individu ne soit pas enfermé dans une activité exclusive — comment se concilient la planification et la liberté individuelle. La distribution planifiée des facteurs de la production en fonction du temps de travail fait peut-être place à une division consciente du travail, mais ne réalise aucunement pour l'individu la liberté de choisir sa place dans la division du travail. On ne peut imaginer plus énigmatique que la formule selon laquelle, dans une société communiste, « la société réglemente la production générale, ce qui crée pour moi la possibilité de faire aujourd'hui telle chose, demain telle autre chose (...) *selon mon bon plaisir* », sans être borné à une activité exclusive (IA, p. 32). De même, Engels postule dans les *Principes du communisme* qu'un éducation polyvalente devrait permettre aux individus « de passer à tour de rôle de l'une à l'autre des branches de la production *suivant les occasions offertes par les besoins de la société ou par leur propres inclinations* » (MEW, 4, p. 376). Or, dans ces passages, rien n'indique, ainsi que l'a justement relevé Dognin, « comment se concilieront les exigences de la "production générale" ou les "besoins de la société" d'une part, et le "bon plaisir" ou les "inclinations" des individus d'autre part * ». A moins qu'il ne s'agisse pour l'individu de la libre maîtrise du temps dont il dispose en dehors de son travail [9]. Sans doute est-ce la raison pour laquelle, dans le communisme terminal, l'ambition s'atténue et l'accent se déplace : la liberté non seulement dépend de l'accroissement du temps libre, mais tend à ne se réaliser qu'en dehors de la sphère du travail, ouvrant ainsi une alternative que Marx ne parvient pas totalement à résorber : libérer le travail ou se libérer du travail ?

Dans tous les cas, la maîtrise de la socialisation et de l'individuation renvoie à des *formes* sociales et politiques sur lesquelles Marx, cohérent avec sa propre critique de l'utopie, est pour le moins discret : alors que la réalisation du contenu qu'il promet en dépend totalement. Au risque de révéler ainsi qu'*une projection utopique potentiellement féconde reste prisonnière d'une prévision utopique complètement néfaste* tant qu'elle est indexée sur la promesse que le contenu trouvera nécessairement la forme qui lui est adéquate. Or l'omnipotence, ainsi gagée sur la dialectique, devrait permettre de réaliser la transparence.

2. Figure de la transparence

Tel serait, en effet, le premier résultat d'une « association d'hommes libres » : « Les relations sociales existant entre les hommes et leurs travaux, entre les hommes et les produits de leurs travaux, demeureront ici d'*une simplicité transparente* tant dans la production que dans la distribution » (Kap, p. 90). Tel serait (ou sera), on peut le rappeler, le résultat de la planification : « La configuration du procès social d'existence (...) ne se débarrasse de son nébuleux voile mystique qu'une fois qu'elle est là *comme produit d'hommes qui se sont mis librement en société, sous leur propre contrôle conscient et selon un plan délibéré* » (Kap, p. 91). Pourquoi ? Comment ? Les rapports sociaux seraient alors placés sous les lumières de la comptabilité, opérateur commun à l'omnipotence et à la transparence.

Lumières de la comptabilité ? Marx prête à la comptabilité en temps de travail telle qu'elle s'exerce dans une société communiste (au

---

* Dognin, *Les « Sentiers escarpés » de Karl Marx,* Editions du Cerf, 1977, t. 2, p. 39.

moins dans sa première phase) des effets non seulement de maîtrise, mais surtout de visibilité. Mais cette mesure par le temps de travail ne va pas sans problèmes.

Commençons par ceux qui ne sont pas directement imputables à une utopie mal maîtrisée.

— La mesure par le temps de travail soulève d'abord la question de son contenu : *le maintien du rôle du temps de travail implique-t-il le maintien de la valeur, dont le temps de travail permet de mesurer la grandeur ?* Marx affirme que, « après la suppression du mode de production capitaliste, mais dans le cas du maintien de la production sociale, *la détermination de la valeur restera dominante*, parce qu'il sera plus nécessaire que jamais de réglementer la durée du travail, de distribuer le travail social entre les différents groupes productifs, enfin d'en tenir la comptabilité » (Cap III, 3, p. 228). Sans doute faut-il comprendre non que la valeur restera dominante, mais que sa « détermination », c'est-à-dire le temps de travail, jouera un rôle sans que, pour autant, les produits revêtent une forme-valeur. Marx soutient, en effet, qu'une société communiste implique la disparition de la forme-valeur des produits. La loi de l'économie de temps et de la distribution planifiée du temps de travail, « *première loi économique sur la base de la production collective* », se distingue de la détermination de la valeur par le temps de travail : « Ceci toutefois, est essentiellement différent de la mesure des valeurs d'échange (travaux et produits du travail) par le temps de travail » (Grund., t. 1, p. 110). La détermination par le temps serait donc « essentiellement différente » selon qu'elle s'applique à la distribution du travail entre les différentes branches de la production ou à la détermination de la valeur d'échange de la force de travail et des produits du travail. De même, Marx analyse les relations entre le temps de travail et l'argent pour montrer que, dans les conditions actuelles, le temps de travail ne peut pas être immédiatement monnaie universelle, et que, au contraire l'universalité du travail requiert la médiation objective de l'argent. Cette situation ne pourrait être surmontée que par une production collective où le caractère social de la production ne serait pas médiatisé par l'échange (Grund., t. 1, p. 101-109). Dans cette hypothèse, l'économie de temps et la distribution planifiée du temps de travail deviendraient une loi possible et indispensable (Grund., t. 1, p. 110). C'est dans le même sens que Marx, dans la *Critique du programme de Gotha*, avant d'indiquer comment s'opère la répartition des produits destinés à la consommation individuelle introduit une distinction préalable en précisant que les objets n'ont pas la forme de la valeur intrinsèque des objets, c'est-à-dire de la valeur proprement dite. Ainsi, les produits et les forces de travail ayant cessé d'être des valeurs d'échange, il devient possible et nécessaire de mesurer la participation aux produits du travail destinés à la consommation personnelle par le temps.

— Or, l'existence d'une loi de la détermination par le temps, que le temps soit ou non exprimé dans la forme-valeur, soulève immédiatement la question de son statut : s'agit-il d'une loi commune à toutes les formations économiques, ou seulement à certaines d'entre elles ? Elle se présente, en effet, à la fois comme une loi naturelle, dont l'application varie selon les systèmes sociaux, ou comme une loi dont l'application serait, du moins partiellement, limitée à la première phase de la société communiste. C'est une loi naturelle : la nécessité de la « répartition du travail en proportions déterminées » ne peut être supprimée ; seule peut être modifiée la « façon dont elle se manifeste » peut-on lire dans la *Lettre à Kugelmann* du 11 juillet 1868, qui précise qu'elle figure parmi les lois naturelles qui « ne peuvent pas être modifiées absolument » : seule peut être transformée « la forme sous laquelle ces lois s'appliquent » (in *Lettres à Kugelmann*, Paris, 1871, p. 103). Mais c'est aussi une loi qui, par-delà les modes de production antérieurs, est limitée à la première phase de la société communiste. Cette ambiguïté peut être partiellement levée si l'on distingue un double destin de la mesure par le temps : une mesure permanente de la répartition des fonctions du travail par le temps, et une mesure transitoire de la répartition des parts individuelles du produit social par le temps de travail. Mais alors la comptabilité en temps de travail est grevée d'une contradiction apparemment insoluble. En effet, si la phase supérieure du communisme implique que la répartition des biens de consommation ne s'effectue plus selon le travail mesuré en temps, c'est le temps qui mesure la répartition des fonctions du travail et donc impose nécessairement à chaque travailleur un temps de travail obligatoire. Dès lors, ce n'est pas seulement la transparence sociale qui est mise en question, mais également la liberté individuelle. Dans l'hypothèse d'un double destin de la mesure par le temps de travail, le communisme signifie la liberté de satisfaire ses besoins, mais non la liberté de disposer de son temps. Il est vrai que Marx pose que le travail devenu « premier besoin vital » n'aurait plus à faire l'objet d'une contrainte, en particulier de la contrainte au surtravail : mais cette lumière de l'avenir risque fort de s'éteindre quand n'est pas tracé le chemin qui y mène.

Pénombres de l'utopie. La mesure par le temps de travail nous renvoie alors à la question de ses modalités. La transparence, à supposer qu'elle ne soit pas intrinsèquement utopique, devient alors très problématique, en raison du principe sur lequel elle repose et de la socialisation qu'elle présuppose.

Le principe, on le sait, est celui de la comptabilité : la transparence est d'abord *la transparence des chiffres.* Or la répartition des produits entre ceux qui sont destinés à la consommation individuelle et ceux qui sont destinés aux divers fonds sociaux n'est pas immédiatement simple et transparente, comme le montrent les problèmes posés par les modalités d'évaluation. Pour effectuer les calculs nécessaires, il convient de connaître ou d'établir d'avance l'ampleur du fonds de réserve et le temps de travail nécessaire à sa production, ainsi que l'ampleur des biens de consommation et le temps de travail nécessaire à leur production. Or, à cette fin, il ne suffit pas de s'en remettre à un vague « calcul de probabilité » permettant de déterminer l'ampleur des défalcations nécessaires : il faut préciser les modalités de décision et de rectification des choix effectués. Mais il faut pouvoir, en outre, prendre en compte à l'avance la distinction entre le travail simple et le travail complexe, et distinguer les travaux non seulement par leur durée mais aussi par leur intensité. Mais, à supposer que ces difficultés soient résolues, la répartition des produits destinés à la consommation individuelle soulève des problèmes supplémentaires.

La transparence est alors réalisée, selon Marx, non plus par la transparence des chiffres, mais par *la transparence des bons* : les bons de travail. La production doit être répartie : « une autre partie est consommée comme moyen de subsistance par les membres de l'association. Elle doit être partagée entre eux. Ce partage se fera selon une modalité qui change avec chaque modalité particulière de l'organisme de production sociale lui-même, et avec le niveau de développement historique correspondant atteint par les producteurs ».

Reste cependant à préciser les modalités de la répartition elle-même. « Supposons, simplement pour établir le parallèle avec la production marchande » (Cap I, 1, p. 90), « ce à quoi nous avons affaire ici » (Gotha, p. 30). D'un texte à l'autre, la présentation d'une hypothèse fait place à l'énoncé d'une certitude, que précise la distinction entre forme inférieure et forme supérieure du communisme. L'instrument de mesure de cette répartition, dans la forme inférieure du communisme, nous est connu : c'est le temps de travail qui — mais c'est une hypothèse — mesure « la part de moyens de subsistance qui revient à chaque producteur » (Cap I, 1, p. 90). Plus exactement — c'est ici une certitude — le temps de travail qui sert à répartir les divers travaux sert « en même temps à mesurer la participation individuelle du producteur au travail commun, et aussi, par voie de conséquence, à la part individuellement consommable du produit commun » (Gotha). Reste à sanctionner le résultat de la mesure : tel est l'office des bons de travail. Dans un passage du *Capital* qui a pour objet d'expliquer que « le capital-argent disparaît en production socialisée », Marx indique : « Les producteurs pourront, si l'on veut, recevoir des bons en échange desquels ils prélèveront sur les dépôts sociaux de consommation une quantité correspondante à leur temps de travail. Ces bons ne sont pas de l'argent. Ils ne circulent pas » (Cap II,1,4). Et la *Critique du programme de Gotha*, à défaut de préciser comment s'effectue la mesure, confirme la solution : le travailleur « reçoit de la société un bon constatant qu'il a fourni tant de travail (défalcation faite du travail effectué pour les fonds collectifs) (Gotha, p. 30).

Si, pour Marx, les bons de travail ne sont pas une utopie, il existe une conception utopique des bons de travail : quand, grâce à eux, on prétend rémunérer intégralement le travail et/ou dispenser de transformer radicalement les rapports de production. Or les bons de travail réapparaissent : au point que l'on a, de plusieurs points de vue, voulu souligner l'incohérence de la position de Marx *. N'est-il pas légitime, pourtant, de critiquer ici *une nouvelle utopie des bons de travail* ? Jacques Bidet, en particulier, voit dans la solution proposée par Marx (notamment parce qu'elle revient à « poser comme résolu le problème qu'il visait précisément à traiter, celui de la socialisation ») un « retour de l'utopie ** ». Nous reprendrons, quelque peu modifiés, ses arguments.

— Première difficulté : avec le bon de travail, le travailleur « retire des stocks sociaux d'objets de consommation autant que coûte une quantité égale de son travail ». *Ce qui suppose que sont commensurables un bon constatant un temps de travail individuel et des biens cristallisant un temps de travail social.*

---

* A. Glucksmann, *Les Maîtres penseurs*, Grasset, Le Livre de poche, 1977, p. 321-322.

** Jacques Bidet, *Que faire du Capital ?*, Klincksieck, p. 61-65, 69, ainsi que p. 243-247.

— Deuxième difficulté : Marx pose que la détermination de la valeur des marchandises par le temps de travail peut et doit être appliquée à une distribution de produits qui ne sont plus des valeurs d'échange, bien que l'on puisse mesurer le temps de travail nécessaire à leur production. Voilà pourquoi il peut affirmer que « c'est manifestement ici le même principe que celui qui règle l'échange des marchandises pour autant qu'il est échange de valeurs égales ». *Ce qui suppose que la socialisation de la production soit pleinement réalisée.* Sans doute Marx ne se propose-t-il pas de traiter *ici* le problème de la socialisation : par conséquent, s'il le donne pour résolu, ce serait précisément parce que le programme de Gotha le contraint de traiter le problème de la répartition.

Mais il est vrai que les deux difficultés ne peuvent être résolues qu'à condition de poser, comme le fait Marx, que le travail individuel est *directement* travail social. Alors temps de travail individuel et temps de travail social seraient commensurables, et la détermination par le temps de travail ne serait plus détermination de valeurs. Autant dire que la socialisation devrait s'opérer directement et sans médiation : la transparence requiert l'immanence.

3. Figure de l'immanence

Pour que les rapports des hommes à leur travail et aux produits de leur travail soient rendus à la transparence, il faut qu'ils maîtrisent les conditions de leur socialisation : que celles-ci soient soumises à leur puissance, voire à leur omnipotence. Seule cette maîtrise peut remplacer le détour par l'échange qui livre les relations des hommes à l'opacité et les abandonne à leur impuissance. Réciproquement, seule la suppression de ce détour — des rapports directs et immanents des hommes aux conditions de socialisation de leur travail — assure la lisibilité et la maîtrise de leurs rapports entre eux. Mais, pour que les relations des hommes aux autres hommes soient dominées par eux, au lieu qu'ils soient dominés par elles, et que s'établissent entre eux des rapports transparents, pour qu'ils puissent disposer d'eux-mêmes et de leurs propres relations sociales, c'est le détour de l'Etat — figure de la séparation et de la domination — qui doit être supprimé. L'*immanence* radicale que promet la conception de Marx est inscrite, en deçà des variations de problématique, dans l'invariance de la thématique de la critique de la séparation et de la médiation.

Lumières de la restitution ? L'opacité des formes sociales résulte des procès de séparation dont elles naissent. Ainsi en va-t-il de l'énigme de la marchandise comme de l'énigme de l'Etat. Reconduire la société à sa transparence pour les individus suppose que soient surmontées les séparations qui rendent nécessaires d'opaques médiations. La transparence suppose donc résolu le problème de la socialisation. Si les rapports entre les hommes et les produits de leurs travaux doivent être d'une « simplicité transparente », cette transparence doit être attribuée au fait que « désormais, au rebours de ce qui se passe dans la société capitaliste, ce n'est plus par la voie d'un *détour*, mais *directement*, que les travaux de l'individu deviennent partie intégrante du travail de la communauté » (Gotha, p. 29-30). Or le travail individuel ne peut, logiquement, devenir directement travail social, à supposer que puisse être supprimé le détour de l'échange, qu'à condition que celui-ci ne soit pas remplacé par le détour de l'Etat : rien ne serait plus incohérent du point de vue de Marx, même si cette incohérence s'est accomplie comme sinistre réalité en URSS. C'est donc sur la suppression du détour de l'Etat qu'il convient de s'arrêter : comme toutes les remarques précédentes invitent à le penser, *le contenu du communisme, qu'on le conçoive comme un mouvement historique effectif ou comme un modèle hypothétique prospectif, dépend des réponses apportées à la question de l'Etat.*

La séparation de la société civile et de l'Etat doit être surmontée pour que les hommes se réapproprient la maîtrise de leur socialisation. La problématique de Marx, sur ce point, est d'une continuité complète. Telle était déjà la conclusion de l'article *Sur la question juive*: l'émancipation politique n'est pas la forme achevée de l'émancipation humaine parce que l'homme n'est émancipé que par un détour. *La suppression du détour, c'est le retour à soi.* Si l'aliénation politique résulte de l'aliénation économique et sociale, seule l'émancipation sociale permet de résorber l'aliénation politique. C'est en ce sens que Marx peut écrire : « C'est seulement quand l'homme a reconnu et organisé ses "forces propres" comme forces sociales, et par suite *ne sépare plus de soi* la force sociale sous la force politique — c'est alors seulement que l'émancipation humaine est consommée » (QJ, Aubier bil., p. 123). Or l'aliénation économique résulte de l'aliénation du travail. La suppression de l'aliénation politique passe donc par la suppression de l'aliénation du travail : « L'abolition positive de la propriété privée, l'appropriation de la vie humaine, signifie donc la suppression positive de toute aliénation, par conséquent *le retour de l'homme* hors de la religion, de la famille, de l'Etat, etc., à son existence humaine c'est-à-dire sociale » (M44, p. 88).

Il ne s'agit pas d'une thématique provisoire : la résorption de la séparation entre le politique et le social et la reprise du politique par le social sont, dans des termes identiques à ceux des premières œuvres, réaffirmées dans le bilan que Marx tire de la Commune de Paris. Celle-ci signe avant tout la fin de l'aliénation politique : « Ce ne fut donc pas une révolution contre telle ou telle forme de pouvoir d'Etat, légitimiste, constitutionnelle, républicaine ou impériale. Ce fut une révolution contre l'Etat lui-même, cet avorton surnaturel ; ce fut *la reprise par le peuple et pour le peuple de sa propre vie sociale* » (GCF, p. 212, premier essai de rédaction). Ou encore : « La Commune est *la reprise du pouvoir d'Etat par la société,* dont il devient la force vivante, au lieu d'être la force qui la domine. C'est *la reprise par les masses populaires elles-mêmes,* qui substituent leur propre force à la force organisée pour les opprimer. » Ce faisant, cette forme politique est une forme de transition qui doit dans son exercice même préfigurer la fin de l'Etat. En effet, poursuit Marx, « la Commune, c'est *la forme politique de leur émancipation sociale, se substituant à la force artificielle* (appropriée par leurs oppresseurs) (leur propre force s'opposant à eux et s'organisant contre eux) de la société, mise au service de leurs ennemis pour les opprimer » (GCF, p. 213, premier essai de rédaction). Cette formulation montre clairement qu'il s'agit d'une reprise de leurs forces sociales aliénées (« s'opposant à eux et s'organisant contre eux »). Or cette analyse, qui disparaît de la seconde version, réapparaît, mais sous une forme atténuée, dans la version définitive : « La Constitution communale aurait *restitué au corps social* toutes les forces jusqu'alors absorbée par l'Etat parasite qui se nourrit de la société et en paralyse le libre mouvement » (GCF, p. 44). D'un bout à l'autre de l'œuvre de Marx l'analyse reste inchangée, mais la forme de l'immanence semble, par l'histoire elle-même, être « enfin trouvée ». Resterait alors à comprendre pourquoi elle s'est aussi rapidement perdue.

Pénombres de l'utopie. Le communisme de Marx, dans toutes ses dimensions, n'est rien d'autre, en dernière analyse, que cette *adhérence du social à lui-même, et de l'individu au social* : la réalisation de l'omnipotence et de la transparence en dépende. Force est d'admettre que Marx n'a cessé de chercher dans l'histoire les formes de socialisation et de dépérissement de l'Etat qui permettraient de restituer aux individus et au corps social les forces dont ils sont dépossédés. Force est de constater, en revanche, que ces formes n'ont cessé de dissimuler leur secret. Sans doute les restitutions que Marx envisage ne sont-elles plus, à mesure que son travail théorique avance, aussi exhaustives et immédiates que les premières œuvres le laissaient penser. Mais la radicalité du propos ne lève en rien l'opacité des propositions.

Les pénombres d'une utopie, il faut le préciser, ne permettent pas par elles-mêmes de la condamner. Critiquer Marx pour n'avoir pas résolu tous les problèmes qu'il s'est posés, voire pour s'être trompé dans ses propositions, n'aurait, évidemment, qu'une maigre portée. Ce qui importe — ce qui nous importe —, c'est que la façon même de poser ces problèmes interdit — nous interdirait — de les résoudre. Les formes enfin trouvées — qu'il s'agisse de la coopérative ou de la Commune — sont comprises dans une perspective qui interdit de prendre exactement leur mesure parce que Marx attribue à ces formes le soin d'apporter une touche finale à la résolution d'une énigme dont la solution a été obtenue sans elles : un contenu est certifié avant l'existence des formes qui permettraient de le réaliser, et les formes accomplies par l'histoire sont adjugées à un contenu qui a été pensé sans elles.

Les pénombres de l'utopie, pourra-t-on objecter encore, loin de plaider contre elle, témoignent en sa faveur. C'est, au contraire, quand une utopie prétend ne rien laisser dans l'ombre, placer son projet en pleine lumière quitte à se laisser aveugler par elle, ne rien laisser en dehors de sa totale maîtrise, de son absolue lisibilité, d'une complète adhérence de ses personnages à la société qui les englobe, c'est alors que l'utopie succombe aux tentations autoritaires. Ce serait précisément parce que, non contente de prescrire des principes, l'utopie entend préconiser, dans ses fictions et ses constructions, les formes qui les incarnent qu'elle se laisse égarer par ses propres dogmes et engloutir par ses propres chimères. Mais c'est sur ce point, précisément, qu'il apparaît le plus clairement que la dimension utopique de la pensée de Marx fait corps avec sa dénégation. La critique de l'utopie abstraite coïncide avec sa critique comme construction et prescription doctrinaires, ignorante du mouvement réel, substitut de l'histoire effective. Mais plus précisément encore, ce qui la caractérise comme utopie, selon Marx, c'est le contraste entre l'anticipation féconde du contenu de l'émancipation sociale et la prescription stérile de ses formes. Il suffit alors à la critique de Marx de dénoncer la stérilité de la prescription pour ne pas avoir à s'interroger sur les formes elles-mêmes. Alors que l'utopie classique prétend décrire ou prescrire les formes d'une société idéale en partant de la connaissance de son contenu essentiel, Marx prétend déterminer ce contenu essentiel en s'interdisant de décrire ou de prescrire ses formes. Le sauvetage marxien de l'utopie consiste dès lors dans une double opération de transfert et de refoulement : transfert des souhaits de réalisation d'une essence humaine saisie comme un absolu anthropologique à une promessse d'accomplissement de cette essence par et dans l'histoire ; et refoulement des tentations doctrinaires de prescrire les formes de l'avenir. Mais le refoulement des prescriptions dogmatiques qui permet de congédier l'utopie dogmatique dissimule l'insistance des propositions chimériques. Cette dissimulation est d'autant plus forte que Marx, en s'interdisant de prescrire les formes de l'avenir, hypothèque leur recherche : la certitude de l'avènement du contenu dispense d'en rechercher les formes et d'éprouver ce contenu à travers elles. Quand les « phases du communisme » ne sont pas amalgamées, l'attestation préalable du contenu hypothèque la découverte des formes nécessaires à la transition : l'histoire aurait pour charge de les trouver en les produisant elle-même, sans modifier (ou, pire, défigurer) le contenu d'une fin préexistante.

Mais l'essentiel est ailleurs. La conception de Marx joue son va-tout sur la perspective de la dictature du prolétariat : celle-ci est, tout à la fois, le point de départ d'une *reconstitution radicale* — la « reconstitution consciente de la société humaine » — qui garantisse la maîtrise de la société par elle-même et le point de départ d'une *restitution complète* qui vérifie le retour du social à lui-même. Au point de vue doctrinaire, qui « subordonne l'ensemble du mouvement à un de ses moments » et s'absorbe dans une « lutte des différents systèmes entre eux », d'où ressort le « maintien prétentieux d'un des points de transition du bouleversement social contre l'autre point » (LCF, p. 67), s'oppose le point de vue révolutionnaire qui pose la « dictature de classe du prolétariat comme point de transition nécessaire ». A la diversité des points de transition partiels se substitue l'unité du point de transition qui ouvre sur un bouleversement total : « Le prolétariat se groupe de plus en plus autour du socialisme révolutionnaire, autour du communisme pour lequel la bourgeoisie elle-même a inventé le nom de Blanqui. Ce socialisme est la déclaration permanente de la révolution, *la dictature de classe du prolétariat, comme point de transition nécessaire* pour arriver à la suppression des différences de classe en général, à la suppression de *tous* les rapports de production sur lesquels elles reposent, à la suppression de *toutes* les relations sociales qui correspondent à ces rapports de production, au bouleversement de *toutes* les idées qui émanent de ces relations sociales » (LCF, p. 147). Au point de vue partiel s'oppose la révolution totale — et *le point de vue de la totalité qui disqualifie les utopies ne peut être pratiquement conquis que par la dictature du prolétariat.* L'ouverture sur la réversion de la totalité est aussi ouverture sur la transition vers la restitution communautaire : « Entre la société capitaliste et la société communiste se place une période de transformation révolutionnaire de celle-là en celle-ci. À quoi correspond une *période de transition politique* où l'Etat ne saurait être autre chose que *la dictature révolutionnaire du prolétariat. Le programme n'a pas à s'occuper, pour l'instant, ni de cette dernière, ni de l'Etat futur de la société communiste* » (Gotha, p. 44). On devine alors que sur la question névralgique de l'Etat, les silences de Marx, quand il les attribue aux silences de l'histoire, mettent en péril la totalité de sa conception.

Le spectre de l'utopie

On n'aurait pourtant rien dit en déclarant, sans plus, que le projet de Marx est utopique, pour se réjouir aujourd'hui, confondant le communisme et son spectre, qu'il soit irréalisable, après avoir déploré hier qu'il soit réalisé. Si les présentations du communisme par Marx peuvent être considérées comme placées dans les pénombres d'une utopie exorbitante, il faut préciser pourquoi. Sans doute peut-on les comprendre comme des analyses historiques qui découvrent des potentialités ou comme des propositions hypothétiques qui décrivent ce que seraient les solutions apportées par les producteurs associés aux contradictions et aliénations que le capitalisme engendre, et, plus généralement, aux problèmes que celui-ci n'est pas en mesure de résoudre. Mais des hypothèses qui menacent de se transformer en promesse sont d'autant plus périlleuses qu'elles reconduisent les figures d'une utopie révélée.

La conception de Marx laisse, en effet, transparaître, *mais pas plus,* les figures initiales de l'utopie promise : immanence, transparence et omnipotence.

La réversion nécessaire de tout le mode de production capitaliste a les mêmes conséquences que la réalisation nécessaire de l'essence humaine :

— L'*immanence* qui dépend de l'abolition de toutes les séparations et de toutes les médiations qu'elles impliquent, est promise avec la socialisation immédiate de toutes les fonctions de l'Etat et la socialisation immédiate des forces productives (force de travail et moyens de production) ;

— L'*omnipotence* qu'implique la domination totale des hommes sur les conditions de leur socialisation et de leur individuation est accomplie, en particulier, dès lors que les hommes dominent consciemment la répartition du travail et de ses produits ;

— La *transparence* suppose que la socialité de l'individu et des produits de son activité soit intégralement lisible dans ses modalités : les bons de travail, notamment, y pourvoiront.

Sous la critique de Marx, et malgré la précision croissante d'une utopie concrète soucieuse de tracer un horizon disponible pour un projet, résonne encore, après 1848, l'écho des perfections imaginaires, confiées à des promesses tutélaires : perfections et promesses qui cumulent leurs effets et précipitent l'utopie au-devant de ses impasses, stratégiques et historiques.

CHAPITRE III

L'UTOPIE ENLISÉE ?

(Les pièges de l'utopie)

Marx ne succombe jamais à l'idéal ascétique qu'on lui reproche parfois et qu'on lui oppose souvent : par bonheur, il abandonne au positivisme l'acharnement thérapeutique contre toute utopie. Mais l'utopie de Marx, en dépit du sevrage scientifique auquel elle se soumet, se laisse griser par l'espérance. Cette griserie insistante reste inoffensive tant qu'elle récompense prématurément des vœux mal contrôlés. Mais l'utopie persiste sur des point plus décisifs encore : la démonstration marxienne de la *nécessité* du communisme parce qu'elle affecte la critique qui devrait en fonder la possibilité, neutralise la stratégie qui devrait permettre de le réaliser : *utopie contre stratégie ;* et le *contenu* du communisme dont prétend répondre la démonstration de sa nécessité, parce qu'il est promis par une histoire qui devance la prospection des formes qui devrait l'actualiser, neutralise l'histoire qui devrait le fonder : *utopie contre histoire.*

I. UTOPIE CONTRE STRATÉGIE ?

L'utopiste est un critique pressé de conclure, et sous l'emprise de cette précipitation la critique marxienne porte les marques d'une critique utopique qui reste prisonnière de la perspective qu'elle prétend fonder : non seulement *l'intensité des contradictions est surévaluée au bénéfice de la promesse de leur résolution*, mais surtout *la nature des contradictions est comprise en fonction de la promesse de leur abolition.*

1. La critique asphyxiée ?

Pour saisir cette tentation, il ne suffit pas, comme nous l'avons fait jusqu'ici, d'approcher le *rôle* assigné aux conditions et aux contradictions : il faut revenir sur leur *contenu* et préciser quelles sont les conditions et contradictions qui doivent précipiter la fin du capitalisme. Il apparaît alors que, au moins partiellement, *c'est le rôle qui leur est dévolu qui détermine le contenu que Marx leur attribue.* C'est ce que montrent les œuvres postérieures à 1848.

Le capitalisme et son destin. Marx s'emploie à nouveau à fonder la nécessité historique du communisme sur la dynamique objective du développement des contradictions du capitalisme et sur la dynamique objective du développement des antagonismes de classes. Mais il se heurte d'emblée à une double difficulté : comment comprendre la dynamique du mode de production, et en particulier comprendre son dépassement sur la base du développement des forces productives ? Comment articuler la dynamique des luttes de classes sur la dynamique du mode de production ?

La contradiction entre le développement des forces productives et les rapports de production joue, comme on le sait, un rôle moteur dans le processus qui mène, selon Marx, le capitalisme à sa dissolution. Deux questions sont alors posées :

— Quelle importance attribuée à *la détermination sociale des forces productives (et de leur type de développement)* ?

— Comment comprendre *l'existence de rapports de correspondance et de contradiction entre forces productives et rapports de production ?*

Les problèmes alors se multiplient, notamment (mais pas seulement) parce que la nature de l'antagonisme est comprise en fonction de la promesse de son abolition.

Le concept de forces productives est le concept des facteurs de production pour autant qu'ils entrent dans le procès de production comme procès de transformation de la nature. Ces forces productives sont mises en œuvre dans des rapports de production déterminés. Leur nature est-elle indépendante de ces rapports ? C'est ce que Marx laisse penser lorsqu'il propose de distinguer le contenu matériel des forces productives et la détermination formelle qu'elles reçoivent des rapports sociaux. Mais ces forces productives, pour autant qu'elles sont mises en œuvre dans certains rapports de production, ne sont neutres ni dans leurs déterminations ni dans leurs effets. En outre, si l'on admet que le développement des forces productives a pour mesure la productivité du travail, ce développement ou cette productivité peuvent et doivent être référés non seulement à des valeurs d'usage qualitativement et/ou quantitativement différentes, mais aussi, dans l'hypothèse d'une production marchande généralisée, à la valeur d'échange : c'est dire qu'il est nécessaire de distinguer des types de développement des forces productives différents entre les divers modes de production et au sein même de chaque mode de production. Ces différences sont parfois reconnues, mais leur importance généralement méconnue par Marx : le rôle assigné à la contradiction entre le développement des forces productives et les rapports de production capitaliste dans la démonstration de la nécessité du communisme conduit Marx à *négliger la détermination sociale des forces productives elles-mêmes et de leur type de développement*, ouvrant ainsi la voie au mécanisme et au productivisme qui placent tous leurs espoirs dans le développement de type capitaliste de forces productives capitalistes.

C'est alors le problème des rapports de correspondance et de contradiction entre forces productives et rapports de production qui menace d'être simplifié. Les formulations de Marx sont, à cet égard, divergentes, voire contradictoires. Tendanciellement, la thèse qui énonce le primat des forces productives (qui engendrent les rapports de production qui leur correspondent, avant d'entrer en contradiction avec eux) s'efface devant celle qui énonce le primat des rapports de production (qui impriment aux forces productives leur nature et leur développement et dont les limites internes se transforment en barrières). Mais, quelle que soit la version retenue — que les forces productives se développent au point de contredire les rapports de production ou que des rapports de production impriment aux forces productives un développement qui leur devient contradictoire —, on peut douter qu'il s'agisse à proprement parler d'une contradiction *. En outre et surtout, si la seconde proposition est plus soutenable que la première, elle ne va pas sans difficultés. Prenons pour établi (ainsi que Marx tend à le faire) que, pour la période capitaliste, la transformation des rapports de production commande le développement des forces productives, c'est-à-dire à la fois leur nature et leur mode de développement :

* C. Castoriadis, *L'Institution imaginaire de la société*, Le Seuil, 1975, p. 25-26 (par exemple).

que peut signifier une contradiction entre des forces productives fonctionnelles à certains rapports de production et ces rapports de production eux-mêmes ? Là encore, la tentative de démontrer que les forces productives, à un certain stade de leur développement, exercent, par elles-mêmes, un pouvoir dissolvant ou que les rapports de production capitalistes entravent le développement des forces productives qu'ils impriment au point d'engendrer leur autodissolution conduit à faire l'impasse sur cette hypothèse : les seules forces productives dont le développement soit *contradictoire* avec les rapports de production ne sont-elles pas les forces que développent de nouveaux rapports de production. C'est cette hypothèse dont Isaac Johsua, que nous suivons ici, vérifie l'exactitude s'agissant du Moyen Age : la contradiction motrice est la contradiction entre plusieurs types de rapports de production, ou, ce qui alors revient au même, entre les forces productives propres à de nouveaux rapports de production et les anciens rapports de production *.

En résumé : la tentative ou la tentation de fonder la nécessité du communisme sur le rôle des forces productives hypothèque l'analyse marxienne de leur détermination sociale et de leur mode de développement, ainsi que de la nature des contradictions. Elle hypothèque lourdement — nous y reviendrons — le contenu du communisme lui-même [1].

Surgit alors la seconde question : comment articuler la dynamique des luttes de classes sur la dynamique du mode de production ? Ici encore, le langage de la fatalité hypothèque l'analyse des contradictions, quand elle se veut absolument concluante : « Seule la grande industrie développe (...) les conflits qui font d'un bouleversement du mode de production capitaliste *une nécessité inéluctable* — conflits non seulement entre les classes qu'elle engendre, mais encore entre les forces productives et les formes d'échange qu'elles crée » (SUSS, bil., p. 93). Les effets cumulés de ces deux « conflits » résultent-ils de leur nature ? Il est permis de le penser : pour peu que l'on souligne qu'ils sont énonçables dans les même termes, sinon comme une identité de contraires, du moins comme une unité de contraires dont la contradiction se développe en raison de leur inégalité — les forces productives et le prolétariat remplissant respectivement le rôle de pôle actif de la contradiction. Les effets cumulés résultent-ils d'une connexion essentielle ? Il est pos-

* I. Johsua, *La Face cachée du Moyen Âge. Les premiers pas du capital*, éd. La Brèche, Paris, 1988.

sible de le soutenir : dans la mesure où le développement du prolétariat résulte du développement des forces productives, cette connexion garantirait la connexion des contradictions et conforterait la certitude de leur résolution conjointe. Mais ces thèses dissolvent dans l'acide de la dialectique ce qu'elles prétendent analyser : à supposer même que l'antagonisme entre les forces productives et les rapports de production joue uniformément un rôle déterminant dans la dynamique des modes de production et leurs crises, *les deux antagonismes ne sont pas de même nature*, ne se développent pas au même rythme, ne sont pas sujets à des contre-tendances homologues, ne se résolvent pas, temporairement ou durablement, dans des formes homogènes : ils ne sont, par conséquent, ni identifiables ni superposables. La complexité de leur rapport, enfin, ne peut être rabattue sur une tendance au développement illimité des forces productives.

Reste alors une dernière question : comment articuler la dynamique de l'émancipation sur la dynamique du mode de production ? Comment comprendre la vocation du prolétariat ?

Le prolétariat et sa vocation. Alors que les textes politiques, historiques et journalistiques retiennent, généralement, les déterminations antérieures de la définition du prolétariat et de sa vocation révolutionnaire et communiste, les textes publiés de critique de l'Economie politique font apparaître, progressivement, de nouvelles déterminations, parfois incompatibles avec les premières. Tout ce passe comme si — et ce n'est pas un moindre paradoxe — *Marx ne parvenait pas à réarticuler de façon satisfaisante la définition du prolétariat et de son rôle révolutionnaire sur les analyses du mode de production capitaliste de la maturité.* Des présentations hétérogènes du prolétariat et de sa vocation révèlent les difficultés de l'articulation entre les lois immanentes du mode de production capitaliste et la vocation révolutionnaire du prolétariat.

Les œuvres économiques marquent, tendanciellement, une notable évolution : *le prolétariat n'est plus défini par son exclusion de la société civile et par la paupérisation qui signait cette exclusion* [2].

— Première inflexion : l'exclusion du prolétariat est rigoureusement comprise comme effet de son inclusion dans les rapports de production. Les œuvres de la maturité tendent à définir le prolétariat non par un rapport qui l'exclut de l'essence humaine (aliénation), mais par un rapport qui l'inclut dans le mécanisme de sa reproduction (exploitation), au point de l'intégrer à la machinerie. L'exclusion du prolétariat, parce qu'elle résulte de son inscription dans les rapports de production capitalistes, change alors de sens. L'exclusion de la propriété privée est d'abord séparation : séparation des moyens de production, dont les principaux effets dans la production sont autant d'exclusions — des exclusions de tout contrôle : sur le processus de production, sur la destination du produit, sur la finalité de la production. Plus exactement, Marx définit le prolétariat par trois caractères essentiels : sa séparation des conditions objectives de la production, sa soumission aux rapports de production capitalistes (et au procès d'accumulation du capital), et son opposition au capital. Si la première figure perpétue la figure de l'exclusion du prolétariat, la seconde explique son inclusion dans le système, et cette dualité devrait permettre de rendre compte de l'ambivalence de l'opposition du prolétariat au capital.

— Deuxième inflexion : le prolétariat n'est pas fondamentalement défini par sa paupérisation. Cette paupérisation, n'est pas absolue, mais, en règle générale, seulement relative. Elle menace en permanence comme précarité, mais n'est nullement permanente en réalité. La misère qui s'accumule au sein du prolétariat concerne avant tout l'« armée de réserve industrielle », contrairement à la thèse, fréquemment prêtée à Marx, mais à contresens, d'une paupérisation généralisée. Enfin, les luttes pour l'augmentation des salaires cessent d'être conçues comme intrinsèquement inefficaces : l'évolution de la théorie des salaires (parallèle à l'analyse des formes de la paupérisation) permet de le comprendre. La leçon mérite, aujourd'hui encore, d'être méditée : la paupérisation des exclus et l'exclusion par la paupérisation — alors que dans les premières œuvres, elles remplissaient, non sans équivoques, cette fonction — ne sont plus, aux yeux de Marx, un élément déterminant de la vocation révolutionnaire du prolétariat.

Mais, du même coup, cette vocation doit être prioritairement, voire exclusivement, pensée à partir de l'inscription du prolétariat *dans* la structure des rapports sociaux de production et *dans* la dynamique du mode de production capitaliste. Cette structure et cette dynamique devraient rendre intelligibles la polarisation de classes, engendrée par le développement des forces productives et, en même temps, la vocation révolutionnaire du prolétariat. Or le point de vue de la structure, qui permet de définir le prolétariat par sa place, fait apparaître deux figures du prolétariat qui ne se recouvrent pas : défini par sa séparation des moyens de production, le prolétariat coïncide avec l'ensemble du salariat ; mais, défini par son inclusion dans les rapports de production spécifiquement capitalistes, il se définit par le travail productif de plus-value.

C'est ce que confirme le point de vue de la tendance, qui permet de définir le prolétariat par son avenir. Dans une première optique, c'est la tendance fondamentale du mode de production capitaliste à l'expropriation massive qui trace les frontières des antagonismes de classes. Dans une seconde optique, c'est la tendance fondamentale du mode production capitaliste à reposer exclusivement sur le travail productif de plus-value qui détermine les fractures décisives.

Alors que la nature de l'antagonisme entre le travail et le capital change avec la perspective adoptée, dans les deux cas *c'est la tentation de démontrer la nécessité inéluctable du communisme qui oriente l'analyse.*

Marx s'efforce pourtant, dans son analyse du travail productif, de fusionner les deux perspectives. La détermination essentielle du travail productif comme travail productif de plus-value fait apparaître le caractère antagonique de la structure des rapports de production, et les fonctions parasitaires qui leur sont immanentes. C'est pourquoi — c'est ce qui ressort nettement de la méthode et du contenu de l'exposition des *Théories sur la plus-value* —, si Marx s'arrête sur la double détermination du travail productif chez Smith, c'est pour montrer que la portée critique de sa première définition (travail productif de plus-value) est partiellement annulée par la seconde (travail productif de valeurs d'usage) parce que celle-ci laisse prise aux critiques de l'économie vulgaire qui s'emploient à effacer le caractère antagonique du mode de production capitaliste, à justifier l'ensemble des fonctions parasitaires qui en dépendent, et à le présenter comme une forme éternelle. Mais, en même temps, dans la tendance immanente de la production capitaliste qui découle de son essence même, est inscrite la tendance à faire coïncider le travail productif avec le travail productif de richesse matérielle, dans la mesure où toute production de marchandises devient avec lui susceptible de dégager une plus-value (TPV, t. 1, p. 479). Le concept tendanciel du travail productif n'annule plus mais conforte son concept structural *. Ainsi serait démontrée l'inéluctable polarisation qui conduit le capitalisme à sa perte.

Mais une telle perspective déplace les difficultés sans les résoudre.

---

* J. Bidet, *Que faire du Capital ?*, Klincksiek, 1985, p. 96-111.

En effet, si la définition du travail productif par le travail productif de plus-value permet de valoriser d'un certain point de vue la structure contradictoire du mode de production capitaliste, la définition du prolétariat par le travail productif s'élargit nécessairement à des catégories qui s'en trouvent exclues quand est prise en compte l'organisation du procès de travail. Mais surtout, *cette analyse du prolétariat par les effets de l'exploitation ne recouvre pas entièrement l'analyse du prolétariat par les effets de l'expropriation.* Au risque de voir deux analyses également pertinentes se neutraliser quand il s'agit de déterminer la vocation révolutionnaire du prolétariat, précisément parce que ces deux analyses sont conduites sous l'emprise d'une conception utopique/prophétique de la nécessité : les définitions du prolétariat par la structure et la tendance du mode de production capitaliste *dissimulent un concept stratégique sous un concept téléologique* *. L'analyse du prolétariat permet de circonscrire des objectifs et non de formuler des pronostics. De l'analyse structurale et tendancielle, décisive pour déterminer la vocation révolutionnaire du prolétariat, on ne peut passer à une analyse historique qui permette de cerner sa position effective dans les luttes de classes. Tenter de forcer ce passage menace, sur ce point comme sur les autres, d'étouffer prématurément la critique, et de l'enfermer dans des impasses que confirment les impasses de la stratégie que cette critique devrait fonder.

2. La stratégie effacée ?

L'utopie classique n'est pas volontariste : elle est velléitaire. Quand elle n'est pas purement optative, elle veut se réaliser ; et quand elle n'est pas purement onirique, elle s'y emploie, le cas échéant, avec une résolution parfois héroïque qui peut donner le change. Mais son principe est toujours d'être prudente sur les moyens qui, à ses yeux, la menacent et que l'utopie a précisément pour fonction de contourner : la politique, surtout quand elle appelle une révolution, et la stratégie, surtout quand elle désigne la guerre. Qu'elle l'avoue ou qu'elle la taise, c'est son aversion pour la stratégie qui définit l'utopie : *l'utopie est un refus ou un simulacre de stratégie.*

C'est en se détournant de l'histoire et de sa géographie que

---

* J. Bidet, *Que faire...*, op. cit., p. 114-116.

l'utopie contourne la stratégie : l'utopie est une achronie et une atopie. Achronie qui fait appel à une histoire imaginaire contre l'histoire réelle, plutôt qu'à une histoire contrariée. Atopie qui fait appel à une terre imaginaire contre les nations armées, plutôt qu'à un combat planétaire. Mais surtout, l'utopie se soustrait aux contraintes stratégiques, parce qu'elle prétend, à l'écart de l'histoire, *déduire* des tâches des fins qu'elle invente et *produire* les moyens d'atteindre ces fins. C'est cet angélisme que Marx récuse, en soutenant que l'histoire propose elle-même des fins immanentes qu'elle valide en produisant les moyens de les atteindre. En est-on quitte avec l'utopie pour autant ? On peut en douter. En effet, Marx, en posant que la fin est donnée avec les moyens de l'atteindre, s'épargne d'avoir à ordonner les moyens en vue d'une fin : en quoi consiste précisément la stratégie, qui suppose l'invention théorique et l'agencement pratique de moyens effectifs. C'est de la stratégie qu'on se détourne certes, en projetant des moyens imaginaires en vue d'une fin qui ne l'est pas moins : au risque de s'abandonner ainsi aux formes classiques de l'utopie. Mais on ne se détourne pas moins de la stratégie en enfouissant la stratégie dans l'histoire : au risque de s'adonner alors à une forme nouvelle de recours à l'utopie.

En dépit de l'intérêt de Marx pour les questions diplomatiques, militaires et proprement stratégiques, son œuvre témoigne de ce risque : quand la stratégie ne menace pas l'utopie, l'utopie efface la stratégie. Cet effacement de la stratégie, s'il est loin d'être constant, signale l'utopie du genre stérile. A suivre Marx, les objectifs stratégiques sont l'expression d'une nécessité historique qui ne se borne pas à les faire surgir, mais les absorbe. La stratégie requise n'est jamais que l'expression de la nécessité comprise. Au point qu'histoire et stratégie se confondent, et que le discours stratégique énonce dans la langue de la pratique ce que le discours historique exprime dans la langue de la théorie. Le vocabulaire des tâches politiques est la transposition de la connaissance du mouvement réel : les mots d'ordre ne sont jamais que des traductions. Et si le mouvement réel reste en deçà des promesses de son accomplissement, les mots d'ordre ne sont que des rappels à l'ordre. Préconiser une stratégie qui ne serait pas complètement enfermée dans les tendances nécessaires de l'histoire, ce serait reconnaître que, si le capitalisme produit nécessairement la possibilité de son abolition, il n'en garantit pas nécessairement l'exécution. Mais, du même coup, si la stratégie dépend encore de conditions nécessaires, elle n'est plus limitée par la nécessité historique des effets de ces conditions. La stratégie qui repose sur la nécessité historique du possible ne peut se prévaloir de la nécessité historique de son effectivité : c'est sur le glissement de l'horizon stratégique à la promesse historique que repose *la neutralisation utopique de la stratégie.* A commencer par la stratégie de la révolution.

Stratégie et révolution. Quand la présentation de la nécessité de la révolution tend à se confondre avec la prédiction de sa fatalité, l'indispensable est absorbé par l'inéluctable : le chemin qui mène à la conquête du pouvoir et les modalités de son exercice sont certifiés sans qu'il soit nécessaire de préciser les conditions du parcours.

Les chemins de la révolution sont-ils partiellement balisés par sa possibilité ou intégralement tracés par sa certitude ? La réponse ne fait aucun doute, quand la constitution du prolétariat en classe révolutionnaire est déjà inscrite dans son essence. Si le devenir révolutionnaire du prolétariat est la réalisation de cette essence, seule l'existence d'un prolétariat révolutionnaire est adéquate à son essence : le prolétariat est révolutionnaire ou il n'est pas. Dès lors, bien que le prolétariat, au sens empirique du terme ne puisse se confondre immédiatement avec le prolétariat au sens historique, le second est appelé à absorber le premier. Dans cette optique, on l'a vu, le prolétariat doit faire ce qu'inéluctablement il fera ; il ne reste qu'à attendre qu'il se conforme à son concept : tout au plus peut-on (et, pour cette raison, doit-on) accélérer le processus. Mais l'expérience enseigne que le prolétariat ne cesse de se dérober à ce concept : l'arriération des artisans, la décomposition du lumpen, la corruption de l'aristocratie, la défection des partisans sont les figures multiples de cette dérobade. Et la critique, plus généralement, s'oriente vers une compréhension du prolétariat qui permet de cerner les causes de son éventuelle intégration. Pourtant, l'expérience et la critique restent prisonnières d'une perspective qui interdit de refonder le partage entre nécessité historique et impératif stratégique.

La position de Marx sur le syndicalisme est prise dans le même piège. Elle commence par l'effacement de la stratégie puisque l'histoire promet que les limites initiales du syndicalisme (enfermé dans la lutte contre les effets de l'exploitation) seront historiquement balayées. Dès l'*Esquisse* d'Engels, le rôle assigné à la concurrence dans la détermination des salaires fixe les enjeux. Les *Manuscrits de 44* reprennent l'argument, que *La Situation de la classe laborieuse en Angleterre* prolonge : l'action syndicale, en dépit de ses limites, franchit ces limites ; la lutte contre les effets de l'exploitation transcroît spontanément en lutte contre ses causes (Sita, p. 118-133). Or, les textes postérieurs, au moins jusqu'en 1848, quand ils retracent le développement de la lutte du prolétariat, concluent à une transcroissance nécessaire non seulement de la lutte syndicale en lutte politique, mais de la lutte politique en lutte révolutionnaire pour le pouvoir. En dépit des variations de Marx sur la théorie du salariat et des salaires, l'argument est repris dans tous les textes (manuscrit *« salaires » ; Salaires prix et profit ; Resultate,* etc.). Et en 1853, Marx, dans un article du *New York Daily Tribune* du 17 octobre, table encore sur une transformation nécessaire des luttes syndicales en luttes politiques : si la dépression continue « ce sera sans aucune perspective de succès qu'ils (les ouvriers) lutteront contre les diminutions de salaires. *Toutefois, leur mouvement débordera dès lors sur le plan politique* * ». Et si, dans la lettre que Marx adresse à Bolte le 23 novembre 1871, l'indispensable semble avoir cessé de se confondre avec l'inéluctable, la réunion des conditions nécessaires d'une « conquête du pouvoir politique » semble abandonnée au cours naturel de l'évolution qu'il s'agit de précipiter par l'éducation (Syndic., t. 1, p. 99-101). De cette façon, Marx rabat la stratégie sur l'histoire, au point d'enlever toute autonomie au moment stratégique de celle-ci. Mais l'inévitable transcroissance de la lutte syndicale en lutte politique révolutionnaire ne cesse d'être reportée. L'expérience des révolutions de 1848 et des années suivantes tempère les formulations, mais, du même coup, en modifie le sens : la nécessité historique de la lutte pour le pouvoir et l'abolition du salariat est clairement présentée comme un impératif stratégique, mais périodiquement rabattu sur le pronostic historique.

Pourtant, des premières aux dernières œuvres la forme de l'argumentation change. Les énoncés prospectifs font place aux énoncés prescriptifs : ainsi, dans *Salaires, prix et profits* (1865) et dans la *Résolution de l'AIT sur les syndicats* de 1866, où Marx souligne que les syndicats « *doivent* maintenant agir comme foyers d'organisation de la classe ouvrière dans le grand *but* de l'émancipation radicale » (Syndic, t. 1, p. 70-71). A l'évidence il ne s'agit pas de la simple traduction dans le langage de la stratégie du cours inévitable de l'histoire, mais de la réponse au constat d'un hiatus qui n'est pas expliqué. Or, si la nécessité de la révolution impose le dépassement du syndicalisme spontané, ce sont les aspects utopiques de l'argu-

* Dans *Le Syndicalisme*, textes réunis et traduits par R. Dangeville, 2 tomes, Petite Collection Maspero, 1972, t. 2, p. 156 (titre abrégé : « Syndic »).

mentation qui la fonde qu'il faudrait récuser : la lucidité même de Marx n'en rend que plus évidents les points aveugles d'une théorie condamnée à interpréter, conjointement, l'intégration du mouvement ouvrier comme un détour provisoire de l'histoire et la perversion des partis ouvriers comme des retours provisoires du passé. Jamais la vocation révolutionnaire du prolétariat n'est vraiment présentée comme un enjeu et un objectif stratégiques.

C'est la même tension que révèle *la conception du parti.* Elle commence par livrer sa constitution au mouvement de l'histoire : la nécessité pour le prolétariat de se constituer en parti est une nécessité rigoureusement immanente à l'histoire, et promise par elle. Et nous avons déjà pu mesurer les conséquences d'une attente indexée sur le sens de l'histoire et que l'histoire ne cesse de décevoir. La constitution du parti ne cesse de démentir le pronostic de son développement spontané. Les luttes fractionnelles au sein de l'AIT qui jalonnent l'histoire du parti présupposent une autre conception que celle qui est énoncée par la théorie d'un parti-processus, même si on les interprète comme des tentatives d'accéler le processus lui-même.

L'*exercice du pouvoir* est-il placé à l'horizon d'un itinéraire esquissé ou au terme d'un processus garanti ? L'histoire livre-t-elle les conditions d'une stratégie ou les promesses d'un accomplissement ? Force est de constater, une fois encore, l'effacement du moment stratégique par la *promesse de la dictature du prolétariat*, présentée par Marx comme l'effet de la nécessité historique alors qu'il n'est possible de la fonder dans son propre discours que comme un impératif stratégique. La critique de l'utopie par Marx l'incite à se défier de toute prescription, au point de lui interdire de formuler des impératifs stratégiques qui ne soient pas une transposition de la nécessité historique. Mais quelle transposition ? Les premières émergences du concept de dictature du prolétariat, qui lui confèrent une portée essentiellement stratégiques, sont rapidement doublées de la revendication d'une compréhension de la nécessité. Le « point de transition *nécessaire pour* arriver à la suppression des différences de classe en général » (LCF, p. 147), qui ouvre une « période de transition politique où l'État *ne saurait être autre chose que* la dictature révolutionnaire du prolétariat », est une issue confiée à la nécessité historique. Ainsi, dans la célèbre lettre qu'il adresse à Joseph Weydmeyer le 5 mars 1852, Marx écrit : « Ce que je fis de nouveau, ce fut : 1. de démontrer que l'existence des classes n'est liée qu'à des phases de développement historique déterminé de la production ; 2. que la lutte des classes *conduit* *nécessairement* à la dictature du prolétariat ; 3. que cette dictature elle-même ne constitue que la transition à l'abolition de toutes les classes et à une société sans classe » (in *Etudes philosophiques*, E.S., p. 151). Les deux derniers points énoncent une triple nécessité immanente à l'histoire ; nécessité de la dictature du prolétariat, nécessité de la transition, nécessité d'une société sans classes (et, doit-on ajouter, sans État politique). Le lieu de cette triple démonstration ne peut être exclusivement *Les Luttes de classes en France* puisqu'elle constitue l'enjeu principal du *Manifeste*, bien que l'expression de « dictature du prolétariat » en soit absente. Mais que Marx parle de la nécessité de la « domination politique du prolétariat » ou de la « dictature du prolétariat », les impératifs stratégiques se confondent avec les nécessités historiques. Ainsi, comme le dit fort bien Robelin, dès le début, pour Marx, « la dictature incarne une nécessité historique, déborde la simple stratégie *. Elle la déborde parce qu'elle l'absorbe.

Mais la nécessité de la révolution ne s'inscrit pas aussi logiquement que prévu dans la trame de l'histoire. Dès lors, l'écart entre l'histoire empirique et l'histoire fondamentale fait apparaître dans le texte de Marx des tensions et des témoignages d'exaspération : les impératifs stratégiques semblent déconnectés de la nécessité historique. Pourtant, c'est cette nécessité de l'histoire qui, en dernier recours, fonde la légitimité de la stratégie envisagée, et dispense de s'interroger sur les moyens préconisés dont elle garantit l'efficacité et l'innocuité. Et cet effacement de la stratégie culmine dans la présentation de la fonction de la révolution.

Stratégie et émancipation. La possibilité du communisme dépend des conditions qui rendent possible son instauration [3]. Et Marx ne se prive pas d'indiquer des voies qui se donnent pour cohérentes (mais dont il convient d'apprécier les tensions, voire les contradictions) et transparentes (mais qui, l'histoire aidant, ne peuvent plus dissimuler leur opacité). En tout cas, comment ces voies ne déboucheraient-elles pas sur des impasses si leur tracé est donné pour inéluctable ? Tant que le possible reste dans son œuvre une catégorie stratégique, qui doit être pensée aussi loin que le permet le refus des utopies abstraites, Marx demeure un penseur du possible. Mais le possible menace de virer à la catégorie téléologique si la nécessité du communisme se confond avec sa fatalité, et l'actualité de la liberté avec sa promesse.

---

* J. Robelin, *Marxisme et socialisation*, Méridiens Klincksieck, 1989, p. 185.

Les *possibilités de l'émancipation* se confondent-elles avec la fatalité de son effectuation ? Dans la célèbre préface de la première édition allemande du *Capital* (1867), on peut lire cette phrase qui a fait couler beaucoup d'encre : « Même lorsqu'une société est sur le point de parvenir à la connaissance de la loi naturelle de son évolution (...) elle ne peut cependant ni sauter ni rayer par décret les phases *naturelles* de son développement. Mais elle peut *abréger et atténuer les douleurs de l'enfantement* » (Kap, p. 6).

L'impossibilité de « sauter les phases naturelles » — d'opérer les raccourcis de l'utopie abstraite — disqualifie les inventions utopiques et le volontarisme qui leur est sous-jacent [4]. Il est impossible par conséquent de procéder par décret : de « rayer par décret » les phases du développement ou d'« introduire par décret » des « utopies toutes faites » (GCF, p. 46).

Le refus des prescriptions doctrinaires, une fois encore, semble porter trop loin : il fait corps avec une politique absorbée par la nécessité historique qui exclut, semble-t-il, tout attentisme, mais au prix d'une étrange obstétrique. La métaphore, chez Marx, est insistante. S'il faut attendre que la société existante soit grosse de la société future, il est possible d'« *abréger les douleurs de l'enfantement* » et « *libérer les éléments de la société nouvelle que porte dans ses flancs la vieille société bourgeoise qui s'effondre* » (GCF, p. 46). Il s'agit donc d'accoucher de la société nouvelle, et non à proprement parler de la construire ou de l'organiser. Ainsi, quand Marx indique que la classe ouvrière doit réaliser une « nouvelle organisation de la production », il précise aussitôt, pour lever l'équivoque qui pèse sur l'idée d'organisation : « *ou plutôt la libération des formes sociales de production telles qu'elles existent dans l'organisation actuelle du travail* » (GCF, p. 216). A la réalisation utopique de l'idéal s'opposerait, sans médiation, la libération historique du réel. Ainsi se trouverait sanctionnée l'opposition entre transition utopique et transition révolutionnaire.

L'histoire est une parturiante ; la révolution sa sage-femme. L'histoire est en gésine, et peu importe alors qu'il s'agisse de libérer ses flancs des forces productives qui s'y trouvent enfermées ou des formes sociales qui s'y trouvent préformées ; peu importe que la grossesse aille à son terme ou soit précipitée : l'avenir est déjà là. Aussi, quand Gramsci oppose aux défenseurs orthodoxes du *Capital* qu'il s'agit d'« *accélérer l'avenir* », il est plus orthodoxe qu'on ne le croit *. « Abréger la naissance », « Accélérer l'avenir » : ces deux

* A. Gramsci, *Écrits politiques*, Gallimard, t. 1, p. 110.

formules sont rigoureusement interchangeables quand elles attribuent à l'histoire pour principale fonction d'accoucher des formes adéquates de l'émancipation, qu'il suffit, pour que s'accomplisse la transition au communisme, de découvrir et de libérer. Sans doute la voie est-elle étroite entre les conceptions qui attendent l'avenir, au risque de se borner à gérer le présent, et celles qui prétendent accélérer l'avenir, au risque de tenter de forcer l'histoire à lui souscrire sans délai. Mais cette alternative ne prend corps que sur fond d'une conception de la nécessité de l'émancipation qui méconnaît qu'il ne s'agit ni d'en attendre ni d'en accélérer la venue, mais d'en déclencher et d'en inventer les formes.

Les *modalités de la transition* au communisme (c'est-à-dire — faut-il le rappeler ? — vers une société sans classes et sans État) font l'objet d'une présentation qui laisse apparaître une fois encore une stratégie neutralisée et une utopie menacée. Si la révolution inaugure un processus qui conduit à la fin de l'État politique ou du dépérissement de l'État, comment penser et favoriser un tel processus ? Ce processus procède-t-il dans son déroulement et ses effets d'une nécessité rigoureusement immanente ou requiert-il une intervention consciente.

Questions que Balibar soulève en toute clarté : « La scientificité même du concept de processus s'avère difficile à penser (...). La difficulté est philosophique (quel type de nécessité du dépérissement de l'État ?), mais elle est surtout politique : est-ce que le dépérissement de l'État est seulement *un résultat* ("spontané") d'une pratique qui, pour l'essentiel, vise non l'État comme tel, mais ses conditions d'existence (économiques) ? Ou bien est-ce qu'il requiert une *intervention* et des *mesures spécifiques* (comme le suggère l'expérience de la Commune, qui anticipe politiquement sur le communisme) * ? »

La réponse de Marx à ces problèmes semble être univoque : la nécessité dont il s'agit procède d'une fermeture utopique de la dialectique qui, parce qu'elle exclut toute intervention politique spécifique, toute invention de formes, se condamne à laisser l'histoire les trouver, à moins qu'en chemin elle ne les perde ou ne se perde.

La présence de la fin dans les moyens devrait épargner d'avoir à se poser les questions stratégiques. Mais la distance qui sépare la fin

---

* E. Balibar, *Dictionnaire critique du marxisme*, article « Dépérissement de l'État », p. 302-303.

visée des moyens existants, que la transition est appelée à combler, impose le retour de la stratégie au cœur de l'utopie. Les conditions du passage au communisme ne sont pas inscrites dans la trame de l'histoire comme la dialectique immanente de son mouvement dont la stratégie serait la simple traduction : elles s'imposent au contraire comme un ensemble d'impératifs stratégiques dépendant d'une fin qui transcendent le mouvement immanent : le prolétariat doit forger les instruments de sa propre émancipation. De là résultent les contradictions des conceptions qui se fondent simultanément sur la certitude de la victoire inéluctable du communisme et sur la nécessité d'en construire les conditions préalables. Les tâches à accomplir sont engagées sur une promesse : les moyens employés sont ordonnés en fonction d'une fin qui transcende le mouvement immanent. Et dans le même temps, l'affirmation de la nécessité historique permet de mesurer leur efficacité et de garantir leur innocuité. Ainsi la certitude du communisme est fondée sur l'incapacité du capitalisme de développer les forces productives et la tâche de la transition sur l'impératif de développer les forces productives adéquates au communisme [5].

3. L'utopie naufragée ?

Marx ne connaît aucun des problèmes dans lesquels se débattront ses successeurs : son utopie le dispense, non sans contradictions, de toute stratégie véritable. Mais les stratégies, mieux que toute critique théorique, mettent à nu les utopies ; si les crises du marxisme ne sont nullement réductibles aux équivoques de la théorie qu'elles mettent en évidence, ces équivoques ne sont pas sans effets théoriques et pratiques : les effets de l'utopisme de Marx se mesurent à l'impuissance stratégique de ceux qui ont tenté de réaliser sa promesse et aux victoires historiques de ceux qui l'ont défigurée. Ainsi, l'*alternative entre une utopie qui se condamne à l'inefficacité et une stratégie qui en condamne la possibilité* est lisible dans toute l'histoire des marxismes : les tentatives de *conversion de l'utopie en stratégie* les menacent conjointement.

La question du parti. On peut le vérifier particulièrement sur la question du parti. La réalité empirique du prolétariat n'est jamais adéquate à son concept philosophique : l'existence contredit l'essence. Mais la certitude de voir l'essence révolutionnaire du prolétariat venir à l'existence sous une forme adéquate, sous l'effet d'une autoémancipation spontanée, et l'illusion de pouvoir définir une politique à partir de cette certitude font partie de l'impensé utopique de Marx. Comment convertir cette utopie en stratégie ? En comblant l'écart entre le prolétariat réel et son concept : ce sera le rôle de la conception léniniste du parti. Cette conversion de l'utopie en stratégie impose une critique en acte de l'utopie. Alors que la plupart de ses contradicteurs, qu'il s'agisse de Plekhanov ou de Rosa Luxemburg, d'Axelrod ou de Trotski, sont les défenseurs de l'orthodoxie marxienne, Lénine tente de tirer toutes les conséquences du divorce entre le mouvement spontané du prolétariat et les exigences du développement de l'organisation, mais au prix d'une conception du parti contradictoire avec les formulations initiales de Marx sur la vocation du prolétariat et sa vocation à se constituer en parti. Cette conception suppose une redéfinition de l'essence du prolétariat, qui, dans cette optique, n'a plus par lui-même de vocation révolutionnaire ; elle renvoie au parti la réalisation d'une essence que le prolétariat ne parvient pas à réaliser par ses propres forces. Tel est le sens de *Que faire ?* où prévaut la conception d'un parti extérieur au mouvement de la classe ouvrière, dont l'existence devance, pour le susciter, le devenir révolutionnaire du prolétariat. Des deux arguments, étroitement mêlés, qui fondent cette conception — la naissance de la théorie révolutionnaire en dehors du prolétariat, la naissance de la conscience révolutionnaire en dehors de la sphère des rapports de production —, le second récuse ou dépasse Marx. Quoi qu'il en soit, le parti devient la réalité effective (l'unité de l'essence et de l'existence) du prolétariat : il incarne ce que le prolétariat, conformément à son essence (et en dépit de son existence), doit être. Ce faisant, la stratégie contredit l'utopie, qui affirme que c'est le prolétariat lui-même qui réalisera son essence [6].

La question du communisme. Les impasses de la conversion de l'utopie en stratégie se vérifient encore sur la question de l'actualité du communisme : l'utopie promise d'un communisme inéluctable, loin de permettre le dépassement du dilemme de l'attentisme et du volontarisme, lui donne de nouvelles formes. On peut aussi bien lire dans l'œuvre de Marx une invitation à l'attentisme qu'un appel au volontarisme. Sans doute l'attentisme marxien n'est-il pas un quiétisme avachi et peut-il être interprété, ainsi que le propose Daniel Bensaïd, comme un messianisme disponible, attentif aux surgissements et aux bifurcations de l'histoire, adoptant, face à ses virtualités, une posture de guetteur ou de sentinelle *. Mais l'alternative entre l'attentisme et le volontarisme n'est pas dépassée pour autant, comme le montrent, précisément parce qu'ils sont grevés par la question de la nécessité du communisme, les débats de la Deuxième Internationale qui sont pris dans une alternative léguée par Marx : nécessité ou pas du communisme.

L'expression la plus claire de cette alternative apparaît chez Rosa Luxemburg, dans le débat qui l'oppose à Bernstein : ou bien le socialisme découle des contradictions du capitalisme et de son effondrement inévitable, et il est une nécessité historique, ou bien cet effondrement peut être évité, et « alors le socialisme cesse d'être une nécessité historique, et il est alors tout ce qu'on veut, sauf le résultat du développement matériel de la société ». Ainsi se trouvent mis en équation matérialisme, déterminisme et catastrophisme. Or Bernstein accepte le dilemme et refuse d'un bloc ce qui lui est présenté d'un bloc, c'est-à-dire un matérialisme exclusif, un déterminisme absolu, un catastrophisme fatal. Les deux protagonistes du débat se situent bien sur le même terrain **. Aussi n'est-ce pas tant l'économisme, partagé par tous les courants issus de la Deuxième Internationale, qui constitue le socle commun qui soutient leurs divergences, mais plutôt l'adhésion à la nécessité du communisme, autour de laquelle se polarisent des positions attentistes et volontaristes, avant comme après la victoire de la Révolution russe ***. Il est vrai que c'est une interprétation mécaniste de Marx qui conduit les réformistes de la première génération (les révisionnistes) à s'en remettre au cours naturel de l'histoire : *ils attendent l'avenir*. Mais les révolutionnaires qui leur font face légitiment leurs entreprises sur une nécessité dont il se borne à anticiper la réalisation : *ils accélèrent l'avenir*, mais au risque de basculer dans le plus extrême volontarisme.

En effet, le volontarisme, communément attribué à l'utopie abstraite prématurément affranchie de tout recours aux conditions historiques de sa réalisation, n'est pas le seul possible. Le volontarisme de l'utopie optative, dont l'abstraction réduit les projets à des souhaits, passe dans le volontarisme de l'utopie prédictive, dont les déterminations transforment les projets en promesses. L'utopie héroïque, qui ne se satisfait pas des souhaits impuissants de l'utopie

* D. Bensaïd, *Walter Benjamin, sentinelle messianique*, Plon, 1990.

** R. Luxemburg, *Réforme ou Révolution ?*; Bernstein, *Socialisme théorique et social-démocratie pratique*.

*** D. Bensaïd, *La Révolution et le Pouvoir*, Stock 2, 1976, p. 299-328.

onirique, tente de forcer le cours de l'histoire et de le conformer ainsi à ses constructions abstraites, au risque, toujours vérifié, de trahir ses intentions. Pourtant, le déterminisme historique, quand il se prévaut, en le déformant, du versant le plus contestable de la pensée de Marx, n'abolit pas le volontarisme. Il existe au contraire des relations étroites entre eux *.

La question de la transition. Les impasses de la conversion de l'utopie en stratégie se vérifient, enfin, sur la question de la transition. Pourtant, la conception de Marx sur la nécessité et les formes du passage au communisme ne souffre aucune ambiguïté : le communisme est le mouvement réel d'abolition du capitalisme qui s'amorce dans le cours de son développement et se réalise sous la dictature du prolétariat. Il n'existe par conséquent que deux modes de production spécifiques — le capitalisme et le communisme — que relie *une seule période de transition*, qui n'est elle-même que la phase inférieure du communisme. Or cette conception de la transition suppose une adéquation, totale ou partielle (c'est sur ce point que se partagent les courants de la Deuxième Internationale), du capitalisme à son concept : lue comme promesse, il ne peut s'agir que d'une conception utopique de la transition que ne tarde pas à défigurer sa conversion en stratégie.

C'est ainsi que l'histoire du marxisme a vu s'imposer, à la faveur de glissements successifs émanant des courants les plus divers, une théorie du passage au communisme qui, d'un même mouvement, affirme l'existence d'un mode de production socialiste autonome et la nécessité d'une *double transition :* du capitalisme au socialisme, et du socialisme au communisme. Cette double transition porte sur le passage à la forme inférieure du communisme (devenue socialisme), et le passage de cette forme inférieure à la phase supérieure (ou communisme proprement dit). La transition au socialisme et le socialisme lui-même ainsi découplés de la tendance au communisme se voient alors attribuer des tâches et des caractères relativement autonomes. Il s'agit en effet pour le prolétariat au pouvoir de développer les forces productives nécessaires au socialisme (avant de développer celles qui sont nécessaires au communisme) ; de s'emparer de la direction des forces productives et d'opérer leur socialisation sous la forme de l'étatisation et de la planification ; d'intensifier la lutte des classes contre la restauration

---

* H. Marcuse, *Le Marxisme soviétique*, Gallimard, p. 196 sq.

bourgeoise et d'étendre la révolution à l'échelle internationale ; de subordonner les formes de sa domination à la réalisation des tâches précédentes.

L'effet le plus immédiat de la théorie de la double transition est implacable : elle ruine la conception de la nécessité immanente du communisme et convertit en impératifs stratégiques subordonnés à un idéal transcendant l'ensemble du projet marxien. Elle équivaut à une dénégation de l'utopie marxienne lisible dans l'opération contradictoire qui la gouverne : la négation de la transcendance du projet communiste permet de relativiser la nécessité de simuler et d'inventer les formes de sa réalisation (ainsi la critique de l'utopie est restaurée) ; la reconnaissance d'impératifs stratégiques qui ne procèdent pas du cours nécessaire de l'histoire avoue que les conditions du communisme doivent être forgées (ainsi la critique de l'utopie est abandonnée). Le résultat de tout cela ? Les moyens sont indexés sur une fin qui devrait permettre de juger de leur validité, mais qui, parce qu'elle reste promise, même lorsqu'elle se dérobe sans cesse, interdit de le faire.

Les impératifs stratégiques auxquels se conforment les moyens employés par les révolutionnaires de la première génération (les bolcheviques) prennent appui sur la nécessité historique dont ils prétendent seulement accélérer le cours. La fin qui justifie les moyens n'est pas un objectif, mais le terme inéluctable du mouvement qui l'accomplit. Tous les moyens qui s'en déduisent, pour peu qu'ils accélèrent la réalisation de cette fin, sont réputés lui être adaptés. Mais qu'importe la nuance, si la fin est certifiée ? Dans cette histoire sans contre-finalité, les effets contradictoires avec la fin poursuivie ne témoignent que de la puissance des contre-révolutionnaires et de l'œuvre des traîtres. Dès lors, quand, au prix de convulsions contre-révolutionnaires dont la dette reste à ce jour impayée, la volonté d'accélérer le cours de l'histoire prend la forme sanglante d'une prétention de construire une nouvelle histoire, le retour de l'utopie concrète, mais prédictive, à l'utopie abstraite et doctrinaire s'effectue imparablement dans la terreur. Sartre laisse entrevoir une partie de la vérité, mais une partie seulement, quand, reprenant expressément la formule à Lukacs, il désigne comme idéalisme volontariste le marxisme dogmatique pour qui « la recherche totalisatrice fait place à la scolastique de la totalité » — et qui tente en conséquence de plier théoriquement la réalité à un Savoir a priori avant de tenter pratiquement de conformer la réalité à ce savoir *. Mais le volontarisme change de visage, ayant alors changé de camp, quand il se confond avec l'étatisme stalinien, bien que ce volontarisme ait pu faire illusion et laisser croire qu'il était encore révolutionnaire.

Tant que face au communisme stalinisé c'est l'utopie promise qui tint lieu de tribunal de l'histoire, c'est elle qui a permis, même aux adversaires pourtant les plus résolus du stalinisme, de justifier non seulement leur défense inconditionnelle du léninisme, mais surtout leur défense inconditionnelle des acquis du « socialisme réel ». Ce dernier, dans la perspective d'une promesse différée, semblait tirer une légitimité résiduelle de son efficacité économique dans le développement des forces productives ; de son efficacité politique dans la lutte contre la restauration du capitalisme classique ; de l'instauration de rapports de propriété non capitalistes. Parmi les torsions qu'imposait une telle conception, il convient de relever le productivisme systématique, qui jugeait du caractère progressiste d'un mode de production à sa capacité de développer les forces productives ; l'éloge des formes étatiques de socialisation des forces productives, qui n'était tempéré que par la dénonciation des formes bureaucratique de cette étatisation. Le stalinisme n'était plus alors qu'un détour ou une perversion sur une voie tracée d'avance.

Si l'émancipation est une nécessité historique, elle n'est que la nécessité historique d'une possibilité : inscrite dans des antago nismes dont le dénouement relève d'objectifs et de dispositifs stratégiques qui ne sont pas directement produits par la nécessité historique. Pourtant, avec Marx, et surtout après lui, on revendique à la fois la création des conditions de l'avenir dans le même temps où l'on continue à affirmer qu'il n'y a pas lieu de les agencer. L'histoire réelle impose, au contraire, que l'émancipation soit stratégiquement pensée dans ses formes et son contenu, sans que l'on puisse s'en remettre à l'histoire pour les découvrir. Or c'est précisément ce que Marx s'interdit. Mais *une stratégie de la délivrance qui se bornerait à abréger l'histoire d'une promesse s'abolirait dans l'histoire tutélaire sur laquelle on prétend la fonder*, au risque que l'utopie absorbée par une histoire prédictive et close ne dévore l'histoire disruptive et ouverte : utopie contre histoire.

* J.-P. Sartre, *Critique de la raison dialectique*, t. 1, 1re édition, p. 24-29.

II. UTOPIE CONTRE HISTOIRE ?

Les constructions de l'utopie classique, ses formules et ses pilules, ses plans et ses tableaux, tournent le dos à l'histoire et dispensent d'y découvrir les conditions de réalisation de l'utopie. Mais en remettant à l'histoire le soin de résoudre sa propre énigme, Marx déplace l'utopie qu'il prétend congédier sans la dépasser.

1. L'histoire neutralisée ?

Sans doute, chez Marx, la tentative de démonstration de la nécessité historique du communisme, en posant la nécessité de son contenu, ne méconnaît pas que des conditions de sa réalisation sont requises : ainsi se trouve dépassée l'utopie abstraite. Mais tel est l'effet d'une dialectique négativement utopique qu'elle prend en charge la *promesse de la réalisation de l'essence dans l'existence et/ou du contenu dans la forme.* C'est ainsi que, lorsqu'elle ne promet pas que l'essence humaine trouvera les formes adéquates à son effectivité, elle promet que le contenu du communisme trouve (déjà partiellement) ou trouvera (bientôt nécessairement) les formes qu'appelle inéluctablement sa réalisation immanente.

Le communisme de Marx est fondé sur la *promesse de l'avènement de son contenu* : la certitude de l'avènement d'une nouvelle organisation de la production fondée sur l'association des producteurs ; la certitude d'un dépérissement de l'État contemporain de l'émergence de cette association. Or, à supposer que les règles qui devraient présider au fonctionnement d'une société communiste soient correctement déduites de la critique du capitalisme, dans laquelle elles sont déjà impliquées, rien ne prouve qu'elles puissent s'imposer : il ne s'agit donc que d'un exercice de détection — utopique dans le meilleur sens —, sur les possibles latéraux et contrariés. Mais la détection hypothétique est bientôt absorbée par la futurition historique : il devient alors impossible de soutenir que la débauche utopique se solde, parce qu'elle se soigne, par l'ascèse scientifique. Les présentations du communisme par Marx ne sont pas seulement des analyses historiques qui découvrent des potentialités ou des propositions hypothétiques décrivant ce que seraient les solutions apportées par les producteurs associés aux contradictions et aliénations que le capitalisme engendre, et, plus généralement, aux problèmes qu'il n'est pas en mesure de résoudre : ce sont aussi des solutions utopiques, qui peuvent être d'autant plus illusoires que la certitude de l'avènement du contenu hypothèque la réflexion sur les formes, quand elle ne dispense pas de les anticiper, voire de les inventer.

La promesse de l'avènement du contenu est, en effet, confortée par la *promesse de l'avènement de formes* qui lui soient adéquates. Comment comprendre cette affirmation ? La critique légitime de l'invention des formes de l'avenir en l'absence des conditions qui en rendent possible le contenu a pour revers, dans l'œuvre de Marx, *une révélation du contenu de l'avenir en l'absence des formes qui y conduisent.* Il devient alors possible de certifier la résolution des contradictions du capitalisme par et dans le communisme sans avoir à se prononcer sur leur forme, et donc sur leur possibilité même. La théorie peut et doit se limiter à l'enregistrement de formes qui seraient octroyées par l'histoire elle-même, sans recours à leur invention collective par les hommes. C'est ainsi que Marx interprète les coopératives, formes enfin trouvées de la socialisation du travail, et la Commune, forme enfin trouvée de la dictature du prolétariat. Du même coup, c'est la nécessaire détection de ces formes qui, sans être annulée, menace d'être tenue pour futile. Or ces formes non seulement déterminent le contenu, mais ne peuvent être trouvées qu'à condition d'être prospectées, éprouvées et, le cas échéant, inventées. L'interdit de la représentation des formes, solidaire de l'interdit de leur invention, constitue donc un point aveugle fondamental de la pensée de Marx [7].

Cette démarche, qui permet en droit de se soustraire aux prescriptions doctrinaires, relève d'une utopie au carré. Elle présuppose que la forme viendra d'elle-même résoudre les problèmes, avec d'autant plus de facilité qu'une société rendue à sa transparence lève par définition les obstacles qui résultent de l'opacité des formes sociales. La dénégation des difficultés à résoudre conforte l'interdit de *rechercher* les formes adéquates de l'émancipation et d'en *éprouver* le contenu à travers elles : à charge pour l'histoire de se porter garante de l'innocuité des recettes qui seront préparées dans les marmites de l'avenir. L'utopie devient alors une promesse de l'histoire, dont la science révèle le contenu, et se borne le cas échéant à *exprimer* les formes. Aussi Marx peut-il refuser de *simuler* ces formes : préférant les oracles de la nécessité (au risque de voir l'histoire les démentir), aux aventures de la possibilité ; espérant accélérer l'histoire sans avoir à l'inventer, pour ne pas avoir à l'inventer.

Les impensés de la critique marxienne de l'utopie prennent alors tout leur sens. Cette critique détecte dans l'utopie la logique des substitutions dont elle dépend en fonction de la logique de la révolution qui les défait : *au risque de dévaluer le rôle de l'imaginaire et de l'invention collectifs et les fonctions du programme et de la stratégie.* Ces substituts que l'histoire dénonce quand elle les dépasse sont à la fois des anticipations et des constructions. Plus précisément, Marx pourfend comme utopiques non pas toutes les formes de l'anticipation, mais, dans un même mouvement, les anticipations d'un contenu qui se substituent aux conditions de sa réalisation et les prescriptions de formes qui se substituent au développement historique réel. Or une telle critique fusionne, sous le concept d'anticipation, les anticipations imaginaires d'un contenu et les anticipations doctrinaires de formes — et, dans les deux cas, confond sous le concept d'anticipation des prémonitions que la Science et l'Histoire (certifiée par la Science) authentifient, et des prospections qui le cas échéant peuvent stimuler le développement de l'une et de l'autre. Mais, surtout, une telle critique fusionne, sous le concept de construction, les inventions individuelles et les inventions collectives — et confond, sous ce concept, des prescriptions doctrinaires qui tentent en vain de s'imposer à l'histoire et des simulations nécessaires à l'ouverture sur des possibles inexplorés *.

Dans tous les cas, quand elle suit sa pente la plus mauvaise, l'utopie de Marx — en tournant une histoire disruptive contre l'histoire officielle qui consacre les vainqueurs — reste arrimée à une histoire close qui se détourne de l'histoire ouverte offrant ses chances aux vaincus. Et si l'utopie stérile se reconnaît aux dilemmes dans lesquels elle s'enferme, force est de constater que Marx, en dépit ou à cause de la dialectique dont il use, ne parvient pas totalement à les surmonter : les moyens préconisés menacent à tout moment de neutraliser la fin poursuivie, et d'emprisonner la perspective du communisme dans l'alternative entre un indépassable présent et un inaccessible avenir.

L'avenir et le présent. L'œuvre de Marx, et parfois de son propre aveu, témoigne de la présence de *raccourcis utopiques* : à des anticipations précipitées des tendances et des structures de la société future répondent des extrapolations impuissantes des tendances et de la structure de la société existante. La mesure de ces raccourcis utopiques nous est donnée, comme on l'a vu, par Marx lui-même, non seulement dans la négligence initiale des conditions matérielles de l'émancipation, mais surtout dans son approche initiale de la

* H. Maler, *Congédier l'utopie*, op. cit., p. 162-163, 193-209, 267.

question de l'État. La présence des figures de l'utopie que Marx récuse n'est pas atténuée par l'absence de présentation des formes adéquates à ce contenu. Au contraire.

Ainsi, le refus de l'anticipation doctrinaire des formes n'efface pas les *anticipations utopiques* : l'anticipation du contenu sur la forme (que l'histoire elle-même, selon Marx, se charge de découvrir) enveloppe le contenu dans une pénombre utopique. Ainsi, l'anticipation de la fin de l'État sur l'émergence de la forme qui lui est réputée adéquate — la Commune — se traduit par des illusions utopiques sur le rôle assigné à l'État bourgeois. Ainsi, l'anticipation de la fin de l'appropriation privée sur la forme qui lui est réputée adéquate — la coopérative — se traduit par des illusions utopiques sur le rôle assigné au syndicalisme dans l'autoémancipation des travailleurs et à l'étatisation dans la socialisation des facteurs de la production sociale. Dans le premier cas, une analyse transhistorique de la naissance et de l'effacement de l'État se substitue à l'analyse des possibilités ouvertes par les formes modernes de l'État. Dans le second cas, une analogie avec les formes de l'émancipation bourgeoise se substitue à l'analyse des formes possibles de l'émancipation ouvrière.

Dès lors, entre le présent dénoncé et l'avenir annoncé, s'intercalent des *extrapolations utopiques* qui attribuent à une forme donnée le soin de préparer l'avenir, alors que cette forme est empêtrée dans la société existante. Les extrapolations utopiques consistent à projeter, comme moyens de transition au communisme, les déterminations de la société bourgeoise. Pour autant qu'elles concernent la sphère des rapports de production, les extrapolations utopiques dénoncées par Marx reposent, notamment, sur des interprétations utopiques de l'économie politique qui méconnaissent que les rapports de production de la société bourgeoise forment un tout et proposent comme formule de l'avenir une abstraction des rapports de production existants : ainsi, la proposition de l'étatisation des moyens de production comme forme de l'émancipation sociale est une extrapolation utopique qui néglige les effets de reproduction de la séparation entre les travailleurs et les moyens de production que l'appareil d'État risque de produire. Mais de telles extrapolations peuvent concerner la sphère des rapports politiques : ainsi, la présentation de l'État démocratique comme forme de la révolution et de la transition est une extrapolation utopique qui néglige sa constitution comme machinerie de classe. Or de telles extrapolations utopiques n'appartiennent pas seulement aux œuvres antérieures à 1848.

Marx nous l'a appris : l'utopiste est un critique aveuglé par sa propre précipitation. Les aveuglements utopiques de la critique qui la conduisent au-devant d'extrapolations incontrôlées culminent dans *l'utopie des forces productives.* On l'a vu, le rôle attribué aux forces productives pour décider de la nécessité du communisme pèse lourdement sur la détermination de son contenu : en méconnaissant la fonctionnalité des forces productives, Marx s'abandonne à une extrapolation utopique, qui conclut de leur nature et de leur type de développement capitalistes à leur nature et à leur type de développement communistes. La critique néglige de déterminer jusqu'à quel point le système des forces productives du capitalisme est fonctionnel à ce mode de production. L'extrapolation utopique en découle aussitôt qui consiste, ici comme ailleurs, à concevoir un *dépassement, plus linéaire que dialectique, du mode de production capitaliste sur la base du mode de production capitaliste.* Cette impasse a été soulignée avec force par toute une lignée de critiques du productivisme, auxquels il suffit ici de renvoyer *. Mais elle avait déjà été entrevue, dès 1934, par Simone Weil qui, dans un texte lucidement généreux et radicalement pessimiste, s'était essayée à une critique du marxisme comme utopie — critique dont le principal mérite était de tenir compte de la leçon de Marx pour l'appliquer à son œuvre. Déjà est identifiée la double illusion utopique selon laquelle le *système* des forces productives et le *développement* des forces productives seraient porteurs d'émancipation ** [8]. Illusions d'autant plus funestes qu'elles empêchent Marx de tirer toutes les conséquences d'un dernier aspect que pourtant il entrevoit. Le concept de forces productives est le concept d'un ensemble de rapports ou d'un rapport général : c'est un concept des rapports de l'homme à la nature tels qu'ils se nouent par la médiation du travail. Dès lors, le rapport entre les forces productives et les rapports de production ne fait qu'exprimer le rapport entre deux rapports : le rapport entre le rapport des hommes à la nature, et le rapport des hommes entre eux. Que l'unité de ces deux rapports, tant qu'ils restent capitalistes, puisse se solder à la fois par l'accumulation de

* Notamment : C. Bettelheim, *Calcul économique et formes de propriété* ; André Gorz, *Critique du travail* ; et, plus récemment, *Adieux au prolétariat*, éd. Galilée, p. 13-15 ; I. Joshua, *La Face cachée du Moyen Âge*, etc.

** S. Weil, *Réflexions sur les causes de la liberté et de l'oppression sociale* (1934), Gallimard, Idées, p. 10-13, 17 sq. et 38.

la misère et la destruction de la planète ne constitue pas une menace imaginaire. *Le socialisme sans révolutionnarisation des forces productives est une utopie.*

Cette utopie renvoie à une autre : la révolutionnarisation des forces productives n'est à son tour possible qu'à condition qu'elle procède d'une *révolutionnarisation des besoins* : qu'apparaissent les besoins d'une autre consommation et les besoins d'une autre production. Mais cette révolutionnarisation du système des besoins — la productions de nouveaux besoins — semble prise dans un dilemme utopique : condition d'une transformation radicale de la société, elle ne peut être produite que par elle. C'est ce cercle que Marcuse reconnaît, mais qu'il ne parvient pas à rompre * [9]. C'est pourquoi, qu'il s'agisse de nouvelles forces productives ou de nouveaux besoins, si le mouvement d'autoémancipation peut permettre d'en faire reconnaître la nécessité pour les premiers et l'émergence pour les seconds, c'est inévitablement des formes sociales et des formes politiques de l'émancipation que dépend leur déploiement : encore faut-il que cette émancipation soit pensable et pensée dans cette perspective.

Ainsi la dialectique de Marx dissimule en général, sans la résoudre, une dualité insurmontée entre le présent et l'avenir. C'est cette dualité que réfracte, au cœur de l'œuvre de Marx, la dualité des modèles de résolution des contradictions de la société bourgeoise. Et ce dédoublement témoigne de la persévération du second dilemme, constitutif selon Marx de toute utopie : entre la fin et les moyens.

La fin et les moyens. En dépit des réajustements partiels et des évolutions notoires, la pensée de Marx après 1848 ouvre des alternatives qui sont autant de dilemmes irrésolus. Outre les définitions tendanciellement divergentes du prolétariat par son exclusion de la société bourgeoise et/ou son inclusion dans les rapports de production capitaliste, ce sont les modèles de socialisation du travail et de dépérissement de l'État qui présentent de remarquables dualités témoignant de l'existence de contradictions non seulement entre les modèles, mais au cœur de chacun d'entre eux [10].

La *dualité des modèles de socialisation* témoigne de tensions irrésolues entre les extrapolations et les anticipations utopiques. Cette dualité — ces *deux images de l'appropriation sociale* — a été étudiée en profondeur par Jean Robelin que nous suivons ici (très) libre-

* H. Marcuse, *La Fin de l'Utopie* (1968), Seuil, 1968.

ment *. La socialisation des forces productives implique, dans un même mouvement, la socialisation des moyens de production et la socialisation de la force de travail. Mais la construction des modèles de socialisation tend à procéder par dédoublement : la socialisation des moyens de production tend à privilégier l'étatisation, et la socialisation de la force de travail tend à privilégier la coopération. Mais l'étatisation et la coopération ne peuvent être mises sur le même plan. L'étatisation est une forme de socialisation des moyens de production qui a comme corrélat la militarisation des forces de travail : ainsi, la métaphore de l'armée du travail n'est pas seulement une métaphore. La coopération sous la forme des coopératives met en jeu la socialisation des moyens de production (qui défait leur appropriation privée) et celle de la force de travail (qui défait le despotisme d'entreprise).

L'évolution de Marx — qui, dans le *Manifeste*, préconise l'étatisation des moyens de production et néglige les solutions coopératives, et finit dans *Le Capital* par présenter les sociétés par actions comme une transition négative du capitalisme au communisme, dont le revers positif est constitué par les coopératives — laisse penser que l'étatisation ne se voit plus reconnaître ses vertus primitives. *L'utopie de la socialisation par l'étatisation se résout dans la perspective de la socialisation par la coopération.* C'est ainsi que Marx invite le prolétariat à réaliser la « libération des formes sociales de production telles qu'elles existent dans l'organisation actuelle du travail (engendrées par l'industrie moderne) » et à « réaliser la coordination harmonieuse de ces formes sur le plan national et international » (GCF, p. 216). Ces formes qu'il s'agit de libérer ne peuvent être, si la notion de coordination doit avoir un sens, que des coopératives. Mais, en même temps, l'extrapolation utopique (qui revient à tenter de construire la société future avec des moyens appartenant à la société existante) s'est à peine déplacée *de l'utopie de l'étatisation à l'utopie des sociétés par actions.*

Marx distingue deux formes de négation de l'appropriation privée à l'intérieur de l'appropriation privée : les coopératives et les sociétés par actions. Les sociétés par actions et les usines coopératives apparaissent ainsi comme des formes de transition vers un nouveau mode de production. Bien que ces formes soient encore contradictoires et que leur statut soit, Marx le souligne, essentiellement différent (puisque les sociétés par actions résolvent

* J. Robelin, *Marxisme et socialisation*, Méridiens Klincksieck, 1989, 1re partie : Figures de la socialisation.

négativement la contradiction entre l'ancien et le nouveau que les coopératives résolvent positivement), Marx n'hésite pas à écrire : « Il faut considérer les entreprises capitalistes par actions, et *au même titre* les usines coopératives, comme des formes de transition du mode capitaliste de production au mode collectiviste » (Cap III, t. 1, p. 106).

Il faut s'arrêter un instant sur le rôle reconnu aux sociétés par actions. « Résultat du développement suprême de la production capitaliste », elles constituent un point de transition nécessaire en raison de la multiplicité de leurs fonctions, puisqu'elles forment selon Marx « le point par où passe nécessairement la reconversion du capital en propriété des producteurs non plus comme propriété privée des producteurs particuliers, mais en tant que propriété des producteurs associés », ainsi que « le point par où passe la transformation de toutes les fonctions du procès de reproduction encore attachées à la propriété du capital en simples fonctions des producteurs associés » (Cap III, t. 1, p. 102-103).

Engels, dans la *Critique du programme d'Erfurt*, réitère et surenchérit au point de voir dans les trusts un point de passage vers la planification : « La production capitaliste des sociétés par actions n'est déjà plus une production privée, mais une production pour le compte d'un grand nombre d'associés. Et si nous passons des sociétés par actions aux trusts qui se soumettent et monopolisent des branches entières de l'industrie, alors *ce n'est pas seulement la fin de la production privée, mais encore la cessation de l'absence de plan* » (in Gotha, p. 96).

Ainsi, Marx et Engels suggèrent que deux formes de socialisation opposées indiquent la même tendance : d'où l'on a pu conclure qu'elles préparaient au même titre l'appropriation individuelle. Or leur nature et leur destin divergent. Les coopératives tendent à réduire la disjonction entre le travail et le capital, que les sociétés par actions tendent à amplifier. De là deux dépassements possibles de l'appropriation privée : par généralisation des coopératives et par accélération des monopoles. Il apparaît donc que la contradiction entre socialisation des forces productives et appropriation privée peut se résoudre de deux façons distinctes, voire opposées : par la socialisation du travail, ou par la socialisation du capital ; en d'autres termes, grâce à l'appropriation des forces productives (moyens de production) par l'étatisation ou grâce à l'appropriation du procès de production par la coopérative. Or non seulement ces deux modalités de reconnaissance de la socialisation des forces productives ne s'additionnent pas, mais elles s'opposent, comme les capitaux associés par étatisation et les producteurs associés par coopération. Deux négations de la propriété privée ne font pas une solution.

Dès lors, de l'aveu même de Marx, la contradiction entre socialisation des forces productives et appropriation privée se double d'une contradiction entre socialisation du travail et socialisation du capital. Tant que la seconde domine, il apparaît que la bourgeoisie n'a pas épuisé son rôle révolutionnaire. Mais, plus encore, le dilemme entre extrapolation utopique et anticipation utopique est ici à son comble. Si relève de l'extrapolation utopique la volonté de supprimer les effets en gardant la cause (supprimer la monnaie en gardant la valeur, le capitalisme en gardant la production marchande), alors supprimer la séparation des moyens de production en gardant la séparation de la société et de l'État relève de l'utopie : le prolétariat ne peut s'approprier les moyens de production (appropriation sociale) qu'en surmontant la séparation de la société et de l'État. Or, tant que ce problème n'est pas résolu, la socialisation, même par l'improbable généralisation des coopératives, relève de l'anticipation utopique. C'est pourquoi les contradictions latentes — mais qui dans l'histoire des marxismes sont appelées à devenir explosives — entre les formes de la socialisation, correspondant à la différence de leur objet, se réfractent dans les contradictions relatives à leurs modalités. C'est donc aux formes politiques de l'émancipation que nous sommes, une fois encore, renvoyés.

Or, c'est une *dualité des modèles du pouvoir politique* prolétarien et du dépérissement de l'État (également relevée par Robelin) qui hante la conception de Marx, et témoigne également de tensions irrésolues entre des anticipations et des extrapolations utopiques. En effet, si la perspective de l'exercice de la suprématie politique du prolétariat dans le cadre de l'État-machine est abandonnée au bénéfice de l'exercice de la dictature du prolétariat dans le cadre de la Commune, aucun des problèmes posés n'est clairement résolu : peut-être parce que la façon même de les poser les rend insolubles [11].

2. *La politique évacuée ?*

Quand Marx fusionne le langage de la nécessité historique et celui des impératifs stratégiques, il promet au prolétariat une *domination politique inéluctable* (utopie contre stratégie), et s'en remet à une histoire tutélaire pour quelle découvre la *forme politique adé-*

quate (utopie contre histoire). Or, à peine trouvée avec la Commune, cette forme devient une *forme politique introuvable : utopie contre politique.*

La dialectique fermée par une promesse produit ici de nouveaux méfaits. L'achèvement des conditions historiques de la révolution prolétarienne est généralement présenté comme l'achèvement de ses conditions matérielles (développement des forces productives) et sociales (développement du prolétariat) : hors desquelles le communisme ne peut être qu'une utopie. Mais l'achèvement des conditions historiques de la révolution concerne aussi l'achèvement de ses conditions politiques : c'est le comble de l'aliénation politique qui crée les condition de son renversement, peut-on lire dans les écrits que domine la perspective transhistorique initiale ; c'est le comble de l'usurpation politique qui crée les conditions du surgissement de son antithèse, peut-on lire dans les textes postérieurs à 1848 : l'achèvement des formes de la domination bourgeoise coïncide avec l'isolement de l'exécutif, et la Commune se présente, logiquement et historiquement, comme l'antithèse de l'Empire. La dialectique, une fois encore, livre le sens d'une histoire qui ne cesse de s'y conformer. La Commune serait ainsi la *forme enfin trouvée* de l'émancipation sociale. Forme trouvée par l'histoire, au terme de sa dialectique immanente : la forme achevée de la domination de l'exécutif, l'Empire — comble de l'aliénation politique — a fait apparaître son antithèse : « *L'antithèse directe de l'Empire fut la Commune* » (GCF, p. 41). Et avec cette antithèse se trouvent résolues toutes les énigmes.

La Commune, en effet, est conjointement, *la forme politique de la prise du pouvoir et la forme politique de son exercice.* C'est l'instrument de la prise du pouvoir : « Qu'est-ce que la Commune, ce sphinx qui tracasse si fort l'entendement bourgeois ? Tout simplement, c'est *la forme sous laquelle la classe ouvrière prend le pouvoir politique* dans ses places fortes sociales, Paris et autres centres industriels » (GCF, p. 256). Mais c'est en même temps la forme d'exercice du pouvoir. En effet, la prise du pouvoir ne peut laisser intacte la machine de l'État (Marx le répète à deux reprises) : « L'instrument politique de son asservissement ne peut servir d'instrument politique de son émancipation » (GCF, p. 257). Le prolétariat détruit l'ancien appareil d'État. C'est ainsi que la forme politique de la prise du pouvoir peut être la *forme politique de l'émancipation sociale*, car la reprise du pouvoir d'État par les masses populaires livre le sens de la Commune : « La Commune, c'est la forme politique de leur émancipation sociale » (GCF, p. 213).

Plus exactement, si la Commune est la forme politique de l'émancipation sociale, c'est parce qu'elle est conjointement la forme *politique* adéquate à son contenu social et la forme de l'émancipation *sociale*.

C'est ce double aspect que Marx expose quand, après avoir expliqué la nature du pouvoir d'État, il explique ce qu'est son antithèse : « Le cri de "République sociale", auquel la révolution de février avait été proclamée par le prolétariat de Paris, n'exprimait guère qu'une vague aspiration à une République qui ne devait pas seulement abolir la forme monarchique de la domination de classe, mais la domination de classe elle-même. La Commune fut la forme positive de cette République » (GCF, p. 41). Marx se souvient sans doute ici de ce qu'il écrivait dans *Les Luttes de classes en France* (LCF, p. 51) et le *18 Brumaire* (18B, p. 22 et 120) ; et Engels, dans l'*Introduction à l'édition allemande de 1891* de *La Guerre civile en France*, relèvera encore : « Ce qu'il fallait entendre par République sociale, c'est ce que personne ne savait au juste, pas même mes ouvriers » (GCF, p. 293).

Or, ce passage d'une aspiration vague à une forme positive n'est pas le produit d'une invention ou d'une découverte théoriques, mais du mouvement historique qui met au jour la forme adéquate à son contenu : « Son véritable secret, le voici : c'était essentiellement un *gouvernement de la classe ouvrière*, le résultat de la lutte de la classe des producteurs contre la classe des expropriateurs, *la forme politique enfin trouvée qui permettait de réaliser l'émancipation économique du travail* » (GCF, p. 45).

En un mot, la *dictature du prolétariat* se définit par sa forme politique et son contenu social : forme *politique* adéquate à son contenu social (que désigne l'expression de gouvernement de la classe ouvrière, c'est-à-dire de la dictature du prolétariat, bien que l'expression ne figure pas ici) ; forme politique de *l'émancipation sociale* (que désigne ici l'expression d'émancipation économique du travail). Ce faisant, la Commune est conjointement la forme politique de l'émancipation sociale (c'est-à-dire la forme politique de la dictature du prolétariat, adéquate à son contenu social) et la *forme politique du dépérissement de l'État.*

Or, aussitôt trouvée (ou presque), *la forme de la dictature du prolétariat devient introuvable.* A en croire Marx, avec la Commune de Paris la promesse utopique du dépérissement de l'État a rencontré l'histoire, qui a trouvé la forme adéquate à son contenu sans que ni la Science ni les hommes aient eu à l'inventer, sans que la Science même ait eu à la découvrir : elle s'est bornée à l'exprimer, remplissant ainsi la tâche propre, selon Marx, à la science révolutionnaire. Mais la forme enfin trouvée ne tarde pas à s'égarer, dans la théorie comme dans l'histoire. En effet, la leçon de la Commune est progressivement abandonnée par la Science. Sans doute parce qu'elle était incomplète ou mal fondée, comme l'enseignent les voies suivies par la Science dans cet abandon. En effet, la *Critique du programme de Gotha* (1875) en établissant le partage entre ce que la science peut ou non établir et le partage entre ce que le programme doit ou non comporter laisse transparaître de singulières dérobades.

Les dérobades de Marx ? La première dérobade concerne le *dépassement de l'État politique*. Face à la revendication confuse de l'État libre, Marx réplique : « La liberté consiste à *transformer* l'État, organisme qui s'est mis au-dessus de la société, en un organisme entièrement subordonné à elle » (Gotha, p. 42). Il s'agit donc de transformer l'État et non de le détruire, et par conséquent de maintenir en quelque façon l'État et non de le faire ou de le voir disparaître totalement. Il s'agit de subordonner l'État à la société, et non de le dissoudre dans la société : autrement dit, de supprimer ce que les premiers textes désignaient comme État politique — le « *pouvoir politique proprement dit* » (MPh., p. 179) — et non l'État comme pouvoir public.

Que signifient, plus précisément, ce dépassement de l'État, ce maintien et cette transformation ? Marx pose lui-même la question : « Quelle transformation subira l'État dans une société communiste ? » La réponse à cette question est déjà partiellement comprise dans la perspective d'une subordination de l'État à la société. Mais la question elle-même doit être précisée : « *Autrement dit : quelles fonctions sociales s'y maintiendront analogues aux fonctions actuelles de l'État ?* » Ainsi Marx affirme que la question de la transformation est égale à celle de la conservation : les deux questions n'en font qu'une. Le maintien de l'État n'est rien d'autre que le maintien de certaines fonctions sociales « *analogues aux fonctions actuelles de l'État* » (Gotha, p. 43-44). La question de leur nature se double de celle de leur modalité d'exercice, que Marx ne pose pas.

Quant aux réponses elles ne sont pas données, ne serait-ce que pour la raison suivante : « *Seule la science peut répondre à cette question...* » Comment y répondra-t-elle ? Marx a donné quelques lignes plus haut la méthode en critiquant le programme : « *Au lieu de traiter la société présente (et cela vaut pour toute société future) comme le fondement de l'État présent (ou futur pour la société future), on traite au contraire l'État comme une réalité indépendante, possédant ses propres fondements intellectuels, moraux et libres.* » Mais que dira la Science et quand ? A ces questions, nulle réponse, puisque, nous dit-on, elles n'ont pas d'actualité politique : « *Le programme n'a pas à s'occuper* (...) *de l'État futur dans la société communiste* » (Gotha, p. 44)

Suit alors une seconde dérobade : sur la *dictature du prolétariat.* La Science qui peut déterminer ce qu'est l'État dans la société capitaliste et a pour charge de déterminer ce qu'il sera dans la société future ne se dérobe pas, à première vue, à une autre question : que sera l'État entre la société capitaliste et la société communiste ? « Entre la société capitaliste et la société communiste se place la période de transformation révolutionnaire de celle-là en celle-ci. A quoi correspond une période de transition politique où l'État ne saurait être autre chose que la dictature révolutionnaire du prolétariat. » Quelles seront les fonctions sociales et les modalités d'exercice de cette dictature ? Marx là encore reste silencieux. La raison ? « *Le programme n'a pas à s'occuper, pour l'instant, ni de cette dernière ni de l'État futur dans la société communiste* » (Gotha, p. 44). La « forme enfin trouvée » est oubliée dans une critique qui prétend se situer sur le terrain des principes et éludée dans un programme qui doit préparer la conquête du pouvoir.

Or, ultime dérobade, sur la *conquête du pouvoir politique*, le programme n'a pas à se prononcer. Que doit ou devrait alors comporter le programme ? Des revendications démocratiques, sans doute, mais sans omettre ce qu'elles impliquent, à savoir que « *toutes ces belles petites choses impliquent la reconnaissance de ce qu'on appelle la souveraineté du peuple et ne sont donc à leur place que dans une république démocratique* ». Or la prudence commande en Allemagne de ne pas formuler ce nécessaire mot d'ordre (Gotha, p. 45). Mais, si réclamer ces revendications démocratiques à un État qui ne l'est pas est une « supercherie » et revendiquer une République démocratique une impossibilité tactique, que fallait-il réclamer ? Marx ne le dit pas... D'où l'on devrait conclure que le programme ne doit comporter aucune revendication politique...

Pourtant, la Science nous livre le sens que devrait revêtir la revendication de la République démocratique : « *C'est précisément sous cette dernière forme étatique de la société bourgeoise que se livrera la suprême bataille entre les classes* » (Gotha, p. 45). Marx, ainsi, revient en deçà des analyses de *La Guerre civile en France*, qui voyait dans l'Empire la forme ultime de l'État bourgeois. Si désormais la république démocratique est la forme sous laquelle se livre la suprême bataille, quel est le rapport entre la forme étatique de la suprême bataille et la forme étatique de la dictature du prolétariat ? On peut le comprendre ainsi : « La république démocratique peut fonctionner comme passerelle à la dictature du prolétariat en maintenant certaines de ses institutions et en en transformant d'autres *. » Il ne s'agirait alors que d'un rapport de transition et non plus d'un rapport d'opposition (« antithèse »). L'ambiguïté demeure : Engels par contre se chargera de la dénouer.

Les reculades d'Engels ? En effet, c'est dans les écrits d'Engels que l'on peut noter les retours en arrière les plus significatifs : ce qui ne signifie pas que Marx ne les a pas ou ne les aurait pas partagés. Seule nous importe ici la figure théorique de ces reculades.

C'est d'abord sur la *dictature du prolétariat* que l'on peut enregistrer les premiers reculs. Une logique théorique implacable, sous-tendue par une logique politique qui mériterait d'être examinée pour elle-même, conduit à l'abandon de la leçon de la Commune. En effet, l'effort d'analyse de la trajectoire spécifique des formes politiques de la domination bourgeoise est neutralisé par le retour à une perspective transhistorique qui ne permet plus de penser la forme de la dictature du prolétariat.

La forme enfin trouvée devient une *forme désormais négligée.* L'Empire que Marx donnait pour la forme ultime et achevée de la domination bourgeoise est pris dans un *rapport entre la règle et l'exception.* En effet, cette perspective subordonne à une définition générale de la nature de l'État la définition de formes spécifiques qui lui dérogent. « Comme l'État est né du besoin de refréner des oppositions de classes, il est né, en même temps, au milieu du conflit de ces classes, il est, *dans la règle*, l'État de la classe la plus puissante (...) *Exceptionnellement*, il se présente des périodes où les classes en lutte sont si près de s'équilibrer que le pouvoir de l'État, comme pseudo-médiateur, garde pour un temps une certaine indépendance vis-à-vis de l'une et de l'autre. Ainsi la monarchie absolue des XVIIe et XVIIIe siècles... Ainsi le bonapartisme du Premier, et *notamment du Second Empire français*, faisant jouer le prolétariat contre la bourgeoisie, et la bourgeoisie contre le prolétariat » (Orfa,

* A. Tosel, « Les critiques de la politique chez Marx », in *Marx et sa critique de la politique*, Maspero, 1979, p. 45.

p. 180). Ainsi s'impose la conception consacrée par la postérité sous le nom de bonapartisme, qui retient certains aspects descriptifs de l'analyse de Marx mais en les sortant, à juste titre mais sans le dire, du dispositif dialectique qui lui permettait de lire dans l'Empire la forme ultime de la domination bourgeoise, et dans la Commune sa négation.

Or, en même temps, l'analyse d'Engels s'inscrit dans le *rapport entre l'essence et l'existence*, qui permet de lire dans la république la réalisation de l'essence de la domination bourgeoise. En effet, Engels revient logiquement à une analyse des formes d'État qui les définit en fonction de la domination de classe à laquelle elles sont les plus adéquates. Ainsi la république démocratique devient-elle la forme achevée de la domination de classe de la bourgeoisie, et, puisqu'il s'agit de l'ultime domination de classe, la forme achevée de l'État de classe : « *La forme d'État la plus élevée, la république démocratique,* (...) devient de plus en plus une nécessité inéluctable dans nos conditions sociales modernes, et (...) est *la forme d'État sous laquelle peut seule être livrée jusqu'au bout l'ultime bataille décisive entre prolétariat et bourgeoisie* » (Orfa, p. 180-181). Ainsi, ce n'est pas l'Empire qui achevant le cycle de la domination bourgeoise devient la forme d'État *face* à laquelle peut être menée l'ultime bataille, mais c'est la république qui devient la forme d'État *sous* laquelle cette bataille se livre. Le contexte ne laisse planer aucune équivoque : il s'agit de la forme sous laquelle se prépare la prise du pouvoir, et non par laquelle ce pouvoir s'exerce. Pourtant, avec ce retour du thème de la République, c'est la Commune comme antithèse qui menace de disparaître. *Car tel est le paradoxe : la dialectique de Marx, qui lui permettait de penser la nécessité et le contenu de la Commune comme antithèse de l'Empire, avait dévoré l'histoire en anticipant sur son développement ; alors que la dialectique d'Engels, qui réintroduit la république dans l'histoire, ne permet plus de penser la Commune.*

La forme désormais négligée devient alors la *forme enfin perdue.* Dans la *Critique du programme d'Erfurt*, en juin 1891, c'est chose faite : « Une chose est absolument certaine, c'est que notre parti et la classe ouvrière *ne peuvent arriver à la domination que sous la forme de la république démocratique.* Cette dernière est même *la forme spécifique de la dictature du prolétariat*, comme l'a déjà démontré la grande Révolution française. » Comme « il semble légalement impossible de poser directement dans le programme la revendication de la république », ce qui doit « figurer au programme, c'est *la revendication de tout le pouvoir politique dans les mains de la représen-*

tation du peuple» (Gotha, p. 103-104). On peut admettre, à la rigueur, pour éviter de jouer sur les mots que la république comme forme et la Commune comme forme ne s'opposent pas : à condition toutefois de préciser ce qu'est la forme de la république. Or, dans le même texte, Engels opte pour une république unitaire, accompagnée d'une large autonomie administrative et, significativement, donne comme exemples la Ire République française et l'Amérique, sans citer la Commune (in Gotha, p. 104-105). De même, dans l'introduction à l'édition allemande de 1891 de *La Guerre civile en France*, Engels justifie la forme politique de la Commune exclusivement par des arguments relatifs au contrôle de l'État : le risque d'autonomisation de l'État qui de serviteur de la société devient son maître (GCF, p. 300-301). Aussi pertinente que soit cette analyse, elle n'explique nullement comment cette fonction de la Commune lui permet d'accomplir l'émancipation sociale du prolétariat.

Ainsi, le même Engels, qui, en mars 1891, écrivait : « *Regardez la Commune de Paris, c'était la dictature du prolétariat* » (GCF, préface d'Engels, p. 302), peut écrire dans une lettre à Lafargue : « La république, vis-à-vis du prolétariat, ne diffère de la monarchie qu'en ceci qu'elle est *la forme politique toute faite pour la domination future du prolétariat...* Mais la République, comme toute autre forme de gouvernement, est déterminée par ce qu'elle contient ; tant qu'elle est la forme de la démocratie bourgeoise, elle nous est tout aussi hostile que n'importe quelle monarchie (sauf les formes de cette hostilité) » (cité par Robelin, op. cit, p. 146). Entre la « forme enfin trouvée » et « la forme toute faite », l'abîme est creusé. On sait comment l'histoire le remplira. Et comment sera pris en charge le dépérissement de l'État.

Car une fois perdue sa forme historique, c'est *sur le dépérissement de l'État* que s'opère le dernier recul : quand il devient à nouveau une promesse que l'histoire, enfin comprise, se charge d'accomplir. En effet, dans une perspective transhistorique, le dépérissement de l'État procède d'une nécessité historique entièrement suspendue à la nécessité historique de la suppression de ses fondements : l'effet disparaît avec la cause. Dans la perspective de la nécessaire réalisation de l'essence démocratique de l'État dans la démocratie vraie, ou dans la perspective de la nécessaire réalisation de l'essence humaine dans sa totalité, la solution est donnée avec le problème. Mais c'est également le cas avec les derniers écrits d'Engels. Dans *L'Anti-Dühring* (repris dans *Socialisme utopique et socialisme scienti-*

fique), Engels, dès 1878, non seulement élude la question des formes propres de la dictature du prolétariat, mais présente l'extinction de l'État comme un effet naturel de la suppression des causes qui en avaient rendu l'existence nécessaire : « *L'intervention d'un pouvoir d'État dans les rapports sociaux devient superflue dans un domaine après l'autre, et entre alors naturellement en sommeil* » (AD, p. 317 ; cf. également p. 321).

Mais c'est dans *L'Origine de la famille* que cette histoire, plus mécanique que dialectique, s'exprime avec la plus grande clarté : « *L'État n'existe donc pas de toute éternité.* Il y a eu des sociétés qui se sont tirées d'affaire sans lui, qui n'avaient aucune idée de l'État et du pouvoir d'État. A un certain stade du développement économique, qui était nécessairement lié à la division de la société en classes, *cette division fit de l'État une nécessité.* Nous nous approchons maintenant à pas rapides d'un stade de développement de la production dans lequel l'existence de ces classes a non seulement cessé d'être une nécessité, mais devient un obstacle positif à la production. Ces classes tomberont aussi *inévitablement* qu'elles ont surgi autrefois. L'État tombe *inévitablement* avec elles ».

Et, conclut Engels : « La société qui réorganisera la production sur la base d'une association libre et égalitaire des producteurs reléguera toute la machine de l'État là où sera sa place : au musée des antiquités, à côté du rouet et de la hache de bronze » (Orfa, p. 182). Or, dans une telle optique, *les formes du dépérissement de l'État sont aussi indifférentes à la forme d'État qui précède la prise du pouvoir qu'à la forme d'État dans laquelle ce pouvoir s'exerce.* Et Balibar souligne à juste titre que, dans le cadre proposé par Engels, « entre l'origine de l'État dans les luttes de classes précapitalistes et sa fin dans la société communiste, l'histoire de l'État reste donc un impensé, voire un impensable * ».

Comment ne pas voir dans la conception d'Engels une version silencieuse de la dialectique de la négation de la négation — et ne pas en mesurer le double effet ?

— En premier lieu, *l'histoire de l'État est dissoute* : quand Engels revient à une conception transhistorique de l'État qui lie l'existence de l'État à l'existence des antagonismes de classes, et ses formes successives aux différents types de mode de production, il ne met pas en œuvre les instruments qui permettent de comprendre la succession des différentes formes de l'État pour chaque mode de

* E. Balibar, « État, parti, idéologie : esquisse d'un problème », in *Marx et sa critique de la politique*, Maspero, 1979, p. 118.

production, et en particulier dans la société capitaliste. La spécificité et les variétés de l'État capitaliste sont impensables dans ce cadre. Or l'histoire de l'État ne saurait être qu'une histoire spécifique et diversifiée.

— En second lieu, et surtout, *la fin de l'État est garantie.* Le processus du dépérissement de l'État demeure une promesse d'une théorie de l'histoire qui ne permet pas de le penser comme processus, pas plus qu'elle ne permet de comprendre ou de déterminer la fonction et la forme de la dictature du prolétariat, qui dans le cadre d'une histoire de la nécessité transhistorique relèvent de l'histoire contingente. D'ailleurs de cette dictature et de cette transition, Engels ne dit *ici* pas un seul mot. *Le dépérissement de l'État ne requiert, dans cette optique, aucune pratique politique et aucune forme politique spécifiques.*

Ainsi, des analyses de Marx et Engels, il demeure deux images (modèles ou conceptions, comme on voudra) de la suprématie politique du prolétariat, successives mais aussi parfois concomitantes : l'exercice du pouvoir dans le cadre de la république (bourgeoise) et l'exercice du pouvoir sous la forme de la Commune. De même qu'il existe deux images (modèles ou conceptions, comme on voudra) de la socialisation chez Marx, successives mais parfois concomitantes : la centralisation étatique des moyens de production et la coordination démocratique des coopératives. Ces deux modèles n'ont pas la même valeur politique, n'ayant pas eu le même destin historique. Mais ils révèlent des impasses du même ordre : les impasses de l'utopie promise, qui confie à l'histoire le soin de trouver les formes d'un contenu dont elle certifie l'avènement.

Car il convient d'expliquer *ce paradoxe étonnant : que Marx puisse tout à la fois identifier dans la Commune la forme nécessaire de la dictature du prolétariat et se dérober aux conséquences de sa propre analyse* ; analyser les mécanismes et les fonctions d'une forme politique indispensable et dispenser le programme et la science de se prononcer sur eux ; affirmer que l'histoire a trouvé la forme adéquate et laisser prise au renoncement à cette forme. Et ainsi, dans un même mouvement, amorcer la réflexion sur la forme politique d'un pouvoir sur lequel se joue la totalité du passage au communisme et laisser cette réflexion en panne : une panne qui n'a pas été réparée jusqu'à ce jour.

Or, à moins de ne voir dans l'éloge de la Commune qu'une concession provisoire au fédéralisme de Proudhon, ce paradoxe ne peut se comprendre qu'à partir de la dialectique historique qui sous-tend l'analyse : si la Commune est comprise comme l'antithèse de la forme ultime et achevée de l'aliénation politique que constitue l'Empire, il suffit que l'Empire apparaisse comme une forme d'exception pour que la Commune cesse d'être un produit nécessaire de l'histoire et ne devienne qu'une forme possible parmi d'autres : la dictature du prolétariat ne désigne alors qu'un contenu, d'autant plus disponible à toutes les réinterprétations et malversations, que sa forme, provisoirement pensée, est bientôt donnée comme indifférente ou impensable. Or, quand elle est privée de cette réflexion, la dictature du prolétariat, pierre de touche de la critique marxienne de l'utopie, devient le comble de l'utopie marxienne dans sa version la plus néfaste. Dans le même temps, parce qu'elle esquisse ce que Marx tentait de penser sous le concept de dictature du prolétariat, la Commune reste l'impensé utopique, dans le meilleur sens du terme, de toute émancipation démocratique. Faut-il insister, sans nullement l'imputer à la théorie de Marx, sur la façon dont, historiquement, ce dilemme irrésolu a trouvé, dans la dictature sur le prolétariat, sa solution ?

Les promesses de la dialectique peuvent bien n'être pas tenues — parce qu'elles ne sont pas tenables : cela n'explique pas qu'elles se transforment (dialectiquement ?) en leur contraire. Le retournement de l'utopie n'est pas mécaniquement inscrit dans le fait même de l'utopie. Sommairement décrit, ce retournement tient en quelques mots : de l'omnipotence des producteurs à l'omnipotence de l'État ; de la transparence des relations sociales à la surveillance par l'État ; de l'immanence de la société à la la transcendance de l'État ; de la dictature du prolétariat à la dictature sur le prolétariat. En critiquant, à travers Hegel, l'État moderne, Marx souligne que c'est dans le déchirement de la société civile que s'enracine la séparation de la société civile et de l'État, et que toutes les tentatives de résorber cette séparation sans abolir ce déchirement sont vouées à l'échec : la multiplication de médiations reconduit les contradictions sans les résoudre. Cette critique porte en creux une critique de l'État totalitaire où la suppression des médiations polarise les contradictions sans les abolir. Or Marx attend de la conquête de l'État et d'une destruction de son appareil la réalisation des conditions d'une transformation sociale, qui abolisse les contradictions elles-mêmes. Mais la Révolution est à ce point nouée à l'État qu'elle menace de se condamner elle-même : non seulement l'abolition des anciens rapports de domination politique et les réformes des anciennes formes d'exploitation économique n'empêchent pas de voir reconduire les technologies de pouvoir qui leur servaient de support, mais une révolution peut être l'occasion d'une intensification de leurs effets et de leur cumul avec ceux de nouvelles formes d'exploitation et de domination. C'est ce que le travail de Michel Foucault, plus que tout autre, permet de comprendre : parce qu'il néglige de s'attaquer aux rapports de pouvoir qui soutiennent l'existence de l'État et aux technologies de pouvoir que cet État centralise, le discours de Marx laisse le champ libre à l'étatisme forcené que par ailleurs il prétendait combattre [12].

S'il est vrai que l'histoire ne s'explique nullement par le destin des théories qui doit s'expliquer par elle, les théories elles-mêmes peuvent éclairer leur propre destin. Ainsi en va-t-il de la théorie de Marx [13]. Et l'utopie de Marx, dans ce qu'elle avait de meilleur, est aujourd'hui une utopie naufragée. Le sauvetage de l'utopie exige alors, pour paraphraser la formule que Marx emploie pour évoquer le sauvetage de la dialectique, que l'on extraie de la gangue chimérique de l'utopie son noyau stratégique : pour faire droit aux *espérances de l'utopie.*

TROISIÈME PARTIE

ESPÉRANCES DE L'UTOPIE

(Après Marx)

PRÉAMBULE

L'utopie de bon aloi

« Chercher la quantité de réel qui est dans ce que les hommes appellent impossible. »

Victor Hugo, *Quatre-vingt-treize.*

Que l'utopie s'abandonne aux simulacres inoffensifs ou aux promesses miraculeuses, ses solutions illusoires ne se confondent pas totalement avec les simulations opératoires que recouvrent souvent ses décrets arbitraires : l'utopie n'est pas toujours aussi abstraite qu'elle le paraît ou condamnée à le rester. La dénonciation de l'utopie n'en épuise pas le sens, pas plus qu'elle n'épuise le sens de l'œuvre de Marx. Sa valorisation suppose un concept positif que Marx néglige et qui peut être reconstruit de deux façons : par détournement de l'usage optatif et par retournement de l'usage négatif. La première opération exige que du genre littéraire ou philosophique soit dégagée une méthode théorique ; la seconde opération, que soit reconnue la distinction entre le concept absolu et le concept relatif de l'utopie. L'utopie apparaît alors comme une méthode d'investigation des possibilités latérales à l'histoire et d'exploration des possibilités contrariées par l'histoire.

Ernst Bloch, d'emblée, atteint le centre de la cible : parce que l'utopie appartient aux « Paysages du souhait », son concept positif est indissociable d'un usage optatif. Mais les appels à l'utopie qui célèbrent ses vertus thérapeutiques sans enseigner son objet et sa méthode ne dépassent guère la simple exhortation : tout dépend alors de l'orientation et de la fonction de l'Espérance.

Malgré les tares et les périls de l'utopie, la critique libérale et/ou réformatrice s'efforce d'attribuer ou d'arracher à l'utopie une *fonc-*

tion heuristique. A cette fin, elle tente de découvrir, sous-jacente aux variétés du genre utopique, l'unité d'une méthode utopique : celle-là même que Raymond Ruyer définit comme « exercice mental sur les possibles latéraux * », mais qui reste dans le genre littéraire prisonnière des règles du genre, et, dans les utopies doctrinaires, prisonnière de l'abstraction. Est-il pensable d'aller plus loin ? Les appels à l'utopie qui célèbrent les vertus pédagogiques de la méthode sans enseigner les visées prospectives de l'espérance ne lui font que de bien maigres concessions. C'est alors une tout autre perspective qui prend le relais.

Malgré les abstractions et les impasses de l'utopie, la critique radicale invite à découvrir sa *fonction émancipatrice.* Alors, que l'utopie ainsi comprise soit opposée à Marx ou repensée dans Marx, ce sont les versions scientistes du marxisme qui sont prises à partie ; c'est à l'espérance, vraiment, qu'est attribuée la fécondité de l'utopie.

Comment en recueillir les fruits ?

Le retour aux utopistes permettrait de découvrir dans les précurseurs de Marx les précurseurs de son dépassement ; la remise en question de l'autorité du marxisme — et en particulier du marxisme qui s'arroge une position de monopole théorique et pratique en la gageant sur sa critique de l'utopie — passe par la réhabilitation de la diversité du mouvement socialiste. C'est dans cette perspective que Martin Buber tente de réévaluer l'apport des utopistes du XIXe siècle au projet d'un renouvellement tissulaire de la société et que Karl Korsh, lorsqu'il rompt en 1951 avec le marxisme officiel, propose de replacer Marx « parmi les nombreux précurseurs, fondateurs et continuateurs du mouvement socialiste de la classe ouvrière » au nombre desquels figurent les « socialistes dits utopiques du temps de Thomas More au nôtre ** ». Dans ce contexte, Charles Fourier devient souvent une référence privilégiée, dans la version forte que revendique René Schérer, ou dans des versions plus faibles que proposent Dominique Desanti et Jacqueline Russ ***.

* R. Ruyer, *L'Utopie et les utopistes* (1950), Éd. Gérard Montfort, 1988, chap. II, p. 9-26.

** M. Buber, *Utopie et socialisme* (1950), 1977, Aubier Montaigne ; K. Korsh, « Dix thèses sur le marxisme aujourd'hui », in *Marxisme et Philosophie*, éd. de Minuit, p. 185-186.

*** R. Schérer, *Charles Fourier ou la contestation globale*, Paris, Seghers, 1970, et, plus récemment : *Paris sur l'impossible*, Université de Paris-VIII. D. Desanti, *Les Socialistes de l'Utopie*, Petite Bibliothèque Payot, n° 190, 1971, p. 308-309 et p. 314. J. Russ, *La Pensée des précurseurs de Marx*, Pour connaître la pensée de Bordas, 1973, p. 8-10, 91-92, 262 notamment.

Pourtant, il ne suffit pas de solliciter et de distiller les apports des utopistes, encore faut-il préciser ce que ces apports doivent à l'utopie ; et reconstruire, à travers les utopies, un concept de l'utopie nécessaire, fondé non plus sur le simple enregistrement, mais sur le détournement de son usage optatif.

Le recours à l'utopie, qui vient ainsi au premier plan, désigne alors le bon usage du Principe Espérance. Ce dernier invite au partage entre les diverses formes de l'utopie pour autant qu'à travers elles s'effectue le passage de l'abstrait au concret.

Ernst Bloch est, sans nul doute, celui qui a forgé avec la plus grande clarté, le concept correspondant à cette trajectoire : « le concept de principe utopique pris dans le bon sens du terme ». C'est très clairement qu'il expose le double sens du concept d'utopie et prend parti pour le second : « La représentation et les pensées de l'intention prospective (...) sont utopiques, mais une fois encore dans le sens étriqué, voire mauvais du terme (fabulation insensée provenant d'affects, élucubrations abstraites et gratuites), mais *dans le sens désormais défendable du rêve vers l'avant, de l'anticipation en général.* En vertu de quoi la catégorie de l'Utopique possède donc, à côté de son sens habituel, cet autre sens qui, loin d'être nécessairement abstrait ou détourné du monde, est au contrairement centralement préoccupé du monde : celui de la marche naturelle des événements *. »

C'est pourquoi Bloch ne s'oppose pas à Marx au nom de l'utopie, mais propose de replacer Marx dans la perspective de l'utopie : précisément, dans le cadre de l'exercice de la fonction utopique de l'Espérance. Avec Marx s'effectuerait le passage à l'utopie concrète qui sauve et accomplit l'utopie : c'est la radicalisation de l'utopie qui permet son sauvetage. Mais ce passage suppose que les possibilités latérales à l'histoire soient comprises comme des possibilités contrariées par l'histoire.

Cette compréhension pointe déjà quand les utopistes eux-mêmes, suivis de quelques poètes, tentent de démasquer dans le concept conservateur de l'utopie le concept d'une défense de l'ordre social établi et de revendiquer, sous le nom d'utopie, les projets de transgression de cet ordre social. Ainsi, bien qu'il se défie du terme, l'utopiste l'emploie quelquefois. Victor Considérant, par exemple, propose une esquisse de l'ordre social idéal qu'il désigne comme « utopie d'un monde unitairement organisé ». Le poète est moins

* E. Bloch, *Le Principe Espérance*, t. 1, p. 14 et p. 20.

réticent. Victor Hugo, que l'on peut difficilement annexer au socialisme, légitime un concept positif de l'utopie, comme le montre la citation placée en exergue de ce préambule. Ou encore celle-ci : « La première phase du possible, c'est d'être impossible (...). Toutes les utopies d'hier sont toutes les industries de maintenant *. » Pour insuffisante qu'elle soit, cette réhabilitation utopique ou poétique va à l'essentiel : il suffit de retourner l'usage négatif du concept de l'utopie pour le refonder comme concept positif.

Ce retournement repose sur une distinction rigoureuse entre impossibilité absolue et impossibilité relative, que prennent en compte des auteurs comme Mannheim ou Marcuse (auxquels Abensour se réfère à son tour) **. Nous reviendrons sur leurs contributions. Qu'il suffise ici de noter la distinction qui en résulte : pris dans son sens absolu, le concept d'utopie désigne les idées qui, par principe, ne peuvent pas être réalisées ; pris dans son sens relatif, il désigne des *idées qui ne peuvent pas être réalisées du point de vue de l'ordre social existant* ou *ce qui est rendu irréalisable par les défenseurs de cet ordre.* L'utopie devient alors le concept d'une impossibilité provisoire et relative : le concept, en d'autres termes, d'une possibilité différée et contrariée.

Cet usage permettrait de lever l'ambiguïté dont se paie, chez Marx, l'héritage du concept négatif (et conservateur) de l'utopie, dont il accueille les effets bien qu'il en récuse la perspective. Le concept marxien de l'utopie, s'il ne se confond pas avec le concept classique d'une impossibilité de l'absolu, reste le concept d'une impossibilité absolue. Il risque alors de se confondre avec le concept conservateur ou libéral. Or, dans l'optique libérale ou conservatrice, il s'agit d'étouffer des *virtualités actuelles* (qui dépassent la réalité donnée) en leur opposant le décret de l'impossible, au nom de *possibilités factuelles* (qui n'excèdent jamais ce qui est déjà là) ; il s'agit d'étouffer toute théorie critique (qui cherche à déplier le présent vers l'avenir) en lui opposant le label de doctrinaire, au nom d'un savoir positif (qui se borne à replier l'avenir sur le présent). Toute l'œuvre de Marx est une insurrection contre ces platitudes intéressées. Dès lors le concept d'utopie dans son usage négatif reste chez Marx en porte à faux : l'ambivalence des utopies

* V. Considérant, *Destinées sociales*, Paris, au bureau de la Phalange, 1834-1844, 3 vol. ; Victor Hugo, *Paris* (1867), Lausanne, 1947, p. 64.

** K. Mannheim, *Idéologie et utopie*, éd. Marcel Rivière, 1956, p. 130-132 ; H. Marcuse, *La Fin de l'Utopie*, Le Seuil, 1958, p. 8-9, et *Vers la libération*, Médiations/Denoël, p. 14 ; M. Abensour, *Thèse...*, op. cit., vol. 2, p. 21-22.

est dissimulée par un concept dont Marx est conduit en permanence à corriger, en marge, l'inadéquation. Tout n'est pas dogmatique et chimérique dans les utopies, sinon le dépassement de l'utopie n'aurait aucun sens, n'ayant aucun fondement. L'utopie ne peut être enfermée dans les frontières que vise l'usage marxien du terme, parce qu'elle est tout entière dans le mouvement qui franchit ces frontières et rend possible le projet de son sauvetage. Du moins si, comme on peut le penser, l'heureuse formule d'Adorno est vraie : « Ils étaient ennemis de l'utopie dans l'intérêt même de sa réalisation *. »

C'est cet intérêt qui impose de dénouer l'ambivalence de l'utopie marxienne. C'est cet intérêt qui exige : d'affranchir l'utopie disruptive de la dialectique spéculative qui l'enferme dans une histoire tutélaire ; d'arracher le projet de tracer l'horizon utopique de l'émancipation (dont la nécessité historique ne trace que la possibilité), à la tentation de le présenter comme une prévision scientifique d'un avenir dont la nécessité historique promettrait l'effectivité ; de renoncer à proposer l'utopie projective qui appelle sa simulation hypothétique comme la solution historique d'une énigme ; de dégager de l'utopie promise (qui l'enveloppe et la dissimule) l'utopie requise — avec Marx, malgré Marx.

Pour délivrer l'utopie classique de ses abstractions et de ses impasses, en délivrant l'utopie marxienne de sa dialectique fermée et de ses promesses — pour cesser de promettre l'impossible, sans renoncer à convoiter l'impossible —, ce sont les contours d'une utopie concrète et disruptive qu'il convient de tracer, mais les contours seulement. Sans doute n'est-il pas de meilleure méthode que la pratique de la méthode : la critique de l'économie politique par Marx en demeure — en deçà de l'utopie, mais à destination de l'utopie — le meilleur exemple. Mais notre dessein initial nous impose cette limite : comprendre comment l'utopie peut désormais être pensée — avant de tenter, avec d'autres, de repenser une utopie.

Quels contours pour l'utopie ? L'exploration des possibilités contrariées interdit de congédier la dialectique, dont seule la fermeture est négativement utopique. Elle invite, au contraire, à procéder à l'ouverture d'une *dialectique utopique*, déjà présente mais à l'état d'esquisse, dans l'œuvre de Marx : pour faire droit aux possibles réels qui minent l'ordre social existant et pour redécouvrir, sous le temps des nécessités linéaires, le temps des virtualités disruptives, qui appellent leur détection utopique. C'est l'exploration de ces

* Th. W. Adorno, *Dialectique négative*, Payot, p. 252.

virtualités qui interdit de réprouver tous les modèles, dont seule l'abstraction qui les coupe de toute détection dialectique est négativement utopique. Elle invite, au contraire, à recourir à une *projection utopique* dont la méthode est latente, mais déformée, sous les fictions abstraites des utopies classiques et, surtout, sous les prévisions du communisme de Marx : pour éprouver les normes, détecter les formes et proposer les idéaux d'un changement de société.

CHAPITRE I

UNE UTOPIE DISRUPTIVE ?
(Une dialectique pour l'utopie ?)

La dialectique congédiée ?

L'utopie négative, sous sa forme classique, revendique la nécessité de son avènement, mais manque la dialectique qui devrait la fonder. Elle prétend adjuger aux hommes la forme de société où se réaliserait pleinement leur essence, en se livrant à un exercice de prospection de ce qui leur est absolument nécessaire — rationnellement nécessaire —, que la nécessité soit circonscrite comme souhaitable ou prescrite comme indispensable. Mais une utopie fondée sur une nécessité rationnelle, quand elle reste aveugle à ses conditions historiques de réalisation, manque le but qu'elle pressent et discrédite les moyens qu'elle préconise. La critique de Marx, dans la mesure où elle met les buts et les moyens des utopies à l'épreuve de leurs conditions historiques de possibilité, démasque leurs improvisations qui extrapolent la réalité présente et anticipent vainement la société future : la dialectique qui se tourne alors contre l'utopie pour la critiquer tente d'en sauver la vérité par et dans le passage à l'utopie concrète.

Mais, par-delà ses formes classiques, l'utopie peut prendre aussi la forme d'une promesse, fondée sur une nécessité historique : quand la nécessité historique qui réalise les conditions d'une émancipation est comprise comme l'accomplissement inéluctable des possibilités qu'elles recèlent, l'utopie est passée de l'oracle au miracle — de la prédication à la prédiction — sans quitter le sol de la prophétie. C'est ce que Marx est en permanence tenté d'accomplir en passant par la fausse fenêtre d'une ouverture négativement utopique de la dialectique hégélienne, qui consiste à défaire la clôture du système hégélien en conservant sa conception de la nécessité : ouverture manquée, porte ouverte aussitôt refermée. C'est pourquoi la démonstration marxienne de la nécessité du communisme et la détermination de son contenu sont grevées d'héritages négativement utopiques qui invitent à congédier la dialectique qui les supporte.

Il faut alors revenir sur les raisons de cette invitation :

— D'abord, la tentation marxienne d'exposer dialectiquement que la nécessité du communisme se confond avec son avènement inexorable hypothèque la compréhension de l'histoire dont elle prétend percer le secret. Le recours initial à la *dialectique de l'essence et de l'existence* permet de promettre la nécessité pour l'essence d'apparaître dans une forme d'existence qui lui soit adéquate. Le recours, ultérieurement plus marqué, à la *dialectique de la possibilité et de l'effectivité* place la possibilité sous l'emprise de la nécessité d'un accomplissement effectif qui n'est autre que celui de l'essence. Or le possible coïncidant avec la nécessité est le possible conçu rétrospectivement : n'était possible que ce qui est nécessairement advenu comme possibilité de la réalité ou de l'effectivité qui lui correspond. Mais le possible conçu prospectivement n'est pas privé de réalité pour n'être ni totalement conditionné ni promis à une inéluctable réalisation : c'est cette ouverture que Marx, quand il suit Hegel, menace de refermer prématurément.

— Ensuite, la détermination marxienne du contenu du communisme est grevée par la tentative de démonstration de sa nécessité. Le communisme se présente alors comme une solution utopique qui repose à son tour sur une dialectique conviant à l'abandon de toute dialectique. Cela est vrai du communisme initial : dans la mesure où l'essence humaine est appelée à se réaliser sous une forme adéquate, l'utopie marxienne promet une émancipation totale qui réalise une parfaite immanence-omnipotence-transparence. Cela reste vrai du communisme terminal : dans la mesure où le contenu est appelé à trouver la forme qui lui est adéquate, point n'est besoin de le prospecter ou de l'inventer.

— Enfin, la critique du capitalisme est grevée par la double figure de l'utopie promise : l'intensité des contradictions est surévaluée au bénéfice de la promesse de leur résolution ; la nature des contradictions est comprise en fonction de la promesse de leur abolition. Dès lors, la dualité des diagnostics et des pronostics (de la critique des contradictions et de la prévision de leur résolution), souvent relevée par les critiques de Marx, incite ces derniers à effacer les pronostics pour ne mettre à l'épreuve que les diagnostics : à rabattre la théorie de Marx sur la seule étude de l'ordre social existant, quand ce n'est pas à renoncer à toute dialectique.

Dans le meilleur des cas, une dialectique rationnelle est invitée à exclure toute dialectique utopique. Ainsi, quand Bernard Chavance relève l'existence dans l'œuvre de Marx de « plusieurs dialectiques », c'est pour opposer, à la « dialectique rationnelle » qui consiste dans la « logique de la contradiction appliquée au capitalisme », une « dialectique utopique » qui a pour objet de « fonder la possibilité comme la nécessité du communisme » *. En fusionnant ainsi possibilité et nécessité, on ne retient que la version nocive de la seconde version de la dialectique, en privant la première de toute ouverture sur l'avenir, sans laquelle la dialectique serait largement privée, de surcroît, de toute dimension critique. Or, contrairement à ce que suggère Chavance, faute de prendre les précautions nécessaires, la dialectique qui déborde les limites d'une critique immanente du capitalisme n'est pas inexorablement vouée à sombrer dans une utopie inconsistante et/ou périlleuse. La dialectique ne cesse pas d'être rationnelle quand elle permet de repérer dans les contradictions de l'ordre social existant les conditions d'un dépassement possible que cet ordre social s'emploie à rendre impossible — et d'ouvrir ainsi l'espace d'une utopie bien comprise. En d'autres termes, la critique de la fermeture utopique de la dialectique — par la tentation d'une impossible démonstration de la nécessité — n'exclut pas la recherche d'une ouverture utopique de la dialectique — par la tentative de détection de la possibilité.

Pourtant, des critiques acérées incitent à délivrer la dialectique rationnelle elle-même des sortilèges qui seraient responsables de l'ensorcellement totalitaire ; à abandonner la dialectique objective (comme nous y invite Merleau-Ponty) ou la dialectique affirmative (comme nous le propose Adorno) :

— La dialectique objective, nous dit Merleau-Ponty, a pesé lourdement dans le destin du communisme de Marx : le stalinisme est compris dans le bolchevisme, qui dérive logiquement du marxisme pour autant que Marx lui-même, après 1850, place la dialectique dans les choses et propose ce réalisme dialectique comme fonde-

* B. Chavance, « La dialectique utopique du capitalisme et du communisme chez Marx », in *Marx en perspectives*, Éditions des Hautes Études en sciences sociales, Paris, 1985, p. 121.

ment même du socialisme scientifique. Renoncer à cette dialectique objective devait conduire logiquement Merleau-Ponty à abandonner le marxisme, mais sans le dépasser. Une autre voie peut être empruntée. En effet, ce que Merleau-Ponty vise en permanence sans la nommer, c'est la dialectique de la nécessité : c'est elle qui menace de basculer dans une conception mécanique de l'histoire et une conception technologique de l'action, surtout quand, au nom de cette dialectique, un avenir tracé d'avance est confié à l'œuvre d'un parti qui incarne la promesse de sa réalisation. Or, pour rendre à la dialectique sa « souplesse », selon le mot de l'auteur, il suffit de lire dans l'œuvre de Marx et contre elle la dialectique de la possibilité qui s'y trouve inscrite et qui appelle son développement *.

— La dialectique affirmative, nous dit Adorno, est, par nature et par destin, totalitaire parce qu'elle participe au destin totalitaire de la raison : on peut comprendre alors qu'une utopie forgée par cette dialectique, et non moins affirmative qu'elle, était d'emblée promise au même destin. La critique d'Adorno, parce qu'elle ne ne se laisse pas réduire à la version banale de la critique de toute utopie affirmative, porte sur des éléments décisifs qui mériteraient un examen approfondi. Mais elle ne récuse pas toute utopie : Adorno désigne lui-même comme utopique l'élément qui échappe à la raison et à la société totalitaires — l'« utopie secrète du concept de la raison » et la « pensée de la différence par rapport à ce qui existe » **. En revanche, la dialectique négative d'Adorno paie le prix fort de ses réserves : une dialectique dégagée de son essence affirmative (par quoi elle ferait corps avec le destin totalitaire de la raison) est, certes, une pensée de l'individuel et du non-identique, mais elle est dotée d'une négativité impuissante. Elle se dérobe aux périls de la catastrophe en s'efforçant non de la rendre impossible, mais de la conjurer : elle se résume dans le refus d'être complice. N'est-ce pas parce que cette dialectique négative a trop tôt renoncé à la dialectique de la négativité, telle que Marx l'emploie quand il ne confond pas utopie et promesse ?

Quant à l'abandon de toute dialectique, il faut se souvenir de ses effets ravageurs : cet abandon cristallise le recours au scientisme contre l'utopie et sanctionne le retour de l'utopie doctrinaire dans

* M. Merleau-Ponty, *Les Aventures de la dialectique* (1955), Idées/Gallimard, 1977.

** Th. W. Adorno, *La Dialectique de la raison*, Tel/Gallimard, p. 94-95, 103, 127 ; *Dialectique négative*, Payot, 1978, p. 245.

le marxisme. En quoi consiste ce retour ? Pour Marx, il s'agit d'étudier la société capitaliste dans l'esprit des sciences de la nature et, partant, de dégager les lois immanentes qui gouvernent cette société : ses lois naturelles, au sens où elles s'imposent à la volonté de l'homme de façon aussi implacable que les lois de la nature.

Les versions scientistes du marxisme tirent de cette analogie deux conclusions qui concernent, respectivement, le rapport de la science aux prévisions qu'elle autorise et le rapport de la science aux applications qu'elle favorise.

— *La première analogie* guide le *retour de la prophétie doctrinaire.* La connaissance des lois immanentes de fonctionnement d'une société devrait autoriser la prévision au même titre que la connaissance des lois de la nature. Cette analogie peut sans doute être relevée chez Marx, mais sous réserve de deux précisions. En premier lieu, les prévisions de Marx, pour autant qu'elles sont scientifiquement fondées, ne concernent pas les événements proprement dits, mais la conformité des phénomènes économiques et sociaux aux lois qui en rendent compte. Dès lors, il faut distinguer, dans l'œuvre de Marx, les prédictions événementielles (guidées par l'analyse scientifique, mais qui lui restent irréductibles) et la prévision scientifique. Mais, en second lieu, il convient de distinguer les lois du fonctionnement, fût-il contradictoire, et donc du mouvement interne d'une société donnée, et les lois du renversement de cette société ; les premières peuvent concerner la nécessité des contradictions d'un système donné, les secondes la nécessité de leur résolution : par une révolution et l'instauration d'un nouvel ordre social, avec un contenu déterminé. Le recours marxien à la dialectique permet de passer d'un ordre de nécessité à l'autre, et donc de prétendre fonder à la fois des prévisions sur le développement nécessaire des contradictions et sur l'aboutissement nécessaire de leur résolution.

La confusion qui menace s'accomplit quand la nécessité mécanique remplace la nécessité dialectique, comme le montre l'exemple de Kautsky *. Ce dernier distingue, à sa façon, la prédiction événementielle et la prévision scientifique quand il revendique, du point de vue de la pratique, l'usage de deux types de prévisions qu'il nomme prophéties. La première catégorie de prophétie concerne des éventualités. C'est ainsi que, selon lui, « un homme politique qui est en même temps un penseur, *suppute, à l'occasion de chaque nouvel événement, toutes les éventualités qu'il recèle et en dégage les*

* Kautsky, *Le Chemin du pouvoir* (1909), Éd. Anthropos, 1969, p. 22-25.

plus lointaines conséquences ». Or il existe « une autre catégorie de prophétie » que Kautsky présente ainsi : « L'évolution d'une société dépend en dernier lieu de l'évolution de son mode de production ; or nous en connaissons aujourd'hui les lois avec une exactitude suffisante pour pouvoir reconnaître avec quelque sûreté la direction dans laquelle s'accomplit nécessairement l'évolution sociale et en tirer des conclusions quant à la marche nécessaire de l'évolution politique. » De cette direction, Kautsky précise qu'« il s'agit d'une *direction unique, nécessaire de l'évolution* », dont la prophétie « ne peut que nous indiquer *des tendances générales sans nous donner de renseignements précis sur les formes qu'elles revêtiront* ». Tout le problème est précisément que ces tendances qui ne permettent pas de prévoir les formes de l'avenir sont conçues comme des lois qui permettent d'en prévoir le contenu : la direction nécessaire, comme le dit Kautsky, qui présente les lois du mouvement contradictoire d'une société donnée comme une loi d'évolution linéaire, conduisant inéluctablement au socialisme.

— *Une seconde analogie* avec les sciences de la nature guide *le retour de la technologie doctrinaire.* De même que les sciences de la nature permettent de dériver de la connaissance des lois de la nature les conditions de leur application technique, la connaissance des lois de la société permettrait de les appliquer à sa transformation, et de faire œuvre de technologie sociale. La stratégie serait à l'Histoire, ce que la technologie est à la Nature. Une telle conception fait bon marché de la conception de Marx lui-même. Ce dernier s'est défendu, comme on le sait, de déduire des recettes sociales de ses découvertes scientifiques, mais, surtout, il concevait le rapport théorique de la science à son objet comme un rapport d'expression qui confère à la science une fonction pratique de médiation : cela n'a rien à voir, par conséquent, avec la version technique selon laquelle, de la même façon que la connaissance des lois de la nature permet de lui commander en lui obéissant, la connaissance des lois de l'histoire permettrait elle aussi de commander à l'histoire en lui obéissant.

Qu'on relise ces lignes de Roger Garaudy ; elles témoignent de toute une époque : « Ainsi seulement le socialisme prenait une signification scientifique. Il n'était plus un rêve de générosité ou le terme mystique de la chevauchée humaine, mais une étape décisive et nécessaire de l'histoire (...). Dès lors, *la lutte des communistes devenait une application technique des découvertes scientifiques de Marx et d'Engels.* Leur organisation, leur stratégie, leur tactique, leur politique en un mot, devenait une science du possible et *la technique la plus efficace* pour servir le mouvement en chaque moment de l'histoire *. »

Ces ultimes avatars du maniement utopique du marxisme, confirment l'effacement de la dialectique. L'*effacement de la dialectique de la nécessité*, selon laquelle le développement du capitalisme enveloppe sa propre négation, conduit à une *interprétation mécanique de la nécessité*, selon laquelle le capitalisme n'inclut pas sa négation mais conduit au communisme comme des causes produisent des effets. L'*effacement de la dialectique de l'action*, selon laquelle la fin est présente dans les moyens parce que les moyens dictent la fin, conduit à une *interprétation technique de la pratique*, selon laquelle la fin n'est pas enveloppée dans les moyens mais doit être atteinte par des moyens qui s'en déduisent, sur le modèle de la transformation du rapport entre cause et effet en rapport entre moyen et fin. Le rapport entre le modèle mécanique de la science et son maniement technologique est transféré au rapport entre le savoir dialectique et l'action dialectique : la transformation du monde se résout en application de la science. La dialectique de Marx permettait au moins de se défendre d'une aussi funeste illusion. Une utopie disruptive bien comprise doit se fonder sur une dialectique utopique clairement conçue : un large détour est nécessaire pour tenter de l'établir.

I. LE CONCEPT D'UNE DIALECTIQUE UTOPIQUE

Le tracé d'un horizon utopique ne saurait, sous peine de retourner à l'utopie abstraite ou de succomber à l'utopie prospective, reposer sur les modes de détection propres à l'utopie classique. Il requiert une autre méthode. De cette méthode, en l'absence de la critique de la modernité qui en confirmerait la validité par la fécondité, on se bornera à poser les premiers jalons en partant du double dépassement qu'elle suppose : le passage de l'utopie abstraite à l'utopie concrète, qui sauve la simulation utopique des jeux du simulacre ; et le retour de l'utopie prospective à l'utopie disruptive, qui sauve l'utopie de l'enlisement analytique. Ainsi seraient jetés les fondements d'une utopie concrète et disruptive, fondée sur la dialectique de la possibilité concrète. Or les impasses de l'utopie

* R. Garaudy, *Les Sources françaises du socialisme scientifique*, Éd. Hier et Aujourd'hui, 1948, p. 279.

promise, en sonnant le glas de toute promesse, semblent condamner à mort toute utopie, et assurer le triomphe du présent sur un avenir destiné à l'éterniser.

1. De la répétition à l'innovation

Le possible (mais rabattu sur l'accessible) et le virtuel (mais réduit au réalisable) n'ont pas perdu toute force d'attraction : les discours sur l'avenir prolifèrent, mais privés de toute charge utopique, c'est-à-dire disruptive. Ces discours revêtent les formes les plus diverses : la divination, la prophétie, la futurologie, la prospective, la science fiction et l'utopie, qui sont autant de variétés de la prospection, dont il convient de distinguer les diverses variétés de la prévision *.

De la prévision à la prospection. La prévision se fonde sur la nécessité. Analytique ou dialectique, elle tente de prendre l'avenir dans les rets d'un accomplissement inéluctable : aussi est-elle, appliquée à l'histoire, mirage ou chimère, et en tout cas ruineuse pour toute utopie bien comprise. La prévision analytique consiste à conclure du système à l'histoire : comme toute prévision, elle repose sur la reconduction des caractéristiques générales du système, dont elle se borne à faire varier un nombre croissant de variables. Sectorielle, elle peut être féconde. Globale, elle devient menaçante, parce qu'elle enferme l'innovation dans la répétition. Telle est la logique du plan technocratique dont l'utopie, bien qu'elle puisse en revêtir la forme, se distingue radicalement : la prévision ne saurait absorber toute forme d'anticipation [1]. La prévision dialectique consiste à conclure de la dynamique à l'histoire : parce qu'elle est dialectique, elle enveloppe des pronostics sur la dynamique du système dans la promesse de sa négation ultime. Hypothétique, elle serait inoffensive. Catégorique, elle relève des utopies qui ne sont que chimères. Telle est la logique de l'utopie scientiste, commune aux variétés principales des marxismes de la Deuxième Internationale : l'horizon utopique est refermé par sa prévision et la science fabrique de la lumière utopique avec les pénombres de la dialectique. Dans tous les cas, la prévision en histoire n'est en général qu'une divination déchue (qui lit dans le présent les signes de l'avenir) ou une pro-

* A.-C. Decouflé, *L'An 2000*, collection Archives, Gallimard-Julliard, p. 11-46.

phétie laïque : l'ouverture sur l'avenir qui permettrait d'entrevoir son horizon utopique relève, de prime abord, non de la prévision, qu'elle soit analytique ou dialectique, mais de la prospection.

La prospection se guide sur la possibilité. Mais la possibilité, à son tour, peut être analytiquement comprise, comme le montrent la prospective, surtout quand elle est linéaire, et l'utopie elle-même, du moins quand elle est abstraite. Multiples quand il s'agit de leurs méthodes et de leur contenu, mais unifiées quand est en jeu le court-circuit du présent, les formes de l'utopie peuvent ici être amalgamées. Alliées quand il s'agit de réprouver tout à la fois la prédiction et la prévision, la science-fiction et l'utopie, mais adversaires quand il s'agit de leur propre scientificité, la futurologie et la prospective peuvent être ici confondues. Que nous apprennent alors l'utopie et la prospective ? L'utopie abstraite se prend à rêver ou à inventer l'avenir, en jouant de toutes les nuances du souhaitable et du concevable. Aussi sa prospection de l'avenir, coupée prématurément de l'histoire, même quand elle s'y réfère, est-elle ballottée (ainsi que Marx l'a abondamment montré dans la critique des formes utopiques du socialisme et du communisme) entre l'extrapolation des tendances réifiées du présent et l'anticipation d'un avenir réifié. Il n'en va pas différemment de sa sœur ennemie. La prospective se risque à conjecturer l'avenir en jouant de toutes les nuances du possible : du prévisible au plausible et du certain au probable. Mais le probable ne se confond pas avec le certain. Il se situe à l'embranchement de deux variétés du possible : le possible avalisable et le possible modifiable. Le probable ouvre sur deux modalités de prospection et d'action : la rationalisation du probable, qui le reconduit et le renforce, ou le refus du probable, qui l'infléchit ou le déjoue. La prospective suit, en général, le probable sur sa plus grande pente, réifiant à son tour l'avenir qu'elle prétend entrevoir.

La proximité entre utopie abstraite et prospective linéaire ne se révèle jamais mieux que dans les extrapolations des interprétations de la rationalisation scientifique et technique — qu'il s'agisse de l'interprétation libérale (et optimiste) ou de l'interprétation conservatrice (et pessimiste) : l'avenir dessiné par l'extrapolation de ces thèses, qu'il se propose comme utopie d'une libération ou comme anti-utopie d'une servitude, s'aligne sur un modèle technocratique à l'exclusion de tout autre — qu'il s'agisse d'une maîtrise de la technique ou de sa réinvention *. A ce titre, la prospective n'est en

* J.R. Ladmiral, in J. Habermas, *La Technique et la science comme idéologie*, Médiations/Denoël, p. XIV sq.

général qu'une rétrospective — et ses anticipations des rétrospections. C'est assez dire la différence qui devrait exister entre l'extrapolation des tendances analytiquement dégagées et fétichisées, et la prospection des possibilités réelles, mais enfouies : entre prospection analytique et prospection dialectique. Ainsi, qu'elle fasse l'objet des constructions doctrinaires de l'utopie classique, ou des investigations linéaires de la prospective ou de la futurologie, la prospection est menacée par l'abstraction : des dimensions décisives de la possibilité réelle sont ignorées ou occultées. On pressent déjà que la prospection n'est pas un bon concept pour désigner la détection du possible utopique-concret.

En tout cas, la raison analytique, qu'elle se détourne prématurément du réel ou qu'elle l'entérine précipitamment, contribue à l'occultation de ce possible. Surtout quand, dans ses versions les plus faibles et les moins utopiques, elle procède à la réduction du possible au bénéfice du prévisible et de l'accessible : réduction qui rabat l'innovation sur la répétition, la probabilité sur sa pente la plus forte (quand ce n'est pas sur sa fatalité), le vivant sur l'inerte, l'histoire sur la nature, la durée concrète sur le temps abstrait. A cette déflation du possible fait face son inflation : surtout quand la futurologie, gagnée par l'imaginaire, transforme les possibilités latérales en éventualités arbitraires et confond les possibilités contrariées avec des éventualités inaccessibles ; mais aussi quand une ontologie accorde à l'innovation la place démesurée de l'imprévisibilité absolue, comme on peut le voir dans la tentative de Bergson de réduire les prétentions du possible pour élargir la compréhension du virtuel.

De la préformation à la création. C'est la réduction du possible au prévisible (et indirectement à l'accessible) que vise la critique par Bergson d'un (faux) concept du possible qui repose sur l'illusion d'une réalité qui serait préformée dans sa possibilité [2]. Dans ce but, Bergson souligne avec force la puissance de l'illusion rétrospective qui hante le concept de possible : « mirage du passé dans le présent », d'où naît l'illusion d'une présence de l'avenir dans le présent *. Du sens négatif du vocable de possible, synonyme d'absence d'obstacle insurmontable à sa réalisation, on passe au sens positif, synonyme de préexistence sous forme d'idée. Mais le possible en idée n'est pas un moindre être : il n'est rien ou presque rien.

* H. Bergson, « Le possible et le réel », *La Pensée et le mouvant*, P.U.F., p. 111.

Pourtant, au faux concept d'une possibilité préexistant en idée à la réalité, Bergson oppose, dans un vocabulaire flottant, le concept d'une virtualité s'accomplissant par actualisation, comme l'ont montré Vladimir Jankélévitch et, surtout, Gilles Deleuze *. Au monde inorganique qui est une « série de répétitions ou de quasi-répétitions infiniment rapides qui se somment en changements visibles ou prévisibles », s'oppose la vie psychologique et organique qui est une « création continue d'imprévisible nouveauté ». A la concrétisation de l'idée de possible, qui n'est qu'une variété du possible logique, s'oppose l'intuition d'un possible réel : une possibilité organique ou, mieux, une virtualité ontologique — l'élan vital. Au passage du possible au réel par imitation, Bergson oppose le passage du virtuel à l'actuel par création. Mais, même sans mettre en discussion la conception de Bergson de cet Être-virtuel, force est de constater que sa critique du possible laisse passer entre ses mailles des dimensions essentielles du possible réel : la négativité qui l'habite et la finalité qui l'éclaire.

Le virtuel tel que Bergson le comprend semble chargé d'une exclusive positivité. Sans doute l'élan vital doit-il faire face à l'inertie que lui oppose la matière, tourner l'obstacle et le détourner — au point que la matérialité figure comme organe-obstacle de l'actualisation du virtuel. Mais l'opposition n'est jamais qu'un auxiliaire de l'actualisation, l'obstacle est contourné sans être retourné, et le virtuel s'actualise par différenciation et non par négation : l'explosion suit le franchissement de l'obstacle au lieu de le provoquer. A supposer qu'il en soit ainsi de la virtualité qui habite l'élan vital, cette conception ne peut être appliquée sans déficits au devenir historique. Non seulement celui-ci n'accomplit pas une virtualité originaire (qui se maintiendrait de surcroît sur chaque ligne de différenciation), mais les virtualités dans l'histoire ne s'actualisent pas uniquement par dispersion en une pluralité d'une unité qui la comprenait en germe, par création de différences inédites à partir d'une évolution continue et par explosion en gerbes au contact de l'obstacle. Le devenir historique procède aussi par dissolution de ses figures antécédentes, négation et explosion de l'obstacle lui-même. Il faut alors opposer à Bergon, au moins partiellement, que le virtuel est la négativité même. Il est habité par le non-être : est précisément virtuel ce qui n'est pas tranché et ce qui en ce sens n'est pas. Mais ce non-être n'est pas un pur néant : est virtuel ce

* V. Yankélévitch, *Henri Bergson*, P.U.F. ; Gilles Deleuze, *Le Bergsonisme*, P.U.F., 2e édition, 1968.

qui est réel, mais à titre de possible ; ce qui d'une certaine façon est déjà là, mais qui n'a pas trouvé sa place : u-topique. Cet être-non-encore est un non-encore-être. Et le non-encore n'est pas seulement immaturité, mais contrariété : présence dans le possible de ce qui s'oppose à son accomplissement et, partant, potentiellement, négation de ce qui l'affecte — de ce qui l'assigne à son non-lieu.

Le virtuel tel que Bergson le comprend semble chargé d'une finalité sans fin. Sans doute n'est-il pas dénué de toute finalité, mais cette finalité ne se révèle qu'en s'accomplissant. Parce qu'il est question de la vie, ce n'est pas la fin qui éclaire et soutient le virtuel, mais le virtuel qui pose lui-même ses propres fins. Mais, quand il est question de l'histoire, la création ne serait rien sans la volonté qui la soutient : c'est ce dont Bergson aurait sans doute convenu. Dans l'histoire, si l'actualisation est façonnée par une esquisse, c'est que le virtuel lui-même est dessiné par la volonté de son accomplissement. Sans doute l'actualisation déjoue-t-elle l'attente, parce que le réel n'est pas le possible simplement accompli à son imitation et simplement augmenté de son effectuation : l'histoire aussi est création d'imprévisible nouveauté. Mais dans l'histoire, ce sont les hommes qui posent leurs propres fins, à partir de conditions déjà données, qu'ils traitent comme des conditions pour des possibles éclairés par un projet. Tout compte fait, la conception de Bergson récuse dans le (faux) concept du possible les effets d'un illusion rétrospective sans dégager le virtuel d'une connaissance rétrospective. La contestation de l'existence d'une préformation du réel dans le possible se prolonge en contestation de la connaissance par anticipation de l'actuel par le virtuel. Mais des virtualités actuelles, entravées ou réprimées, ouvertes sur une pratique d'émancipation, la conception de Bergson ne peut rien nous dire.

Pour dégager le possible de l'illusion rétrospective et le virtuel de son intuition rétrospective, pour comprendre la puissance subversive du virtuel ou du possible (quel que soit le terme retenu), encore faut-il faire une place à la possibilité réelle que recèle ce que la puissance des sociétés établies désigne comme impossible et qui, pourtant, en lézarde ou en fracture les assises : un possible qui n'est pas seulement latéral, mais qui est concrètement contrarié ; un possible qui n'est pas seulement hérité d'un germe, mais finalisé par un projet : un possible dialectiquement détectable et stratégiquement transformable.

2. Du prospectif au disruptif

Si la prospection analytique nous laisse en panne d'utopie et l'intuition synthétique en panne de projet, faut-il s'en remettre à une prospection dialectique du possible ? Sans doute, mais à condition de déjouer les pièges dissimulés sous le terme de prospection quand celle-ci reste prisonnière des équivoques de l'anticipation.

Du possible prospectif au possible alternatif. Quand l'utopie abstraite surmonte l'atopie qui la voue à un espace fictif, c'est pour se vouer à l'achronie d'une histoire imaginaire. Abstraction dogmatique et anticipation utopique, ici confondues, s'exercent sur un avenir suspendu à un temps vide. Mais l'utopie ne surmonte pas sa propre abstraction quand elle attend du présent qu'il lui délivre les secrets de l'avenir, fût-ce d'un avenir concrètement possible : prospection utopique et anticipation utopique, ici confondues, s'exercent sur un avenir linéaire précisément parce qu'il est en attente dans le présent. Même dégagée de l'atopie et de l'achronie d'un espace et d'un temps vides, l'utopie ne surmonte pas sa propre abstraction quand elle se donne intégralement l'avenir dans le présent : quand le lieu imaginaire qu'elle s'assigne est pris en charge par un temps spatialisé et, du même coup, linéaire ; un temps qui, aussi discontinu soit-il, reste linéairement rivé à sa fin. Anticiper signifie alors, du point de vue de la théorie, tenter de prophétiser l'avenir et, du point de la pratique, tenter de l'accélérer. La prospection se confond avec l'anticipation au lieu de se dégager de ses mirages. Cette utopie anticipatrice, aussi concrète soit-elle, qui permet de fixer le lieu de l'utopie dans la mesure où elle lui fixe une place dans le temps, menace de s'y enliser.

A la linéarité prospective, il conviendrait de préférer la latéralité alternative. Car le réel et la réalisation laissent toujours autour d'eux un halo de possibles : des chemins non empruntés, non frayés, non explorés — des possibilités latérales. Ainsi en va-t-il de l'histoire. Mais on ne peut passer du sens tout privatif du possible latéral au sens positif d'un possible réel sans passer par le sens négatif et disruptif du possible contrarié : le possible réprimé par l'histoire parce qu'il contrecarre l'histoire. Le possible latéral reste abstrait tant qu'il est dégagé prématurément de l'histoire, avant de lui être opposé.

Le passage de l'utopie abstraite à l'utopie concrète suppose donc que les possibilités latérales à l'histoire soient comprises comme des possibilités contrariées par l'histoire :

— D'abord, parce que les possibilités latérales, surtout quand elles sont considérées comme hypothétiques, sont les possibles d'élection de la simple prospective : quand ses conjectures entourent le prévisible et le probable des franges, plus ou moins imaginaires, du plausible et du concevable ;

— Ensuite, parce que les possibilités latérales sont généralement comprises comme des virtualités uniformément positives, dont il suffirait d'extrapoler et d'infléchir les tendances pour servir la plasticité de l'histoire ;

— Enfin et surtout, parce que les investigations des possibilités latérales, si elles ouvrent sur une alternative, mutilent le possible parce qu'elles en émiettent et en dispersent le potentiel : au risque de voir les utopies alternatives qui se fondent exclusivement sur des possibles latéraux s'enliser dans des réformes fragmentaires (épongées par la totalité qu'elles entendent dépasser) et ne ménager que des brèches temporaires (colmatées par la continuité qu'elles espéraient interrompre).

C'est pourquoi, s'il est nécessaire de se défaire des illusions de l'utopie uniformément prospective, il est souhaitable de se défier des attractions de l'utopie unilatéralement alternative.

L'utopie alternative, aussi latérale soit-elle, menace toujours de reconduire la temporalité qu'elle espère entamer tant qu'elle tente précisément de se réaliser par des moyens partiels qui appartiennent non aux possibilités irruptives (et négatives) que l'ordre social existant s'emploie à étouffer, mais aux possibilités alternatives (et positives) dont il jalonne son histoire. L'utopie alternative, aussi globale soit-elle, menace de reconduire la totalité dont elle tente de se déprendre pour la même raison : aussi cette utopie n'est-elle — c'est en cela que la critique d'un Popper est illusoire — totaliste qu'en apparence. Sans doute aucun projet ne peut-il se prémunir contre son démontage ou son refoulement réformateur. C'est ce que montre clairement Bronislaw Baczco quand il étudie comment, à travers la Révolution française, utopies et réformes se croisent sans cesse *. C'est encore ce que révèle le destin de l'utopie fouriériste tel qu'il ressort de l'étude que H. Desroches lui a consacrée **. C'est enfin ce que confirment les modernes utopies alternatives d'un Illitch ou même de Gorz. Mais l'utopie alternative plus que toute

* B. Baczco, *Lumières de l'utopie*, Payot, p. 39-64.

** H. Desroches, *La Société festive. Du fouriérisme écrit aux fouriérismes pratiqués*, Seuil, 1975.

autre se prête à l'intégration réformatrice dans et par la société qu'elle récuse. Aussi une utopie alternative ne l'est-elle véritablement qu'à la condition d'être *disruptive*, et d'explorer un possible qui n'est pas seulement latéral, mais qui est concrètement contrarié.

Du possible contrarié au possible disruptif. Ce qui est impossible relativement à un ordre social déterminé peut être compris comme possible relativement à un autre ordre social ; ce qui est impossible dans la perspective de l'ordre social existant peut être possible dans la perspective d'un nouvel ordre social. Est utopique, dans le bon sens du terme, l'exploration de cette possibilité/impossibilité relative. Telle est la conclusion commune, comme on l'a vu, à tous ceux qui, comme Mannheim ou Marcuse, invitent (ainsi que le note Abensour) à marquer nettement la différence entre le concept large de l'utopie qui tend à « brouiller les frontières entre l'impossibilité absolue et l'impossibilité relative » : un concept étroit de l'utopie veillera à « ne pas confondre les deux types d'impossibilité » *. Mais, si l'utopie doit être le concept d'une possibilité différée et contrariée, fondé sur une distinction rigoureuse entre impossibilité absolue et impossibilité relative, encore convient-il d'être attentif aux inflexions possibles de cette distinction.

Le concept relatif de l'utopie peut voir son usage limité à ce qui *paraît* impossible du point de vue d'un ordre social donné — et qui *paraît* réalisable dans un autre ordre social. Tel est le sens prévalant de la distinction proposée dans la version de Mannheim. L'impossibilité et la possibilité sont alors appréhendées dans la perspective des rapports entre des idées et la réalité, actuelle ou potentielle. Est utopique *ce qui n'a pas sa place dans l'ordre social existant du point de vue des conceptions dominantes dans cet ordre social — mais qui pourrait avoir sa place rationnellement établie dans un autre ordre social.* C'est ce sens que Mannheim se propose d'adopter, en employant « le terme simplement au sens relatif, signifiant par là *une utopie qui semble irréalisable seulement du point de vue d'un ordre social donné et déjà existant* ** [3] ». Avec cette accentuation, le concept relatif de l'utopie reste essentiellement spéculatif : il désigne, en quelque sorte, *le possible contre-indiqué.*

Mais le possible, relativement utopique, n'est pas seulement une modalité de la connaissance, c'est aussi une modalité du réel : sa

* M. Abensour, *Thèse...*, op. cit., vol. 2, p. 21-22.

** K. Mannheim, *Idéologie et utopie* (1929), Éd. Marcel Rivière, 1956, p. 130-132.

détection relève d'une interprétation du monde tant qu'elle n'adopte pas le point de vue de sa transformation. Avec ce point de vue, ce qui n'a pas sa place dans l'optique théorique d'un ordre social donné devient alors ce qui ne trouve pas sa place en raison de l'opposition pratique de cet ordre social. Tel est le sens qui prévaut dans la version proposée par Marcuse. Le concept relatif de l'utopie prend tout son sens : il désigne *ce qui est rendu impossible par un ordre social qui en interdit la réalisation et qui serait possible dans un ordre social nouveau qui naîtrait d'une révolution* : « L'adjectif "utopique" ne désigne plus ce qui n'a pas sa place, dans l'univers historique, mais plutôt ce à quoi la puissance des sociétés établies interdit de voir le jour * [4]. » C'est alors, et alors seulement, qu'il désigne *le possible contrarié.*

C'est ce possible contrarié que vise, mais semble-t-il sans l'atteindre complètement, la critique de Bourdieu quand celui-ci tente de dépasser l'alternative entre le volontarisme utopique et le fatalisme scientiste pour définir une utopie rationnelle. Ce n'est pas ici le lieu d'examiner si la sociologie de Bourdieu répond à ses ambitions : si sa théorie du changement social et la fonction qu'il assigne à la sociologie ne laissent pas se creuser un gouffre, qu'aucune politique de l'émancipation ne parviendrait à combler, entre les leçons scientifiques des sociologues et le sens pratique des acteurs sociaux. Mais c'est à l'utopie et au possible que Bourdieu se réfère quand il assigne pour tâche politique à la science sociale de « travailler » (ou de « contribuer tant soi peu ») « à définir un utopisme rationnel en usant de » (ou « capable de jouer de ») « la connaissance du probable pour faire advenir le possible ** [5] ». Autrement dit, déjouer la probabilité par la possibilité : probabilité qui ne se laisse pas réduire à un destin ; possibilité qui ne se laisse pas rabattre sur le probable, du moins si l'on entend par là la plus forte probabilité, mais possibilité qui ne se laisse pas non plus comprendre comme la préformation germinale d'une réalisation prévisible ou d'une imprévisible nouveauté. Il reste que, entre l'inflexion et la subversion du probable, l'éventail est large. Quelle est alors cette possibilité qui permettrait de déjouer le probable, et quels en sont les effets attendus, s'il ne s'agit pas — ou pas seulement — de la probabilité la plus faible, dont il s'agirait d'augmenter le chiffre ? Quelle est

---

* H. Marcuse, *La Fin de l'Utopie*, Paris, 1958, p. 8-9 ; *Vers la libération*, Denoël, p. 14.

** P. Bourdieu, *Réponses*, Le Seuil, 1992, p. 169-170, confronté, entre parentèses, à *Questions de sociologie*, Éd. de Minuit, 1980, p. 74-75.

cette « éventualité refusée * », esquisse d'une alternative, si sa définition ne se confond pas avec le choix arbitraire ou purement intellectuel d'un possible contre-indiqué ? Cette question renvoie à celle de l'identité des forces et des agents de l'utopie : car, pour contrecarrer le probable — pour introduire des « éléments modificateurs », selon une expression que Bourdieu emprunte à Auguste Comte ** —, il faut savoir et pouvoir s'appuyer sur les forces qui ne le rendent que probable. L'utopie destinée à déjouer le probable, si elle existe ou peut exister, doit exister dans l'objet de la science qui entend en tracer les contours. Le possible refusé, s'il existe, ne peut être rationnellement détecté qu'à condition d'être déjà à l'œuvre. L'utopie n'habite pas ou pas seulement la rationalité qui la découvre ; elle habite le changement social lui-même. C'est ce possible contrarié qu'il conviendrait de libérer, fût-ce au prix d'une rupture. Mais cette rupture n'est à son tour possible que si le possible contrarié est compris comme *possible disruptif.*

Le possible contrarié demeure une abstraction si ce n'est à sa force de subversion que l'on attribue l'opposition qu'il suscite : s'il n'est un possible disruptif niché au cœur de l'histoire. L'utopie n'est rationnelle qu'à condition d'être réelle, alternative qu'à condition d'être disruptive. Le passage de l'utopie abstraite à l'utopie concrète ne peut être parachevé que par la reprise de l'utopie alternative dans une utopie disruptive. C'est cette utopie disruptive que désigne chez Marx le concept de révolution et qu'il oppose aux projets qui, faisant l'économie de la révolution, sont voués à l'impuissance ou à une réalisation morcelée : utopies de bric et de broc, démontables, prêtes à tous les compromis de pacotille et à toutes les réformes de détail. C'est cette utopie disruptive dont la détection mérite d'être qualifiée de dialectique.

On comprend que cette utopie soit menacée quand la dialectique elle-même, prématurément privée du ressort de la contradiction, prive l'utopie de son ressort disruptif. S'imposent alors le retour à l'utopie unilatéralement positive et une nouvelle déflation du possible : la déflation du possible dans un communisme résiduel. Tel semble devoir être le destin du marxisme de certains partis communistes (jadis ?) stalinisés quand, au sommet de sa crise, ce marxisme ne parvient pas à en déceler les racines historiques et les figures théoriques. La crise du stalinisme, subie à défaut d'être comprise, conduit alors à un communisme testamentaire auquel concourent

* P. Bourdieu, *Ce que parler veut dire*, Fayard, 1982, p. 161.

** P. Bourdieu, *Leçon sur la leçon*, Éd. de Minuit, 1982, p. 20.

trois thèses : la crise du marxisme est une crise de croissance (une maturation qui appelle une recomposition) ; le projet socialiste en renonçant au modèle stalinien renonce à tout modèle ; le socialisme scientifique est la connaissance de la réalité et des possibles. Mais si les possibles en question sont exclusivement compris comme un ensemble de conditions positives en attente de leur accomplissement, si les tendances immanentes au système capitaliste se confondent avec les tendances à son dépassement, c'est à un *progressisme sans rivage* que l'on risque de s'en remettre pour dépasser l'ordre social existant. Ce progressisme achève de s'assoupir quand le possible, dégagé d'une conception fataliste de la nécessité, se borne à introduire une marge d'incertitude et d'espoir. Il dort profondément quand il finit par se conclure (en guise de dialectique de la nécessité et de la possibilité) par le mariage, au sein d'un socialisme minimal, de l'accessible et du souhaitable et (en guise de dialectique de la critique et de l'utopie) par un mélange, au sein d'une nébuleuse, de réformes parcimonieuses et de rêveries indéterminées.

Mais l'utopie disruptive qui n'a cessé de figurer sur sa partition n'a pas achevé de scander l'histoire. C'est en sa direction que peut être ménagée une ouverture utopique de la dialectique : une dialectique détective, tournée vers l'investigation des virtualités déjà actives et parfois irruptives, positives et négatives, prises dans toutes les connexions et les contradictions du réel ; une dialectique disruptive, tournée vers l'accomplissement d'un projet et la mise en œuvre d'une stratégie. L'ouverture utopique de la dialectique doit alors préciser ses conditions.

II. DE L'ONTOLOGIE À LA STRATÉGIE

Pourquoi parler encore de dialectique quand tout semble la condamner ? Parce que les verdicts les plus lucides laissent passer entre leurs mailles l'essentiel : « C'est en fonction de la contradiction que le possible est intelligible *. » On a discuté — et l'on discutera encore longuement — de l'existence non seulement d'oppositions réelles, mais également de contradictions dialectiques **. Il reste que la dialectique est encore le moins mauvais concept pour désigner

* J.-L. Cachon, article « possibilité » du *Dictionnaire critique du marxisme*, p. 888-890.

** Lucio Coletti, *Le Déclin du marxisme*, P.U.F., 1984.

l'unité d'une méthode de détection et d'un processus de réalisation qui se fondent sur l'antagonisme comme terre natale de tous les possibles. Par contre, le retour de la dialectique dans la conception du possible et son ouverture à la stratégie doivent se préserver contre les errements d'une conception ontologique et téléologique de la dialectique, sans renoncer aux enseignements de l'ontologie : c'est assez dire l'étendue du chemin qu'il conviendrait, traversant philosophies et utopies, de reprendre et d'arpenter, même à grandes enjambées, pour répondre aux requêtes de la stratégie.

1. Les requêtes de la stratégie

La dialectique n'est disponible à son ouverture utopique et stratégique qu'à la condition de se défaire de l'emprise incontrôlée de la conception de Hegel : c'est donc la traversée de cette conception qui permet d'effectuer un premier relevé.

L'ouverture à l'inédit. Nous l'avons déjà souligné : ce n'est pas sans raisons — ni légitimité — que Hegel se tourne vers l'avenir en lui tournant le dos : la nécessité d'une chose ne peut être comprise que lorsque la totalité de ses conditions sont réalisées ou en voie de l'être. C'est pourquoi toute connaissance de la nécessité est rétrospective, y compris celle de l'avenir à l'œuvre dans le présent : la philosophie, en pensant l'essence de son temps, pense ce qui doit venir à la réalité effective mais qui ne l'a pas encore nécessairement atteint. Mais là s'achève, selon Hegel, son rôle.

Or une philosophie de l'histoire qui s'efforce d'en rassembler le sens en se situant, ne fût-ce que momentanément, à sa fin est ruineuse pour toute théorie de l'histoire qui s'efforce de la comprendre pour en modifier le cours. Sans doute la pensée de Hegel, parce qu'elle est une pensée de la présence (et non d'une évanescente actualité), s'ouvre-t-elle sur un avenir dont on peut se proposer d'accélérer la venue. Encore la philosophie de Hegel prend-elle soin de déléguer cette tâche aux grands hommes et à l'État. Mais surtout elle se prive de l'invention d'un avenir inédit. Inédit ? Il s'agirait donc de penser avant que ne soit donné l'objet qu'il s'agit de penser ? Rien ne serait moins hégélien semble-t-il, tant Hegel sur ce point nous met en garde. Mais en fournissant quelques armes qui permettent de prendre le risque de ne pas ployer sous ses alarmes, et de *penser dans la présence son ouverture possible, sans la limiter à la prolongation de l'advenu ou à l'évocation de l'indéterminé.*

Le propos de Hegel est de déterminer comment le monde doit être compris, plutôt que de préciser comment il doit être transformé. Ou, plus exactement, la réponse à la seconde question est, à ses yeux presque intégralement donnée dans la première. Aussi, comme on sait, la philosophie ne travaille-t-elle qu'au crépuscule, car ce n'est qu'au crépuscule qu'elle peut comprendre ce qui dans le jour passé prépare l'effectivité, c'est-à-dire, le cas échéant, une nouvelle aurore. Voilà pourquoi la prospective reste prisonnière de la rétrospective ; la possibilité prisonnière de la nécessité ; la stratégie prisonnière de l'ontologie. Et Marx se soumet à la perspective de Hegel chaque fois qu'il place l'avenir dans l'éclairage d'une nécessité qui absorbe le possible parce qu'il le comprend comme condition d'un passage nécessaire à l'effectivité. C'est donc d'abord de la conception hégélienne qu'il convient de s'affranchir.

Un détour critique par Hegel peut, cependant, nous livrer de premières indications : pour entrouvrir la dialectique de Hegel, il suffit de retourner, point par point, ce que nous enseignaient déjà les remarques critiques qui ont jalonné notre exposé de sa conception dans un chapitre précédent :

— A l'encontre d'une conception qui assigne aux possibilités partielles une place qui en mutile le sens, une dialectique utopique devrait restituer aux possibilités partielles la *densité* qu'elles perdent quand on suit la pente d'une logique selon laquelle la possibilité réelle, déjà fermée comme un œuf, est en attente d'autres possibilités réelles, qui l'incluront dans le procès de la nécessité ;

— A l'encontre d'une conception qui, en raison même de sa négligence du possible partiellement conditionné, ne permet pas de circonscrire l'espace de l'innovation, il convient de restituer aux possibilités partielles l'*ouverture* dont les priverait une pensée à ce point crépusculaire qu'en se tournant vers l'avenir à l'aube déjà elle chanterait le crépuscule ;

— A l'encontre d'une conception qui, nouée à la réalisation préalable d'une plénitude de conditions, menace d'absorber l'invention de l'avenir dans une histoire automate, il convient de restituer aux possibilités réelles leur *incomplétude*, pour redonner son sens à l'action ;

— A l'encontre d'une conception qui menace sinon d'abolir la contingence (Hegel ne le fait jamais), du moins d'en futiliser l'importance quand elle ne tient pour historique que l'événement (ou le grand homme) qui accélère la nécessité — et contre le risque de mésestimer les effets de l'approximation du possible tant qu'il n'a pas réuni la plénitude des conditions de son effectuation — une théorie utopique du possible doit faire sa place à la contingence de son avènement et à l'incertitude de son accomplissement.

L'ouverture à l'action. Une utopie disruptive fondée sur le conditionnement partiel du possible réel dépend de l'action qui s'empare de l'éventualité d'une brèche et des virtualités d'un combat. La possibilité réelle n'est pas immédiatement offerte : réelle, quoique en suspens, elle attend son heure. La possibilité réelle n'est pas immédiatement tranchée : réelle, quoique possible, elle n'est jamais que la possibilité de son accomplissement. La possibilité réelle est la possibilité réelle d'un possible qui doit encore prendre forme, et c'est l'issue de l'action qui décide du partage du possible et de l'impossible, laissant la contemplation de l'inéluctable aux leçons d'une histoire rétrospective. Cette possibilité ouverte sur la possibilité ne se confond pas avec la possibilité enfermée dans la nécessité, refermée sur la nécessité. Elle est ouverte sur la contingence de l'événement et de l'avènement, et non engloutie par la nécessité même. Elle ne dicte pas au sujet une liberté nécessaire qui ne serait que le verso d'une liberté arbitraire, mais ouvre l'espace d'une liberté possible. Elle est ouverte, qu'il s'agisse des voies empruntées ou du contenu espéré, sur la pluralité des possibles et non sur l'univocité du nécessaire. Cette ouverture du possible permet de penser une histoire dont le cours ne se résume pas aux ruses de la nécessité, mais s'accomplit à travers les brèches de la possibilité : une histoire qui n'est pas contrainte de se penser comme révolue pour se comprendre et se faire. Ainsi se trouverait dépassée l'alternative entre la possibilité abstraite, qui, comme le souligne Hegel, est tout aussi bien possible qu'impossible, et une possibilité réelle qui ne devrait ce titre qu'à la nécessité qui l'inclut.

Ainsi peuvent être tracés les contours d'un concept dialectique du possible (et de l'utopique) adéquat à l'ouverture sur l'histoire : le possible serait compris alors comme négation déterminée, mais ouverte, de ce qui se donne pour la réalité ; comme le négatif qui mine les fondements du réel en désignant la possibilité de son renversement, mais sans en promettre ni la nécessité ni le contenu. Ainsi l'exige le point de vue de la stratégie : si du point de vue de la connaissance le possible réel tend à se confondre avec l'ensemble des conditions qui s'accomplissent, du point de vue de l'action il se présente comme un ensemble de conditions dont on s'empare. Ainsi l'exige particulièrement le point de vue d'une stratégie disruptive.

C'est ce concept stratégique du possible qui s'exprime quelquefois chez Hegel, notamment quand, parlant des « grandes situations historiques », il déclare : « C'est là justement où se produisent les grandes collisions entre les devoirs, lois et droits existants, reconnus, et *les possibilités qui s'opposent à ce système, le lèsent, bien plus en minent le fondement et la réalité*, et qui présentent aussi un contenu, pouvant paraître bon, avantageux dans l'ensemble, essentiel et nécessaire. Ces possibilités deviennent donc historiques ; elles renferment une valeur générale différente de celle qui constitue la base de l'existence d'un peuple ou d'un État *. »

Mais ces possibilités contrariées et disruptives n'appartiennent pas seulement aux grandes situations historiques, car celles-ci ne deviennent grandes qu'avec le déploiement des forces capables de s'en emparer, et dont l'existence appartient à ces possibilités. Encore l'identité des forces qui sont dépositaires du possible et de sa valeur générale est-elle loin de se confondre avec « les grand hommes », sauf à comprendre que les grands hommes ne sont pas ceux que l'on désigne ainsi communément — et dans l'œuvre de Hegel lui-même. Mais surtout l'existence de ces forces n'est pas prédéterminée par les conditions objectives de leur emploi et leur action programmée par le déploiement d'un possible originaire. Or, à peine Hegel vient-il d'introduire le concept des possibilités disruptives qu'il ajoute aussitôt : « C'est un moment de l'idée productrice, un moment de la vérité qui tend et se pousse vers elle-même. » En d'autres termes, l'Esprit est un absolu originaire qui atteint sa vérité dans le Concept et, au cours de ce procès de réalisation, le moment de l'Absolu comme essence s'accomplit dans l'effectivité.

Il se confirme alors que l'encerclement du possible est, en dernière analyse, l'effet d'une conception ontologique du possible : le possible est déjà compris dans l'Absolu originaire dont il sert le déploiement, que cet Absolu soit compris comme l'Esprit ou comme l'essence. Quand le possible compris dans l'essence s'accomplit par la médiation des conditions, ces conditions incluent le possible dans le procès ontologique de l'effectivité. L'ontologie neutralise alors la stratégie. Cette neutralisation n'est pas propre à

* Hegel, *Leçons sur la Philosophie de l'histoire*, p. 34-35.

Hegel : aussi convient-il de se défaire, non sans en retenir la leçon, des concepts ontologiques du possible qui neutralisent son concept stratégique.

2. Les pièges de l'ontologie

L'être en puissance d'Aristote, le possible soutenu par la tendance de Leibniz, l'essence médiatisée par les conditions de sa réalisation de Hegel, le virtuel en suspens dans la vie de Bergson sont autant de conceptions du possible réel qui peuvent soutenir une quête utopique, mais qui risquent de la dérouter. L'ontologie menace de prendre au piège tout utopie disruptive en provoquant l'affaissement de la stratégie et l'inflation de l'utopie.

Affaissement de la stratégie. On se bornera, ici encore, à poser quelques jalons et à planter le décor, en commençant par sonder le terrain : le concept ontologique du possible — le concept de l'être-possible ou du non-encore-être — souffre de déficits qui menacent d'être irrémédiables quand avec lui sont conjointement donnés l'Origine, la Fin et le Sens *.

Le concept ontologique du possible comme structure fondamentale de l'être le dépose dans un Absolu originaire, qu'il s'agisse de la Matière, de l'Esprit ou de Dieu. Tel est le cas, comme on l'a vu, de l'Esprit selon Hegel ou de la vie selon Bergson. Tel est le cas évidemment de la conception de Leibniz, pour qui la conjonction du passage de l'essence à l'existence et de la possibilité à la réalité devient totale, comme en témoigne l'extrait suivant : « Par cela même qu'il existe quelque chose plutôt que rien, il y a dans les choses possibles, c'est-à-dire dans la possibilité même ou essence, quelque exigence d'existence, ou, pour ainsi dire, quelque prétention à l'existence, et, pour le renfermer en un mot, l'essence tend d'elle-même à l'existence **. » Tel est le cas enfin quand la puissance et la potentialité selon Aristote, en dépit des réserves d'Aristote lui-même, sont attribuées respectivement à la nature et à la matière.

Du même coup, le concept ontologique du possible se confond avec son concept téléologique : la fin, qu'elle soit ou non prédéterminée, n'est alors que le déploiement de l'Absolu originaire. Le

---

* Louis Althusser, *Sur la Philosophie*, Gallimard, 1994.

** Leibniz, *De l'origine radicale des choses*, Œuvres choisies, Garnier, trad. L. Prenant, p. 265.

finalisme radical d'un Leibniz est sans doute la conception qui a poussé le plus loin l'idée d'un plan d'accomplissement du possible. Mais la finalité ouverte d'un Bergson, explicitement hostile à la conception de Leibniz, reconduit la quête d'une intention de la nature comprise dans ses virtualités. L'évolution créatrice suppose un inachèvement créateur. Mais la création elle même finit par être, dans cette conception, la fin même de la Vie.

Ce concept ontologique du possible est généralement rétrospectif. Ainsi en va-t-il chaque fois qu'est posée une antériorité non seulement logique, mais chronologique, du réel sur le possible. L'acte, sans doute, est en général antérieur à la puissance, non seulement « selon la notion », mais également « selon le temps », comme l'a démontré Aristote, mais cela m'implique pas que l'actualité du possible se confonde avec son actualisation et ne puisse être comprise que par elle. C'est pourtant ce qui arrive non seulement chez Leibniz ou Hegel, mais également chez Bergson. Quand Leibniz développe quasi déductivement les raisons pour lesquelles le monde est le meilleur des mondes possibles, c'est parce qu'il défend la cause de Dieu en partant de son concept. Mais voudrait-on, n'étant pas Dieu lui-même, connaître les possibles nichés dans l'entendement et dans la volonté de Dieu, c'est en partant de leur réalisation que nous le pourrions. C'est ce mouvement de rétrospection qui est à l'origine de l'illusion rétrospective que Bergson dénonce dans l'idée d'une antécédence du possible sur le réel : l'idée d'une préformation idéelle de la réalité. Mais le virtuel, que Bergson distingue du possible, s'il n'est le mirage du présent dans le passé, reste prisonnier d'une connaissance rétrospective. Le réel n'est pas préformé dans le possible, mais prédisposé dans le virtuel. Pourtant ce n'est qu'en s'actualisant que le virtuel se fait connaître : ce virtuel comme le possible ne peut être connu que rétrospectivement.

Un tel concept ontologique du possible, quand il n'enjambe pas l'histoire, ne permet pas de penser la pesée de l'action humaine sur sa transformation. Quand avec l'Origine est donné le Sens, il suffit de comprendre l'histoire essentielle qui se fraie un chemin à travers l'histoire empirique pour comprendre celle-ci et accomplir celle-là. Cette tentation directrice de la philosophie hégélienne ne disparaît pas avec sa contestation. Ainsi, le concept bergsonien de virtualité est tellement solidaire de sa conception de l'évolution qu'il risque d'être inutilisable pour penser l'histoire, à moins que l'on ne transfère à la compréhension de l'histoire la conception des virtualités ontologiques inhérentes à la vie. Or Bergson n'hésite pas à opérer ce transfert quand il comprend le devenir des sociétés comme actualisation des tendances originairement comprises dans la vie même, et qui se différencient entre les sociétés closes des insectes et les sociétés ouvertes des hommes — elles-mêmes prisonnières de la clôture qu'impose la persistance de l'autre virtualité originaire dans chaque tendance qui s'accomplit *.

Le possible historique et stratégique, ouvert sur l'avenir et disponible pour l'action, menace d'être englouti par le possible ontologique si les concepts que l'ontologie permet de créer ne sont pas retaillés en fonction de leur objet déterminé. Ainsi procède Marx, dont le bricolage génial n'a pas encore livré toutes les leçons, quand il récupère à son profit les concepts légués par la tradition en passant par Hegel et, quand il le faut, par-dessus lui. Dès lors, pour passer à Marx en repassant par Hegel sans rester prisonnier de l'un ni de l'autre, il est nécessaire de déjouer le piège de l'ontologie. Ernst Bloch, dont la contribution à l'utopie (et au concept du possible qui lui revient) reste inégalée, s'est, au moins partiellement, laissé prendre à ce piège quand à la déflation du possible il répond par son inflation, à l'affaissement de la stratégie par l'inflation de l'utopie.

Inflation de l'utopie. Pour détecter dans l'utopie de Bloch l'excédent de lumière qui l'aveugle et qui menace de nous aveugler, c'est un fil solidement tressé, sans doute unilatéral, mais nullement arbitraire qu'il convient de tendre et de suivre [6]. Tout se passe comme si Bloch redécouvrait la possibilité en la dédialectisant : un trop grand progrès de la dialectique de la nécessité à l'utopie de la possibilité, qui laisse passer entre ses mailles la dialectique de la possibilité. Ainsi, c'est le concept d'une prospection dialectique qui est repéré et partiellement manqué dans l'œuvre de Bloch, non seulement parce qu'il tente de la lire dans Marx quand elle ne s'y trouve pas, et la manque quand elle s'y trouve : dans la dialectique immanente du *Capital* notamment. C'est ce qui ressort d'une confrontation de la pensée de Bloch avec celle de Marx, qui permet de cerner ce que signifie le *marxisme de Bloch*.

Il ne s'agit pas d'une simple affaire d'orthodoxie, en dépit de la forme des deux questions qu'elle soulève : comment Bloch a-t-il compris Marx, et dans quelle mesure Bloch est-il compatible avec

* H. Bergson, *L'Évolution créatrice*, P.U.F., « Quadrige », p. 100-102 ; « La conscience et la vie » (1911), *L'Énergie spirituelle*, P.U.F., 1949, p. 19, 22, 26 ; *Les Deux Sources de la morale et de la religion* (1932), P.U.F., 1965, p. 21.

Marx ? En effet, le paradoxe de la pensée de Bloch, c'est que l'extrême réserve de sa critique de Marx (mais aussi d'Engels) se conjugue avec l'extrême audace de son dépassement. Au point que la critique de Marx par Bloch n'est généralement effectuée que par allusions.

Une critique approfondie devrait donc distinguer une critique exotérique de Marx, gagée sur des serments de fidélité orthodoxe, et une critique ésotérique, engagée par des dépassements hétérodoxes : comme le montre la conception blochienne de la possibilité *.

— Au chapitre de la critique exotérique, il conviendrait alors de placer *une conception de la possibilité que l'on ne peut attribuer à Marx qu'au prix d'un filtrage systématique de ses énoncés.*

Bloch, sans nul doute, a ouvert la voie à une dialectique du possible : précisément parce que sa réflexion sur la catégorie de la possibilité est une insurrection contre la pensée hégélienne. Mais il n'en étend pas explicitement les effets à la critique de Marx lui-même, alors que, sur ce point, la critique blochienne de Hegel, en droit, ne peut épargner Marx quand ce dernier inclut à son tour la possibilité dans le procès de la nécessité. Il est vrai, et fécond, d'affirmer que Marx rattache l'utopie à la tendance et à la latence, mais on ne peut dissimuler que pour Marx cette tendance est l'expression d'une nécessité de fer et que cette latence est promise à un accomplissement inexorable. Il n'est dès lors pas dénué de signification que Bloch n'expose pas explicitement et systématiquement une critique de la dialectique marxienne, qu'il s'agisse de sa tendance à substituer la proclamation de la nécessité de la dialectique à l'exploration de la dialectique de la nécessité, ou, plus précisément, de la dialectique de la possibilité et de l'effectivité ;

— Au chapitre de la critique ésotérique, il conviendrait de placer une *conception de la possibilité qui ne doit rien ou presque à l'œuvre de Marx.* La radicalisation utopique du marxisme par Bloch est identique à sa radicalisation ontologique, et la catégorie de la possibilité solidaire de l'ontologie du non-encore-être. Et cette radicalisation utopico-ontologique du marxisme se fonde sur une radicalisation du matérialisme qui tente précisément de fonder la conception matérialiste de l'histoire sur une conception matérialiste de l'être : tel est le sens du *matérialisme de Bloch.*

La double limitation du matérialisme à un matérialisme gnoséo-

* E. Bloch, *Le Principe Espérance*, t. 1, chap. 17 et 18, et *Experimentum Mundi*, p. 111-142, notamment.

logique (qui affirme le primat de l'être sur la pensée) et à un matérialisme historique (qui conçoit la matérialité comme activité) est pulvérisée par le matérialisme ontologique qui tente d'unifier être naturel et être humain *. Ce qui se perd dans cette unification c'est précisément la détermination spécifique de l'être historique. Chez Engels, la dialectique, une fois dépouillée de la différence spécifique entre la nature et l'histoire, se réduit à la science des lois du mouvement en général ; chez Bloch, elle devient la science de la processualité du possible, commune à la nature et à l'histoire. Dès lors, comme l'avait signalé Habermas, « Bloch enjambe la recherche sociologico-historique des possibilités objectives issues dialectiquement du processus social pour se référer aussitôt à leur substrat universel dans le processus universel lui-même — à la matière ** ». Ainsi tout l'effort de Bloch de repenser la possibilité en le détournant de Hegel se détourne en fait de Marx, mais sans le dire. Cette hétérodoxie silencieuse n'est pas un simple accident : elle fait corps avec le retour d'une ontologie qui avec Aristote définit le possible comme ce qui est en attente de réalisation, c'est-à-dire, si l'on veut, comme matière en suspens. Or cette ontologisation prématurée ou forcée fait corps avec une anthropologisation qui cherche ses sources dans les premières œuvres de Marx, en particulier dans la lettre à Ruge de septembre 1843 (nous y reviendrons).

Dès lors, la radicalisation utopico-ontologique du marxisme coïncide avec une radicalisation de l'essentialisme sous-jacent à ces œuvres, et cette radicalisation fonde l'*essentialisme de Bloch.*

L'essentialisme néo-hégélien de Bloch rencontre logiquement l'essentialisme néo-hégélien de Marx dans ses écrits de 1843-1844. C'est sur le terrain de l'essentialisme initial de Marx que Bloch peut faire se rencontrer le naturalisme et l'humanisme, la dialectique de la nature et celle de l'histoire. C'est sur le terrain de l'essentialisme initial de Marx que Bloch peut faire se rencontrer l'utopie et le droit naturel, et proposer leur dépassement. Dès lors, la conception du non-encore-être reste tributaire de sur la conception hégélienne

* A. Schmidt, *Le Concept de nature chez Marx* (1962), P.U.F./Philosophes d'aujourd'hui, 1994 ; J.-M. Vincent, *Critique du travail*, chap. 2 : Ernst Bloch : l'utopie concrète et le piège de l'ontologie, p. 39-56.

** J. Habermas, « Un Schelling marxiste » (1960), *Profils philosophiques et politiques* (1971), Gallimard, 1987, p. 206.

de la non-encore venue à l'existence effective de l'essence : la critique blochienne de Hegel accepte comme terrain de confrontation la problématique de la réalisation de l'essence.

On comprend mieux alors pourquoi Bloch inscrit sa critique de Hegel dans l'alternative entre l'achèvement et l'inachèvement du système, et pourquoi sa critique des catégories hégéliennes est suspendue à cette opposition, que thématise l'opposition entre système clos et système ouvert : cette opposition permet — tel est son mérite — de dépasser la distinction entre méthode et système (commune à Engels et à Lukacs), qui tend à considérer que la méthode et les catégories correspondantes ne sont pas affectées par le système ; mais elle interdit — telle est sa limite — de se dégager du système lui-même.

Avec ce retour à Hegel qui en défait la fermeture par un recours à Aristote et Leibniz, la possibilité est à nouveau indexée sur une fin immanente, non accomplie mais déjà en suspens, dont les particularités donnent leur couleur au *finalisme de Bloch*.

Ce finalisme est impliqué dans l'ensemble des glissements que nous avons relevés jusqu'ici. Mais il apparaît clairement dans sa conception de la tendance et de la latence *. Le point de départ de l'analyse de Bloch est le concept de tendance appliqué aux lois immanentes du mode de production capitaliste. C'est ainsi que Bloch oppose à « *la définition trompeuse de la tendance comme loi empêchée* », que l'on trouve chez Marx, cette autre définition selon laquelle la loi ne s'impose que par approximation dans une tendance dominante. Or, pour Bloch, si la tendance n'est pas une loi empêchée, c'est parce qu'il existe une opposition entre la tendance et la loi. La tendance s'oppose à la loi parce qu'elle n'est pas tranchée : la loi est refermée sur la répétition ; la tendance est ouverte sur l'innovation. De tels énoncés, aussi fondés soient-ils, nous semblent difficilement compatibles avec la conception marxienne de la tendance interne au développement capitaliste.

Mais ce qui importe à Bloch, c'est la tendance immanente au mouvement général de l'histoire. C'est ainsi que — au prix d'une confusion que nous avons déjà relevée entre la tendance intrahistorique et de la tendance transhistorique —, Bloch ne propose sa conception de la distinction entre tendance et loi que pour y

---

* E. Bloch, *Experimentum Mundi*, p. 138-142 ; *Le Principe Espérance*, t. 2, p. 215 (respectivement abrévié E.M et P.E), et *Latenz-Tendez Utopie*, Francfort, 1978.

trouver aussitôt la confirmation du caractère relativement indéterminé de la nécessité qui porte à la société sans classes. C'est la raison pour laquelle le refus d'une conception fataliste d'une loi de l'histoire qui mènerait inexorablement au communisme retentit sur la conception de la tendance interne au développement capitaliste. Ainsi, quand Bloch prétend lire dans la conception de la tendance intrahistorique les caractères de la tendance transhistorique, c'est parce qu'il oppose à l'idée d'une « *loi formulant l'avènement nécessaire d'une telle société* » l'existence d'*une* « *tendance infatigable vers la société sans classes* ». De là le refus d'une loi de la négation de la négation : la tendance traverse l'histoire sans en déterminer le cours ; elle est *le* « *devenir de la Chose originaire à travers l'expérimentation historique de sa totalité* ».

Or cette tendance ainsi définie suppose une structure préalable, « *l'élément utopique fondateur de la tendance : la latence* », qui n'est pas le caché, comme chose ou comme force, ni l'attente d'une promesse céleste, mais une « *sphère d'attente* » qui est et n'est pas ici-bas : « La tendance est la structure dans laquelle s'exprime, pour la tendance, *l'étrange préexistence de son orientation et de son anticipation ;* en d'autres termes, la tendance est le mode selon lequel le contenu d'un but qui n'est pas encore se fait valoir dans une tendance. » Cette latence immanente au monde qui fait valoir le but dans la tendance n'est-elle pas le retour de la catégorie hégélienne de l'essence dépouillée de la téléologie de la nécessité : la téléologie de la possibilité ? C'est ce que semble confirmer la distinction, empruntée à Aristote, entre « l'étant-d'après-la-possibilité et l'étant-en-possibilité » (P.E., t. 1, p. 248 sq., E.M, p. 133 sq.). La latence impliquée par le second sous-tend la tendance imprimée par le premier. On peut alors saisir la signification profonde du *messianisme de Bloch.*

La possibilité chez Bloch n'est pas seulement ouverture sur l'avenir, mais ouverture sur l'avènement : la téléologie historique, évacuée non sans rechutes par Marx, est réintroduite comme dimension ontologique. C'est de cette façon qu'est opérée la réintroduction, non seulement des causes finales, mais surtout d'une destination idéale. Et c'est cette utopie de l'avènement qui revendique son inspiration messianique. Or le messianisme de Bloch est contaminé par la linéarité du temps. La promesse n'est pas appelée à se réaliser à n'importe quel moment du temps (comme dans le messianisme juif), mais à la fin des temps.

La confrontation entre la pensée de Bloch et celle de Walter

Benjamin est ici décisive. L'œuvre de Benjamin est une invitation à l'abandon du temps mécanique des histoires linéaires au bénéfice du temps messianique ; une invitation, plus exactement, à l'exploration, sous le temps des nécessités, du temps des virtualités *. Le *temps des grandes nécessités*, analytiquement ou dialectiquement comprises, est un temps homogène, linéaire et vide. Temps du progrès continu, temps du progrès discontinu alors s'équivalent : la ligne qui pointe vers le sommet reste une ligne, qu'elle soit sans faille ou brisée. Par contre, le *temps des grandes virtualités* est le temps des bifurcations, des embranchements, des mutations improbables et nécessaires. Temps messianique, si l'on veut, qui affirme que le temps est venu à tout instant ; temps révolutionnaire qui invite à saisir, dans le cycle ou le cours des métamorphoses, l'occasion : concept machiavélien dont il faut déplacer le sens quand il s'agit de l'occasion qu'offrent les virtualités que le capitalisme a concentrées, sans déployer aucune loi immanente qui promette leur réalisation.

Ainsi, c'est le mérite des conceptions de Benjamin et de quelques autres d'avoir décontaminé la dialectique de la linéarité de sa trajectoire par la catégorie de l'irruption, sans réintroduire dans la dialectique la finalité de sa destination. Or, il arrive à Bloch, au contraire, de conjuguer la linéarité du processus et la finalité de sa destination : deux figures dont il est souhaitable de purger la théorie pour ne retenir que la latéralité des possibles. A cet effet, c'est vers Marx qu'il faut alors se retourner, car c'est dans son œuvre que l'on peut trouver les éléments de son propre dépassement : d'un renouvellement de la dialectique qui ne se résolve pas en de dommageables abandons.

III. DE MARX À MARX

L'ouverture utopique de la dialectique est en effet déjà à l'œuvre chez Marx, mais masquée, sur deux points essentiels : la détection des conditions et la détection des contradictions. Or la détection des unes et des autres est à la fois détection de leur nature et de leur rôle. C'est sur leur rôle que nous voudrions mettre ici l'accent.

---

* D. Bensaïd, *Walter Benjamin, Sentinelle messianique à la gauche du possible*, Plon, 1990.

1. Les tendances du Capital

C'est la détection des contradictions du capitalisme et des conditions matérielles et sociales qu'il engendre qui permet à Marx d'opposer la possibilité concrètement conçue du communisme à la possibilité abstraitement utopique de l'envisager. Mais, prise dans les rets de la dialectique hégélienne de la nécessité, cette détection tourne court chaque fois que les contradictions incluent la fatalité de la négation et que les conditions remplissent la fonction de causes nécessaires. Mais la détection dialectique de la possibilité est loin de se confondre toujours chez Marx avec la prévision de l'effectivité.

Dialectique de la possibilité. Si l'on fait, ne serait-ce que provisoirement, abstraction de sa prédétermination par l'issue dont Marx entend montrer, voire démontrer, la nécessité et le contenu, le style de la recherche de Marx dans les *Grundrisse* donne un assez bon aperçu de la méthode, alors même que c'est dans ces manuscrits que nous avons déjà relevé les tentations d'abuser de la dialectique d'une négation et d'une effectuation fatales. Leur lecture permet de mesurer la dualité de la démonstration marxienne puisque la méthode d'investigation dont ils portent la marque met en évidence que les tentatives de démonstration de la nécessité du communisme sont autant d'approximations successives qui laissent entrevoir ce que pourrait être une dialectique de la possibilité. Ainsi Marx, dans les *Grundrisse,* annonce rarement la fatalité du communisme : il circonscrit sa possibilité. Il présente non une nécessité absolue du communisme, mais les conditions qui le rendent possible ou la tendance qui le rend possible : les contradictions et les conditions qui poussent à la dissolution du capitalisme et à l'avènement du communisme. Ainsi, comme le montre Toni Negri quand il souligne les intensités qui animent ces manuscrits, Marx fait ressortir au fond de chaque catégorie l'antagonisme, au fond de chaque tendance la contradiction, et dans chaque contradiction la possibilité de la crise et la transition au communisme inscrite dans cette possibilité *. Dès lors, Marx détecte dans ces conditions et ces contradictions *non des prévisions du communisme, mais des allusions au communisme.*

Ainsi, la tentation de démontrer que la dynamique du capita-

* T. Negri, *Marx au-delà de Marx,* Christian Bourgois, 1979.

lisme le conduit nécessairement au communisme peut-elle se lire comme une tentative d'explorer, dans les contradictions qui minent le capitalisme et les conditions qu'il crée, les tendances vers une autre société dont elles n'annoncent par elles-mêmes ni la nécessité ni le contenu. Se trouvent alors fondées, bien qu'elles négligent souvent ses redoutables ambiguïtés, les interprétations qui affranchissent de la conception de Marx sa version fataliste. Tel est le sens, au premier chef, de l'œuvre d'Ernst Bloch, mais au prix d'une inflation du possible dans une utopie maximale. Tel est le sens aussi de l'effort de Lucien Sève, mais au prix d'une déflation du possible dans un socialisme minimal. Telle est la portée, enfin, de l'ouvrage récent de Michel Vadée. Dans tous les cas, ces auteurs, comme d'autres, soulignent à juste titre l'existence chez Marx d'une compréhension de la tendance au dépassement du mode de production capitaliste comme unité de la nécessité (de son développement) et de la possibilité (de ses effets) : la nécessité historique du communisme ne signifie alors rien d'autre que la nécessité de sa possibilité [7].

Telle est bien la démarche de Marx, mais soustraite à son ambivalence. Comme on l'a vu, l'exploration des contradictions qui minent le capitalisme et des conditions qu'il crée pour son propre dépassement est hypothéquée par la représentation du communisme et la tentative de démonstration de sa nécessité ; la certitude de l'issue exauce l'espérance, la solution est donnée avec le problème. Pourtant, la mise au jour par approximations successives des contradictions et des conditions qui tendent au dépassement du capitalisme les présente précisément comme des tendances. Ainsi se trouve récusée la conception fataliste d'une loi de l'histoire qui mènerait inexorablement au communisme et préservée l'ouverture de l'histoire. La dialectique, dès lors, a pour objet de *détecter les conditions et contradictions qui déterminent des tendances nécessaires sans promettre la nécessité de leur réalisation.*

Marx esquisse une dialectique de la possibilité qui soude le rôle des contradictions et le rôle des conditions sans promettre qu'elles produiront nécessairement leurs effets : la négation de la société existante et la position de la société future. Cette dialectique de la possibilité vise le communisme, mais sans se prononcer d'avance sur la nécessité de son effectivité : « Mais dans le cadre de la société bourgeoise de la société fondée sur la valeur d'échange se créent des rapports et d'échange et de production qui sont autant de mines pour la faire éclater. (Une masse de formes contradictoires de l'unité sociale dont on ne peut toutefois jamais faire éclater le caractère contradictoire par une métamorphose silencieuse. D'un autre côté, si, dans la société telle qu'elle est, nous ne trouvions pas masquées les conditions matérielles d'une société sans classes et les rapports d'échanges qui leur correspondent, toutes les tentatives de la faire exploser ne seraient que donquichottisme) » (Grund., t. 1, p. 95).

La société bourgeoise rend possible (mais, à cette étape du raisonnement, possible seulement) l'existence d'une société sans classes, en créant des conditions matérielles qui sont à la fois celles d'une explosion de la société bourgeoise et celles d'une construction de la société communiste. Elle crée des rapports contradictoires qui la minent et rendent possible une transformation radicale, mais qui requiert une révolution politique (et pas une métamorphose silencieuse). Ce sont même les conditions matérielles de l'actualité du communisme qui permettent littéralement de faire exploser les contradictions du système qui rendent la révolution nécessaire et possible. Et Marx précise peu à peu les rôles conjoints des contradictions et des conditions. Il vaut la peine de s'arrêter sur la présentation de leur rôles respectifs.

Contradictions du Capital. Les conditions matérielles de l'instauration d'un nouveau mode de production ne pourraient pas le devenir sans les contradictions qui portent à la dissolution de l'ancien. Aussi Marx s'efforce-t-il de montrer, comme nous l'avons déjà relevé, que les tendances immanentes du capitalisme lui sont contradictoires, et en particulier que le développement des forces productives par le capitalisme lui est contradictoire et le conduit à rencontrer sa limite comme obstacle. D'abord, sous la forme de multiples obstacles que le Capital généralise en tentant de les surmonter (Grund., t. 2, p. 114 et p. 141-143) ; ensuite, comme obstacle unique constitué par le capital lui-même.

Ainsi, après avoir souligné que le Capital crée les éléments matériels d'un développement polyvalent de l'individualité, il poursuit : « C'est pourquoi le capital est productif ; c'est-à-dire qu'il est un rapport essentiel pour le développement des forces sociales productives. Il ne cesse de l'être que lorsque le développement de ces forces productives elles-mêmes rencontrent un obstacle *(Shranke)* dans le capital lui-même » (Grund., t. 1, p. 264). Mais en rencontrant sa limite interne comme obstacle, *le Capital ne s'abolit pas de lui-même* : « L'universalité à laquelle le capital *aspire* irrésistiblement se heurte à des obstacles qu'il rencontre dans sa nature propre et qui le font reconnaître lui-même à une certaine phase de son développement comme obstacle majeur à cette même *tendance* à l'universalité, le *poussant* donc à sa propre abolition » (Grund., t. 1, p. 349). Ainsi, les contradictions du capitalisme produisent une *tendance,* une *poussée* qui le portent à dépasser ses frontières.

C'est surtout à l'occasion d'une tentative d'analyse du Capital comme totalité contradictoire que Marx recense les limites immanentes qu'il rencontre comme obstacles. Dont il souligne la conséquence : « *Hinc, la surproduction* » (Grund., t. 1, p. 354-355), dont Marx précise pourtant qu'il ne s'agit encore que d'en « *montrer la possibilité* » (Grund., t. 1, p. 358).

Mais la leçon lui semble suffisante pour lui permettre d'affirmer : « Ce qui apparaît ici, c'est la *tendance* universelle du capital, qui le différencie de tous les stades de production antérieurs. Bien que borné par lui-même de par sa nature, il *aspire* à un développement universel des forces productives et devient ainsi le présupposé d'un nouveau mode de production (...). Cette tendance — inhérente au capital, mais qui en même temps lui est contradictoire en tant qu'il est une forme de production bornée et qui donc *le pousse à sa dissolution* — différencie le capital de tous les modes de production antérieurs et contient en même temps sa position comme simple point de transition » (Grund., t. 2, p. 32). Formulation qui contraste singulièrement avec celle qui figure deux pages plus loin : « Un développement des forces productives matérielles — qui est en même temps des forces de la classe ouvrière — *abolit* à un certain stade *le capital lui-même* » (Grund., t. 2, p. 36, souligné par Marx).

Même ambiguïté quand Marx, après avoir affirmé que la forme contradictoire du développement capitaliste est « une forme qui disparaît et produit les conditions réelles de sa propre abolition », passant ainsi de l'inéluctable au possible, se borne à enchaîner immédiatement sur le possible : « Résultat : la double base du développement tendanciellement et *dunamei* universel des forces productives (...) et pareillement de l'universalité du trafic est la base qui constitue la possibilité du développement universel de l'individu » (Grund., t. 2, p. 34).

Non seulement les contradictions fondamentales sont données comme simple possibilité de la crise, mais la crise elle-même est donnée comme ouverture sur un possible partiellement déterminé, dans la mesure où elle pousse, mais pas plus, au dépassement du mode de production capitaliste : « La destruction violente du capital (...) est la forme la plus frappante du *conseil* qui lui est donné de se retirer pour faire place à un niveau supérieur de production sociale » (Grund., t. 2, p. 237). Formule qui contraste avec celle qui affirme, une page plus loin, que les crises de surproduction « conduisent finalement au renversement violent du capital » (Grund., t. 2, p. 238).

Ainsi est déterminé le rôle de contradictions qui déterminent l'existence nécessaire d'une tendance, et non la nécessité de ses effets. Il en va de même du rôle des conditions.

Conditions du communisme. C'est sous forme de conditions d'un nouvel ordre social que les contradictions incluent les moyens de leur dépassement. La détection de ces conditions permet de délivrer le projet communiste de tout caractère arbitraire et utopique, mais n'autorise pas à certifier qu'elles produiront nécessairement leurs effets. Ainsi, à propos de l'« échange libre d'individus associés sur la base de l'appropriation et du contrôle collectif des moyens des production », Marx est amené à faire la remarque suivante : « Cette dernière association n'a rien d'arbitraire : elle présuppose le développement de conditions matérielles et spirituelles qu'il n'y a pas lieu d'exposer plus longuement à cet endroit » (Grund., t. 1, p. 95). Mais, la progression de l'analyse est scandée par l'exposition de ces conditions et, au premier chef, par l'évocation et l'explication des conditions matérielles engendrées par l'existence du marché mondial.

Ainsi, Marx souligne que l'autonomisation du marché mondial, qui correspond à une aliénation des producteurs et des consommateurs, fait naître, notamment en raison des crises qu'elle suscite, des tentatives d' « abolir sur son propre terrain » la contradiction entre interdépendance et indépendance des producteurs et des consommateurs. Or, « bien que toutes ces actions, à un point donné, n'abolissent pas l'étrangeté, elles suscitent *des rapports et des liaisons qui contiennent la possibilité d'abolir la situation antérieure* ». Autrement dit : « Dans le marché mondial, la connexion de l'individu singulier avec tous, mais en même temps l'indépendance de cette même connexion par rapport aux individus singuliers eux-mêmes, a atteint un tel degré de développement que sa formation inclut déjà en conséquences, simultanément, *les conditions de transition permettant d'en sortir* » (Grund., t. 1, p. 97-98). Cette issue possible, comme on le voit, n'est nullement présentée ici comme inéluctable.

Dans le même esprit, Marx explique longuement que l'aliénation n'est pas naturelle, mais historique : qu'elle est à la fois un produit nécessaire du capitalisme et la condition de son dépassement (Grund., t. 1, p. 98-99). De même, quand il esquisse l'histoire du passage des rapports personnels de dépendance aux rapports objectifs de dépendance, il en ressort notamment la nécessité d'abolir les seconds (Grund., t. 1, p. 100-101). Enfin, les conditions de l'émancipation intégrale de l'individu n'en tracent que la possibilité : « Mais en aspirant sans trêve à la forme universelle de la richesse, le capital *pousse* le travail au-delà des frontières de ses besoins naturels et crée ainsi les éléments matériels du développement de cette riche individualité qui est aussi polyvalente dans sa production que dans sa consommation » (Grund., t. 1, p. 264).

Comme le note Y. Quiniou : « Le langage des conditions met en évidence des conditions — ultimement matérielles — rigoureusement nécessaires pour produire un effet (...). Mais ces conditions ne fonctionnent pas comme des causes rendant nécessaire en lui-même leur effet. » En d'autres termes, « les causes en histoire — dès lors qu'on en prend conscience — sont des *conditions pour* et *non des causes de* * ». Sans doute les conditions elles-mêmes ne sont-elles pas sans effet et simplement en attente de leur emploi. Mais seule une distinction rigoureuse entre les causes de... et les conditions pour... permet à la fois de dépasser l'utopie abstraite par la détection des conditions nécessaires et de réhabiliter, puisqu'il s'agit d'un simple conditionnement, l'utopie concrète.

Est utopique la dialectique qui permet de détecter des conditions : les conditions — pour peu qu'on en dégage la compréhension des prétentions abusives à la prévision (analytique ou dialectique) — permettent de tracer une orientation, et non de fixer une destination. Les conditions, à la différence des causes qui permettent de prévoir des effets linéaires, permettent de circonscrire des possibles latéraux. Au quiétisme confiant dans la linéarité des effets, elles permettent d'opposer un utopisme inquiet de la latéralité des possibles, mais des possibles contrariés et disruptifs qui n'abolissent pas la nécessité d'une rupture dont elles ne délivrent pas la promesse : leurs concepts sont autant de concepts *stratégiques* disponibles pour une pratique transformatrice, et non des concepts *téléologiques* qui délivrent de son invention.

On peut arrêter ici ce premier survol : il suffit à filtrer l'autre méthode à l'œuvre dans le travail théorique de Marx qui lui permet de tenter de *détecter les contradictions et les conditions qui déterminent des tendances nécessaires sans promettre la nécessité de leur réalisation.* Mais il est souhaitable de relever des figures plus précises que Marx

* Y. Quiniou, *Problèmes du matérialisme*, Méridiens Klincksieck, 1987, p. 84 et p. 85 ; également : Michel Vadée, *Marx, penseur du possible*, Méridiens Klincksieck, 1992, chapitre 3 : Les causes, p. 115-159.

indique ou suggère. La catégorie de la possibilité (le « benjamin des grands concepts », comme l'a justement noté Bloch) ne peut être pleinement élaborée sans que soient repensé son statut et distinguées ses formes. Le travail de Bloch y contribue puissamment ; mais quelques indications complémentaires, inspirées de Marx, ne sont pas inutiles.

2. Les conditions disruptives

Les conditions d'une rupture possible sont à la fois des conditions négatives et des conditions positives qu'il faut apprendre à détecter et à distinguer.

Conditions négatives et conditions positives. Marx est ambigu puisqu'il prétend explorer le possible en édictant le nécessaire. Pourtant, l'exploration du possible obéit à une méthode rigoureuse. Les hypothèses de Marx sont fondées sur la *disjonction théoriquement nécessaire entre contenu matériel et forme sociale* des réalités étudiées. Mais la disjonction, théoriquement nécessaire, entre le contenu général et la forme particulière *ne devient pratiquement possible qu'à la condition qu'apparaissent, non plus hypothétiquement mais réellement, les conditions d'une autre forme.* Or l'exploration de ces conditions est dialectiquement conduite dans la mesure où Marx s'efforce de lire dans le mouvement immanent du Capital les conditions négatives et positives qui rendent possible son abolition.

Ces conditions, en premier lieu, sont *négativement réalisées par le capitalisme lui-même*, dans la mesure où ses propres formes d'existence lui sont partiellement contradictoires. Ainsi, et de façon générale, Marx décrit dans les *Grundrisse* la dialectique qui porte le capitalisme à abolir son propre contenu en réalisant, quoique négativement encore, les conditions de sa propre abolition : « Aussi longtemps que le capital est faible, il recherche encore lui-même les béquilles des modes de production disparus ou en voie de disparition à la suite de son apparition. Dès qu'il se sent fort, il jette les béquilles et se meut suivant ses propres lois. Dès qu'il commence à se ressentir lui-même comme un obstacle à son propre développement et à se savoir tel, il se réfugie dans *des formes qui, tout en semblant parachever la domination du capital en refrénant la libre concurrence, sont en même temps les messagers de sa dissolution et de la dissolution du mode de production qui repose sur lui* » (Grund., t. 2, p. 143).

Parmi ces formes figure, particulièrement, la constitution des *sociétés par actions*, qui prépare, négativement, le dépassement du capitalisme. « Le capital (...) revêt ici directement la forme de capital social (capital d'individus directement associés) par opposition au capital privé ; ses entreprises se présentent donc comme des entreprises sociales par opposition aux entreprises privées. *C'est la suppression du capital en tant que propriété privée à l'intérieur des limites du mode de production capitaliste lui-même* » (Cap III, 2, p. 102), ou encore : « la suppression du mode de production capitaliste à l'intérieur du mode de production capitaliste lui-même ». Et enfin : « *une abolition de l'industrie capitaliste privée sur la base même du système capitaliste, et qui détruit l'industrie privée dans la mesure même où il s'étend et s'empare de nouvelles sphères de production* » (Cap III, 2, p. 104).

Ces conditions disruptives, en second lieu, sont positivement réalisées par le capitalisme lui-même, dans la mesure où il fait naître contre lui des formes sociales qui lui sont directement opposées. Les formes qui, négativement, confirment la disjonction entre les caractères généraux de la production et ses caractères capitalistes en annonçant la dissolution de ces derniers se doublent de formes qui, positivement, l'attestent en annonçant positivement l'avenir. Tel est particulièrement le cas des *coopératives*, qui représentent un premier dépassement de la contradiction entre capital et travail (Cap III, 3, p. 105-106).

On peut douter que Marx ait détecté sans erreur les conditions qu'il mentionne. On peut craindre, comme on l'a vu, que l'emballement négativement utopique de sa conception ne mène à placer sur le même plan des conditions qui n'ont ni le même sens, ni la même fonction, ni le même destin. Il n'en reste pas moins que la méthode est tracée, disponible pour de nouveaux emplois. Cela reste vrai, avec les mêmes réserves, de la distinction et du rapport entre conditions objectives et conditions subjectives.

Conditions objectives et conditions subjectives. Le rapport entre conditions objectives et conditions subjectives menace, ainsi qu'on l'a vu, d'être verrouillé quand, comme c'est le cas chez Marx, l'intervention du sujet est placée au nombre des conséquences nécessaires du développement capitaliste lui-même.

Par contre, si l'intervention du facteur subjectif est elle-même conditionnée, et non prédéterminée, *deux interprétations* restent concevables :

— Si le possible coïncide avec un ensemble de conditions, et non de causes déjà actives dans leurs effets, ces conditions n'ouvrent pas au possible l'unique voie de sa réalisation : l'ouverture sur le possible peut alors être conçue, selon une première interprétation, comme *ouverture sur une alternative*, dont il dépendrait seulement du facteur subjectif qu'elle soit ou non dénouée. Ainsi serait fondée l'alternative ultime : socialisme ou barbarie.

— Mais si le possible partiellement conditionné n'est jamais qu'un champ de possibles, de la diversité des forces qui s'en emparent ou des modalités de leur intervention dépend quelle virtualité sera actualisée. L'ouverture sur le possible est alors, dans cette seconde interprétation, *ouverture sur un faisceau* : l'alternative ultime n'efface pas l'éventualité d'autres parcours. Il ne s'agit plus dès lors de faire seulement sa place au hasard, mais aux rapports des forces qui font les bifurcations de l'histoire. Or, une telle conception, si elle n'est pas incompatible avec la pensée de Marx, ne correspond pas à son orientation dominante, surtout quand elle prophétise l'inéluctable réalisation de l'essence humaine.

En tout état de cause, inversement, comprendre la distinction entre conditions objectives et conditions subjectives comme une séparation de facteurs reviendrait à ignorer la dialectique de leur détermination théorique et de leur mise en œuvre pratique. La possibilité réelle ne se présente pas d'un bloc : elle a ses formes et ses degrés. Ainsi, les conditions objectives de l'émancipation ne le deviennent pleinement, sans cesser pour autant d'être les conditions du possible, qu'avec l'existence des forces subjectives capables de les reconnaître et de les mettre en œuvre. Le partage du possible et de l'impossible ne peut être reconnu et tranché que par les forces dont le projet est de dénouer ce que la puissance des sociétés établies donne pour impossible [8]. Ainsi se justifie la thèse, encore insuffisante, de la *complémentarité des possibles* : la réalité du possible est conditionnée, même si elle ne l'est que partiellement, par la réalité des forces qui s'emparent de son effectuation. L'existence de ces forces est indispensable à la reconnaissance et à la détermination du possible : Marx pense les avoir identifiées quand il fait figurer, parmi les conditions matérielles de l'émancipation, le prolétariat lui-même. On prendra garde de se passer prématurément de ce repérage au nom d'un empirisme à courte vue prétendant se débarrasser à peu de frais de l'utopisme de Marx. Mais le chantier est ouvert : faute de parvenir à identifier les forces qui décident du possible parce qu'elles en font partie, on s'expose à une saisie encore abstraite du possible. Marcuse, on le sait, s'est longuement battu avec cette difficulté : comment détecter la possibilité réelle d'une civilisation non répressive, sans se borner à la fonder, mais abstraitement, sur l'instance de la Raison, quand les forces qui rendent cette possibilité réelle font défaut (s'il est vrai qu'elles font défaut) ?

Mais, plus concrètement encore, les conditions ne le sont pleinement que sous réserve d'être compatibles entre elles. Cette *compossibilité des conditions* offre un critère de démarcation supplémentaire entre utopie abstraite et utopie concrète. C'est la force de l'utopie marxienne que de s'efforcer de mettre en évidence la compossibilité des conditions matérielles et sociales : la coprésence de forces productives socialisables et de la force sociale qui rend possible leur socialisation parce qu'elle est elle-même une force productive socialisée. C'est alors la faiblesse de certains modèles marxiens de s'écarter de cette compossibilité, et de livrer, par exemple à l'étatisation des moyens de production, la tâche de la socialisation de la force de travail. C'est l'une des plus graves dérives de la conception de Marx que d'adjuger d'emblée au contenu de l'émancipation le sujet qu'elle requiert, au risque de confondre les virtualités de son action avec l'accomplissement d'une destination idéale. C'est l'une des conséquences les plus lourdes de cette dérive que l'attribution à un sujet social unique et unifié d'une vocation à l'universalité, au péril d'une hiérarchisation des formes d'oppression qui place certaines d'entre elles, à commencer par l'oppression des femmes, dans une position dérivée ou subalterne. Mais la méthode n'est pas perdue pour autant qui tente d'appréhender les conditions objectives d'une transformation radicale en fonction des forces sociales susceptibles de s'en emparer. Or les conditions d'émergence des possibilités contrariées dépendent à leur tour des contradictions qui les portent et qu'elles font naître.

3. Les contradictions disruptives

On a pu soutenir que la logique de la contradiction était une logique pauvre *. On préférera soutenir ici qu'il existe une logique pauvre de la contradiction : quand toutes les formes de différences, d'antagonismes, de conflits, de contrariétés (voire de contrastes) sont emprisonnées dans une logique qui les déploie

* M. Foucault, « Pouvoirs et stratégies » et « Dialogue sur le pouvoir », *Dits et écrits*, Gallimard, t. 3, respectivement p. 426-427 et 471-472.

solennellement sur un seul axe et résorbe par avance leurs diversités et leurs dispersions. On a pu soutenir que Nietzsche, adversaire de la dialectique, permettait d'en finir avec Hegel. On préférera ici s'interroger à partir de Hegel, sur un avenir possible de la dialectique. Mais ces préférences, avouons-le, sont somme toute provisoires.

Que devient tout d'abord la négation déterminée s'il faut la concevoir non plus comme inévitable, mais comme virtuelle ?

Négation virtuelle. La dialectique rétrospective implique un usage univoque de la négation déterminée : elle connaît dans l'objet ce qui appelle la négation et la forme de cette négation. Une dialectique prospective requiert un remaniement du concept de négation déterminée puisque de la négation du réel elle ne connaît que les potentialités qui le minent, et non la figure inéluctable de leur accomplissement. Là encore c'est dans l'œuvre de Marx que l'on peut retrouver les rudiments de cette conception, particulièrement dans la théorie des crises [9].

La théorie marxienne des crises met en œuvre la figure démonstrative de la nécessité de la possibilité (des crises) qui suppose que d'autres facteurs soient adjugés pour passer à la possibilité de la réalité. Marx met en évidence que la crise s'enracine dans le déploiement des contradictions immanentes à la dualité de la marchandise : la dualité de la marchandise et de la valeur d'échange, la dualité de l'échange et de ses fonctions portent en elles la possibilité des crises (voir, par exemple, Grund., t. 1, p. 82-86). Mais il ne s'agit encore, nous dit-il, que de leur *possibilité formelle ou abstraite* (voir, notamment, TPV, t. 2, p. 587-625). Cette possibilité est formelle parce qu'elle est livrée non par un contenu matériel déterminé, mais par la forme même, particulièrement de l'échange. Cette possibilité est abstraite parce qu'elle est saisie non pas concrètement, mais à son plus haut niveau d'abstraction. Ainsi, en distinguant la possibilité abstraite et formelle de la crise, et les causes qui la font venir à la réalité, Marx reprend en apparence la distinction hégélienne entre possibilité abstraite et possibilité réelle. Mais l'usage qu'il en fait marque en fait un retour à Aristote : à la distinction de la puissance et de l'acte. En effet la possibilité abstraite pour Hegel est définie strictement comme le pensable, et non comme le potentiel. Alors que, pour Marx, la possibilité formelle des crises est la crise en puissance *(potentia)*. Le passage de l'abstrait au réel est compris selon un ordre de détermination qui épouse la structure du *Capital*, du procès de production immédiat à l'unité du procès de production et du procès de circulation : apparaissent alors le crédit, la concurrence, le marché mondial, sans lesquels les crises ne peuvent venir à l'existence. Ainsi, tout se passe comme si Marx pensait dans le langage de Hegel une conception de la possibilité qui échappe à Hegel. Comme s'il mettait en évidence une possibilité structurelle qu'il désigne comme possibilité formelle. Et une possibilité abstraite qui ne relève pas seulement du pensable, mais d'une détermination conceptuellement et réellement unilatérale, partielle ou inachevée.

Marx propose alors une conception stratifiée du possible. Ou mieux : il met en œuvre une méthode d'analyse d'un possible feuilleté. Le passage du possible à l'effectivité est une traversée qui suppose l'adjonction d'autres possibles, et l'effectuation elle-même dépend d'une cause qui peut être contingente. La leçon est décisive pour l'action quand c'est la possibilité d'une rupture qui est en question. Si la négation est déterminée par ce qu'elle nie, et le détermine à son tour, la possibilité de la négation est déterminée par son objet, mais ne procède pas du déploiement des contradictions abstraites. « Il faut une action communiste réelle », disait Marx qui posait ainsi la condition de l'avènement du communisme, mais avec la certitude que « l'histoire l'apportera ». Il faut une action réelle pour que les contradictions déploient leurs potentialités, mais cette action doit traverser toutes les couches de la possibilité.

Des virtualités ne sont réelles que pour autant que leur sont adjugées ou assignables les conditions de leur accomplissement. Tel est l'objet propre de la stratégie. De sa mise en œuvre dépend la transformation des négations en fractures, et de la négation déterminée en négation disruptive.

Négation disruptive. L'objet propre de la dialectique, pour autant qu'elle est une méthode critique et révolutionnaire, est de détecter les contradictions immanentes de la réalité historique et sociale qui en font l'enjeu d'un combat. Ce sont les contradictions qui forment le champ de bataille : car le possible n'est pas ou pas seulement une somme de virtualités en attente (latence) ou de virtualités en mouvement (tendance), mais est une somme de virtualités entravées. Ainsi l'enjeu du combat n'est pas simplement de s'emparer de possibilités en jachère, mais d'opérer précisément le partage du possible et de l'impossible. Ce partage n'est pas établi avant la bataille : la possibilité réelle laisse la possibilité qu'elle inaugure encore ouverte à la possibilité de son annulation. Mais ce partage ne reste pas définitivement indécidable : dans la mesure où est dialectiquement pensé le combat dont l'issue permet de le trancher, il n'est pas renvoyé aux réflexions impuissantes de l'entendement qui reconduiraient la stricte équivalence du possible et de l'impossible dans laquelle reste enfermée la possibilité abstraite. Sans doute la plasticité de l'histoire n'est-elle pas celle d'une terre glaise offerte à toutes les mises en forme. Mais les potentialités de l'histoire ne peuvent être intégralement connues sans l'action qui les informe et sans la pensée à l'œuvre dans cette action.

Ce combat dont le terrain et l'enjeu sont déterminés par des virtualités utopiques peut et doit reposer sur une stratégie. Mais ne donne prise à la stratégie que l'utopie concrète, qui ne l'est que pour autant qu'elle est dialectique. Et ne relève de la stratégie qu'une concrète utopie, qui ne l'est que tant qu'elle n'attend pas de l'histoire qu'elle perce son énigme, délivre son secret ou accomplisse sa promesse. La stratégie qui tente de peser sur des virtualités donne son sens à la tactique qui tente de s'emparer des éventualités : de saisir l'occasion, où, pour Machiavel, se croisent et se mesurent la virtù et la fortune. La dialectique qui décèle les négations partiellement déterminées et potentiellement déterminables *détecte l'utopie qui donne prise à la stratégie contre l'utopie qui en détourne.*

Or, parce que le possible fait corps avec l'impossible — il est l'unité du possible et de l'impossible que le combat entend dénouer —, la stratégie n'est pas une obstétrique sans risques. La finalité immanente au possible, précisément parce qu'il n'est que possible c'est-à-dire noué à l'impossibilité, n'est pas délivrée sans contre-finalité. L'utopie abstraite se complaît dans une politique sans risques et sans restes : précisément parce qu'elle se détourne de la politique par le souhait impuissant ou la promesse annoncée. Penser le possible contrarié, c'est le penser politiquement. L'utopie concrète prend donc le risque de détecter les failles et de s'y aventurer : toutes les failles, car elles sont multiples, d'une *négation plurielle.*

La téléologie, parce qu'elle écrit l'histoire au futur antérieur, ne peut admettre qu'une issue car il ne saurait y avoir qu'une seule fin immanente. Inversement, si la pensée de l'avenir se résout dans une perspective unique (ou de l'alternative qui lui barre la route), c'est que sa représentation est hantée par une téléologie sous-jacente et inavouée. L'histoire rétrospective, gouvernée par la nécessité, peut paraître une et unifiée sous le regard qui la surplombe. L'utopie disruptive doit renoncer à se laisser guider dès lors qu'elle ne succombe pas aux mirages de la téléologie, par la certitude d'une seule possibilité. *L'ouverture sur le possible est ouverture sur le multiple.* En particulier, parce que la négation de la totalité existante est un procès d'ajustements de négations partielles, qui ouvre sur de multiples possibles. La négation disruptive, dès lors, n'est jamais totalement immanente à l'histoire, scellée dans un présent en attente d'avenir ; elle dépend d'un projet qui s'empare des conditions et des contradictions qui font la possibilité réelle : un projet qui unifie la multiplicité des possibles, transforme les fractures en rupture, totalise les négations partielles. Elle n'est alors que l'autre nom de la Révolution et appelle le remaniement de son concept.

Mais si l'histoire (ou la Révolution) ne se borne pas à accoucher d'un contenu déjà présent, promis à un avenir tracé d'avance, le *projet utopique* qui en fonde la nécessité stratégique ne peut s'en remettre à l'histoire pour adjuger à ce contenu les formes de sa réalisation. Pas plus que la *détection critique* du possible contrarié et latéral ne peut se priver de la simulation utopique du contenu et des formes d'une autre société. Une telle dialectique utopique est indissociable de la simulation qui est sa condition et qui doit être son résultat. La dialectique utopique doit alors mobiliser la simulation utopique comme méthode d'investigation critique et de prospection utopique. En effet, l'exploration des virtualités disruptives interdit de réprouver tous les modèles, dont seule l'abstraction, quand ils sont coupés de toute détection dialectique, est négativement utopique. Elle invite, au contraire, à recourir à des modèles utopiques du dépassement de l'ordre existant, dont la méthode est déjà présente, mais déformée, sous les fictions abstraites des utopies classiques, et surtout sous les prévisions du communisme de Marx : pour éprouver les normes, détecter les formes et proposer les idéaux d'un changement de société ; pour tracer les contours d'une utopie projective.

CHAPITRE II

UNE UTOPIE PROJECTIVE ?

(Des modèles pour l'utopie ?)

Les modèles réprouvés ?

Les modèles ont très mauvaise réputation. Qu'on leur prête, dans une optique radicale, un destin réformiste (que réprouve une critique des prêts-à-porter qui marie Marx et Sorel) ou qu'on leur promette, dans une perspective libérale, un destin totalitaire (que dénonce une critique des systèmes qui, à force de se répéter, ne mérite plus ses fondateurs) ; qu'on désigne par là des idéaux d'autant plus illusoires qu'ils habillaient une réalité qui leur était contradictoire (comme tant de militants des partis communistes occidentaux en ont fait l'amère expérience) ou les timides surgeons d'une pensée alternative qui tente d'esquisser une autre société : la critique des modèles fait l'unanimité. « Tous les modèles sont utopiques, toutes les utopies sont condamnables, tous les modèles sont condamnables » : cette comptine qui tolère toutes les variations ne mérite pas d'être discutée pour elle-même. Il nous suffira, sous réserve des précisions qui suivent, de dire, après tant d'autres, que l'on ne peut penser sans modèle — et qu'il vaut mieux les rendre aussi explicites que possible, en précisant les conditions de leur élaboration et leur fonction.

Ce qui vaut pour les modèles vaut également pour les programmes, dont le nom, malencontreusement, suggère un avenir tracé d'avance. Discrédités quand ils tentent de donner une teinte d'avenir à la gestion du présent ou quand ils se bornent à dispenser des promesses au lieu de proposer des objectifs, comment ne le seraient-il pas plus encore quand ils tentent de fournir des recettes pour les marmites de l'avenir ? Les programmes *politiques*, destinés à colorer l'espace de la démocratie représentative, intentionnellement confondu avec toute la surface de l'espace public, sont noués à l'Etat politique et à ses procédures électives. Le destin de ces programmes épouse celui de l'Etat-nation : on ne dira rien ici, par charité, sur ces destins croisés. Les programmes *utopiques*, quand ils condensent des projets de sauvetage dogmatiques, laissent l'histoire se venger de leur abstraction : sans prise sur le versant disruptif de l'histoire elle-même, ils disparaissent de l'action avant même qu'elle n'ait commencé ou se trahissent en se mettant au service de pouvoirs doctrinaires.

Tous les programmes utopiques sont-ils menacés d'un destin dogmatique ? C'est ce que laisse entendre Marx : la critique des systèmes l'incite à une profonde méfiance à l'égard des programmes, et cette méfiance fait corps avec la primauté accordée à la pratique sur la théorie, aux progrès réels sur les projets, aux actes du parti sur son programme officiel. Au nom de cette primauté, Marx privilégie les programmes d'action au détriment des programmes de principes, qu'il propose d'ajourner « à une époque où pareils programmes eussent été préparés par une longue activité commune » (Gotha, p. 19-20). Au nom du refus de l'utopie, Marx propose de s'en tenir à un *programme d'action immédiat* qui, en concentrant les revendications immédiates du prolétariat, ouvre la voie à la révolution, car « l'anticipation doctrinaire et nécessairement imaginaire *du programme d'action d'une révolution future* ne fait que détourner du combat présent * ». Ce refus de l'anticipation doctrinaire et imaginaire qui se substituerait aux tâches actuelles entraîne une conception précise de la nature du programme communiste : il ne saurait porter ni sur les modalités de la transition ni sur l'organisation de la société future, puisque, il faut le rappeler, « le programme n'a pas à s'occuper, pour l'instant » ni de la dictature révolutionnaire du prolétariat « ni de l'Etat futur de la société communiste » (Gotha, p. 44). Pourtant, dans le texte même où il préconise un programme d'action immédiat, Marx engage une critique sur le terrain des principes : la science ne saurait ajourner un débat sur des principes que le programme peut négliger. Cette critique dégage les règles qui, du moins en matière de distribution, doivent présider à la transition du capitalisme au communisme. Ne doit-on pas tenir pour un paradoxe significatif que *la critique* qui fonde la nécessité et certaines modalités de la transition affirme que *le programme* n'a pas à s'occuper de cette transition, du moins s'agissant de l'Etat ? Faut-il comprendre que l'histoire se charge de réaliser sans le

* Marx à F.D. Nieuwenhuis, le 22 février 1881, trad. Lucien Calvié, dans *Marx et la Révolution française,* Flammarion, 1986.

secours ni de l'imagination ni de l'invention des hommes, par le truchement d'un prolétariat qui n'a pour vocation que d'accomplir sa propre tâche et d'exécuter un programme d'action, une révolution dont la trajectoire et le contenu ne sont connus que par la science ?

Tous les modèles sont-ils voués à un destin doctrinaire ? C'est ce que laisse entendre la critique marxienne des constructions utopiques de modèles à appliquer, inventés à l'écart de l'histoire et imposés dans le dos du mouvement réel. Mais cette critique, du moins sous sa forme explicite, néglige l'autre dimension de ces représentations : la simulation utopique de modèles à éprouver. C'est donc à la critique des utopies qu'il convient de demander une première ébauche, sinon du contenu d'une utopie projective, du moins de son concept.

I. LE CONCEPT D'UNE PROJECTION UTOPIQUE

Les utopies classiques se présentent elles-mêmes comme des modèles, et c'est la critique des modèles utopiques qui permet d'approcher le concept d'une projection utopique.

1. Du côté de l'utopie : sous la fiction, la simulation

Toute utopie, qu'elle s'en tienne à une forme législative ou qu'elle recoure à une forme narrative, repose sur des principes qui constituent son *code* : le code de la communauté, pour paraphraser le titre de Morelly et reprendre le titre suggestif de Dézamy *. Aussi peut-on parler d'un code social de l'utopie. Pour éprouver la cohérence de ce code, l'utopiste peut se borner à en tracer le *plan*, qui en exhibe les principes sous forme de règles. Mais quand il n'est pas réduit à son plan, le code de règles de fonctionnement peut présider à la construction d'une *maquette* détaillée. De là peuvent naître deux types de modèles utopiques, que recoupe en général la distinction des systèmes et des romans : le premier établit des normes, le second décrit des formes.

Dans les deux cas, le modèle utopique remplit une double fonction : c'est une construction qui procède d'une invention qui se propose à *l'exécution* ; c'est une simulation qui procède d'une pro-

* Morelly, *Code de la nature,* Éditions sociales, 1970 ; Th. Dézamy, *Code de la communauté,* Paris, 1842.

jection qui se propose à *la discussion.* Comme l'architecture qui constitue son paradigme, l'utopie procède à un double travail : elle propose dans ses plans et ses maquettes, ses dessins et ses miniatures, un projet d'exécution et un objet de discussion. Le système utopique présente, par conséquent, deux versants : il est à la fois l'épure d'une pratique dont il trace les schémas, et l'épreuve d'une théorie dont il simule les résultats. Dans la mesure où l'utopiste cherche dans un plan ou une maquette de la société idéale, à éprouver la validité des principes qu'il a posés dans une représentation qui les incarne, les modèles se présentent comme des simulations.

De l'illusoire à l'opératoire. Quand il est pris dans sa plus grande extension, le concept de l'utopie comme genre (que l'on distingue ou non le genre littéraire et le genre philosophique) est presque inutilisable. Non seulement le genre littéraire n'est pas dissociable des paradigmes philosophiques qui sous-tendent ses variétés et ses variations, mais l'utopie est l'exercice d'un mode de pensée ou d'une méthode dont le résultat mérite d'être désigné comme simulation utopique. Plus précisément, le concept d'une simulation utopique, esquisse ou figuration du code social de l'utopie destinée à le mettre à l'épreuve, peut être construit à partir de multiples points de départ, empruntés tantôt aux utopistes eux-mêmes tantôt à leurs commentateurs. Pour cela, la méthode utopique doit être distinguée du genre utopique, auquel elle confère sa très relative unité. André Lalande fut l'un des premiers à tenter de mettre en évidence cette méthode ; il la définit comme le « procédé qui consiste à représenter un état de choses fictif comme réalisé d'une manière concrète, soit afin de juger des conséquences qu'il implique, soit, plus souvent, afin de montrer combien ces conséquences seraient avantageuses * ».

Raymond Ruyer reprend et prolonge les analyses et les références de Lalande, sur lesquelles il s'appuie explicitement. En distinguant le genre utopique qu'il réprouve totalement et le mode utopique

* A. Lalande, « Les Utopies et la méthode utopique » (cours de 1917-1918), résumé par l'auteur in *Dictionnaire technique de la philosophie,* p. 1180. Pour étayer sa démonstration, Lalande se réfère à A. Comte, Mach et Le Roy : A. Comte, *Cours de philosophie positive,* in *Œuvres d'Auguste Comte,* t. III, Ed. Anthropos, 1968, 40e leçon, et *Système de politique positive ou Traité de sociologie,* in *Œuvres d'Auguste Comte,* t. VII, p. 285-286 ; Mach, *La Connaissance et l'erreur,* Flammarion ; Le Roy, *Logique de l'invention,* Revue de Métaphysique, 1905, p. 212-213.

qu'il approuve partiellement, Ruyer s'efforce de définir le genre utopique (dont il s'efforce de tracer les frontières) par le mode utopique, qu'il tente de caractériser en le confrontant à d'autres modes de pensée, en particulier des procédés ordinaires de l'invention scientifique.

L'utopie, en ce sens, ne détourne pas nécessairement de la connaissance et de la réalité : « Le mode utopique appartient par nature à l'ordre de la théorie et de la spéculation. Mais au lieu de chercher, comme la théorie proprement dite, la connaissance de ce qui est, il est *exercice ou jeu sur les possibles latéraux à la réalité*. L'intellect dans le mode utopique, se fait "pouvoir d'exercice concret" ; il s'amuse à essayer mentalement les possibles qu'il voit déborder le réel. Il est relatif au "comprendre" ; il dépend d'une première compréhension de réel, et il aide à son tour à une compréhension meilleure ». Mais l'utopiste, à la différence du savant, triche avec les règles de son propre jeu. C'est cette tricherie avec ce qu'exige le mode utopique qui paradoxalement permet de cerner les « caractères généraux des utopies sociales * [1]. » Du coup, Ruyer distingue approximativement deux modalités d'exercice du mode utopique : les simulations dictées par la recherche de la vérité et les simulations qui lui dérogent, ou, si l'on veut, les simulations et les simulacres. Aussi est-ce à bon droit qu'Alexandre Cioranescu, revenant sur les analyses de Lalande et de Ruyer, fait valoir que l'application à l'utopie littéraire des critères logiques dont la littérature ne peut que s'affranchir distord la compréhension de l'utopie **. Il est possible cependant d'éviter de réparer une injustice par une autre : l'exercice de la méthode utopique selon ses modalités littéraires invite à penser son usage selon les modalités rigoureuses d'une simulation opératoire, distincte du simulacre littéraire, mais aussi de la simulation expérimentale ou technique.

C'est cette simulation théorique que l'on peut découvrir dans les œuvres des utopistes eux-mêmes, à commencer par celle de Thomas More. La maquette et le récit utopiques se présentent comme les revers d'une critique. Si la critique permet de régresser jusqu'au fondement du désordre moral et de l'injustice sociale — l'existence de la propriété privée — la maquette utopique permet de simuler les conséquences de l'abolition éventuelle de ce fondement : elle

* R. Ruyer, *L'Utopie et les utopistes* (1950), Ed. Gérard Montfort, 1988, p. 11-12.

** A. Cioranescu, *L'Avenir du passé. Utopie et littérature,* Paris, 1972, p. 24-29 et 39-47, notamment.

éprouve une hypothèse. Elle donne à voir ce qui se donne à penser. Le récit et la description débordent en permanence la simulation. Mais les principaux effets qui soient envisagés sont ceux qui résultent de façon prévisible ou envisageable de l'abolition de la propriété privée. Toutes choses sont supposées égales ou équivalentes par ailleurs. Autrement dit, la maquette utopique, dans ce cas, redistribue le donné par déplacement d'une seule de ses variables. On comprend alors que des fragments de l'ordre social existant fassent retour sous une forme nouvelle au sein même du modèle, mais affectés d'un changement de sens : ainsi en va-t-il, par exemple, du rôle de l'esclavage, maintenu dans la bienheureuse Utopie. Comment désigner l'unité de la méthode utilisée et du modèle proposé ? Maurice de Gandillac propose de concevoir l'œuvre de Thomas More comme une « simulation anticipatrice », que l'auteur rapproche de la « simulation opératoire » définie par Auguste Comte : une simulation dans la mesure où More « ne dissimule aucune des conditions réelles qu'impliquent la vie même du régime communiste et sa progressive expansion », et « décrit les contraintes nécessaires, et conçoit un système cohérent destiné à fonctionner dans une situation neuve * ».

C'est au mode utopique que Ruyer attribue la « véritable unité d'un genre qui paraît tellement multiforme que l'on hésite à lui attribuer une existence propre, justifiant une étude d'ensemble » (op. cit., p. 24). Mais, s'il est vrai qu'un concept englobant de l'utopie, saisie comme genre uniforme, est menacé de stérilité, on peut douter que le mode utopique lui-même soit véritablement unifié. En outre, à condition d'en contrôler sévèrement l'usage, le concept d'un genre utopique peut répondre à des définitions spécifiques de l'utopie qui s'efforcent de cerner les variétés du genre philosophique en articulant un modèle du récit utopique et les présupposés théoriques qui le fondent. Pourtant, la seule continuité repérable entre les formes classiques de l'utopie et les formes qu'elle revêt au XIXe siècle dans les œuvres de Saint-Simon, de Fourier et d'Owen reste celle d'une méthode utopique de simulation d'une transformation de la société. Et c'est cette méthode qui a pu être revendiquée après et malgré Marx, mais à condition qu'elle franchisse les frontières de l'abstraction.

De l'abstrait au concret. Ce passage de l'abstrait au concret est par-

---

* Maurice de Gandillac, « L'utopie de More comme simulation anticipatrice », *Le Discours utopique*, 10-18, p. 9-20.

tiellement effectué dans les utopies que Marx récuse, ainsi que le relève, à sa façon, Martin Buber. Ce dernier commence par distinguer — selon qu'ils résultent de la conversion de l'eschatologie prophétique (dans les socialismes dits utopiques) ou de l'eschatologie apocalyptique (dans le marxisme) — deux formes de socialismes. Puis il souligne l'ambivalence des socialismes utopiques, en proposant de démêler ce que la critique marxienne confond : la « *fiction schématique* », qui « naît d'une imagination quasi abstraite » et se laisse déduire « d'une théorie de l'homme, de ses capacités et de ses besoins déduit un régime de société », et la « *planification organique* », qui trouve « son point de départ dans la réalité effective de la situation présente », et qui, plus précisément, se fonde sur la détection des « *tendances encore cachées dans les profondeurs de la réalité, encore obscurcies par des tendances notoires et puissantes* ». Ainsi, Buber trace au sein même des systèmes réputés abstraits la ligne de démarcation, chère à Ernst Bloch, entre utopie abstraite et utopie concrète. Mais surtout, il suggère que l'exploration des possibles latéraux doit être sous-tendue par une détection des possibles contrariés *.

L'exercice d'une simulation utopique, mais concrète, à laquelle se livre Simone Weil permet de péciser, puisqu'elle les esquisse, les règles d'une méthode critico-utopique [2] **. Si tout retour de l'utopie naît, comme Engels l'avait pressenti, de l'expérience de la déception, l'objet de cette expérience est précisément ici la tentative marxiste de dépasser les utopies. Il s'agit de reprendre la critique théorique à partir du point où elle s'est tarie, et de rétablir les ponts où ils sont coupés. De là une « Critique du marxisme » à laquelle succède une « Analyse de l'oppression » qui débouche sur le constat, provisoire, d'une servitude de l'homme apparemment inéluctable. A cette analyse, Simone Weil oppose un « Tableau théorique d'une société libre » qui sert de norme à l' « Esquisse de la vie sociale contemporaine » (Nous venons de citer les titres des quatre principales divisions de l'ouvrage). Bien que S. Weil se défie des modèles positifs, qui sont à ses yeux le propre des fictions utopiques, et leur préfère la fonction régulatrice de l'idéal, l'idéal régulateur qu'elle propose est investi dans une figuration utopique (un « Tableau ») qui sert de norme de la critique de la réalité (son « Esquisse »). Tout tient, en dernière analyse, à cette affirmation : « *On ne peut se diriger*

* M. Buber, *Utopie et socialisme*, Aubier, p. 31-32.

** S. Weil, *Réflexions sur les causes de la liberté et de l'oppression sociale*, Idées, p. 10-11.

que vers un idéal » (op. cit., p. 85) : la défiance à l'égard des modèles positifs, par conséquent, dans la mesure où elle s'accompagne de la revalorisation de l'idéal, permet ici de fonder sur ce dernier les normes d'un refus. Et ces normes, qui d'un même mouvement dépassent la réalité existante pour en effectuer la critique et se proposent comme objectifs à atteindre par-delà cette réalité, sont, au bon sens du terme, utopiques. Comme peuvent l'être les modèles positifs eux-mêmes : aux raisons qui expliquent qu'ils puissent se réduire à des simulacres, il est possible d'opposer celles qui permettent de les concevoir comme des simulations.

Du simulacre à la simulation. La simulation utopique, dans les formes classiques de l'utopie, remplit une double fonction d'écran et de filtre. Quand elle prend toute liberté avec les exigences d'une critique rationnelle et concrète, la simulation ne dépasse guère le simulacre. Elle fait barrage à la critique qui devrait la fonder et au projet qu'elle tente de proposer. Cet *écran* est manifeste dans les systèmes dogmatiques, construits précipitamment dans le dos du mouvement réel. Mais cet écran est à peine moins opaque, nous le savons désormais, quand la substitution de la construction doctrinaire à la créativité historique est remplacée par le travestissement de la simulation en nécessité historique. Pourtant, qu'elle soit prise dans des fictions ou neutralisée par des prévisions, la simulation utopique n'en remplit pas moins des fonctions de *filtre*. Celui-ci, quand il est pleinement reconnu, permet à la critique de se déployer dans deux directions : en direction de la réalité donnée, dont elle fait apparaître les contradictions ; en direction de la réalité visée qui apparaît au-delà de l'horizon de la société existante — à l'horizon utopique de son dépassement. La simulation utopique remplit alors une double fonction de dénonciation et d'exploration.

Cette double fonction de l'utopie dépend, on l'a vu, de son concept du possible. Une utopie invitée à détecter la possibilité réelle qui se trouve en contradiction avec la réalité factuelle dépasse, au moins en pensée, l'horizon borné par l'accessible ; une utopie disruptive peut et doit être une utopie projective : une tentative d'aménager la place de ce qui n'a pas sa place dans l'ordre social existant. Tant qu'elle n'est qu'un simple exercice littéraire ou spéculatif, qui s'affranchit des contraintes logiques et historiques, mêlant les prétentions esthétiques et les visées pédagogiques, la simulation utopique n'est qu'un exercice compensatoire ou illusoire, dont les liens avec l'histoire s'établissent largement à son insu. Mais une simulation qui s'emploie à projeter des possibles latéraux à l'histoire parce qu'ils y sont partiellement inscrits, et tente de faire droit concrètement à ce que l'ordre existant récuse et refuse peut relever d'une exercice salutaire du Principe Espérance et devenir une méthode d'exploration de la lisière entre le possible et l'impossible. Une utopie projective peut s'installer au point où le possible et l'impossible se rencontrent et se séparent — en ce lieu qui n'est pas le non-lieu de l'impossibilité absolue ou de l'inaccessible, mais d'une impossibilité relative, apparemment indécidable, mais dont l'utopie entend pourtant décider, en confrontant la possibilité rationnelle et la possibilité réelle.

La simulation utopique est alors une méthode d'exploration des virtualités qui devance leur actualisation. S'en tiendrait-elle à celles que préfigure la réalité donnée, elle ne dépasserait guère la simple prospective, avec laquelle on la confond trop souvent. S'en remettrait-elle à celles que transfigure son désir actuel, elle se confondrait avec l'imaginaire. Mais une simulation utopique peut être, au contraire, une méthode rationnelle qui remplit une double fonction d'exploration des lieux où l'histoire peut s'inventer et de prospection des lieux où elle peut s'accomplir. La dualité de ces fonctions est déjà perceptible dans les ébauches de simulation rationnelle proposées par l'utopie classique. L'utopie procède en effet d'un double usage de la raison, négatif et positif, critique et architectonique (pour parler comme Kant), critique et organique (pour parler comme Saint-Simon) : qui déconstruit la réalité donnée et reconstruit une réalité visée. Sous sa forme classique, la simulation utopique est régressive (jusqu'au fondement) et progressive (jusqu'au modèle). Elle dissout et elle résout. Elle intervient selon les deux registres de la révélation (critique) et de la simulation (dogmatique) : elle intervient comme révélateur des contradictions et simulacre de leur résolution. Aussi la simulation opératoire est-elle masquée par le simulacre ostentatoire. Et, pour délivrer l'utopie de cette ambivalence, c'est encore vers Marx qu'il est possible de se tourner.

2. Du côté de Marx : sous la prévision, la projection

Marx, pourtant, se défend de proposer un modèle de la société future, qu'il s'agisse d'un plan qui résume ses principes de fonctionnement ou d'une maquette qui expose les détails de son organisation. Sa critique fondamentale porte sur les principes eux-mêmes pour autant qu'ils sont inventés et prescrits : sur le code même qui constitue la matrice de l'utopie. Dès lors, il condamne les plans et les maquettes, les systèmes et les romans, non sans avoir tenté de saisir les besoins sociaux qu'ils expriment et les raisons historiques de leur existence. Ainsi, *Marx repère dans les systèmes utopiques la construction arbitraire dont il critique les prétentions, mais dont il reconnaît la nécessité historique ; mais il néglige dans les systèmes utopiques la simulation opératoire, dont il méprise l'existence, et dont il méconnaît la nécessité théorique.* Pourtant, *dans sa démarche même, il traite les constructions qu'il récuse comme des simulations dont il éprouve la validité* sur le terrain de l'élaboration de sa propre théorie considérée comme science. *Et il recourt, silencieusement, à ses propres simulations* qui, sans jamais revêtir la forme du roman ou même d'une maquette, anticipent sur leur démonstration scientifique, quand elles ne se substituent pas à elle. Ainsi, des simulations utopiques hantent la théorie de Marx, empruntées aux constructions qu'elle récuse ou incrustées dans les propositions qu'elle forge.

Modèles hérités et modèles proposés. La présence de simulations utopiques au cœur de la théorie de Marx ne permettrait pas de la réduire à une utopie, fût-elle cette fois une utopie concrète et maîtrisée. Par contre elle permet d'en dégager les dimensions constitutives et de repenser les rapports, au sein de cette théorie, entre la science et l'utopie. C'est ainsi qu'en amont du développement scientifique de la théorie on trouve, au moins comme condition historique de la critique, un double système de normes : les *normes héritées*s des formes existantes du communisme et du socialisme et les *normes proposée*s à partir des exigences philosophiques de l'humanisme radical. Ces normes consistent, parfois indissolublement, en principes et règles de fonctionnement d'une société nouvelle, d'une part, et en valeurs et idéaux que cette société est chargée d'incarner, d'autre part. C'est aux premiers que nous réserverons désormais le terme de normes.

Les formes initiales du socialisme et du communisme ont offert à Marx, sous des formes diverses, des simulations d'un changement de société dont les propositions principales ont joué un rôle décisif dans l'élaboration de sa propre conception : Marx reprend largement et sur des point essentiels les conceptions de ses prédécesseurs et les refond dans sa propre conception du communisme. Il ne se contente pas de dénoncer les constructions utopiques comme doctrinaires : ils les traitent, sans les reconnaître pour telles, comme des simulations dont il éprouve la validité. Le mouvement initial de la théorie consiste précisément à mettre les normes héritées à l'épreuve de la simulation que ces normes contribuent à élaborer. Cette mise en mouvement de l'héritage — le rôle joué par les propositions utopiques dans le processus d'élaboration du communisme de Marx — est, en général, effacé : surtout quand Marx se contente d'enregistrer a posteriori comme des prémonitions de ses propres résultats la proposition ou l'ensemble de propositions dont il pense pouvoir établir la validité, ou de dénoncer comme des illusions les propositions qui ne peuvent s'inscrire dans sa conception. Mais la trajectoire même de la théorie de Marx ne peut se comprendre sans l'existence d'une mise en perspective des simulations héritées. Cette mise en perspective affleure occasionnellement selon deux modalités.

Marx procède à l'inscription, dans ses propres simulations, des propositions qu'il emprunte pour en vérifier ainsi la validité. Cette mise à l'épreuve est particulièrement sensible dans les domaines les plus divers. Marx procède à des transpositions des dispositifs qu'il investit et qu'il travestit du même coup. C'est ainsi qu'il propose, dès 1843, une traduction de Saint-Simon et des saint-simoniens sur la fin de l'Etat politique. C'est ainsi qu'il procède, dans les *Manuscrits de 1844*, à la traduction de Fourier sur l'émancipation du travail (M44, p. 60), l'émancipation des sens (M44, p. 91-94) et des passions, l'émancipation des femmes (M44, p. 86-87). Ce sont encore les thèses de Fourier qui sous-tendent, dans *L'Idéologie allemande*, les propositions sur la division du travail et l'alternance des activités, et sur l'émancipation des désirs et des plaisirs. Ce sont, enfin, les propositions d'Owen sur l'organisation de travail, la formation polyvalente et alternée, la distribution des produits réglée par les bons de travail qui sont explicitement mises à l'épreuve, et traitées non comme des propositions isolées, mais comme les pièces du système auquel elles sont empruntées.

Quand Marx accueille ainsi les propositions de ses prédécesseurs, il laisse entrevoir la démarche hypothétique qui préside à l'élaboration de ses propres projections. Mais il ne se borne pas à détourner un héritage : il en transcrit des fragments pour les critiquer ; il les soumet à des simulations de leurs effets — à des simulations anti-utopiques. Tel est le cas des simulations opposées à l'utopie égalitaire dans *Misère de la philosophie*, quand Marx prend au mot la proposition d'un échange de quantités égales d'heures de travail pour montrer quelle ne permet pas de sortir de la société existante (MPh., p. 86-87). Tel est le cas de la simulation des effets de l'utopie monétaire dans les *Grundrisse*, quand il examine ce que seraient les fonctions d'une banque qui émettrait des bons-heures, pour conclure que : « En fait, ou bien elle serait le gouvernement despotique de la production et l'administratrice de la distribution, ou bien elle ne serait en fait rien d'autre qu'un organisme tenant la comptabilité de la société travaillant en communauté » (Grund., t. 1, p. 91). C'est donc comme des simulations qui ne sont pas réductibles à leur enveloppe doctrinaire que Marx prend les propositions des utopistes en considération : pour les inscrire dans sa propre conception ou pour les réfuter.

S'il traite cependant les premiers modèles du socialisme et du communisme, mais sans les reconnaître pour tels, comme des simulations qui remplissent leur office dans la mise en mouvement de la science et de la critique, c'est parce que, dans le même temps, Marx recourt à ses propres simulations utopiques. Certes, la promesse de réalisation de l'essence dans des formes d'existence qui lui soient adéquates le dispense, au moins dans en premier temps, d'avoir non seulement à inventer, mais même à découvrir ces formes, et partant de simuler une maquette de la société future. Mais cette promesse répond à des normes qui, de remarques dispersées en présentations plus concentrées, tendent à former un code qui prend corps dans un plan. Dans la mesure où Marx se défend, comme on le sait, de procéder à une construction a priori, ce système de normes, fondées sur un humanisme essentialiste, est présenté comme immanent au mouvement réel de l'histoire. Pourtant, ces normes ne sont pas scientifiquement déduites, mais philosophiquement construites ; elles fondent la critique de l'aliénation dont elles semblent découler : le mouvement tournant de la critique et de l'utopie est en marche. Mais immédiatement entravé : Marx procède à *la construction d'un modèle qu'il présente non comme un auxiliaire de l'investigation, mais comme son résultat : non comme une simulation hypothétique, mais comme une solution historique.* C'est précisément cette confusion entre solution chimérique et simulation hypothétique qui fait de l'utopie initiale de Marx une utopie révélée.

C'est ce modèle, fondé sur la figure d'une révélation et non sur la prévision scientifique, qui préside à l'établissement des conceptions initiales de Marx, qu'il s'agisse de leur présentation systématique ou de la plupart des propositions éparses. C'est à ce modèle que les simulations héritées sont mesurées. Ce modèle hypothétique est une projection utopique. Ainsi, sous la révélation d'une utopie promise court la simulation d'une utopie requise, mais masquée par la révélation qui attribue à l'histoire la découverte de la solution de sa propre énigme et la promesse de sa réalisation. Mais cette projection qui explore les possibilités latérales à l'histoire mérite d'autant plus d'être déconnectée de la promesse qui la défigure que ce moment utopique ambivalent n'est pas effectivement dépassé, mais silencieusement refoulé dans l'œuvre ultérieure. Une fois tracée l'épure initiale, ses effets persévèrent. C'est le mouvement même de son dépassement qui met au jour l'existence préalable du modèle, prospectif et provisoire, que ce mouvement met à l'épreuve : l'utopie révélée est bientôt rectifiée. Et Marx, en dépit de l'insistance des figures illusoires de l'utopie, ne cesse, sous l'effet des déplacements constants de la critique, de remanier les modèles qu'il propose, sans renoncer pour autant à dissimuler leur caractère hypothétique. La persistance de projections utopiques est lisible dans l'inachèvement de ses conceptions et dans les contradictions des modèles qu'il propose, en niant qu'ils soient des modèles ; elle est perceptible jusque dans l'effort de la dissimuler dans un discours positif.

Modèles rectifiés et modèles dissimulés. Ainsi, le recours à des simulations utopiques ne s'achève pas avec l'adoption du communisme : il se poursuit à travers toute l'œuvre de Marx. Ce sont elles qui hantent, comme on l'a vu, les propositions de *L'Idéologie allemande* : la simulation hypothétique de l'émancipation sous-tend la critique de l'aliénation et guide la simulation des conditions du communisme, avant de promettre la réalisation des fins et des moyens. Ce sont à nouveau plusieurs simulations hypothétiques du communisme que l'on peut trouver dans *Misère de la philosophie.* Ainsi en va-t-il du rôle du temps de travail : « Dans une société à venir, où l'antagonisme des classes *aurait* cessé, où il n'y aurait plus de classes, l'usage ne serait plus déterminé par le minimum de temps de production, mais le temps de production sociale qu'on *consacrerait* aux différents objets serait déterminé par leur utilité sociale » (MPh., p. 73). Plus précisément : « Il est dans la nature de la grande industrie que le temps de travail soit égal pour tous. Ce qui est aujourd'hui le résultat du capital et de la concurrence, sera demain, *si vous retranchez le rapport du travail au capital*, le fait d'une convention basée sur le rapport de la somme des forces productives à la somme des besoins existants » (MPh., p. 87-88).

En vérité, les figures de la révélation historique ne cessent de fonctionner comme des modèles ou des esquisses utopiques dont l'existence et le rôle transparaissent à travers leurs remaniements et leurs contradictions. La critique du capitalisme effectuée dans la perspective de son abolition conduit Marx à rectifier en permanence le contenu de cette perspective. Les prévisions d'un moment sont traitées comme de simples hypothèses à reprendre ou à abandonner. Les déplacements successifs de la critique révèlent ainsi, mais indirectement, que cette critique opère à partir de modèles hypothétiques. Ainsi — nous avons déjà pu le mesurer — Marx se débat avec des modèles de socialisation et des modèles de dépérissement de l'Etat qu'il ne cesse de rectifier sans jamais parvenir totalement à lever leurs ambiguïtés. Mais ces tentatives de rectification valent également pour des dimensions non moins décisives de sa conception : la thématique de l'émancipation des sens et des passions s'efface au point de disparaître ; la thématique de la naturalisation de l'homme et l'humanisation de la nature cesse de revêtir les traits d'une rédemption conjointe * ; la thématique l'émancipation du travail accorde une importance croissante au rôle du temps disponible, etc. [3]. Ainsi les réajustements et les contradictions des propositions de Marx témoignent de l'existence de modèles qui, en épousant le mouvement de l'élaboration de la science, ne se laissent pas directement absorber par elle : l'interaction entre l'utopie et la science se poursuit dans la totalité de l'œuvre précisément parce que cette interaction la définit, comme elle définit nécessairement toute théorie critique de la société.

C'est dans cette optique qu'il convient de comprendre le sens des propositions de Marx sur le contenu du communisme qui, après 1848, ponctuent sa critique de l'économie politique. Ces propositions, dans la mesure où elles éprouvent les effets d'une abolition possible, et non pas inéluctable, des caractères spécifiques du capitalisme, sont, comme il se doit, généralement hypothétiques. C'est ce que montrent la plupart des énoncés auxquels Marx recourt dans les *Grundrisse* quand il évoque le communisme. Ainsi : « Pour être immédiatement monnaie universelle, il *faudrait* que le travail soit, dès le départ, non pas travail particulier, mais travail universel, c'est-à-dire qu'on le pose d'emblée comme un moyen de la production universelle. Seulement, dans cette *hypothèse*... » (Grund., t. 1, p. 108). De même, plus loin : « Dans l'hypothèse de la production collective, la détermination par le temps de travail reste naturellement essentielle » (Grund., t. 1, p. 110). De même, à propos des frais d'échange : « *Supposons* deux travailleurs qui effectuent des échanges : un pêcheur et un chasseur (...). S'ils travaillaient en tant que propriétaires communs » (Grund., t. 2, p. 124). De tels énoncés

* Alfred Schmidt, *Le Concept de nature chez Marx* (1962), P.U.F./Philosophes d'aujourd'hui, 1994.

hypothétiques sont également lisibles dans *Le Capital*, dans les rares occasions où Marx évoque le communisme. Dans la plupart des cas, la forme grammaticale avoue le contenu de la démarche : la supposition est mentionnée comme telle et confirmée par l'usage du conditionnel. Ainsi, Marx indique ce que serait la distribution du produit social « *si*, au lieu d'être capitaliste, la production était socialisée » (Cap II, 2, p. 76).

Mais, parfois, *l'hypothèse est absorbée par la futurition* : « Les machines ne *cesseront* pas d'être des agents de la production sociale dès l'instant qu'elles *deviendront* par exemple la propriété des ouvriers associés » (Grund., t. 2, p. 324). Et, à côté de ces claires formulations, figurent des assertions dont la forme dissimule le statut parce qu'elles sont formulées au présent. De cette façon, c'est l'avenir que Marx invoque, mais sans recourir au futur (qui prendrait alors une signification prophétique) ; il indique les conditions à réaliser sans étendre l'usage du conditionnel à leur résultat (qui prendrait alors une signification hypothétique). Ce procédé stylistique ou grammatical trouble le sens des formulations : il masque partiellement l'hypothèse. Ainsi, Marx évoque la discipline capitaliste, « qui *devient* superflue dans un système social où les ouvriers travaill*eraient* pour leur propre compte » (Cap III, 1, p. 102). De même, quand Marx examine ce que seraient les effets de l'instauration du communisme sur les travaux qui ne sont pas immédiatement productifs, il commence par la poser comme hypothèse : « *Supposons* qu'au lieu d'être capitaliste la société soit communiste. » Mais c'est pour formuler directement au présent les résultats : « Tout d'abord, le capital-argent *disparaît.* » Comme est formulé au présent tout ce qu'il convient (et non conviendrait) de faire (Cap II, 1, p. 292-293). Et il arrive parfois que, quand le conditionnel disparaît complètement, la simulation hypothétique soit totalement dissimulée : « Là où la production *se trouve* sous le contrôle réel ou planifié de la société, celle-ci *établit* le rapport entre le temps de travail social employé à produire certains articles et le volume des besoins sociaux à satisfaire par ces articles » (Cap III, 1, p. 203).

Ainsi, d'hypothèses fragmentaires en assertions morcelées, c'est une présentation synthétique qui se dessine, dont Marx semble s'être toujours défendu, au point que la *Critique du programme de Gotha* apparaît soit comme l'exception qui confirme la règle soit comme le retour du refoulé. Sans doute les simulations que Marx reçoit ou conçoit ne revêtent jamais la forme de prescriptions ou de fictions détaillées. Quand elles procèdent des systèmes hérités, elles les démembrent ; quand elles se composent, ce n'est pas sous la forme d'un système achevé. Il reste que Marx propose des plans qui reposent sur des principes. S'agit-il vraiment de principes découverts (et non inventés) mis au service de plans éprouvés ? On peut en douter... S'agit-il, au moins, d'une méthode d'investigation explicitement assumée ? Il est certain qu'il n'en est rien.

Si tout invite — en deçà de Marx, avec Marx et au-delà de Marx — à concevoir une projection utopique comme méthode théoriquement indispensable, il reste à préciser quelque peu les fonctions qu'elle peut remplir en amont et en aval de la critique — comme condition de la science et comme corrélat de la science. Encore convient-il de préciser que, dans le mouvement même de la théorie, ces simulations changent sans cesse de place : c'est donc pour la clarté de l'exposé que l'on distinguera deux emplacements, en commençant par le premier.

3. Sous la critique, l'utopie

L'utopie remplit une fonction décisive dans le déploiement de la science parce qu'elle est la condition de la critique. Et cette fonction critique de l'utopie peut être appréhendée en considérant isolément les questions posées par la critique et les réponses données par l'utopie.

Questions posées par la critique. La critique peut, nous le savons, revêtir deux formes : une critique dogmatique qui s'oppose à la réalité sans la comprendre ou une critique révolutionnaire qui s'oppose à la réalité en se fondant sur les oppositions présentes au sein de la réalité elle-même. Tels sont, pour Marx, les fondements de la critique, et les critères de distinction entre la science doctrinaire et la science révolutionnaire. A la critique transcendante des utopistes qui prend appui sur l'opposition de la Raison à la réalité et qui conjugue condamnation dogmatique et condamnation morale, Marx oppose une critique immanente qui s'efforce de saisir la genèse des contradictions réelles. Mais, l'œuvre de Marx est là pour en témoigner, aucune théorie critique ne peut reposer sur une critique rigoureusement, ou plutôt exclusivement, immanente. La critique a pour condition un dépassement initial du donné : un « transcender sans transcendance » (pour reprendre, en dehors de son contexte, une expression de Bloch), imposé par la posture et la méthode de la critique. En effet, le concept de critique chez Marx, d'un bout à l'autre de son œuvre, désigne, indissolublement, une posture et une méthode :

— Comme posture, la critique consiste en un type déterminé de rapport de la théorie à la réalité ou à la pratique : l'effort de participation de la théorie à la transformation de la réalité : le moment pratique de la théorie ;

— Comme méthode, la critique consiste en un type déterminé de la théorie à ses objets — une forme de savoir qui présuppose des fondements définis et mobilise des règles précises.

La trajectoire initiale de la théorie de Marx (de 1840 à 1845) peut se comprendre en fonction des parcours de la critique qui permettent de lui trouver les assises qui lui convient *.

C'est le rapport de la critique à la pratique qui lui impose le recours à un horizon et à une simulation utopiques. C'est donc, en premier lieu, une *question de posture.* Marx commence son itinéraire en définissant la critique comme pratique théorique de la philosophie, avant de la comprendre comme pratique théorique de l'émancipation. Non seulement la théorie ne peut en rien se substituer à la pratique (comme Marx l'affirme au terme d'un long parcours dans L'*Introduction à la critique de Hegel...* de 1843), mais c'est la pratique qui impose d'abord à la théorie de prendre en charge et d'éclairer ses exigences. Quand ces exigences s'opposent à la réalité donnée, elles gouvernent le devenir critique de la théorie. Dans la mesure où elle assume ce rôle et accomplit ce devenir, la théorie, selon Marx, conquiert la position critique qui lui convient : une critique qui ne prétend pas transcender la pratique (comme le fait la critique idéaliste de la « Critique critique »), mais lui correspondre et l'éclairer.

Comment remplira-t-elle cette fonction ? Toute pratique dépasse, ne serait-ce qu'en pensée, le donné qu'elle transforme ou cherche à transformer : immanente aux moyens dont elle dispose, elle les réordonne selon une fin qui leur est nécessairement transcendante. Toute critique et toute pratique qui s'affranchissent des conditions réelles se vouent aux nuées de l'utopie. Mais toute critique qui tente de découvrir dans les moyens dont dispose la pratique les fins qu'elle peut légitimement poursuivre pose nécessairement ces fins comme mesure des moyens et explore les moyens en vue d'une fin. Cependant, aux raccourcis de l'utopie peuvent

* H. Maler, *Congédier l'utopie*, op. cit., p. 33-64.

répondre les raccourcis de sa critique, quand celle-ci cède à l'illusion d'une fin qui serait entièrement donnée dans les moyens de sa réalisation — l'illusion d'une résorption de la dualité entre la fin et les moyens, l'illusion d'une pratique sans restes. Par chance, si Marx nous dit bien ce qu'il fait, il ne fait pas toujours ce qu'il dit. C'est donc le rapport de la critique à la pratique qui lui impose ses dimensions utopiques.

Les exigences de la pratique imposent à la critique les questions qu'elle soulève. Sans doute la critique doit-elle donner à ces questions la forme théorique qui convient, mais quand les exigences de la pratique s'imposent à la théorie il s'agit d'exigences qui revendiquent leur satisfaction, et qui par conséquent anticipent sur elle. Sans doute l'insatisfaction peut-elle être mauvaise conseillère, ne connaissant pas toujours ses origines et ses limites. Méconnaissant le ressentiment qui l'anime et qui façonne ses idéaux, elle peut confier au Principe Espérance la convoitise de Paradis qui ne sont que des Déserts. On reconnaîtra ici la leçon de Nietzsche. Mais ce que la pratique impose à la théorie, c'est d'interroger la réalité donnée du point de vue de la satisfaction qu'elle contrarie (et l'insatisfaction du point de vue de la réalité qui la façonne) : telle peut être la fonction d'une simulation de la satisfaction des exigences — une simulation utopique.

La posture de la critique retentit sur sa démarche : le recours à l'utopie est une *question de méthode.* La dialectique de Hegel enseigne à Marx, semble-t-il, l'abandon de toute utopie. A une méthode qui s'oppose à des contradictions qu'elle ne comprend pas s'oppose une méthode qui permet de s'inscrire au cœur des contradictions et de les saisir dans leur développement : à la critique dogmatique s'oppose la critique dialectique. Pourtant, *l'utopie est un moment de toute critique, parce qu'elle en est la condition.* L'existence de cette condition est d'abord un simple fait historique : c'est l'utopie de ses prédécesseurs qui contribue, comme on l'a vu, au positionnement de la critique marxienne. Mais cette condition n'est pas extérieure au dispositif critique qu'elle met en branle, précisément parce qu'il est impossible de découvrir les tendances immanentes qui préparent et préfigurent, ne serait-ce que négativement, un nouvel ordre social sans disposer préalablement de son esquisse. Cette esquisse hypothétique, parce qu'elle transgresse les limites de l'ordre social existant, est une projection utopique qui devance la critique et la pratique. Elle ne devient dogmatique qu'avec son immobilisation dans la condamnation hautaine de l'histoire ; elle ne devient doctrinaire qu'avec sa substitution à l'histoire.

C'est cette leçon, que Marx ne peut se résoudre à accepter, qui impose de convertir l'utopie en moment de la dialectique, ainsi que Bloch a magistralement tenté de le faire : « L'utopie et l'espérance constituent dans cette philosophie le moment critique, c'est-à-dire (...) celui *qui permet à la théorie de saisir dans le réel et au-delà de sa positivité les forces en mouvement qui tendent à sa négation.* L'utopie, en anticipant un monde meilleur, l'eschatologie, par l'espérance du Royaume, permettent de réactiver ce moment critique *. » Ce moment utopique ne se confond pas nécessairement avec l'utopie abstraite que la théorie de Marx, initialement, utilise : les utopies de ses prédécesseurs ne peuvent remplir qu'une fonction provisoire dans la mise en mouvement de la critique. Ce moment utopique doit être affranchi de la révélation que Marx, initialement, mobilise : l'utopie promise, emportée par son propre élan, finit par contrarier la critique qu'elle met en mouvement. La projection utopique de Marx est sous tension. Mais l'utopie marxienne — ou, du moins, les dimensions utopiques de la pensée de Marx — est encore, à ce titre, la mesure utopique de toute critique, y compris de la critique de Marx.

Si la posture et la méthode de la critique imposent un moment utopique, c'est donc, en dernière analyse, parce qu'il s'agit pour la critique d'*une question de statut.* La critique n'est pas réductible à la science. Certes, c'est parce qu'elle est scientifique que la théorie de Marx est critique. Mais elle est scientifique pour autant qu'elle est critique. La critique n'est pas seulement ici la nécessaire prise de distance à l'égard de la réalité donnée (ou des théorie qui succombent prématurément aux apparences). La critique est une détermination fondamentale du travail de la science chez Marx parce qu'elle désigne un rapport de la science à ses objets *dicté par l'impératif de leur transformation* : comprendre les conditions dans lesquelles le monde se transforme pour pouvoir le transformer. L'écrasement scientiste du marxisme commence avec l'occultation et s'achève avec l'abandon de ce rapport critique et pratique. Or une pratique orientée vers la réalisation des possibles contrariés mobilise nécessairement une simulation utopique d'un avenir possible comme moment nécessaire à la détection des conditions de son avènement : aux questions posées par la critique — questions que la critique se pose — une projection utopique peut donner des réponses — des ébauches de réponse.

---

* Gérard Raulet, « Esperance et critique », in *Le Discours utopique* (collectif), 10-18, p. 130.

Réponses données par l'utopie. Les utopies héritées se présentent indissolublement comme des principes régulateurs, déposés dans le code de l'utopie, et des modèles régulateurs, déposés dans des plans ou des maquettes. Des normes et des règles, des valeurs et des idéaux, pris dans des formes législatives ou des formes narratives, façonnent des systèmes et des romans. Dans tous les cas l'utopie, ne serait-ce qu'à l'état d'esquisse, se présente comme condition de la critique, avant d'apparaître comme résultat. C'est ce que permet particulièrement de comprendre le rôle de l'idéal dans l'utopie.

L'idéal dans l'utopie classique naît d'un mouvement tournant où l'idéal apparaît deux fois — comme condition de la critique et comme résultat de la critique :

— Premier moment : l'idéal est pour l'utopiste la *condition de la critique.* Qu'il s'agisse de l'idéal consacré par la société existante ou d'un idéal qui prétend déborder les valeurs dominantes, la critique oppose alors l'idéal à la réalité. Cela est particulièrement le cas, quand la critique confronte les idéaux proclamés à la réalité effective, et s'efforce de prendre les idéaux à leur propre piège, comme on peut le voir notamment dans la critique de la Révolution française (ainsi qu'Engels dans *Socialisme utopique et socialisme scientifique* l'a fortement souligné). Sans doute cette critique, tant qu'elle ne perçoit pas dans l'idéal le processus d'idéalisation — la prose dont il est la version poétique —, reste-t-elle la proie de chimères, mais elle est prolongée par son second moment ;

— L'idéal devient pour l'utopiste le *résultat de la critique* : de l'opposition de l'idéal à la réalité naît la reconduction ou la reconstruction de l'idéal — un idéal utopique. Mais l'idéal utopique reconduit alors les défaillances de la critique : la reconduction de l'idéal revient à reconduire la réalité dont il est l'idéalisation (extrapolation utopique) et la reconstruction de l'idéal conduit à en appeler à une réalisation coupée de ses moyens effectifs (anticipation utopique). On comprend alors pourquoi Marx critique avec vigueur le double rôle de l'idéal dans les utopies. Pourtant la critique de l'utopie abstraite, qui alternativement ou conjointement se borne à opposer à la réalité des idéaux transcendants ou propose de réaliser ses idéaux immanents, n'épuise pas la question de l'idéal.

L'idéal pris dans la forme de l'utopie se présente à ses récepteurs comme une condition et un moment de leur critique : telle est la fonction de l'idéal utopique. L'idéal utopique est à son tour la *condition de la critique.* Mais rien ne permet d'affirmer que cette critique est par là même condamnée à rester dogmatique. L'existence d'idéaux utopiques n'est pas une ruse ou un accident de l'histoire que celle-ci, encore immature, offrirait à la sagacité d'une critique matérialiste chargée de les comprendre et de les résorber : ces idéaux remplissent une fonction d'interpellation de la critique. Ce qui est vrai de l'itinéraire intellectuel de Marx l'est plus généralement. Il ne s'agit pas là d'une anecdote biographique ou d'un détail historiographique qui ne jouerait qu'un rôle occasionnel et auxiliaire en invitant la critique à se radicaliser ; il s'agit au contraire d'un mécanisme général qui veut que toute critique commence avec une utopie qui la précède. Une société privée d'idéaux utopiques est une société privée de la critique que l'utopie rend possible et que la critique rectifie.

L'idéal utopique n'est pas seulement une condition de mise en mouvement de la critique, il est un *moment de la critique*. La fonction de l'idéal utopique pour la critique qui en hérite permet de comprendre la fonction utopique de l'idéal dans toute théorie critique de la société. Cette fonction de l'idéal est, semble-t-il, récusée par Marx. Mais ce n'est pas tant le recours à un idéal utopique que Marx conteste que des formes doctrinaires de recours à l'idéal : les prétentions d'une critique et d'une science doctrinaires qui se résument dans l'opposition de l'idéal à la réalité, qu'il s'agisse de l'opposition à la réalité de son propre idéal ou de l'opposition à la réalité d'un autre idéal. Mais la critique de Marx recourt, plus ou moins silencieusement, à ces deux formes d'idéaux.

Le recours à l'idéal solidaire d'une société donnée permet de confronter la réalité à ses propres ambitions, de révéler les contradictions entre la réalité et l'idéal, de rappeler la réalité à l'étroitesse de ses dimensions et de ramener l'idéal à une illusion ou à une idéalisation : *l'idéal est l'instance régulatrice de la critique et de sa propre critique.* Il met en mouvement une critique de la réalité au nom de son propre idéal : ne reste dogmatique que la critique qui s'en tient à cette dénonciation. C'est pourquoi la signification de la critique par l'idéal se dédouble : la fonction critique de la référence à l'idéal, pour insuffisante qu'elle soit, reste féconde sur le plan théorique ; mais, parce qu'elle est insuffisante sur le plan théorique, elle devient néfaste sur le plan pratique quand, n'ayant pas conduit la critique menée au nom de l'idéal jusqu'à la critique de l'idéal, on tente de réaliser celui-ci : c'est-à-dire de réaliser le corps dont cet idéal n'est que l'ombre.

Le moment utopique de la critique met la réalité à l'épreuve de ses propres idéaux : moment dogmatique de la critique qui oppose l'idéal à la réalité. Mais il n'est nullement anecdotique que Marx en ait reconnu, ne serait-ce que provisoirement, la légitimité, notamment chez Proudhon, et qu'il ait repris cette méthode à titre de moment de sa propre critique, et précisément seulement à titre de moment. Qu'on relise les *Manuscrits de 1844* ou *La Sainte Famille* : la démarche que Marx met en œuvre a valeur de méthode. Elle procède en deux temps, qui répondent à deux exigences : mettre la réalité à l'épreuve de ses propres idéaux pour mettre à nu les contradictions que ces idéaux dissimulent et expriment ; chercher à partir de l'existence de ces contradictions immanentes les raisons de leur existence et le mouvement de leur dépassement. Le second moment, qui affranchit la critique de son dogmatisme, n'est pas possible sans l'existence du premier, dont l'isolement seul définit la critique dogmatique.

Ainsi Marx oppose aux idéalisations de l'économie politique la réalité qui les infirme et souligne la contradiction entre l'apparence humaine de l'économie politique et la réalité inhumaine de la société fondée sur la propriété privée : « L'économie politique qui tient les rapports de propriété privée pour des rapports humains et rationnels se trouve en contradiction permanente avec son hypothèse de base : la propriété privée » (SF, p. 43). C'est pourquoi il avalise, au moins comme premier moment d'une juste méthode, la critique de Proudhon sur ce point : « Proudhon (...) a pris au sérieux l'apparence humaine des rapports économiques, et il l'a crûment opposée à leur apparence inhumaine. Il a contraint ces rapports à être dans la réalité ce qu'ils sont dans l'idée qu'on s'en fait ou plutôt à renoncer à cette idée et à avouer leur inhumanité réelle (SF, p. 44). Ce qui est vrai de ces valeurs peut l'être de beaucoup d'autres [4].

La critique de la réalité dont il est l'idéal permet de comprendre cet idéal comme idéalisation. Encore faut-il s'entendre sur ce que signifie cette idéalisation. L'idéal est *un excédent dont se pare la réalité.* Il apparaît alors comme son supplément d'âme. Mais, par l'existence même de l'idéal la réalité avoue qu'elle n'a pas épuisé son sens : l'idéal est un *excédent qui dénonce la réalité* qu'il pare. L'idéal n'est pas seulement couverture : il est également ouverture. C'est Ernst Bloch, nous y reviendrons, qui a réhabilité plus que tout autre l'excédent utopique de l'idéal sur l'idéalisation : le recours à l'idéal immanent à la réalité, dans la mesure où le processus d'idéalisation est porteur d'un excédent utopique, est un moment nécessaire de la critique, que Marx méconnaît et que sa critique tend à nier.

Ce qui légitime du même coup le recours à un *idéal qui dépasse ouvertement l'horizon de la société existante.* Ainsi en va-t-il particulièrement de l'idéal communautaire ou communiste proprement dit. Si le communisme, selon Marx, n'est pas un idéal, mais un mouvement réel, cela ne signifie pas qu'il n'existe aucun idéal communiste. Et cet idéal, inscrit dans le mouvement réel, est repris par la critique qui tente de décrypter ce mouvement, parce qu'il est à la fois la condition et l'effet de cette critique. Marx, d'ailleurs, ne cesse de faire l'éloge des idées et des images, des valeurs et des idéaux qui devancent l'avenir. Leurs limites théoriques et pratiques tiennent au défaut des conditions historiques adéquates au progrès de la théorie. Mais Marx, une fois encore, se laisse emporter par son propre élan : en les comprenant sous le concept d'anticipation, pour faire valoir leur ambivalence, il les interprète dans la perspective de l'histoire révolue (et de la théorie qui en prend acte) ; il néglige le concept de projection qui permet de les lire à l'endroit et de saisir pleinement la fonction que remplissent ces idées et ces idéaux dans le déploiement de la critique — la fonction critique de l'utopie.

Enfin, si l'idéal pris dans la forme de l'utopie est le régulateur de la critique, il en va de même des normes et des modèles que les utopies proposent, qui remplissent des fonctions de *normes* et de *modèles régulateurs.* Le mouvement de la critique dans le communisme initial de Marx consiste à déterminer le concept de communisme à partir d'un concept de l'essence humaine (et de l'émancipation humaine intégrale) et à mesurer les projets ultérieurement disqualifiés comme utopiques à ce modèle. Mais les projets utopiques eux-mêmes remplissent une double fonction : si à travers eux il est possible de mesurer la distance qui sépare l'aliénation humaine de l'émancipation humaine, grâce à eux l'aliénation humaine devient perceptible : ils jouent une rôle régulateur dans le déploiement de la critique parce qu'ils sont les révélateurs de ce qui est critiquable. Quant à savoir quelle utopie peut remplir cette fonction, c'est encore en se tournant vers le communisme de Marx que l'on peut trouver une réponse.

Aussi est-il vain de nier l'existence d'une utopie marxienne : « Engels parlait avec fierté du développement du socialisme, depuis l'utopie jusqu'à la science. Aujourd'hui, on ne peut plus nier que cette science contenait plus d'un élément utopique. Mais comme Ernst Bloch l'a dit très justement, il y a des utopies fécondes et des utopies non fécondes. » Et l'utopie latente de Marx est précisément féconde parce qu'elle propose une simulation et pose une norme : « Ce qui dans les idées de Marx sur la "société des producteurs associés" et sur le système de besoins des individus unifiés est utopique à maints points de vue par rapport à notre présent actuel, par rapport à nos possibilités d'action, n'en est pas moins fertile pour autant. Car une norme se trouve posée, avec laquelle nous pouvons mesurer la réalité de nos représentations, leur valeur ; une norme grâce à laquelle nous pouvons saisir le caractère borné de nos agissements et qui exprime la plus haute aspiration de l'humanité mûre qui, comme tendance, est partie même de notre être *. »

Mais il reste à tracer, ne serait-ce qu'en pointillés, comment peut être pensée l'utopie que la critique peut proposer *comme corrélat de la science* : quelle est la fonction utopique de la critique.

II. POINTILLÉS POUR L'UTOPIE

Le moment utopique de la critique décide des effets utopiques de celle-ci. Une critique qui se borne à condamner sans comprendre se solde par une utopie abstraite. Plus généralement, les contradictions d'un ordre économique et social donné — qu'on les conçoive, dogmatiquement, comme un scandale au regard de l'histoire ou, dialectiquement, comme le moteur de son mouvement — ne permettent pas de conclure à la nécessité et aux formes de son renversement. Il est vain, nous dit Marx, de construire en dehors de l'histoire et de ses contradictions la maquette ou le plan de leur résolution, d'opposer un devoir-être à l'être, d'opposer des exigences éthiques et les modalités de leur réalisation à la nécessité historique. Mais il serait stérile de chercher à découvrir à partir des seules tendances immanentes leur avenir nécessaire, fût-il limité à un contenu et à une promesse : la critique du devoir-être éthique ne peut pas être comblée par la découverte d'un devoir-être historique.

Marx s'arrête au seuil de la simulation de la maquette d'une société idéale. Il expose, notamment dans *Le Capital* et la *Critique du programme de Gotha*, des normes et des règles d'une société communiste et de la transition en sa direction. Mais il se refuse à simuler les formes de leur application. Le refus de la maquette utopique se solderait alors par la simulation d'un plan utopique. Ces normes et ces règles seraient, selon Marx, historiquement déployées au lieu d'être utopiquement inventées. Pourtant, il n'est pas sûr que les tendances historiques sur lesquelles Marx prétend les fonder ne soient pas des projections d'un modèle utopique sur le plan de

* A. Haller, *La Théorie des besoins chez Marx*, 10-18, 1974, p. 186.

l'histoire, et qu'une société organisée à partir de telles tendances soit une société communiste. Aussi la critique de la conception marxienne de la nécessité du communisme invite-t-elle souvent à renoncer à toute utopie positive [5]. Marx prétend opposer en fait, mais de façon implicite et non théorisée, une simulation scientifique aux constructions utopiques. Or la simulation qu'il propose sans la reconnaître pour telle procède conjointement de l'invention utopique et de l'investigation scientifique. En elle, pour le meilleur et pour le pire, science et utopie se confondent sans que soient pensées leur unité et leur disparité.

1. Déductions de normes ?

La critique marxienne des constructions doctrinaires porte au premier chef sur l'invention et la prescription des normes d'une société idéale, qui constituent autant de raccourcis théoriques et pratiques. Mais il s'en faut de beaucoup que la simulation des normes de la société communiste soit absente de l'élaboration de Marx. Ces normes, dans la mesure où elles dépassent l'ordre social existant, peuvent être, à bon droit, qualifiées d'utopiques. Sur quelle démarche se fonde leur établissement ?

De l'explicatif au normatif. L'esquisse du communisme proposée par Marx peut être comprise comme une utopie, définie, ainsi que le propose Lucien Sebag, comme le « *modèle d'une société rationnelle* » ou encore comme la « *mise au jour d'un système positif de normes* ». Cette interprétation repose implicitement sur le refus de deux autres : l'interprétation orthodoxe qui ramène l'utopie au rang de simple source du marxisme ; l'interprétation libérale qui réduit le marxisme à une simple variante de l'utopie. C'est pourquoi Sebag comprend le passage du socialisme utopique au socialisme scientifique non comme une absorption de l'utopie par la science, mais comme le passage d'une forme d'utopie à une autre. Pour comprendre ce passage, il est nécessaire de retenir ce qui fait la spécificité de l'utopie de Marx au regard des systèmes utopiques antérieurs : son assise scientifique qui permet de fonder le normatif sur l'explicatif.

Selon Sebag, l'utopie de Marx « développe *quasi déductivement* le modèle d'une société rationnelle tel qu'il peut être abstraitement dégagé des modalités de fonctionnement de la société capitaliste ».

Mais cette abstraction n'est pas une fuite hors de la réalité : l'utopie de Marx n'est pas « le produit d'une démarche idéaliste ; elle est plutôt *mise au jour rigoureuse de ce qui est impliqué dans le contenu réel des rapports sociaux* ». Aussi l'utopie marxienne peut-elle revendiquer des fondements scientifiques : « La position d'une norme n'est donc en aucun cas arbitraire ; elle suppose une détermination théorique de ce qui est, elle s'appuie sur la science et ne trouve sa signification que par rapport à elle ; aussi, paradoxalement, est-ce au niveau scientifique qu'elle peut être validée ou réfutée *. » Cette interprétation pose problème, dans la mesure où le passage de l'explicatif au normatif suppose entre eux des rapports précis. Deux questions sont alors posées : comment marquer la différence entre concepts explicatifs et concepts normatifs ? Est-il légitime de présenter le passage des premiers aux seconds comme une déduction ou une quasi-déduction ?

Selon Jacques Bidet, c'est précisément l'indistinction entre l'explicatif et le normatif qui est utopique chez Marx : « Il participe de l'utopie dans la mesure où il manque à percevoir la différence radicale de statut entre les catégories "explicatives" propres à un mode de production particulier et des catégories générales ou normatives. Son discours du socialisme est en réalité prescriptif [6]. » La disparité entre les deux discours — entre le discours explicatif propre à la théorie du mode de production capitaliste et le discours prescriptif relatif au socialisme — interdit de les rabattre sur une seule dimension, celle de la science : « Négliger cette différence essentielle entre ce discours et la théorie du mode de production capitaliste, vouloir inscrire le premier dans la stricte continuité du second, c'est lui attribuer un statut de "science" qu'il ne peut revendiquer **. » On concédera sans peine que le discours sur le socialisme n'est pas à proprement parler scientifique, bien qu'il ne soit pas dénué de fondements scientifiques. Marx d'ailleurs pouvait-il avoir d'autre ambition ? Il s'agissait non de faire du socialisme une science, mais de donner au socialisme les fondements d'une science. Restent cependant ouvertes deux autres questions : faut-il affirmer que Marx néglige la différence entre explicatif et normatif (et participe, mais au mauvais sens du terme, à l'utopie) ? Le passage de l'explicatif au normatif, s'il n'est pas strictement continu, est-il totalement discontinu ?

Si Marx néglige de distinguer l'explicatif et le normatif, c'est

* L. Sebag, *Marxisme et structuralisme*, Payot, p. 77-78.
** J. Bidet, *Que faire du Capital* ?, Klincksieck, p. 245-246.

parce que c'est au cœur même de l'explication du mode de production capitaliste que sont nichées les normes qui permettent d'évaluer la nécessité et la possibilité de son dépassement. Comme le montre fort bien Agnès Haller, s'agissant de la conceptualisation relative aux besoins, ce n'est pas seulement en aval de la science, mais aussi en amont, que les principaux concepts de Marx sont, indissolublement, explicatifs et normatifs. Et plus généralement — nous croyons l'avoir montré —, l'essentialisme méthodologique est en permanence doublé d'un essentialisme critique qui permet de parachever la condamnation que porte en elle la critique rigoureuse des contradictions du capitalisme. A cette étape, l'indistinction est effective, mais peut être partiellement levée. Bien qu'il ne le fasse pas explicitement lui-même, c'est le partage entre l'explicatif et le normatif que l'œuvre de Marx invite à déplacer (et non à résorber). Une critique qui se donne pour tâche de comprendre comment le monde se transforme pour déterminer les conditions de transformation du monde n'abuse pas du titre de science quand elle pose comme normes les conditions de cette transformation et mesure à cette norme la société existante. Elle le fait d'autant moins que donner des fondements scientifiques à une utopie ne signifie nullement que l'utopie elle-même soit scientifique ; de même que donner des fondements scientifiques au socialisme n'aurait jamais dû être compris comme une tentative d'absorber le socialisme dans un socialisme scientifique. Si le passage d'un discours explicatif à un discours normatif doit être pensé en termes de disparité et de discontinuité et non d'identité et de continuité, on est contraint d'affirmer que la dimension utopique n'est telle que parce que, précisément, elle n'est pas déduite de la science. Mais si des normes sont déjà impliquées dans l'explication, le passage de la critique à l'utopie, sans être rigoureusement déductif, rend possible une démarche hypothético-déductive. Ce que Jacques Bidet comprend comme dérogation à la science peut alors être compris comme fécondité de l'utopie. Par contre, est à la fois non scientifique et utopique, au mauvais sens du terme, la promesse de réalisation des normes mises en œuvre par la critique : la présentation de la quasi-déduction comme une prévision. Ce que Bidet interprète alors comme retour stérile de l'utopie procède effectivement d'un usage abusif de la science. Mais ce qui est vrai de la déduction des normes l'est aussi de leur invention : une saine méfiance scientifique contre l'utopie stérile ne peut avoir le dernier mot.

De la déduction à l'invention. Marx, pourtant laisse à une histoire fantomatique le soin de trancher sur ce que la science ne peut découvrir et sur ce que l'invention collective des hommes est dispensée de concevoir. Une fois de plus, la critique de la posture dogmatique procède à une inversion précipitée de ce qu'elle récuse. Ainsi, Marx critique dans les systèmes doctrinaires des substitutions de l'utopie à l'histoire, et particulièrement la substitution de l'activité personnelle à l'activité sociale, doublée de la substitution de l'activité inventive à l'activité historique. C'est cette double substitution que dénonce le *Manifeste* : « A l'activité sociale *(gesellschaftlichen Tätigkeit)* doit se substituer leur activité inventive personnelle *(persönlich erfinderisch Tätigkeit)* » — celle que déploient « les inventeurs » *(die Erfinder)* de systèmes (MPC, bil., p. 109-111). Ou encore, dans *Les Luttes de classes en France* : « L'utopie, le socialisme doctrinaire (...) met à la place de la production commune, sociale, l'activité cérébrale du pédant individuel » (LCF, p. 147). Ainsi, à l'activité collective et/ou à l'activité sociale, est opposée l'invention personnelle. Il convient de prendre la mesure de ce constat : *la critique de Marx fait silence sur la nécessité d'une invention collective.*

Ce silence est confirmé d'un autre point de vue quand Marx donne pour signe de l'impréparation du prolétariat la préséance de l'invention sur l'action. Ainsi, il oppose au rôle de la Commission du Luxembourg, dont les grands prêtres « avaient pour tâche de découvrir la terre promise », la dynamique d'une classe en révolution, qui « ne se livre à aucune recherche théorique sur sa propre tâche » : « Dès qu'une classe qui concentre en elle les intérêts révolutionnaires de la société s'est soulevée, *elle trouve immédiatemeni dans sa propre situation le contenu et la matière de son activité révolutionnaire :* écraser ses ennemis, prendre les mesures imposées par les nécessités de la lutte, et ce sont les conséquences de ses propres actes qui la poussent plus loin. *Elle ne se livre à aucune recherche théorique sur sa propre tâche.* La classe ouvrière française n'en était pas encore à ce point, elle était encore incapable d'accomplir sa propre révolution » (LCF, p. 49-50). Si cela est vrai de *toute* classe révolutionnaire, comment concilier cet énoncé avec l'affirmation du rôle de l'imaginaire dans les révolutions bourgeoises ? Si cette vérité, présentée comme générale, ne s'applique qu'au prolétariat, comment concevoir la disparition dans la révolution de *toute* recherche théorique ?

Nous le savions : la dévalorisation de l'utopie est solidaire de la dévalorisation de l'anticipation et de l'imagination doctrinaires, comprises comme des palliatifs ou des auxiliaires de substitution qui ne peuvent tenir lieu que provisoirement d'outils de prospection. Mais ici, *c'est la prospection elle-même qui est suspecte.* Comme le sont les « graves discussions » auxquelles le prolétariat « prenait plaisir » (alors que, il est vrai, ses ennemis le menaçaient). Dans ces conditions, l'invention individuelle et l'invention collective, une fois encore amalgamées, sont, ensemble, promises au dépassement par le cours de l'histoire : au point que la prospection de l'avenir, elle-même, est nuisible à ceux qui ont pour tâche d'en accoucher.

Si l'histoire « n'est que l'activité de l'homme qui poursuit ses fins à lui » (Engels, SF, p. 116), l'homme peut-il poursuivre ses fins sans les poser ? Ces fins, quand elles ne consistent pas en normes et valeurs abstraites du cours de l'histoire, sont partiellement immanentes à certains effets de la société existante, à des contradictions qu'elle engendre et des conditions qu'elle crée, mais elles ne sont pas placées en dépôt dans cette histoire, comme l'idée des possibles le serait, selon Leibniz, dans l'entendement divin. Ces fins n'existent qu'à la condition d'être voulues pour être reprises, conçues pour être comprises, inventées pour être poursuivies. La critique de l'arbitraire individuel (abstrait et doctrinaire) des inventeurs de machines sociales ne porte pas, en droit, condamnation de l'invention collective : celle-ci serait-elle en partie aveugle, la connaissance critique et scientifique peut se donner pour but d'éclairer. L'élaboration de modèles utopiques, démocratiquement contrôlée, et l'invention democratique de modèles, rationnellement discutés, sont indispensables à l'invention d'une utopie démocratique : elles ne peuvent être renvoyées à l'œuvre opaque de l'histoire ou au travail souterrain de la science, ni remises aux lendemains de l'action. Ces modèles, on l'a compris, doivent fixer des règles et des procédures de décision et d'action, de socialisation des forces productives et des produits du travail, d'établissement et de fonctionnement des institutions démocratiques : bref esquisser, bien que le terme semble avoir perdu tout attrait, un programme.

C'est pourquoi on peut accueillir avec espérance les retours à des réflexions sur les modèles *. Ces modèles visent à donner corps à des principes, quitte à les infléchir au contact de la réalité. Ce sont pour la plupart des modèles économiques qui tentent de repenser les rapports entre le marché, la planification et la coopération, voire l'autogestion. Ils tentent de fixer des règles, d'établir des procédures, et parfois de décrire des institutions. Ils évaluent les avantages respectifs des diverses solutions déjà expérimentées ou envisageables.

* « Nouveaux modèles de socialisme », *Actuel Marx* n° 14, PUF, 1993.

Ils ne se donnent pas pour des exemples à imiter, mais pour des esquisses à rectifier. Les uns tentent de définir un socialisme de marché. D'autres, retenant certaines propositions des premiers, s'efforcent de reprendre le fil, partant des leçons des coopératives et de la Commune, des expériences autogestionnaires et de la démocratie directe, et s'efforcent d'en réévaluer la portée. Est-ce nostalgie ou lucidité ? Avouons notre prédilection pour les seconds *. Mais, puisqu'il ne s'agit ici que de méthode, ce serait l'objet d'un tout autre ouvrage que de participer directement aux débats déjà engagés autour de ces modèles. Pourtant, on soulignera deux faiblesses de la plupart de ceux qui nous sont proposés : ce sont généralement des modèles économiques, coupés de la détection des forces sociales qui permettrait de les accréditer et de la réflexion sur les formes politiques qui permettrait de les accomplir. Il est vrai que la tâche est rude. Mais parions que, à l'écart de toute orthodoxie de référence, la leçon de Marx pourra nous être utile : avec lui, quand il s'agit de réfléchir le possible comme compossibilité des objectifs susceptibles d'être atteints et des forces susceptibles de s'en emparer ; malgré lui, quand il s'agit d'affirmer que les formes politiques de l'émancipation sociale décident de son contenu. Car, à trop se défendre de fétichiser des formes, on court le risque, surtout quand il s'agit des dispositifs d'élaboration et de décision démocratiques, de pervertir irrémédiablement le contenu.

2. Détection de formes ?

Marx critique dans les formes utopiques du socialisme des anticipations dogmatiques et des prescriptions doctrinaires : des « propositions positives » qui, coupées des conditions de leur réalisation, gardent, au mauvais sens du qualificatif, un « sens utopique », surtout quand elles s'inscrivent dans « des tableaux et des plans chimériques d'une nouvelle société » (GCF, p. 225). Pour Marx, une fois encore, il s'agit de découvrir et non d'inventer, de détecter et non de prescrire.

De la détection à la prospection. Il serait inexact d'affirmer que Marx ne propose aucune détection des formes d'un avenir possible. Au contraire, il tente, on l'a vu, de découvrir les formes sociales de

* T. Andréani et M. Féray, *Discours sur l'égalité parmi les hommes. Penser l'alternative*, L'Harmattan, 1993.

l'émancipation et les formes politiques de l'émancipation sociale. S'agissant des premières, il s'efforce de repérer, pour les distinguer, des formes qui, comme les sociétés par actions, préparent, quoique négativement, le dépassement du capitalisme et d'autres qui, comme les coopératives, préfigurent, mais positivement cette fois, l'abolition du mode de production capitaliste. Mais il ne s'agit alors que de l'œuvre de la science — contemporaine de surcroît de l'histoire qu'elle analyse — parce que, pour rester scientifique, la critique ne saurait devancer les trouvailles de l'histoire.

Une fois encore la critique de Marx peut être prise en flagrant délit d'excès de vitesse. Entre la construction systématique que Marx récuse et les propositions isolées qu'il admet comme prémonitions de sa propre théorie, il ne fait presque aucune place, sous couvert de récuser les plans et les tableaux, aux simulations qui courent sous les simulacres dogmatiques. Ce faisant, il futilise, dans un même mouvement, tout examen des formes esquissées par les utopistes et, par avance, tout examen de sa théorie de ce point de vue : ce que Marx soustrait à la critique dans les utopies, c'est ce qui est soustrait à toute critique dans le marxisme — ou ce que l'on tente de soustraire à toute critique dans le marxisme. En simulant des formes, les utopies avouent les défaillances des solutions qu'elles préconisent : au point que Marx n'hésite pas, quand les utopistes ne le font pas, à simuler les effets de leur propre théorie. En dissimulant ces formes, Marx soustrait sa théorie à la critique : au point que c'est quand il simule les effets de sa propre théorie qu'il devient éminemment critiquable. Il n'est dès lors pas étonnant que seule la critique libérale, précisément parce qu'elle raisonne en termes de modèles, ait mis les propositions de Marx à l'épreuve de la simulation des formes que semble requérir leur réalisation ; alors que la critique socialiste s'est en général bornée à reconduire la critique marxienne de l'utopie. Or ce qui est négativement utopique dans le communisme de Marx, ce n'est pas la simulation qu'elle expose, pour autant que cette simulation se rattache à des tendances actives dans la réalité et se propose à sa propre rectification.

La raison de tout cela est théorique. La critique de l'utopie par Marx repose sur une opposition entre le système doctrinaire et le contenu « à bien des égards » révolutionnaire. Le paradoxe de la critique de Marx, c'est qu'il attribue simultanément à l'immaturité du prolétariat la volonté théorique de prescrire des formes et l'incapacité historique de les découvrir. Cette critique se retourne comme un gant : l'immaturité du prolétariat se lit dans l'incapacité théorique de découvrir les formes de son émancipation et dans la volonté pratique des formes totalement inappropriées. L'utopie de Marx consiste, en dernière analyse, dans l'illusion de déterminer le contenu de l'émancipation sociale sans avoir à en déterminer les formes.

Les critiques révisionnistes de Marx ne s'y sont pas trompés : retournant la critique marxienne de l'utopie contre son fondateur, ils ont conclu de la vanité de déterminer les formes de l'avenir à la vanité d'en fixer le contenu. Les interprètes staliniens de Marx ont coupé au plus court : détournant la critique marxienne de son sens, ils ont tenté de faire passer, pour des formes de l'émancipation dictées par l'histoire, l'imposition doctrinaire de nouvelles formes d'oppression. Ainsi, le refus de prescrire les formes de l'avenir a historiquement servi d'alibi à toutes les perversions du projet de Marx : qu'il s'agisse des versions réformistes renvoyant à l'utopie toute considération d'un but final, ou des versions stalinisées renvoyant à l'utopie toute considération des formes de son avènement. Mais l'histoire s'est chargée de contraindre toute théorie critique d'avouer désormais ce que sa version marxienne dissimule : ce que vaut la certitude que l'histoire résoudra les problèmes auxquels la critique ne peut ni ne veut donner de réponse. Penser les formes de l'émancipation aurait permis, à défaut de pouvoir toujours les imposer, de se dispenser de les désolidariser du contenu.

Une utopie concrète ne saurait se satisfaire d'une déduction des principes et du contenu, des normes générales de la transition et du communisme. A supposer que cette déduction soit correcte et ne contredise pas ses propres principes, qu'on n'y retrouve ni des extrapolations dogmatiques ni des anticipations chimériques ; à supposer que cette déduction soit acceptable et procède effectivement d'une autocritique de la société existante et non de la révélation utopique des exigences de l'essence humaine : il resterait à accomplir une prospection des formes adéquates au contenu.

De la prospection à la simulation. Le trajet qui, dans l'œuvre de Marx, mène de l'utopie à la science est égal à celui qui mène au déplacement de l'utopie dans la science. Mais le trop grand progrès de l'utopie à la science repose sur des excès, voire des abus : les excès de la critique des formes, les excès de la critique de l'invention, les excès de la critique de l'imagination, les excès de la critique des modèles, les excès de la critique de l'idéal. Bref, tous les excès de la critique de l'utopie qui négligent que l'utopie n'est pas réductible à ses excès. L'utopie triche sans doute avec ses prémisses quand, dans ses versions littéraires, elle prend toute liberté pour décrire les formes de sa réalisation. Mais l'utopie ne triche pas avec ses lecteurs quand elle leur donne à lire le modèle de société qu'elle espère. On est en droit d'attendre de toute théorie critique de la société qu'elle sache lever l'interdit de la représentation et prendre le risque de l'utopie, solidaire du risque de l'émancipation humaine.

Ce risque de l'utopie est d'autant plus urgent quand cette émancipation menace de se perdre. Ainsi, Italo Calvino reconnaît avoir fondé, provisoirement, certains espoirs sur les utopies, notamment parce que l'interdit marxien prend un tout autre sens avec l'apparition de régimes qui se réclament de Marx, en tournant le dos à son inspiration : « Du temps de Marx et longtemps après lui, ce sens interdit sur la route de la projection utopique signifiait la nécessité de concentrer la pensée et la praxis sur la critique et sur la stratégie d'attaque de la seule société existante ; ce qui prenait la valeur d'une discipline austère et efficace. Mais du moment où exista une société de remplacement, et où à la fluidité et à l'effervescence expérimentale de ses débuts (une ère, elle aussi, qu'on peut dire utopique) succéda une apologétique officielle du présent, comme s'il était déjà le plus désirable des avenirs, ce veto prit le sens — explicite ou sous-entendu — d'*une interdiction d'imaginer un autre modèle que celui qui avait été adopté* *. » Bien que Calvino ait abandonné l'espoir de voir les utopies remplir la fonction qu'il en attendait, l'échec irréversible des systèmes qui ont compromis l'idéal communiste en imposant sa caricature impose désormais de tracer l'épure de l'espérance et d'inventer les chemins de sa réalisation.

S'en remettre à l'histoire pour qu'elle découvre ces formes, c'est nier que le contenu en dépende. Sans doute Marx tente-t-il d'enregistrer les formes produites par l'histoire qui réaliseraient déjà partiellement le contenu qui dépasse l'horizon bourgeois. Mais cette détection reste morcelée et enlisée. Elle se défie de toute représentation d'ensemble, comme de toute prospection des formes nécessaires à la réalisation des normes posées par la critique. Mais si le possible est latéral à l'histoire — traverse possible et non promesse inéluctable ; tendance et latence et non fatalité et exaucement ; potentialité et non nécessité —, l'utopie concrète rattachée à la tendance et à la latence, explorée avant d'être certifiée, n'est pas dissociable de l'actualité de ses formes. L'utopie ne peut se défendre de ses propres chimères en se bornant à évoquer un

* I. Calvino, *La Machine littéraire*, Essais (Einaudi, 1980), Le Seuil, 1984, p. 204.

contenu et en abandonnant à l'histoire l'accomplissement de formes qui lui correspondent. C'est au contraire en éprouvant ce contenu par des formes possibles et en vérifiant, ne serait-ce qu'en pensée, que ces formes ne contrarient pas le contenu que l'utopie peut, sans renoncer à elle-même, renoncer à ses chimères. L'utopie requise est celle qui pense le contenu dans la forme, et la forme dans le contenu.

Un seul exemple suffira à indiquer ici comment peut être comprise la simulation utopique des formes de l'émancipation. Dès le XIXe siècle, la critique s'exerce sur les formes possibles de l'émancipation humaine et discute de ce point de vue les modèles proposés par les utopistes. Ainsi Charles Noiret, qui dans sa *Deuxième Lettre aux travailleurs. Organisation du travail*, rédigée en 1841, met à l'épreuve les diverses solutions préconisées par les utopistes et s'efforce de simuler les conséquence de trois degrés de l'organisation du travail : les associations partielles et spéciales, les associations générales, l'association nationale. Le sens de cet examen est clairement indiqué : « Si je fais ressortir le mal que produira l'association prise à ses divers degrés, ce n'est point pour conclure par l'impossible, c'est seulement pour prévoir ce qu'il faut éviter. » Et de conclure : « Après avoir posé les avantages et les inconvénients, je proposerai l'association nationale fractionnée par communes, par arrondissements et par départements *. » Sans doute la démarche est-elle encore abstraite, mais elle témoigne aussi d'une exigence théorique trop tôt dilapidée par le marxisme [7]. Cet exemple suffirait à justifier une méthode si toute la critique de la dialectique de Marx ne nous y avait déjà conduit.

Ni les formes sociales de l'émancipation ni les formes politiques de l'émancipation sociale ne sont livrées clé en main par une histoire détective. A Marx sans doute manquaient les matériaux que seule l'expérience historique peut fournir. Mais ces matériaux sont inexploitables sans rupture, non pas silencieuse et honteuse, mais méthodique et autocritique, avec les présupposés de sa démarche. Cette rupture invite à revenir sur les formes possibles de socialisation pour éprouver leur compatibilité avec les forces susceptibles de les mettre en œuvre et avec les effets escomptés ; elle invite à explorer les dispositifs et les agencements qui permettent, par la perversion ou la réversion des formes existantes, de libérer les individus dans et hors de la sphère du travail ; elle invite surtout à

* *La Parole ouvrière* 1830/1851, textes rassemblés par A. Faure et J. Rancière, 10-18, 1976.

prendre tous les risques d'une projection des formes sociales et des institutions politiques indispensables à une émancipation démocratique — une projection de toutes les formes d'invention démocratique d'une utopie, de toutes les formes d'invention d'une utopie démocratique.

Ainsi une utopie projective ne peut se satisfaire de l'opposition marxienne entre le refus d'une prescription des formes et l'admission d'une prévision du contenu. Elle ne peut se satisfaire, non plus, de l'opposition massive entre invention et détection des formes. Sans doute l'exploration des formes immanentes à l'histoire est-elle distincte de l'invention arbitraire de formes transcendantes. Mais elle doit mobiliser la *simulation* des effets escomptés, et dépasser en cela la simple *détection* de formes existantes par un effort d'*invention* : est requise, en ce sens, *une simulation des formes qui procède non d'une invention arbitraire, mais d'une invention concrètement attachée aux virtualités de l'histoire*, précisément parce qu'elle se propose à l'invention collective par les hommes de leur propre histoire. Mais ce n'est pas tout : les bilans de l'œuvre de Marx et du destin du communisme qui invitent à repenser les normes et les formes de l'émancipation conduisent à revaloriser la projection des idéaux.

3. Projection des idéaux ?

La critique n'abuse pas du titre de science quand elle pose les normes et esquisse les formes d'une transformation du monde. Elle le fait d'autant moins qu'elle tente de donner des fondements à une invention collective au lieu de s'y substituer. Par contre, pour que ces normes et ces formes aient valeur de prescription et non de prévision — pour que leur application soit requise et non promise —, il ne suffit pas que ces normes soient mesurées à la réalité qui en rendrait concrètement possible la mise en œuvre : elles doivent être mises à l'épreuve de l'idéal dont elles présument la validité. C'est cet idéal qui ne peut être réduit à une traduction de l'éthique dans la langue de l'histoire, précisément parce que l'éthique n'est pas totalement immanente à l'histoire. Les règles de fonctionnement d'une société émancipée ne sauraient se confondre avec les valeurs qui invitent à l'espérer : le possible doit être éclairé par le souhaitable sans lequel les bifurcations utopiques débouchent inévitablement sur des impasses.

Quelle éthique pour quel projet ? Question redoutable, car comme le note Jürgen Habermas, « on a joué toutes les mélodies du socialisme éthique sans résultat * ». L'éthique de l'émancipation est son triangle des Bermudes : la théorie, quand elle y pénètre, est menacée d'être engloutie. Par chance, les limites de cet essai nous interdisent de tenter l'aventure ou, plus modestement, de mettre en examen celle qu'Habermas nous propose. En tout cas, l'utopie ne peut se dérober à sa propre urgence ; elle doit être, puisqu'il s'agit d'agir pendant que nous délibérons, soustraite au doute méthodique et disposer d'une morale par provision : une éthique de la liberté qui ne désespère pas d'être provisoire, précisément parce qu'elle coïncide avec une éthique de la libération. A défaut d'avoir préalablement résolu le problème de la fondation d'une éthique de la justice, l'utopie peut enraciner ses idéaux dans l'oppression qui la conjure.

De Marx à Bloch. Pourtant, à l'inflation de l'idéal, Marx oppose sa déflation : quand un idéal se réalise, c'est que se réalise ce dont il était l'idéalisation. L'idéalisation peut bien représenter, magnifier et dissimuler la réalité : non seulement elle ne remplit pas un rôle moteur, mais elle ne remplit pas un rôle régulateur. C'est parce qu'elle est mystificatrice que l'idéalisation du passé (c'est-à-dire le recours à d'anciens idéaux) peut être mobilisatrice. Le prolétariat n'a pas besoin de cette mystification. C'est ainsi que Marx, dans *Le 18 Brumaire*, montre que la révolution doit non parachever un travail ancien, mais en finir avec lui pour pouvoir accomplir un travail nouveau (18B, p. 19). Il est vrai qu'Engels semble présenter les conditions historiques de réalisation du communisme comme les conditions de réalisation d'un ancien « *idéal d'avenir* » (SUSS, bil., p. 181). Mais en même temps l'idéal, quand il est question des idéaux de la Révolution française, est présenté comme une idéalisation de ce qui s'accomplit en son nom : une idéalisation qui n'excède pas les barrières de son temps (sans que le texte permette de comprendre si les barrières invoquées le sont comme barrières que la réalité impose à la pensée ou qu'elle impose à sa réalisation) (SUSS, bil., p. 84-85). De la critique marxienne, on peut tenir pour acquis qu'une critique qui se borne à confronter la réalité à ses propres idéaux ne procède pas moins dogmatiquement qu'une critique qui leur oppose des idéaux transcendants. On peut tenir pour vérifié qu'une pratique qui se borne à vouloir réaliser les idéaux

* J. Habermas, *Après Marx*, Fayard, 1985, p. 28-29.

immanents à la réalité, au risque de vouloir reconduire cette réalité elle-même, ne procède pas moins dogmatiquement qu'une pratique qui se borne à vouloir prescrire et réaliser des idéaux transcendants. Mais, emporté par son propre élan, Marx en conclut, en général, qu'il ne peut exister d'excédent utopique dans l'idéal puisque tout idéal est idéalisation. Et s'il faut donner raison à Bloch, c'est malgré Marx.

C'est contre toute tentative de réduction de l'idéal à l'idéalisation que la critique de Bloch déploie toute sa force. Mais cette critique qui prétend s'accrocher au courant chaud du marxisme est contrainte de le chercher en deçà du passage de Marx au matérialisme historique. C'est dans la *Lettre à Ruge* de septembre 1843, cent fois citée par ses soins, que Bloch découvre le courant chaud qu'il s'efforce de faire souffler à nouveau.

Marx oppose à la construction d'un idéal d'avenir la réalisation d'un idéal du passé : « Nous ne nous présentons pas au monde en doctrinaires avec un principe nouveau : voici la vérité, à genoux devant elle ! Nous apportons au monde les principes que le monde a lui même développés dans son sein (...). Il sera avéré alors que *le monde possède une chose d'abord et depuis longtemps en rêve,* et que pour la posséder réellement seule lui manque la conscience claire. Il sera avéré qu'il ne s'agit pas d'une solution de continuité profonde entre le présent et le passé, mais de *la réalisation des idées du passé.* Il sera avéré enfin que l'humanité ne commence pas un travail nouveau, mais qu'elle parachève consciemment son travail ancien. (...) *Il s'agit de se confesser, rien de plus* » (Corr., t. 1, p. 299-300). C'est donc dans cette lettre que Bloch tente de retrouver l'affirmation d'une fonction positivement utopique du rêve et de l'idéal dans la conception de Marx.

Or toute l'œuvre ultérieure de Marx témoigne contre l'affirmation d'un héritage à transmettre, d'un rêve à réaliser, d'un idéal à accomplir, d'un excédent de l'idéal sur l'idéalisation. Non seulement il ne s'agit pas de réaliser de nouveaux idéaux, mais il ne s'agit pas d'accomplir les anciens. Que le communisme ne consiste pas dans la réalisation d'un nouvel idéal, c'est ce que Marx ne cesse d'affirmer, aussi bien dans *L'Idéologie allemande* que dans *La Guerre civile en France.* Mais, utiliser les citations correspondantes, comme le fait Bloch, pour les lire dans la perspective de la *Lettre à Ruge* et y trouver la confirmation que pour Marx le communisme doit accomplir des idéaux anciens, c'est passer sous silence que dans les œuvres postérieures à 1845 la réduction de tout idéal à une idéalisation ne laisse, dans la perspective de Marx, presque aucune place à l'héritage et à l'accomplissement d'un idéal ancien.

Quand Bloch célèbre « *la rencontre de la fonction utopique et des idéaux* », quand l'idéal est compris non comme un idéal statique et hypostasié mais comme un idéal dynamique car « *branché sur le processus* », il rectifie Marx *. Quand Bloch, qui ne mésestime pas leur critique marxienne, cherche à maintenir l'héritage des Droits de l'homme en développant les corollaires de cette critique, il dépasse du même coup cette critique ** : car l'optique de Marx le conduit à négliger dans les proclamations des Droits de l'homme l'excédent utopique dont on pourrait hériter. Mais c'est à Bloch qu'il faut donner raison.

Par contre, c'est avec plus de réserves qu'il convient d'accueillir la conception blochienne de la *fonction utopique du rêve éveillé.* Sans doute peut-elle se prévaloir de l'affirmation de Marx rappelée plus haut, et se réclamer de Lénine quand celui-ci fait l'éloge des rêves qui dépassent la marche naturelle des événements tout en restant en contact avec la réalité. Mais la fonction utopique du Principe Espérance ne peut remplir son office qu'à la condition de renoncer à placer sa confiance dans le rêve. Sans doute, comme le veut Bloch, le rêve diurne tourné vers l'avenir ne saurait se confondre avec le rêve nocturne tourné vers le passé. Mais le rêve éveillé de l'homme qui se tient debout n'est encore trop souvent qu'une autre façon de dormir debout : Bloch lui-même en convient. L'Espérance engagée dans le rêve n'est le plus souvent que le sommeil inspiré de la Raison, qui ne peut être mise en éveil que par le renoncement au rêve : Bloch ne s'y résout pas. Le rêve, en général, ne se laisse pas corriger : le rappel au réel ne signifie pas son exaucement mais son effacement. Sans doute, s'il est de mauvais rêves, tout n'est pas mauvais dans le rêve, mais, *au cœur du rêve, c'est l'absolu qui sommeille.*

C'est l'idéal qui tient debout. C'est l'idéal qui tient debout, parce qu'il est déjà informé, même à son insu, des forces qui le contrarient. Encore faut-il que cet idéal ne naisse pas de la seule contrariété. On ne peut se soustraire par un geste de dédain à l'emprise de la critique de Nietzsche. Si l'on accepte d'entrer avec lui dans les fabriques de l'idéal, il devient indispensable d'identifier les forces réactives qui le façonnent et s'en emparent, et de les déjouer.

---

* E. Bloch, *Le Principe Espérance*, t. 2, Gallimard, p. 201-211.

** E. Bloch, *Droit naturel et dignité humaine*, Payot, p. 179-184.

C'est l'idéal qui tient debout : c'est ce qu'indique, à sa façon, Simone Weil. A ses yeux, le rêve et l'idéal appartiennent à l'ordre de l'irréalisable, mais elle oppose à la vanité du rêve la fécondité de l'idéal. Car l'idéal permet de hiérarchiser les situations réelles ou réalisables, de mesurer la distance qui nous en sépare et de découvrir les moyens de l'approcher. Ainsi se trouve réhabilité le rôle régulateur, pour la connaissance et pour l'action, de l'idéal de la raison *.

Dès lors, si la critique de l'utopie abstraite n'épuise pas, comme on l'a vu, la fonction que l'idéal peut remplir dans la critique de la société existante, elle n'épuise pas non plus la question du rôle que la critique peut remplir dans l'élaboration des idéaux. Si l'idéal immanent à un ordre social ne se réduit pas à son idéalisation, mais comporte un excédent utopique, non seulement il peut devenir, ne serait-ce qu'à titre de moment, un idéal régulateur de la critique, mais il peut être, ne serait-ce que provisoirement, un idéal fondateur d'une pratique révolutionnaire. C'est pour avoir partiellement manqué cette compréhension des fonctions de l'idéal que la critique marxienne des Droits de l'homme tourne court, et que toutes les perversions ont pu se couvrir, au prix de déformations complémentaires, de l'autorité de Marx.

Mais là ne s'arrête pas la fonction de ces idéaux, pourtant solidaires de la société qu'ils expriment, et condamnent. Car l'idéal immanent à la réalité donnée, quand il est pris comme idéal régulateur de la critique de cette réalité, met cette réalité à l'épreuve de ses propres valeurs : elle mesure la réalité non à l'essence ou à l'Idée, mais plutôt à sa propre prétention de réaliser les exigences de la Raison. Les défaillances et les contradictions de la réalité mesurée aux valeurs et aux idéaux dont elle se drape apparaissent alors en même temps comme des défaillances et des contradictions de ses valeurs et de ses idéaux : idéologiquement prisonniers d'un ordre social dont ils sont l'idéalisation. L'excédent utopique de l'idéal sur l'idéalisation permet alors non seulement de dénoncer la réalité que cet idéal condamne, mais appelle l'élaboration d'un idéal qui transcende la réalité condamnée : un idéal utopique.

Ainsi, et pour nous en tenir à ce qui d'évidence constitue plus qu'un exemple, les Droits de l'homme, idéal régulateur de la critique de la réalité qui les sous-tend, masquent les singulières réductions qu'ils doivent à cette réalité : en eux donc est compris un excédent utopique — un idéal utopique qui dépasse la réalité dont ils sont l'expression. L'éthique de la libération s'inscrit dans le

* S. Weil, *Réflexions...*, op. cit., p. 85 sq.

mouvement de dépassement de l'idéalisation quand cette éthique prend appui sur le mouvement de l'histoire contrariée qui s'est fait reconnaître en imposant d'inclure, en dépit de toutes les oppositions libérales, les droits sociaux parmi les Droits de l'homme. L'idéal utopique du libre développement de chacun a-t-il vraiment besoin d'un autre fondement ? A-t-il seulement besoin d'être fondé ?

L'utopie qui invite au libre développement de chacun comme condition du libre développement de tous conjugue une norme sociale et un idéal moral énonçant d'emblée sa prétention à l'universalité. Le code social de l'utopie peut alors se laisser énoncer ainsi : une utopie projective en appelle à de nouvelles figures de la singularité. Mais elle doit apprendre de sa propre autocritique — Marx inclus — le renoncement à ce que l'on peut appeler, faute de mieux, ses principaux fantasmes : fantasme de l'omnipotence d'un sujet maîtrisant son individuation à travers et grâce à une maîtrise planifiée de la socialisation ; fantasme de la transparence d'un sujet intégralement restitué à lui-même dans une proximité sans faille ; fantasme de l'immanence du collectif à l'individuel, accomplie par le développement intégral de l'homme en chaque individu singulier. Mais qui dit renoncement ne dit pas abandon : soumission de la subjectivation à l'assujettisement, soumission de la subjectivité à la réification, soumission de l'activité à sa mutilation. L'utopie suppose non la restitution de l'intégralité du social à chaque individu, mais le développement des multiplicités subjectives de tous et de chacun ; non la restitution d'une transparence de la société permettant à chaque individu de se contempler dans tous les autres, mais la suppression en lui et en dehors de lui des hypostases de son activité ; non la restitution d'une maîtrise totale, mais l'effacement, à défaut de sa suppression, de la compulsion de maîtrise elle-même. Les gisements de cette utopie ne se confondent pas avec les forces sociales concentrées dans un macro-sujet de l'histoire ; mais il ne faut pas être grand clerc pour savoir dans quelle direction les rechercher : sous la chape de l'exploitation du travail et de l'oppression des femmes.

Sans doute un idéal utopique, quand il procède dogmatiquement de la négation des anciens idéaux ou procède dogmatiquement à la négation de l'ordre établi, voue-t-il la théorie à la chasse aux chimères et la pratique révolutionnaire à la conquête des nuées. Mais un idéal transcendant la réalité donnée résulte nécessairement de sa critique. La critique qui s'exerce sur les pouvoir-être latéraux du réel s'exerce alors sur les devoir-être latéraux de l'idéal. Un tel idéal n'a à se fonder ni sur les normes de l'essentialisme (fût-il historique) ni sur les valeurs du moralisme (fût-il kantien). Il ne procède ni d'un devoir-être éthique ni d'un devoir-être utopique abstraits : il résulte du mouvement tournant de la critique. Les idéaux utopiques qui dénoncent le statu quo parce qu'ils sont branchés sur les possibles contrariés qui le minent ne sauraient se confondre avec ceux dont les utopies abstraites sont pétries. Faut-il en conclure, pour autant, que l'idéal régulateur est opposé par principe au modèle régulateur ? Il faudrait alors distinguer l'utopie et l'idéal : l'utopie œuvre à une représentation positive d'une civilisation nouvelle, et l'idéal s'en tient à une conception négative de l'affaiblissement de l'oppression. A la fiction organisatrice de l'utopie, dont l'ambition est architectonique, s'opposerait la fonction régulatrice de l'idéal, qui apporte sa contribution à la critique négative de l'oppression. C'est cette distinction qui court dans l'essai de Simone Weil, mais pas au point qu'elle abandonne toute référence à l'utopie : « Décrire, même sommairement un état de choses qui serait meilleur que ce qui est, c'est toujours bâtir une utopie. Mais rien n'est plus nécessaire à la vie que des descriptions semblables, pourvu qu'elles soient toujours dictées par la raison » (op. cit., p. 121).

Ainsi, la défiance à l'égard des utopies, salutaire quand elle vise leurs tentatives d'emprisonner l'avenir en le plaçant sous la tutelle de modèles fermés qui protègent un absolu contre l'histoire, cesse de l'être quand elle oppose, sans médiation, à l'utopie du Bien, la révolte contre le Mal. C'est pourtant ce qu'a tenté d'accomplir tout un courant de pensée, en France, dans la dernière décennie. Le retournement de l'utopie du bien en urgence du mal, qui prétend se défaire des vertiges du communisme par l'accomplissement de prodiges de l'humanisme, retient de l'utopie classique sa dénonciation vertueuse de la politique, quitte, comme ce fut le cas pour les utopistes du XIXe siècle, à se laisser rattraper, mais moins vertueusement, par elle. Car cette révolte elle-même ne peut, sous peine de s'enfermer dans une *utopie humanitaire* — généreuse mais, à la longue, impuissante —, faire l'économie d'un projet. Ce projet doit penser l'idéal au lieu de s'en défendre.

L'excédent utopique de l'idéal sur l'idéalisation prosaïque et l'excédent de l'idéal utopique sur ses versions dogmatiques non seulement font office de régulateurs de la critique, mais, retrempés par cette critique, sont les régulateurs d'une autocritique des idéaux qui permet d'en prospecter de nouveaux : des idéaux utopiques positivement compris. Ils ne sont pas, d'ailleurs, à inventer de toute pièce : pour en reprendre au moins la trace, il suffit de mettre à l'épreuve l'idéal communiste de Marx, et les normes d'universalité et de liberté qu'il reconstruit, avec et malgré les anciens idéaux de la Révolution française.

Pour Marx, si le communisme n'était pas un idéal, ce n'était pas parce qu'il n'existait pas d'idéal communiste, mais parce que cet idéal n'était que l'expression d'un mouvement réel. Or, pour le meilleur et pour le pire, cet idéal communiste a toujours devancé le mouvement réel. Et comme ce fut souvent pour le pire qu'il s'est mesuré à la réalité pour la transformer, c'est encore à la réalité qu'il doit être mesuré pour être critiqué et repensé. A un communisme borgne qui invitait à faire table rase du passé, répond aujourd'hui une critique aveugle qui invite à faire table rase du communisme. Or l'utopie ne peut renoncer à l'utopie sans nouvelle utopie : pour accomplir d'anciens idéaux, en forger de nouveaux.

L'utopie en pointillés

Quelques mots suffisent à résumer sans conclure le long détour nécessaire pour apprendre à réhabiliter — avec et malgré Marx — l'utopie positive, à la fois effective et potentielle, mobilisée et paralysée dans son œuvre, et pour inviter à développer, au-delà de Marx, cette utopie comme méthode théorique et comme projet politique de l'émancipation sociale.

Une méthode pour l'utopie devrait mobiliser une ouverture de la dialectique qui est déjà à l'œuvre chez Marx quand il tente de détecter, dans les conditions et les contradictions qui déterminent des tendances nécessaires, non des prévisions du communisme, mais des allusions au communisme. La *dialectique de la possibilité* peut ainsi être redéployée : quand les conditions disruptives ne sont plus traitées comme des causes ; et, en particulier, quand le rapport entre les conditions objectives et les conditions subjectives n'est pas présenté en termes de complémentarité inévitable, mais de compossibilité potentielle. La *dialectique de la négativité*, loin de devoir être abandonnée, peut être radicalisée et transformée, à condition toutefois que la négation déterminée ne soit plus considérée comme fatale et univoque, mais comme virtuelle et plurielle.

Une *dialectique de l'utopie et de la stratégie* reste alors à inventer. Les conditions et les contradictions n'abolissent pas pour autant la nécessité d'une rupture dont elles ne délivrent pas la promesse : leurs concepts sont autant de concepts stratégiques disponibles pour une pratique transformatrice, et non des concepts téléologiques qui délivrent de son invention. Une *dialectique utopique du temps historique* permettrait de redécouvrir, sous le temps des nécessités linéaires, le temps des virtualités disruptives, qui appellent leur détection et leur actualisation.

A cette détection peut répondre une projection : un modèle pour l'utopie. Un tel modèle proposerait non seulement une déduction, mais également une invention de ses normes ; se risquerait non seulement à une détection, mais encore à une projection de ses formes ; revendiquerait non seulement des règles et des modalités, mais surtout des valeurs et des idéaux. On ne pouvait ici espérer aller plus loin : tant que la critique marxienne du capitalisme n'est pas réévaluée et qu'une critique de ses formes modernes n'est pas exposée, le tracé en pointillés d'une utopie disruptive et projective ne peut prétendre qu'à un rôle de déblaiement des ruines accumulées au nom de Marx, sous le nom de Marx. Et pourtant...

ENVOI

CONVOITER L'IMPOSSIBLE

> « Gauvain, reviens sur terre. Nous voulons réaliser le possible.
> — Commencez par ne pas le rendre impossible.
> — Le possible se réalise toujours.
> — Pas toujours. Si l'on rudoie l'utopie, on la tue. »
>
> Victor Hugo, *Quatre-vingt-treize.*

Les urgences de l'histoire, invariablement, provoquent les impatiences de la critique. Au risque que soient confiées aux nuées d'une utopie stérile, pétrie de rêves et de promesses, les réponses inspirées par une critique pressée de conclure. Ce n'est donc pas sans contradiction qu'on tenterait de le faire ici, en l'absence de la critique radicale et concrète dont dépend l'utopie de bonne facture. Mais la critique marxienne de l'utopie et la critique de l'utopie marxienne enseignent, sinon l'utopie concrète investie de l'espérance d'une transformation du monde, du moins l'épure d'un bon usage du Principe Espérance.

1. Utopie et espérance

Sans l'utopie de bon aloi, le possible serait sans défense : replié sur l'accessible par des savoirs et des pouvoirs aux semelles de plomb, renvoyé à l'improbable par des rêves et des promesses aux semelles de vent. Car le possible, contrarié par la Violence, est également menacé par l'Espérance, quand celle-ci est convoquée comme thérapie ou invoquée comme eschatologie.

Utopie et thérapie. Le partage des positions adoptées face à l'ordre social existant, entre les versions apologétiques et les versions critiques, décide des figures que prend la critique libérale et/ou réformatrice de l'utopie.

Sous sa forme classique, *la défense apologétique*, qui garde les frontières de l'ordre établi, se bornait, dans sa critique des utopies, à jouer alternativement sur deux tableaux, au gré des circonstances : tantôt déplorant que le désirable ne soit pas réalisable, tantôt déplorant que l'indésirable puisse tenter de se réaliser. Sous sa forme moderne, elle a changé de ton : elle impute à l'utopie tout ce que, à tort ou à raison, elle condamne : décrétant, pour solde de tout compte, que les utopies, hélas ! sont réalisables et doivent répondre de toutes les horreurs commises au nom de la transgression de l'ordre existant.

En revanche, *la contestation critique* qui évoque les misères de l'ordre établi se plaît à proposer une critique balancée des utopies. Dans ces versions qui soutiennent la démocratie comme un moindre mal se rencontrent le libéralisme social et le socialisme libéral. Ici, la démocratie ne se propose pas comme la solution élégante et féconde du problème social et politique : l'énigme enfin résolue de l'histoire humaine. C'est, au contraire, parce que l'histoire humaine est une énigme indéchiffrable et que le problème social et politique est insoluble que la démocratie s'impose : comme barrière à toutes les tentatives — bonnes intentions dont l'enfer est pavé — de découvrir et de mettre en œuvre une solution ultime. Pour tous, l'utopie désigne non plus la solution chimérique d'un problème réel, mais la résolution chimérique de problèmes insolubles. Les contradictions s'énoncent alors comme autant de paradoxes : la démocratie est à la fois indispensable et illusoire ; l'utopie est à la fois excessivement souhaitable et excessivement redoutable. La défense apologétique de l'ordre social établi ne s'embarrassait pas — ne s'embarrasse pas — d'une telle montée aux extrêmes, qu'affectionne la défense critique de la démocratie libérale.

Or celle-ci n'est pas uniforme : on trouve parmi ses représentants des *sceptiques* et des *tragiques.* Alors que le sceptique se dérobe aux contradictions parce qu'elles sont les témoins d'une vérité dérobée, le tragique s'installe en leur cœur parce qu'elles sont les expressions d'une vérité déchirée. Pour le sceptique, le paradoxe se résout dans la résignation ; pour le tragique, le paradoxe s'exhibe dans l'oscillation. Le premier renonce à l'utopie que le second sollicite encore. Sous sa forme tragique, mais ostentatoire, la critique affecte de refuser de résorber les contradictions dans une formule magique ou désenchantée. Le paradoxe tient dans l'affirmation d'une *double vérité : l'utopie est indispensable ; l'utopie est insoutenable.* Sans elle les sociétés sont menacées de paralysie, voire d'agonie ; avec elle les sociétés sont vouées à l'asphyxie, voire à la mort. De là des appels, désespérés ou inspirés, où se rejoignent le libéralisme exalté et le socialisme résigné, à la fonction de l'espérance, réduite à une fonction thérapeutique.

Libéral intransigeant, comme il se présente lui-même, Cioran peut être considéré comme représentatif de cette attitude qui prétend se tenir au centre des contradictions. La liberté succombe au vide qu'elle exige, si les « divagations sur le futur » ne viennent pas à la rescousse. Mais l'utopie est condamnée au délire. L'espérance qui la suscite et qu'elle suscite est la proie de la crainte qu'elle inspire. « *Nos rêves d'avenir sont désormais inséparables de nos cauchemars* », déclare Cioran * pour juger de la réalité qui, au nom du communisme (de l'utopie selon l'auteur), s'est imposée dans les pays de l'est de l'Europe, et qui a changé le sens de l'utopie : désormais, le rêve d'utopie et le soupçon d'utopie cœxistent dans une tension permanente. A la figure ancienne, mais persistante, de l'insupportable (qui appelait l'utopie comme promesse de délivrance) se superpose, sans l'annuler, la figure moderne, et menaçante, de l'insoutenable (qui désigne l'utopie comme pourvoyeuse de servitude). Mais cet excès de lucidité que l'on doit, dit-on, au désespoir, n'est trop souvent que la forme paroxystique de l'aveuglement : son style pathétique en fait le contenu, et consigne le tragique dans la phrase [1]. L'appel à la fonction thérapeutique des utopies comme remède aux effets du réalisme ne dépasse guère l'exhortation [2].

Socialiste déchiré, comme on va le comprendre, Régis Debray, sous une forme encore paradoxale, comprend l'utopie comme pôle d'une *alternance entre orthodoxie et utopie* : « Ainsi alternent dans l'histoire d'une société dilatation utopique et contraction orthodoxe ; illimitations conceptuelles des fins et délimitation matérielle des moyens d'existence ; diastole et systole du cœur social. » Impossible alors de se soustraire à ce « va-et-vient entre deux délires, celui de l'imaginaire et celui de la réalité ** ». C'est parce que l'utopie est condamnée au délire que nous sommes condamnés à l'utopie.

Libertaire occasionnelle, comme on va le voir, Jacqueline Russ, sous une forme désormais aseptisée, finit par réduire l'utopie à une potion d'air frais. Dans un premier ouvrage, elle plaçait les utopies

* E.M. Cioran, *Histoire de l'utopie*, Gallimard, « Idées ».
** R. Debray, *Critique de la raison politique*, Gallimard, p. 420-421.

du XIXe siècle en position de dépassement des limites de Marx, et célébrait dans l'utopie « *le souffle de la pensée libertaire* ». Or un deuxième ouvrage reproduit presque intégralement les comptes rendus du premier, mais change leur titre et, surtout, leur interprétation : les précurseurs de Marx sont devenus les précurseurs de De Gaulle, Edgar Faure, Mitterrand et Rocard. Dans l'utopie, on célèbre le souffle de l'esprit français. Le souffle utopique ainsi compris est à bout de souffle et se réduit à ce courant d'air : « *L'homme a besoin d'utopie comme il a besoin d'oxygène* *. »

Ces diagnostics contrastés, différents par leur teneur et leur valeur, convergent : éloges de l'utopie équivalant à sa condamnation ; appels à l'imaginaire offerts en compensation ; thérapies par l'espérance qui voudraient être des thérapies de l'espérance sans avoir à enseigner son objet et sa méthode. Thérapies qui invitent à supporter le poids du réel en mimant sa transgression, quand l'utopie n'est curative que dans la mesure où elle est disruptive. Sur *un* point, pourtant, Cioran et Debray visent juste : l'utopie peut être trahie par sa propre Espérance : quand sa visée l'apparente à l'eschatologie.

Utopie et eschatologie. L'utopie, pays de nulle part, se propose, suivant l'étymologie forgée par Thomas More, comme *eutopie* : pays du Bonheur. Cette réponse à l'appel du Bonheur désigne le désir dont procède l'utopie comme Espérance. Car ce n'est qu'à l'Espérance que l'on peut confier le Bonheur. Sans doute tout rêve de bonheur n'est-il pas condamné à l'utopie, mais le Bonheur dont rêvent les utopies généralement les condamne, et avec elles l'Espérance qui les guide. Quand cette espérance ne croit pas en elle-même — Thomas More avoue cette incrédulité —, elle ne dépasse guère le souhait, et ne se projette dans aucun temps, historique ou non, où elle pourrait s'incarner : telle est la raison pour laquelle elle ne peut et ne tente de s'établir nulle part. Mais l'espérance confiante en elle-même cherche à s'approprier le temps : ce futur de l'espérance se nomme l'Avenir. Et le Bonheur tient dans l'Avenir la promesse de sa réalisation. L'utopie, sous cette forme, n'est alors que la fiction d'une promesse tenue : une promesse indexée sur l'Espérance et garantie par l'Imaginaire, un idéal eudémonique de l'Imagination.

Sur cet Avenir qui défie l'histoire, sur ce Bonheur qui la détourne

* J. Russ, *La Pensée des précurseurs de Marx*, Bordas, 1973, p. 262 ; *Le Socialisme utopique français*, Bordas, 1987, p. 5-6, et 189.

et l'achève, sur cette Espérance qui la dépasse et l'accomplit, Marx ne dit mot dans sa critique des utopies. Sans doute le lecteur de Fourier n'est-il pas insensible aux jouissances d'une vie libérée. Mais le disciple d'Epicure et de Prométhée — de celui qui rivalise avec les dieux en imitant leur Bonheur et de celui qui s'affronte avec eux en captant leur puissance — invite à opter pour Prométhée. Pour Marx, la réconciliation de l'homme avec lui-même est moins envisagée comme la mainmise sur son bonheur que comme la maîtrise de son destin. L'homme n'est privé de la jouissance que dans la mesure où il est privé de la puissance : Fourier est placé sous la dépendance de Saint-Simon. Le communisme de Marx est alors hanté par son propre spectre, et le fantôme de l'Homme total finit par triompher du fantasme du Bonheur commun. L'accomplissement eudémonique du souverain bien laisse la place à l'engendrement démiurgique de l'homme souverain. Et quand, dans le destin de ce communisme, le spectre s'empare des vivants, le Gosplan triomphe du Phalanstère.

Les deux figures de l'utopie finissent alors par se séparer au point que, pour prononcer ce divorce, l'utopie démiurgique se consacre comme Science pour exclure l'Utopie. Cette opposition illusoire se prévaut d'une divergence radicale : si la conception eudémonique d'un bonheur commun est indexée sur l'imagination, la conception démiurgique d'un homme total est indexée sur la Raison ; et la chaîne imaginaire de l'Espérance, du Bonheur, et de l'Avenir fait place à la chaîne rationnelle de la Science, de la Puissance et du Futur. Mais, sous cette forme, on a troqué une utopie négative contre une autre, écrit un nouveau chapitre dans le livre des perfections imaginaires, qui doivent leur secrète complicité à l'insatiable tentative de résoudre des contradictions insurmontables. Marx, on l'a vu, ne fait pas exception.

Ainsi, les contradictions ultimes de la condition humaine sont la terre natale des espérances. Mais ce sont des espérances sans remèdes : l'aspiration au bonheur, ne peut se résoudre en destination au bonheur, et la révocation de l'impuissance ne peut se résoudre dans la vocation à la puissance. Les paradoxes, qui signalent des oppositions sans médiation, ne se laissent pas dénouer, mais l'on ne peut s'y soustraire. C'est pourquoi le réalisme qui tente de s'y dérober relance l'utopisme qui tente de les résorber. La résignation appelle la compensation. Partialités jumelles, comme le pessimisme et l'optimisme, entre lesquelles il serait aussi vain de choisir que de balancer : elles ne s'affrontent comme alternatives que dans la mesure où elles peuvent se jouer en alternance. Et la dialectique qui prétend les dépasser peut n'être alors que l'apprentissage d'un morne scepticisme, insatisfait de tout, mais content de soi. Partialités jumelles, mais non équivalentes : du moins quand au pessimisme de la raison répond l'optimisme de la volonté, quand au réalisme avachi répond l'utopisme inquiet : inquiet de trouver le chemin de la liberté et de ne pas se laisser dérouter par des tentatives illusoires de surmonter des déchirements irrémédiables. Car l'imagination utopique, exilée dans son Royaume, n'est pas ramenée à son Foyer quand la raison dialectique fait office d'ultime tentative de réconciliation de l'homme avec son destin. Les compensations utopiques, pétries de ressentiment, et les conciliations dialectiques, pénétrées d'absolu, sont alors enchaînées à une Espérance déchaînée, et conjuguent leurs aveuglements face aux évidences tragiques de l'existence.

Mais renoncer à cette espérance n'est pas renoncer à toute espérance. L'abandon de l'utopie, au nom d'une irrémédiable déréliction de l'homme, quand il n'est pas l'alibi d'un terne réalisme, n'est que la figure d'un scepticisme revenu de tout parce qu'il n'a rien osé, et qui revendique la liberté de laisser le monde à ses turpitudes pourvu que le monde lui en laisse l'exsangue liberté. Or l'utopie jamais ne laissera ce monde en sommeil, pour peu qu'elle ne transforme pas le renoncement à l'imaginaire en résignation au réel ; pour peu qu'elle *connaisse* sa propre espérance et *sache* convoiter l'impossible ; pour peu qu'elle sache renoncer à la tentation de prendre l'Histoire à revers (d'en refondre la Création ou d'en achever le cours) pour se consacrer à la tentative de briser le cercle qui l'enferme dans l'oppression et la misère.

Tentative utopique, à n'en pas douter, puisqu'elle place son horizon — mais un horizon qui n'est pas fatalement condamné à se dérober sans cesse — au-delà de l'horizon. Tel est l'horizon utopique de notre convoitise : un horizon tracé non par l'ultime espérance d'un souverain bien, mais par la volonté de transformer la misère historique en malheur banal ; un horizon ciblé non par le désir de doter les hommes d'un pouvoir absolu sur la nature et sur eux-mêmes, mais par la volonté de leur confier la liberté de chercher le bonheur dans la voie qui leur semble être la bonne. Formule de la liberté dont Marx, dans le *Manifeste*, a dégagé la portée sociale : « *A la place de l'ancienne société bourgeoise, avec ses classes et ses antagonismes de classes, surgit une association dans laquelle le libre développement de chacun est la condition du libre développement de tous* » (MPC, bil., p. 89). Convoiter l'impossible, c'est convoiter cette liberté.

2. Utopie et liberté

Or ce qui paraît finalement impossible, c'est de confier la liberté à l'utopie : telle est l'ultime critique du libéral intransigeant qui, pour ne pas transiger sur la liberté, finit par composer avec tout ce qui l'étouffe. Mais telle peut être aussi la leçon d'une critique radicale qui place la liberté dans la libération. Il est vrai que le concept d'une société démocratique, le concept même d'une société libre, exclut précisément, comme le note Marcuse, que l'on puisse en déterminer a priori les formes et récuse, par conséquent, l'utopie pour autant qu'elle propose des plans ou s'y prédispose : « Les utopies se prêtent à des plans a priori ; les conditions d'une société libre ne s'y prêtent pas. Elles déploient leur propre raison *. »

Ainsi, les plans mêmes de l'utopie contrediraient toute liberté possible. C'est ce qu'affirment les modernes critiques de l'utopie, justement alertées par les folies de la raison, mais trop tôt satisfaites de leurs constats. Car on ne peut rabattre toutes les expressions de l'utopie abstraite sur ses formes despotiques : c'est ce qu'Ernst Bloch met vigoureusement en évidence, dans *Le Principe Espérance*, lorsqu'il partage les formes de l'utopie sociale entre les utopies de l'ordre et les utopies de la liberté [3]. Mais les utopies abstraites semblent souffrir d'une irrémédiable contradiction : même quand elles se présentent comme utopies de la liberté, elles en nient le principe en proposant le plan d'une société autorégulée, abolissant tout avenir dans ses règles de fonctionnement, mais aussi toute liberté en privant la société de toute invention [4].

Sous couvert de donner à lire en transparence les conditions de fonctionnement d'une société idéale, elles tentent de capturer l'histoire et de déjouer ses turpitudes : au risque de se présenter comme des utopies tutélaires, protégeant les hommes contre leur liberté et emprisonnant l'histoire dans des sociétés automates. L'ordre qui sert de principe à ces utopies, même quand il n'est présenté que comme un auxiliaire de la liberté, et non comme une fin qui la résorbe, traduit une défiance face à la liberté qui finit par être sans appel. Aussi loin qu'elles aillent dans leurs tentatives de dépasser leur propre abstraction et de prendre pour mesure la liberté humaine, elles ne dépassent guère les inventions doctrinaires de la démocratie : prodigues sur les institutions qui garantissent la liberté, économes sur les effets de son exercice. Dès lors, elles prescrivent

* H. Marcuse, *Eros et civilisation*, Ed. de Minuit, p. 196.

des formes de l'émancipation humaine qui non seulement détournent des chemins de leur accomplissement, mais surtout sont incompatibles avec son institution.

La pensée de Marx se tient, pour l'essentiel, à l'opposé des systèmes qui contredisent la liberté, même quand celle-ci leur sert de principe. Mais on peut renoncer en droit aux recettes doctrinaires, et s'abandonner aux mirages d'une histoire qui, disponible à la seule découverte de son destin, mais privée du ressort de son invention, engendrerait fatalement une société libre. Alors, sous couvert de la sauver des inventions arbitraires et des prescriptions doctrinaires, c'est dans une histoire automate qu'est enfermée la perspective de l'émancipation.

Marx, sans nul doute, ne va pas si loin : sa critique porte sur l'illusion d'une maîtrise totale de l'histoire par les hommes grâce à des moyens inventés par eux. C'est une critique des sauveurs suprêmes, dont les géniales inventions, individuelles et arbitraires, abstraites et doctrinaires, devraient s'imposer à l'histoire. C'est une critique d'un sauvetage ultime dont la prodigieuse réalisation permettrait aux hommes de disposer d'une maîtrise absolue de leur histoire, les affranchissant de toute nécessité historique.

Mais la pensée de Marx penche dangereusement en direction de l'histoire automate sur les deux versants de sa critique :

— En premier lieu, la critique des inventions et des prescriptions, parce qu'elle amalgame l'invention individuelle et l'invention collective, neutralise, en excluant l'invention collective, toutes les formes d'invention démocratique de l'avenir, et renvoie au communisme l'invention d'un avenir démocratique. Encore cette invention, nécessairement conditionnée, est-elle grevée par le fantasme de l'omnipotence ;

— En second lieu, en effet, la critique des recettes, du moins chez Engels, réduit l'invention démocratique de l'avenir à l'application techniquement conçue d'une nécessité scientifiquement maîtrisée. Tel est, selon Engels, le passage de la nécessité à la liberté : « Les lois de leur propre pratique sociale, qui jusqu'ici se dressaient devant eux comme des lois naturelles, étrangères et dominatrices, sont dès lors *appliquées* par les hommes en pleine connaissance de cause et par là dominées (...). *C'est le bond de l'humanité, du règne de la nécessité dans le règne de la liberté* » (SUSS, bil., p. 187). Le paradigme technologique, qui hante cette présentation équivoque d'une liberté atrophiée par l'omnipotence sur laquelle elle repose, n'épuise pas le sens du projet de Marx. Mais, quelle qu'en soit la formulation, ce projet suppose que ce n'est que dans une société devenue maîtresse de ses choix et de son avenir que les hommes sont appelés à déterminer cet avenir, à inventer ses formes, à prescrire ses normes, à le construire selon des principes établis par eux et selon des recettes imaginées par leur soin : du moins dans les limites des conditions matérielles existantes.

On l'a compris : *ce que Marx récuse c'est que l'on applique au renversement de l'ordre établi l'utopie qu'il revendique pour le fonctionnement de la société communiste.* Ce faisant, Marx promet une liberté dont il s'interdit de penser les formes en certifiant que l'histoire permet de s'en dispenser : au risque que la liberté promise par l'histoire ne soit prise en otage par l'histoire, précisément parce elle est placée sous sa bienveillante protection.

Ainsi, dans le meilleur des cas — qu'il s'agisse des utopies dont Marx se détache ou de celle à laquelle il se confie —, des utopies tutélaires, placées en surplomb de l'histoire ou en attente de sa fin, proposent d'atteindre la liberté en la privant du ressort de son invention et/ou de réaliser une liberté privée de tout pouvoir d'invention.

Mais l'utopie n'est pas condamnée à se confondre avec les simulacres ou les promesses qui tentent de placer l'histoire sous leur tutelle :

— En premier lieu, *les simulacres qui neutralisent l'histoire n'épuisent pas la fonction critique de l'utopie.* Délivrer l'utopie de ses prétentions doctrinaires implique l'abandon de l'invention arbitraire de maquettes qui se proposent à l'exécution, mais n'impose pas le renoncement à la détection de normes, d'idéaux et de formes qui se proposent à la discussion. Les simulations d'un avenir utopique, dialectiquement informées des possibles contrariés, reposeraient alors sur la détection des formes nécessaires à l'invention de la liberté et la détection des formes nécessaires à l'institution de la liberté. Détection en état d'alerte permanente, d'où procède le remplacement des simulacres dogmatiques, fermés à la liberté, par des simulations critiques, ouvertes à son invention ;

— En second lieu, *les promesses historiques qui capturent l'avenir n'épuisent pas la fonction utopique de la dialectique.* C'est la dialectique fermée qui aveugle sur l'histoire dont elle prétend s'informer pour la transformer, et engendre la déception de voir l'avenir se détourner de sa mission. Or, si l'histoire ne tient pas ses promesses, c'est qu'il n'existe aucune promesse de l'histoire. C'est parce qu'elle ne tient aucun avenir certain dans son mouvement réel, qu'il est vain de croire que l'avenir se prépare sans inventer : quand seul l'avenir qui s'invente mérite d'être préparé.

L'ouverture utopique de la dialectique invite à se défaire de l'illusion que l'histoire elle-même impose une épargne de créativité et la mise au régime de l'utopie. La détection des possibles contrariés et l'exploration des formes de leur réalisation, en avouant l'inachèvement définitif de l'histoire, avouent l'incomplétude définitive de l'utopie : aussi, pour être ouverte à la liberté, doit-elle préférer les esquisses aux maquettes, et, sur les deux versants de la théorie et de la pratique, s'en remettre, pour se réaliser, à son invention démocratique : invention toujours reprise qui repose sur le remplacement des promesses historiques, économes en inventions, par des convoitises utopiques, prodigues en liberté.

Ainsi, la permanence des utopies tutélaires n'annule pas la possibilité d'une utopie libertaire qui se donnerait pour objet de découvrir, et le cas échéant d'inventer les voies d'une invention démocratique de l'avenir qui soient aussi les voies d'une invention d'un avenir démocratique : une invention démocratique de l'utopie qui soit une invention d'une utopie démocratique.

Le détour par Marx enseigne — avec et contre lui — les conditions d'un sauvetage de l'utopie : savoir renoncer à l'impossible, dont rêvent ou que promettent les utopies tutélaires, mais pour apprendre à convoiter l'impossible : celui que la puissance des sociétés établies interdit de désirer pour l'empêcher de naître, et qui reste à conquérir.

Délivrée des perfections imaginaires, des prescriptions doctrinaires et des prétentions tutélaires, l'utopie serait alors le grand art des chemins de traverse que l'on désigne aujourd'hui sous le nom d'alternative : une utopie qui ne prétend pas disposer de l'avenir, mais entend déposer le présent et qui se défend de promettre l'impossible pour apprendre à le convoiter : afin de mettre cette convoitise au service des mouvements d'émancipation.

L'objet de notre convoitise — cet impossible auquel tend toute espérance — n'est ni le Bonheur ni la Puissance des perfections imaginaires : mais la dignité toujours reconquise sur la misère et sur l'oppression. L'avenir de notre convoitise — cet horizon au-delà de l'horizon — n'est ni l'avenir tracé ni l'avenir promis des utopies tutélaires : mais l'avenir inventé pour briser l'éternel retour de la barbarie. Le trajet de notre convoitise — cet itinéraire qui ne figure sur aucune carte — n'est pas le chemin balisé par les mornes alternances ou les humbles alternatives des politiques fragmentaires : mais un parcours jalonné d'urgences et de ruptures.

L'utopie doit alors se séparer de l'utopie : laisser les dieux qui sommeillent au cœur des utopies tutélaires s'endormir et ne plus s'éveiller, car ils ont trop promis et n'ont rien tenu. Reste à conquérir l'impossible, mais à hauteur des hommes possibles. Pas plus, pas moins.

Car il n'est d'autre remède à l'utopie que l'utopie.

NOTES

Introduction

1. *Approches de l'utopie.* L'analyse de l'utopie comme *genre littéraire* ne retient que le modèle narratif et figuratif, à l'exclusion des modèles qui ne procèdent pas d'un récit et n'entrent pas dans le détail des descriptions. Parmi les travaux récents consacrés au genre littéraire, on peut retenir encore H. Schulte-Herzbrügen, *Utopie und Anti-utopie, von der Strukturanalyse zur Struktypologie*, Bochum, 1960 ; R. Bertrand de Jouvenel, « L'Utopie dans ses buts pratiques », in *Du Principat*, SEDEIS 1972 ; L. Marin, *Utopiques. Jeux d'espaces*, Ed. de Minuit, 1973 ; Trousson, *Voyages aux pays de nulle part. Histoire de la pensée utopique*, Ed. de l'Université de Bruxelles, 1975 ; G. Benrekassa, *Le Concentrique et l'excentrique. marges des Lumières*, P., 1980. Certaines études mettent, plus que d'autres, l'accent sur les présupposés théoriques du genre littéraire : A. Cioranescu, *L'Avenir du passé. Utopie et littérature*, Paris, 1972 ; P.F. Moreau, *Le Récit utopique. Droit naturel et roman de l'Etat*, P.U.F., 1982.

Enfin, le *genre philosophique* peut faire l'objet de soins plus particuliers : F.E and F.P. Manuel, *Utopian Thought in the Western World*, Cambridge, Mass., 1979 ; N. Eurich, *Science in Utopia.* A Mighty Design, Cambridge, 1961.

2. Du genre utopique au type utopique : G. Lapouge, *Utopie et Civilisations*, Flammarion, 1972 ; F. Laplantine, *Les Trois Voix de l'imaginaire. Le messianisme, la possession, l'utopie.* Ed. universitaires, 1974 ; R. Ruyer, *L'Utopie et les utopies*, Rivière, 1950 ; G. Duveau, *Sociologie de l'utopie et autres essais*, P.U.F., 1961 ; J. Servier, *Histoire de l'utopie*, Gallimard, coll. Idées 1967 ; J. Gabel, *La Fausse Conscience*, Ed. de Minuit, 1962.

La critique de l'utopie comme type menace d'engloutir les utopies elles-mêmes dans la construction qui prétend les éclairer. Quelques études échappent à cette menace : celles qui n'abandonnent pas prématurément le sol de l'histoire. Ainsi, quand Bronislaw Baczco insiste sur les matériaux symboliques et les imaginaires sociaux mis en œuvre dans les utopies, il entend décrypter non un type d'imaginaire, transcendant l'histoire et les œuvres, mais un lieu d'exercice de l'imaginaire : « Les représentations d'une Cité autre et heureuse relèvent d'une manière spécifique d'imaginer le social ; les utopies sont un des lieux privilégiés où s'exerce l'imagination sociale, où sont accueillis, travaillés et produits les rêves sociaux individuels et collectifs » (B. Baczco, *Lumières de l'Utopie*, Payot, 1978, p. 31. Repris dans : *Les Imaginaires sociaux. Mémoires et espoirs collectifs*, Payot, 1984, p. 83). Mais ni cette manière spécifique d'imaginer le social ni l'imagination qui la gouverne ne perdent dans ses analyses leur enracinement historique et social. De même, quand Mannheim propose une typologie différentielle et historique qui s'intéresse non aux formes de l'imaginaire, mais à des formes de mentalité définies par des idées, il ne se borne pas à distinguer le type idéologique et le type utopique. Il revendique la construction d'un concept de l'utopie qui, à la différence des concepts descriptifs, s'efforce de révéler une structure (une « abstraction constructive ») et déborde, par conséquent, le concept descriptif du genre utopique. De cette mentalité utopique, Mannheim entreprend de distinguer les types idéaux particuliers et les changements de configuration pour esquisser une typologie de la mentalité utopique. Il précise que ce type ne relève pas seulement des chimères d'individus isolés, mais, sous ses diverses formes, de ses relations étroites avec des couches sociales : lorsque l'élément utopique tend à pénétrer tous les aspects de la mentalité dominante, alors et alors seulement, il convient de parler de mentalité utopique (Karl Mannheim, *Idéologie et utopie*, Marcel Rivière, 1956).

Il convient de s'arrêter sur les mérites de telles analyses. En premier lieu, précisément parce qu'elles ne prétendent pas se défaire d'une théorie par le seul examen du type de mentalité que, le cas échéant, elles révèlent, elles n'ont pas la prétention d'être concluante à l'égard de la *théorie* de Marx. En second lieu, et surtout, précisément parce que, par des détours parfois discutables, elles ne prétendent pas quitter le sol de l'histoire, elles peuvent être fécondes, du moins tant qu'il s'agit de construire un concept général de l'utopie pour en suivre les variétés et les variations.

3. C'est ainsi que Sorel oppose à la « recherche de la société décrite en termes sibyllins par Engels » le mouvement réel du prolétariat, sa révolte, « l'organisation, à la fois économique et éthique, que nous voyons se produire sous nos yeux pour lutter contre les traditions bourgeoises ». Ou encore : « C'est revenir à l'ancienne utopie que vouloir fabriquer sur le modèle des récits historiques des hypothèses relatives aux luttes de l'avenir et aux moyens de supprimer le capitalisme. Il n'y a aucun procédé pour

pouvoir prévoir l'avenir de manière scientifique ou même pour discuter sur la supériorité que peuvent avoir certaines hypothèses sur d'autres » (G. Sorel, « Y a-t-il de l'utopie dans le marxisme ? » *La Décomposition du marxisme*, PUF, p. 117, et *Réflexions sur la violence*, Marcel Rivière, 8e éd., p. 176).

On comprend alors que l'opposition sorélienne entre le mythe et l'utopie recouvre l'opposition entre le mouvement et le but final. C'est également avec les versions positivistes (et réformistes) de la théorie critique de Marx que se mesure le jeune Gramsci dans ses premiers écrits.

4. *Florilège.* C'est à l'eschatologie judaïque, dont Max Weber fut l'un des premiers à souligner les potentialités révolutionnaires, que nombre d'auteurs rattachent le marxisme, instaurant ainsi une véritable tradition critique, arpentée par d'innombrables défenseurs.

Nicolas Berdiaeff n'est pas le moindre. Dans *Le Sens de l'histoire*, il attribue la conscience de l'« historique », et par conséquent les commencements de la philosophie de l'histoire, au messianisme du peuple juif, par lequel s'expliquerait son destin et la pensée de Marx, qui était « *le type même du Juif* ». Sans l'eschatologie, « il aurait été impossible d'appréhender l'idée de processus, de mouvement tendant à un aboutissement ». Apparemment en rupture avec le judaïsme, « le théoricien socialiste a transféré à une seule classe, au prolétariat, l'idée messianique qui animait le peuple juif tout entier, comme peuple élu de Dieu ». Cette idée est reprise dans la conférence de 1942 *Eschatologie et Histoire.* L'eschatologie est présente jusque dans la conception de Marx, « d'après lequel le prolétariat aurait la mission de délivrer l'homme de l'esclavage et de l'exploitation ; c'est lui qui incarnerait pour la première fois l'unité du genre humain. C'est la forme sécularisée de l'ancien millénarisme judaïque » (N. Berdiaeff, *Le Sens de l'histoire*, Aubier, 1948, p. 33-35, 74-75, p. 207-208).

C'est dans le même sens qu'Arnold Toynbee fonde sur le rapprochement entre l'apocalyptique juive et la pensée de Marx sa critique de ce dernier : « Ce qu'il y a de distinctement juif dans l'inspiration marxiste, c'est la vision apocalyptique d'une révolution violente et inévitable parce que (...) décrétée par Dieu lui-même, afin d'intervertir les rôles actuels du prolétariat et de la minorité dominante (...) renversement de rôles qui, d'un seul bond, fera passer le peuple élu de la dernière à la première place dans le royaume de ce monde. Chez Marx, la déesse "nécessité historique" est une déesse toute-puissante qui remplace Jéhovah et substitue au judaïsme le prolétariat du monde occidental moderne, tandis que le royaume messianique est représenté par la dictature du prolétariat. Malgré cela, les traits distinctifs de l'apocalypse juive traditionnelle apparaissent derrière ce déguisement transparent, et c'est en fait le judaïsme prérabbinique que notre philosophe imprésario présente en accoutrement occidental » (A. Toynbee, *A Study of History*, vol. II, p. 178).

Karl Popper, qui n'est pourtant pas spécialement tendre avec Marx, donne pour un « *exemple frappant* » de l'irrationalisme de Toynbee la « manière dont il considère Marx » : le refus de prendre en compte les arguments rationnels de Marx. A preuve, justement, l'extrait ci-dessus, cité par Popper, qui conclut : « Tant qu'il s'agit d'une intéressante comparaison, je n'ai presque rien à reprocher à ce brillant exposé. En revanche, je proteste si l'on prétend en faire une analyse sérieuse de certains aspects du marxisme » (K. Popper, *La Société ouverte et ses ennemis*, t. 2, Le Seuil, p. 169-170).

Rien n'empêche de préférer à l'invocation de l'eschatologie judaïque, l'évocation de l'eschatologie chrétienne et l'assimilation du rôle du prolétariat à celui du Christ (A. Camus, *L'Homme révolté*, Gallimard, coll. Folio, 1951, p. 250-306). Ainsi, selon Leszek Kolakowski, la théorie de Marx serait « *modelée sur le même schéma dichotomique* » que la version luthérienne de doctrine chrétienne (L. Kolakowski, *L'Esprit révolutionnaire*, éd. Complexes, p. 14 sq.).

Plus prudente ou plus audacieuse, la critique la plus fréquente rattache la pensée de Marx conjointement au judaïsme et au christianisme. C'est ainsi que Mircea Eliade insiste également sur la valorisation de l'histoire par le judaïsme (et sa sanctification par le christianisme), et revient à plusieurs reprises sur la structure eschatologique de la pensée de Marx. Dès lors, la critique se répète invariablement : « L'eschatologie marxiste attribue au prolétariat le rôle d'un sauveur collectif. Les expressions qu'emploie le jeune Marx ne laissent pas de doute sur les origines judéo-chrétiennes du mythe de la classe élue par sa souffrance pour le rachat de l'humanité. Mission du prolétariat, fin de la préhistoire grâce à la Révolution, règne de la liberté, on reconnaîtra sans peine la structure de la pensée millénariste : le Messie, la rupture, le royaume de Dieu » (R. Aron, *L'Opium des intellectuels* (1955), Gallimard, Idées, 1986, p. 81). C'est cette analyse que reprend Norman Cohn et que répète Jean Servier (N. Cohn, *Les Fanatiques de l'Apocalypse* (1957), Juillard, 1963 ; J. Servier, *Histoire de l'utopie*, Gallimard, coll. Idées, p. 25, 281-286).

Même ceux qui tentent de restituer les chaînons théoriques et historiques qui conduisent à la conception de Marx la réduisent à ses origines. Tel est le cas de Karl Löwith : « Tel qu'il se présente dans le *Manifeste communiste*, le processus historique reflète dans son ensemble le schéma judéo-chrétien traditionnel d'une histoire considérée comme celle du salut, placée sous le signe de la Providence et interprétée dans son sens ultime. » Dans son ensemble, peut-être, mais dans le détail ? (K. Löwith, *Welt-*

geschischte und Heilgeshehen, Stuttgart, 1953, p. 47). Ainsi, pour Michel Henry, du moins dans les œuvres antérieures à *L'Idéologie allemande*, « Le prolétariat n'est qu'un substitut du Dieu chrétien, l'histoire qu'il promeut et va accomplir n'est que la transcription profane d'une histoire sacrée » (M. Henry, *Marx*, t. 1, Gallimard, Tel, p. 143-144).

Il suffit de prendre au mot ces analogies pour les vider peu à peu de tout sens. Ainsi, le sens que Marx donne à l'idée de la fin de la Préhistoire de l'humanité ne permet pas de considérer sa théorie comme une *eschatologie*, c'est-à-dire une étude des fins dernières de l'homme et du monde : où est-il question dans l'œuvre de Marx de la fin du monde, de la résurrection, du Jugement dernier ? Ainsi, les accents prophétiques et l'exaltation pratique qui retentissent dans le discours de Marx ne suffisent pas pour le considérer comme une variété des prédications des *millénarismes*, c'est-à-dire de la prédiction du Règne de mille ans du Messie sur la terre avant le Jugement dernier : où est-il question dans l'œuvre de Marx d'attendre ou de précipiter le dernier âge de l'histoire, l'âge d'or du millénium, qui doit précéder sa fin ? Ainsi encore, le rôle attribué au prolétariat, s'il fait résonner le thème de la rédemption, ne correspond pas à la définition même du *messianisme*, c'est-à-dire la croyance selon laquelle un messie personnel viendra affranchir les hommes du péché et établir le Royaume de Dieu sur la terre : où est-il question dans l'œuvre de Marx d'un Sauveur suprême, c'est-à-dire, si les mots ont un sens, d'un Sauveur transcendant et personnel ? Ainsi encore, l'attente d'une révolution ne peut être comparée, sans forcer le sens, à l'attente de *la parousie*, c'est-à-dire du second avènement du Christ glorieux instaurant et gouvernant le millénium, attente qui pour les chrétiens permet de conjuguer le millénarisme et le messianisme : où est-il question dans l'œuvre de Marx (et non dans l'exaltation stalinienne du Parti et de son chef) de la seconde résurrection du Sauveur ? Ainsi encore, l'attente des effets de la révolution ne peut être amalgamée comme doctrine d'un salut mondain à *la doctrine du salut*, c'est-à-dire de la félicité éternelle promise aux hommes sauvés de l'état naturel de péché et de la damnation : où est-il question dans la théorie de Marx d'une humanité promise au Bonheur ? Enfin, que l'on définisse *l'apocalypse* comme une révélation (comme le veut l'étymologie) ou comme une réalisation (comme le veut le sens plus courant du terme) des perspectives eschatologiques, suffit-il de relever le thème de la catastrophe inéluctable et d'une fin inexorable du capitalisme pour la confondre avec l'annonce de la fin du monde ?

5. Toutes les analyses du millénarisme de Marx ne s'équivalent pas. Ainsi, la typologie que propose Martin Buber, au contraire, mérite plus d'attention puisqu'elle s'efforce de distinguer et de marier des figures distinctes.

Buber commence par *distinguer nettement l'eschatologie et l'utopie* (temps parfait ou espace parfait, transcendance ou immanence, œuvre d'en haut ou œuvre d'en bas). Selon lui, les images de ce qui doit être, produits de l'imagination et plus encore du souhait, s'enracinent dans une force transpersonnelle : la nostalgie du Juste, expérimentée comme révélation ou comme idée, dans la contemplation religieuse ou dans la contemplation philosophique. De ces deux formes de contemplation naissent, respectivement, l'eschatologie et l'utopie : « La contemplation du Juste dans la révélation s'achève dans l'image d'un temps parfait : telle l'eschatologie messianique ; la contemplation du Juste dans l'idée s'achève dans l'image d'un espace parfait : telle l'utopie. » L'eschatologie déborde le social ; l'utopie se tient dans ses limites. La première dépend de la volonté divine, la seconde de la volonté humaine.

Mais, Buber distingue en outre deux formes d'eschatologie, la *forme prophétique* et la *forme apocalyptique :* celle qui interpelle les hommes et celle qui les emploie. La *forme prophétique*, d'origine juive, attribue à l'homme, en dépit du rôle décisif de la volonté divine, une part active dans la venue de la rédemption : elle remet la préparation de la rédemption, à chaque instant donnée et dans une mesure indéterminée, au pouvoir de chaque homme interpellé. La *forme apocalyptique*, d'origine iranienne, s'en remet à un processus de rédemption prédéterminé qui, pour son accomplissement, n'utilise les hommes que comme instruments.

Enfin, Buber s'efforce de montrer *comment l'utopie et les deux formes de l'eschatologie s'entrelacent dans le socialisme et le communisme du XIXe siècle.* Le siècle des Lumière est marqué conjointement par la mise à l'écart de l'eschatologie religieuse et la transformation de l'utopie sociale en système, mais pénétré de toute la force de l'eschatologie. Or cette conversion de l'utopie en eschatologie en épouse les deux formes fondamentales et produit deux formes de sécularisation socialiste de l'eschatologie : la forme prophétique du socialisme volontariste, que Marx tient pour utopique ; la forme apocalyptique du socialisme nécessitariste, qui dans sa version marxiste est, pour Buber, proprement utopique.

Les mérites de cette analyse tracent déjà les limites de celles qui précèdent : la présentation des socialismes comme sécularisations de conceptions religieuses guide une interprétation qui avoue ses prémisses religieuses au lieu de les dissimuler ; les types qu'elle dégage introduisent une analyse concrète au lieu de la remplacer ; et ouvre le débat au lieu de le clore (Martin Buber, *Utopie et socialisme*, Aubier, p. 5 sq.).

6. La double lecture de Marx que nous proposons a été exposée initialement dans un travail universitaire, dont le présent ouvrage reprend la deuxième partie : *Convoiter l'impossible. Critique marxienne de l'utopie et*

critique de l'utopie marxienne, thèse de doctorat, université de Paris-VIII, sous la direction de J.-M. Vincent. Un article en résume les conclusions : « Avec Marx, malgré Marx », *Chimères,* n° 18, hiver 1993, p. 147-173.

I. PROMESSES DE L'UTOPIE

1. L'utopie révélée

1. Si « Marx a adhéré au communisme non en tant que science mais en tant qu'utopie », comme le dit justement Maximilien Rubel, on ne saurait en rendre compte exclusivement par « une *motivation éthique* qui n'a d'autres racines qu'humanistes », sans faire intervenir l'argumentation spécifique qui fonde cette adhésion (M. Rubel, « De l'utopie à la mythologie » (1970), repris dans *Marx critique du Marxisme,* Payot, 1974, p. 247).

2. L'essence humaine qui doit venir à l'existence est déterminée par Marx, à la suite de Feuerbach, comme son *essence générique.* Le concept d'essence humaine fait corps avec le concept de *genre* (et la conception de l'histoire qui en est solidaire) ; et ce concept prend en charge, à la suite de Hegel, le concept d'universel : l'émancipation humaine est donc logiquement comprise comme une émancipation générique ou universelle. Sur ce point, voir notamment, M. Henry, *Marx I. Une philosophie de la réalité* (1976), Gallimard, 1991, chap II, p. 84-161 ; G. Labica, *Le Statut marxiste de la philosophie,* Ed. Complexe, 1976, note 218, p. 129-130. Sur l'émancipation totale, parmi toutes les interprétations des *Manuscrits de 1844,* on peut se reporter à celle de Kostas Axelos qui comprend toute l'œuvre de Marx dans cette perspective (K. Axelos, *Marx penseur de la technique,* Ed. de Minuit, 1961).

3. Aliénation réelle, que Marx prend bien soin de distinguer de la simple automystification : c'est donc un contresens de lui attribuer cette signification comme le font certains auteurs comme H. Denis dans *L'« Economie » de Marx, l'histoire d'un échec,* PUF, p. 18-20, et R. Tucker, dans *Philosophie et mythe chez Karl Marx* (1961), Payot, 1963.

Tucker comprend l'aliénation comme un phénomène de dédoublement de la personnalité, auquel s'adaptent les analyses des « malades névrosés » par Karen Horney (p. 123). C'est ce rapport personnel de l'homme aliéné avec lui-même que Marx aurait transformé en un rapport social, si bien que « la théorie de la lutte des classes s'appuie sur l'idée du dédoublement de la personnalité » (p. 128). Ainsi, Marx « a décidé de transposer le rapport personnel en un rapport social (...) Dans l'esprit de Marx, le conflit intérieur devient un conflit social : le conflit travail-capital. » Et voilà pourquoi la pensée de Marx relève du mythe : « car le caractère propre du mythe est de donner aux drames de la vie intérieure les apparences des événements extérieurs » (p. 188). C'est ce qui est arrivé à Marx : « Ayant personnellement beaucoup souffert, il a projeté au-dehors de lui-même le mal qui l'opprimait et n'a vu partout que misère » (p. 202-203). Ainsi, « Marx a renoncé à faire face au véritable problème le jour où il a fait surgir deux personnages au lieu du seul homme aliéné » (p. 206). Sans commentaires...

4. Il n'est pas inutile, pour situer l'essentialisme de Marx, de rappeler, à grands traits, les *principales variétés de l'essentialisme ontologique.* C'est le passage *de Platon à Aristote* — la distinction de l'essentialisme platonicien et de l'essentialisme aristotélicien — qui constitue le point de départ obligé. L'essentialisme platonicien enseigne, comme on le sait, que les Idées, Formes ou Essences intelligibles constituent la réalité véritable. Séparées des choses ou existences sensibles, elles sont transcendantes. L'essentialisme aristotélicien, au contraire, enseigne que les Idées, formes ou essences intelligibles ne sont pas séparées des choses ou existences sensibles : elles sont immanentes. Aussi doit-on distinguer l'*eidos* (ou *idéa)* au sens platonicien et l'*eidos* au sens aristotélicien. L'Idée platonicienne est séparée de l'apparence sensible qu'elle transcende : le rapport du sensible à l'intelligible, des choses aux idées est un rapport de participation et d'imitation. La Forme aristotélicienne est unie à la réalité sensible, à laquelle elle est immanente. La forme *(eidos)*, l'essence *(to ti estin)*, et la quiddité *(to ti èn einai)* sont, pour Aristote, relativement distinctes. Mais elles deviennent synonymes pour désigner la substance ou cause formelle. Ainsi, la forme informe la matière, met en acte ce qu'elle comprend en puissance. Alors que l'Idée platonicienne est une essence éternelle, soustraite au changement et au devenir, la Forme aristotélicienne est donc elle-même temporelle, prise dans le devenir et le changement : son antériorité sur la chose est donc logique, et non temporelle.

Dans la mesure où, dans chaque cas, l'essentialisme est indissolublement explicatif et normatif, la distinction entre deux formes d'essentialisme — le premier de facture platonicienne, le second de facture aristotélicienne — peut être doublée par *la distinction entre deux types de modèles normatifs.* L'essence d'une chose est son *eidos* : son Idée transcendante et intemporelle pour Platon ; sa forme immanente et temporelle pour Aristote. Pour Platon, l'existence participe à l'essence et imite l'essence. Pour Aristote, l'existence actualise l'essence (qui est sa forme) et réalise l'essence (qui est sa fin). Dans les deux cas, l'essence remplit une fonction de modèle que l'existence imite ou réalise. Le modèle normatif de facture platonicienne distingue de la réalité empirique, et le cas échéant lui oppose, les formes idéales dont la réalité empirique offre une image déformée, voire inversée, alors qu'elle devrait les imiter. Le modèle normatif de facture aristotélicienne inscrit dans la réalité les formes qu'elle actualise et les fins qu'elle réalise, ou qu'elle est appelée à actualiser et réaliser. A ces deux types de modèles peuvent répondre *deux types d'utopie.*

Mais il reste encore à parcourir le trajet qui mène d'Aristote à Hegel, et *de Hegel à Marx.* C'est, au moins partiellement, la conception d'Aristote (pour autant qu'elle comprend le phénomène comme manifestation du développement de l'idée-forme), que Hegel reprend et remanie quand il affirme que l'essence est nécessairement ce qui doit paraître comme phénomène, et se réaliser en tant qu'entière et adéquate manifestation de l'essence dans la réalité effective. Les liens qui unissent l'essentialisme aristotélicien et l'essentialisme hégélien ne suffisent pas à réduire le second au premier, mais ils sont patents. Or, par le truchement de Hegel, cet héritage parvient à Marx qui le transpose quand il comprend l'histoire comme une réalisation de l'essence humaine devant nécessairement se manifester dans l'existence.

De Platon à Aristote : aussi schématique soit-elle, notre présentation suit les interprétations classiques. Voir notamment : L. Robin, *Platon* (1935), chapitre IV : Phénomènes et choses, p. 74 sq. ; Aristote, *La Métaphysique,* traduction et commentaire de J. Tricot, 2 tomes, Vrin, 1964 (en particulier t. 1, p. 53-66, et le commentaire de J. Tricot, t. 1, p. 21-22 ; P. Aubenque, *Le Problème de l'être chez Aristote,* PUF, 1991, p. 456-484.

D'Aristote à Hegel : aussi complexes soient-ils, les liens qui unissent l'essentialisme aristotélicien et l'essentialisme hégélien sont suffisamment forts pour avoir été reconnus, dans le contexte de critiques opposées. (Voir, par exemple : K. Popper, *La Société ouverte et ses ennemis,* t. 2 : Hegel et Marx, chap. 11 : Les sources aristotéliciennes de l'hégélianisme, Plon, p. 9-14 et 24-25 ; E. Bloch, *Sujet-Objet. Eclaircissements sur Hegel,* Gallimard, p. 156-158.)

5. La double fonction que remplit, dans le dispositif des *Manuscrits de 1844,* le concept d'essence humaine est décisive. Maurice Godelier, bien que le passage d'une fonction à l'autre ne relève pas à proprement parler d'une déduction, le soulignait à juste titre : « dans les *Manuscrits de 1844,* Marx possesseur de la "vraie" représentation de l'essence de l'homme a les clefs du présent et de l'avenir, de la pratique et de la théorie. Cette représentation idéale opère comme un *"modèle normatif"* qui permet à la fois de critiquer la société bourgeoise, la science économique et de déduire le contenu de la future société rationnelle » (M. Godelier, *Rationalité et irrationalité en économie,* Maspero, 1966, p. 13, idem, p. 115).

H. Marcuse, dès que les *Manuscrits de 1844* furent connus, a nettement marqué ce double aspect (H. Marcuse, « The Concept of Essence », *Negations,* 1936 ; *Raison et Révolution* (écrit en 1939), Ed. de Minuit, 1968, notamment p. 318-342).

Encore ne s'agit-il là que de l'un des points de départ de la « querelle des *Manuscrits de 1844* » qui est loin d'être close. Une première typologie des positions en présence avait été proposée par E. Mandel et mériterait d'être complétée *(La Formation de la pensée économique de Marx,* Maspero, 1967, p. 160-179).

A noter que Isaak I. Roubine avait clairement entrevu que la conception initiale de l'aliénation telle qu'elle s'exprime dans *La Sainte Famille* situe la théorie de Marx sur le terrain du socialisme utopique, dans la mesure, notamment, où « la réalité inhumaine est opposée à l'utopie, à l'idéal de l'humain ». Il attribue cette position de Marx à l'« influence des idées des socialistes utopiques et en particulier de Proudhon », dont l'éloge serait ainsi expliqué. Le mérite d'une telle interprétation, qui ne se borne pas à constater la pseudo-équivalence de l'utopique et du non-scientifique, est d'autant plus grand que l'auteur ne connaissait pas les *Manuscrits de 1844.* De là cependant la limite de son diagnostic, qui manque la spécificité de l'utopie marxienne (I. Roubine, *Essais sur la théorie de la valeur de Marx* (3e éd., 1928), Maspero, 1977, p. 85-88).

6. Kolakowski a proposé, dans *L'Esprit révolutionnaire* (ER) et son *Histoire du marxisme* (HM), des présentations diverses des dimensions constitutives de la théorie de Marx. Ainsi, en 1973, il concluait l'étude consacrée à « l'anti-utopie utopique de Marx » par un exposé des trois dimensions de la conscience de Marx : mythologique, prophétique et utopique. Par contre, en 1976, dans son *Histoire du marxisme,* il diagnostique, dans la pensée de Marx, « une tension entre divers thèmes hétérogènes qui traversent tous ses développements ». Il envisage ainsi trois thèmes principaux : romantique, prométhéen, rationaliste. Pour conclure : « *On peut tout expliquer dans l'œuvre de Marx grâce à ces trois thèmes et à leurs interférences* » (HM, p. 598-610).

Ces variations témoignent pour le moins de la plasticité d'une méthode de déconstruction qui recourt à un usage immodéré des analogies. En revanche, la critique de Kolakowki est mieux fondée quand il tente d'établir que la conception de Marx repose sur un héritage : « un héritage plus ou moins conscient, de la structure de pensée platonicienne (hégélienne dans le cas de Marx) ». La nature de cet héritage est ainsi définie : « Il consiste dans la croyance selon laquelle une certaine figure imaginée incarne une essence, quelque chose qui est déjà là » (ER, p. 131). Or on ne peut amalgamer Platon et Hegel, essentialisme statique et essentialisme historique, incarnation et réalisation de l'essence : peut-être est-ce la raison qui conduit Kolakowski à préciser sa critique dans son avant-propos quand il s'insurge « contre la croyance que l'avenir, de quelque manière mystérieuse, serait déjà là » (ER, p. 113). Il reste que cette évaluation est marquée par une double défaillance au regard des exigences d'une critique interne de la pensée de Marx : elle interprète toute la pensée de Marx sur ses formulations initiales selon une grille importée qui néglige les figures spécifiques de cette pensée, sans lesquelles son héritage n'est pas compréhensible et sa discussion impossible. Mais, s'agissant des *Manuscrits de 1844*, la cible est correctement identifiée, quand Kolakowski souligne que Marx se livre à une « tentative de fonder le socialisme en faisant la réalisation de l'essence humaine » (HM, t. 1, p. 199). (L. Kolakowski, *L'Esprit révolutionnaire,* suivi de *Marxisme : utopie et anti-utopie* (1972, 1974), Ed. Complexe, 1978 ; *Histoire du marxisme*, 2 tomes, Fayard, 1987.)

7. L'œuvre de Marx ne saurait être entièrement enfermée, pour Foucault lui-même, dans son dispositif initial, dominé par la problématique de la réalisation de l'essence humaine. Sans doute Foucault laisse-t-il entendre que la pensée de Marx est totalement prisonnière de l'anthropologie et dans l'*épistémè* du XIXe siècle. On connaît la formule : « Le marxisme est dans la pensée du XIXe siècle comme poisson dans l'eau : c'est-à-dire que partout ailleurs il cesse de respirer. »

Mais Foucault ne manque pas de souligner que la « mutation épistémologique de l'histoire », encore inachevée aujourd'hui, à laquelle souscrit Foucault, « ne date pas d'hier cependant », puisque, précise-t-il, « on peut sans doute en faire remonter à Marx le premier moment ». L'anthropologie ne saurait inaugurer une telle mutation, et l'on doit logiquement en conclure que c'est moins l'anthropologie de Marx que les tentatives d'« anthropologiser Marx » que Foucault dénonce : les tentatives de sauvetage de la souveraineté du sujet « contre le décentrement opéré par Marx — par l'analyse historique des rapports de production, des déterminations économiques et la lutte des classes » (M. Foucault, *L'Archéologie du savoir*, p. 21-23).

Marx, précurseur ou fondateur, donc : en partie à rebours des énoncés qui, dans *Les Mots et les Choses*, semblent exclure tout excédent théorique de l'œuvre de Marx sur *l'épistémè* qui l'engloutit dans le XIXe siècle, Foucault classera Marx (au même titre que Freud) parmi ceux qu'il propose d'appeler « les fondateurs de discursivité » qui ont produit plus que leur œuvre : « la possibilité et la règle de formation d'autres textes ». (Qu'est-ce qu'un auteur ? », *Bulletin de la Société française de philosophie*, séance du 22 février 1969, rééd. *Dits et écrits, 1954-1988*, t. 1, p. 789-821).

Ainsi, il est possible de mesurer, mais avec Foucault lui-même, les déficits de l'archéologie du savoir si elle se replie sur elle-même. D'abord *la critique archéologique d'une utopie ne suffit pas à rendre compte de ses effets théoriques* : l'archéologie du savoir agit précisément comme un filtre qui permet de partager le dépôt historique et l'excédent théorique. Ensuite *la critique archéologique d'une utopie ne saurait suffire à rendre compte de ses effets pratiques* et expliquer notamment comment une utopie d'achèvement

— qui promet la réalisation de l'essence humaine — peut se retourner. Nous y reviendrons. (Voir notre article : « Foucault et Marx : une confrontation inactuelle ? », *Michel Foucault, les jeux de la vérité et du pouvoir*, Presses universitaires de Nancy, 1994, p. 87-99.)

8. Marx reproche à Hegel d'avoir exposé une dialectique de la pensée abstraite : aliénation de la pensée abstraite et appropriation par la pensée abstraite (M44, p. 130-131). En d'autres termes : d'avoir substitué l'aliénation/réappropriation spirituelle à l'aliénation/appropriation réelle (M44, p. 134). Cette substitution repose sur la confusion de l'objectivation et de l'aliénation, et donc de la suppression de l'aliénation et de celle de l'objectivation. C'est sur cette base que Marx critique la conception spéculative de la négation de la négation : faute d'être conçue comme une négation de l'aliénation réelle, elle se solde par la confirmation de la première négation, et le dépassement, dans ce cadre, aboutit au maintien de ce qui est nié (M44, p. 141-142), car il est un simple dépassement par la pensée (M44, p. 142-143). La dialectique hégélienne, en partant de l'aliénation, rétablit l'aliénation. C'est d'abord le point de départ qui est en question, car, en partant de la religion, Hegel part de la conscience de soi aliénée. « C'est pourquoi chez Hegel la négation de la négation n'est pas la confirmation de l'essence véritable, précisément par la négation de la négation de l'essence apparente ou de l'essence aliénée à soi dans sa négation, ou encore la négation de cette essence apparente en tant qu'essence objective, résidant en dehors de l'homme et indépendante de lui, et sa transformation en sujet » (M44, p. 141). Enfin, la négation de la négation n'est pas le positif lui-même, car « l'affirmation positive ou l'affirmation et la confirmation de soi, qui est impliquée par la négation de la négation, est conçue comme n'étant pas sûre d'elle-même, donc affectée de son contraire » (M44, p. 127-128).

9. Sur le concept de prolétariat dans les œuvres de 1844-1845, voir notamment G. Labica, *Le statut...*, op. cit., p. 97-115 et 224-244 ; M. Henry, *Marx*, t. 1, Gallimard, 1991, chap. II, p. 120-161. Cette conception philosophique du prolétariat est la cible favorite de tous les critiques de Marx qui rabattent toute sa conception sur ces premières formulations (ainsi F. Bon et M.-A. Burnier, *Classe ouvrière et révolution*, Le Seuil, 1971, ou, plus récemment, A. Gorz, *Adieux au prolétariat. Au-delà du socialisme*, Galilée, 1980). Mais on ne saurait s'affranchir de ces critiques en assurant que Marx aurait abandonné ce concept quelques semaines après l'avoir formulé. Au contraire, il court dans les œuvres immédiatement postérieures et, comme nous le verrons, il fait sentir ses effets au moins jusqu'en 1848. Il reste que l'on n'a pas réglé le statut de ce concept quand on l'a déclaré philosophique, car les définitions ultérieures ne sont jamais exclusivement empiriques ou sociologiques, même

si elles procèdent d'une connaissance empirique plus précise et plus étendue. Ce qui importe c'est de saisir la signification de cette philosophie, tendue entre empirie et utopie.

10. Bien que *La Situation de la classe ouvrière en Angleterre* se présente comme une étude empirique qu'Engels oppose aux approches exclusivement philosophiques du socialisme et du communisme (Sita, p. 32-33), l'ouvrage porte encore la marque, ainsi que l'auteur en conviendra lui-même, au moins en ce qui concerne les perspectives, dans sa Préface de 1892 (Sita, p. 390-391). Aussi ne sera-t-on pas étonné si, sans reprendre la problématique spécifique de Marx, Engels en partage la thématique sur des points essentiels. Toutefois, la confrontation de *La Sainte Famille* et de l'ouvrage d'Engels met en évidence la différence des voies et les décalages de problématique (sur ce point voir Labica, *Le Statut...*, op. cit., p. 255 sq.). En particulier, Engels n'inscrit pas son analyse dans la perspective d'une dialectique de la négativité portée par le nécessaire apparaître de l'essence, alors que la conception de Marx, dans *La Sainte Famille*, reste tributaire du schéma hégélien des œuvres précédentes, contrairement à ce qu'il arrive à certains auteurs d'affirmer.

Le tableau que dresse Engels définit la classe ouvrière par sa situation, c'est-à-dire essentiellement par sa misère : c'est ainsi que la condition ouvrière est présentée comme le comble de la *déshumanisation* qui ravale les hommes à un niveau bestial (Sita, p. 104, 162, 165). Cette déshumanisation culmine dans la *paupérisation* : « Le prolétaire est démuni de tout ; il ne peut vivre un seul jour pour soi » (p. 119). Cette paupérisation englobe une détermination qui la remplacera dans les œuvres de la maturité : l'insécurité de l'existence (p. 116-117, 162, 187). La description de la société civile comme « désagrégation de l'humanité en monades » fait ressortir sa déshumanisation : les individus enfermés dans leurs intérêts égoïstes et particuliers sont voués à l'isolement et à la guerre de tous contre tous (p. 60, 118-119, 180). Mais cette déshumanisation se traduit au sein du prolétariat par la *dissolution* de toutes les appartenances à la société bourgeoise : au point qu'Engels ne craint pas d'affirmer qu'il existe en Angleterre « deux peuples différents » (p. 171). Or cette dissolution porte sur tous les points que Marx retient (et retiendra au moins jusqu'en 1848) : la propriété, la famille bourgeoise (p. 191-192, 194-195), la nationalité (p. 267-268), l'idéologie et la religion (p. 160, 294), ainsi que la morale (p. 160-161, 172-173).

11. Engels, dans cette période, partage le même type de perception : « Si les prolétaires d'ici évoluent d'après les mêmes lois que les prolétaires anglais (...), *c'est en qualité d'hommes, avec toutes leurs facultés qu'ils protesteront* », écrit-il à Marx (Corr., t. 1, p. 337-338). Que le prolétariat incarne déjà l'humanité future en opposant leur propre humanité à l'ordre établi,

c'est ce qu'il croit découvrir à l'occasion de son séjour à Barnem. Il note les progrès fulgurants du communisme : « Où qu'on aille, on ne peut faire un pas sans buter sur des communistes » (Corr., t. 1, p. 338). Ou encore : « Le communisme dans la vallée de la Wuipper est une vérité, et même presque une force » (Corr., t. 1, p. 360). Les communistes qu'il rencontre — « nos amis d'Elberfeld » — témoignent d'une conscience qu'Engels décrit dans des termes dont on peut se demander s'ils constituent une simple métaphore : « La conception humaine du monde leur est véritablement passée *dans le sang* » (Corr., t. 1, p. 336).

Mais les prolétaires eux-mêmes ? Engels doit reconnaître son ignorance : « La bourgeoisie discute politique et va à l'église. Le prolétariat fait quoi ? Nous ne le savons pas et nous pouvons difficilement le savoir » (Corr., t. 1, p. 369). Mais il n'en a pas moins proclamé auparavant ses certitudes : les prolétaires dans leur lutte révéleront leur humanité. Et il élabore la conception correspondante dans son œuvre principale du moment, *La Situation de la classe laborieuse en Angleterre* : la promesse de l'incarnation de l'humanité est inscrite dans sa négation (la dissolution de l'humanité), mais surtout positivement inscrite dans la révolte du prolétariat contre son inhumanité (Sita, p. 161, 162, 165, 172, 267).

Par un étrange effet de redoublement, André Gorz, en prononçant ses « adieux au prolétariat », au terme d'une critique stimulante, transfère à une « non-classe » l'ensemble de ses espérances, et des caractères par lesquels Marx déterminait la vocation du prolétariat lui-même : « à la place du travailleur productif naît une non-classe de non-travailleurs, au sein même de la société existante, une non-société dans laquelle les classes seraient abolies en même temps que le travail lui-même et que toutes les formes de domination » (A. Gorz, *Adieux...*, op. cit., p. 93-94).

12. L'exercice de la souveraineté du Législateur suppose la substitution provisoire de cette souveraineté à celle du peuple. Ce problème posé en théorie par Rousseau a été soulevé en pratique à plusieurs reprises dans le cours de la Révolution française. On peut en trouver une expression significative dans la conjuration des Egaux telle que Buonarotti en retrace l'histoire. Le directoire secret affirme la « nécessité d'une autorité antérieure à l'ordre constitutionnel », qu'il justifie en concluant de l'expérience de la Révolution qu'« un peuple, *si étrangement écarté de l'ordre naturel*, n'était guère capable de faire d'utiles choix, et avait besoin d'*un moyen extraordinaire qui pût le replacer dans un état où il lui serait possible d'exercer effectivement et non fictivement la plénitude de la souveraineté* ». Plusieurs solutions furent envisagées. D'abord, le rappel de la Convention : solution rejetée car les conventionnels ne répondaient pas à la « nécessité de ne confier le sort de la patrie qu'aux plus sages et aux plus courageux ». Ensuite, la désignation de cette autorité par les insurgés eux-mêmes, qui

fut adoptée. Restait à déterminer la nature de cette autorité : à la dictature d'un seul fut préférée une assemblée nationale composée d'un démocrate par département.

Les critères de ce choix sont significatifs. D'une part, en effet, il s'agit d'une autorité qui doit façonner le peuple, comme on l'a vu. D'autre part, il s'agit d'une autorité qui doit être « *en harmonie avec la souveraineté du peuple* » : l'insurrection étant déléguée par nature, c'est aux insurgés qu'il appartient de désigner l'autorité nouvelle qui doit remplacer le « pouvoir tyrannique », c'est à eux qu'est « délégué le droit que nul autre ne saurait exercer, de le remplacer d'une manière provisoire et conforme, autant que faire se peut, aux principes de la souveraineté nationale ». Mais le directoire secret n'aurait pas abdiqué pour autant puisque, dans l'hypothèse d'une dictature, il aurait eu notamment pour tâche de « découvrir le citoyen le plus vertueux de la république ». Finalement la décision fut prise, entre autres, que « le directoire secret ferait des recherches scrupuleuses sur les démocrates à proposer ». Avant même que n'échoue la conjuration, elle avouait ainsi son embarras. (Buonarotti, *La Conspiration pour l'égalité dite de Babeuf,* Ed. sociales, t. 1, p. 110-115.)

13. Merleau-Ponty reprend la distinction entre marxisme et utopisme, fondée sur la différence entre une critique immanente et une critique transcendante : à ce titre il nie que chez Marx « *la critique du présent dérive à titre de corollaire des perspectives d'avenir : le marxisme n'est pas une utopie* ». Mais Merleau-Ponty conteste « l'idée marxiste d'une critique incarnée historiquement, d'une classe qui est suppression de soi ». Il en résulte à ses yeux que, pour le communisme, « dans sa manière de nier, sa manière d'affirmer est déjà présente : dans sa critique du capitalisme, il y a, non pas, nous l'avons dit, une représentation utopique de l'avenir, mais du moins l'absolu d'une négation ou la négation réalisée, la société sans classes appelée par l'histoire ». Que Merleau-Ponty désigne précisément comme un « *horizon* ». Il n'est, par conséquent, que partiellement exact, de l'aveu même de Merleau-Ponty et selon sa propre appréciation, d'affirmer que la critique de Marx n'est pas gouvernée par des perspectives d'avenir : c'est l'horizon du communisme qui lui dicte sa conception du prolétariat. L'horizon communiste est donné dans ce que Merleau-Ponty désigne comme *l'« absolu d'une négation ou négation réalisée* ». Il faut alors élargir le concept d'utopie, car cette négation est proprement utopique : le dépassement de l'utopie équivaut à son replacement. Tel est le résultat de l'analyse de Merleau-Ponty, valide, pour l'essentiel, quand elle porte sur les premières œuvres de Marx, mais qui serait réductrice, voire erronée, si on l'étendait aux œuvres postérieures. (Merleau-Ponty, *Les Aventures de la dialectique*, Gallimard, coll. Idées, p. 338-339.)

14. Dans le but d'atténuer cet aveu, il arrive que les commentateurs le

dissimulent. Mandel note, à juste titre, que dans l'*Introduction à la critique de Hegel...*, Marx « ne reconnaît pas encore qu'un certain degré de développement des forces productives, que la réalisation de certaines conditions matérielles, sont indispensables pour la réalisation du communisme. Son communisme est encore un communisme essentiellement philosophique » (E. Mandel, *La Formation de la pensée économique de Marx*, Maspero, 1967, p. 16). Mais, selon Mandel, dans les *Manuscrits de 1844* Marx « précise déjà » que le communisme présuppose « un degré de développement élevé des forces productives » et souligne que « cette idée constitue un progrès par rapport à tous les écrits communistes antérieurs de Marx et d'Engels, ainsi que les écrits des socialistes utopiques » (op. cit., p. 30). Or cette idée ne transparaît qu'à travers de très vagues indications. Il est beaucoup plus exact d'affirmer que le communisme de Marx, en 1843, est « encore utopique, car non greffé sur l'individualisation des rapports de production capitaliste » (A. Tosel, « Les critiques de la politique chez Marx », in *Marx et sa critique de la politique*, Maspero, p. 16). Cette affirmation est d'autant mieux fondée que seule cette greffe, de l'avis même de Marx, permet de dépasser l'utopie ; mais l'utopie initiale de Marx ne l'est pas seulement par défaut.

15. Mais, à cette étape, la conception de Marx est utopique au regard de sa critique de l'utopie d'un second point de vue. Les utopistes, aux yeux de Marx, prennent une forme empirique de l'existence du prolétariat pour son effectivité, quand « ils ne voient dans la misère que la misère, sans y voir le côté révolutionnaire, subversif, qui renversera la société ancienne » (MPh., p. 133) : l'utopie consiste alors à ne pas saisir son essence révolutionnaire, confondue à tort avec la facticité de son existence misérable, précisément parce que l'immaturité du mouvement ouvrier spontané ne permet pas d'apercevoir dans la misère son côté subversif. Or on peut se demander si Marx ne procède pas, à son tour, à une théorisation d'un mouvement ouvrier encore dominé par les formes artisanales de la production : en particulier, la valorisation de la conscience ouvrière — surtout quand elle prend appui sur la conscience des prolétaires qui se réunissent et s'organisent en restant sous l'influence des formes utopiques du socialisme et du communisme —, n'est alors qu'une valorisation utopique de la conscience... utopique. Marx, pour reprendre les termes qu'il emploie contre Hegel, ne serait pas à blâmer parce qu'il définit l'essence du prolétariat encore artisanal, mais parce qu'il donne ce prolétariat, encore placé sous la domination seulement formelle du capital, pour l'essence du prolétariat.

16. Autant dire que l'on n'a rien dit quand, pour désigner la conception que Marx se fait du contenu du communisme, on l'a qualifiée de *romantique* : il ne suffit pas de constater la présence de thèmes romantiques dans

l'œuvre de Marx pour conclure à un héritage. Quelle problématique permet de l'expliquer ? L'essentialisme et le totalisme de Marx qui fondent, du moins à cette étape de sa pensée, l'utopisme de Marx culminent nécessairement dans le schème de l'omnipotence-transparence-immanence : c'est par là que, dans l'héritage philosophique que Marx assume à son insu, se croisent à la fois les *thèmes* du millénarisme et du romantisme.

Cette thématique romantique a été mise en valeur par Cottier, repris par B. Barret-Kriegel qui souligne la similitude entre la critique marxienne et la critique romantique des médiations étatiques et juridiques (G. Cottier, *Du romantisme au marxisme*, Alsatia, 1961 ; B. Barret-Kriegel, *L'Etat et les Esclaves*, Calmann-Lévy, chap. V : Marx romantique, p. 207-219).

Elle est exposée de façon beaucoup plus convaincante par Michael Löwy et Robert Sayre dans *Révolte et Mélancolie. Le romantisme à contre-courant de la modernité*, Payot, 1992, p. 123-137, et par Alfred Schmidt, *Le Concept de nature chez Marx* (1962), P.U.F., 1994.

17. Michel Henry critique à sa façon la forme initiale prise par l'essentialisme et le totalisme de Marx quand il met en discussion sa conception de l'Universel concret comme Genre, et la dialectique de la négativité. Celle-ci présente la réalisation de l'Universel concret comme négation de sa négation : telle est la structure fondamentale de la dialectique que Marx emprunte à Hegel et, par son truchement, à la tradition chrétienne de la métaphysique occidentale (M. Henry, *Marx*, t. 1, Gallimard, 1991, p. 120-161). Mais on ne peut souscrire que partiellement à cette lecture quand elle finit par interpréter l'œuvre de Marx avant 1845 comme une doctrine du Salut et l'œuvre postérieure comme une philosophie de la subjectivité. Au bout du compte, Marx s'avère être deux fois chrétien, la première fois quand il substitue le prolétariat au Christ, la deuxième fois quand il propose une philosophie de la subjectivité.

2. L'utopie rectifiée

1. Sur le passage des *Manuscrits de 1844* à *L'Idéologie allemande*, voir notamment L. Sève, *Une introduction à la philosophie marxiste*, Editions sociales, 1980, chap. 2, p. 95-160. Sur les « Thèses sur Feuerbach », voir particulièrement G. Labica, *Marx et les thèses sur Feuerbach*, P.U.F., 1987. L'auteur propose un commentaire acéré (complété par une biliographie précieuse, p. 133).

Ce passage a alimenté de multiples « querelles » : la « querelle de l'humanisme », dont Labica rappelle opportunément les termes (p. 83-91) ; la

« querelle de l'aliénation », solidaire de la « querelle des *Manuscrits de 1844* » et dont l'ouvrage de Mandel, déjà cité, donnait un aperçu correct ; la « querelle de la totalité », enfin.

Celle-ci concerne tout à la fois le sens du passage du point de vue de l'homme générique au point de vue des individus réels, la portée méthodologique du point de vue de la totalité chez Marx ; la différence théorique entre la conception de la totalité de Marx et celle de Hegel.

Sur le premier point, on peut douter de la validité de l'interprétation (proposée par Michel Henry) selon laquelle le passage du point de vue de l'homme générique à celui de la totalité concrète coïncide avec le passage du primat de l'universel sur le particulier au primat des individus sur toute totalité (M. Henry, *Marx*, t. 1, op. cit., p. 179-214).

Sur le second point, on peut noter que le retour à l'individualisme méthodologique que préconise le « marxisme analytique » anglo-saxon constitue une révision radicale, quelle que soit sa légitimité qui nous semble douteuse.

Sur le dernier point, la critique d'Althusser doit être sérieusement nuancée (L. Althusser, « L'objet du capital », *Lire le Capital*, t. 1, Maspero, 1967, p. 35-54 ; J. d'Hondt, *De Hegel à Marx*, P.U.F., 1972, p. 106 sq. ; J.-M. Brohm et S. Naïr, *Contre Althusser*, 10-18, respectivement p. 76 sq. et 187-193).

De façon générale, les problèmes que soulève le point de vue de la totalité chez Marx ne sont pas exclusivement d'ordre théorique : le point de vue de la totalité gouverne l'unité de la connaissance et de l'action, de la théorie et de la pratique. Ce qui est alors en question, c'est le transfert du point de vue de la totalité de l'ordre de la connaissance à l'ordre de la pratique : le rapport entre totalité comprise et totalité promise. Aussi est-ce particulièrement dans cette perspective qu'il est également nécessaire de s'interroger sur sa légitimité et sa spécificité, ainsi que sur son statut, méthodologique et/ou ontologique.

2. L'essentialisme matérialiste (sous la forme qu'il prend dès *L'Idéologie allemande)* est la négation de ce que la tradition philosophique comprenait jusqu'alors sous le terme d'essentialisme. Si l'on réserve le terme d'essentialisme, comme le fait A. Tosel, à la conception des « *essences absolues de l'entendement métaphysique* », il est clair que « Marx a dû à la fois critiquer tout essentialisme *et maintenir en un nouveau sens la catégorie d'essence* » *(Dictionnaire critique du marxisme*, 2e édition revue et augmentée, P.U.F., 1985, article « Essence », p. 394-396). Dans le même sens, voir notamment L. Sève, *Une Introduction...*, op. cit., p. 75 sq., 132-135, 636-637.

3. La correction d'Engels : « *la société humaine ou l'humanité socialisée* » n'apporte pas vraiment la clarification souhaitable. L'humanité sociale, dont il est question ici, peut dès lors être comprise, ainsi que le fait Ernst

Bloch, par opposition au Genre de Feuerbach, comme le point de vue de l'avenir : « *il ne sera gagné que par le communisme et se confondra avec lui* » (E. Bloch, Le *Principe Espérance*, t. 1, Gallimard, p. 318). C'est également ainsi que l'interprètent J. Robelin (*Marxisme et socialisation*, Méridiens Klincksieck, 1989, p. 129) et G. Labica, (*Thèses...*, op. cit, p. 107). Labica rapproche cette thèse de l'indication des *Manuscrits de 1844* selon laquelle « le communisme n'est pas en tant que tel le but du développement humain, la forme de la société humaine » (M44, p. 99) : c'est-à-dire, si nous comprenons bien, la forme qui rend effective l'unité de l'essence sociale de l'homme et de l'existence.

4. Il n'est peut-être pas inutile de déployer ici la totalité de l'exposé : « rappelons ce passage de la philosophie de l'avenir où il développe cette idée que l'Etre d'un objet ou d'un homme est également son essence, que les *conditions d'existence*, le mode de vie et l'activité déterminée d'une créature animale ou humaine sont ceux où son *"essence"* se sent satisfaite ». Or que dit exactement Feuerbach ? « *L'être n'est pas un concept universel séparable des choses. Il ne fait qu'un avec ce qui est.* Il n'est pensable que médiatement par l'entremise des prédicats qui fondent l'essence d'une chose. *L'être est la position de l'essence.* Mon être est ce qu'est mon essence. Le poisson est dans l'eau, mais on ne peut séparer son essence de cet être. Le langage lui-même identifie l'être et l'essence. » L'être du poisson — le fait d'être pour le poisson — n'est pas séparable de l'attribut de son essence — ce qu'il est — qui est d'être dans l'eau.

Mais Feuerbach poursuit : « C'est dans la vie humaine seule que l'être se sépare de l'essence, mais seulement dans les cas anormaux et malheureux : il advient que l'on ne possède pas aussi son essence à l'endroit où l'on a son être (...). Mais tous les êtres (à l'exception des cas contre nature) aiment être là où ils sont et ce qu'ils sont, autrement dit leur essence n'est pas séparée de leur être ni leur être de leur essence » (ibid.).

C'est le point décisif que Marx critique ainsi : « Ici l'on comprend expressément chaque exception comme une anomalie qu'on ne peut changer. Donc, si des millions de prolétaires ne se sentent nullement satisfaits par leur *condition de vie*, si leur "Etre" ne correspond pas le moins du monde à leur "essence", ce serait, d'après le passage cité, un malheur inévitable qu'il conviendrait de supporter tranquillement. Cependant, ces millions de prolétaires ou de communistes ont une tout autre opinion à ce sujet et ils le prouveront en temps voulu, quand *ils mettront leur "être" en harmonie avec leur "essence"* dans la pratique, au moyen d'une révolution. (...) L'"essence" du poisson, pour reprendre une des propositions de Feuerbach, n'est autre chose que son "être" l'eau, l'essence du poisson de rivière est l'eau de rivière. Mais cette eau cesse d'être son « essence », elle devient un milieu d'existence qui ne lui convient plus dès que cette rivière est soumise à l'industrie, dès qu'elle est polluée par des colorants et autres déchets, dès que les bateaux à vapeur la sillonnent, dès que l'on détourne son eau dans des canaux où l'on peut priver le poisson de son milieu d'existence, simplement en coupant l'eau. » D'où la critique adressée à Feuerbach de « *déclarer que toutes les contradictions de ce genre ne sont que des anomalies inévitables* » (L. Feuerbach, *Principes de la philosophie de l'avenir* (1843), *Manifestes philosophiques*, 10-18, p. 222-223, et IA, p. 43-44).

5. L'aliénation est transformée par la critique idéologique en une simple catégorie. Pour le montrer, Marx reprend la critique de la conception hégélienne de l'aliénation exposée dans les *Manuscrits de 1844* (IA, p. 561). Mais, en même temps, il la dépasse : *L'Idéologie allemande* critique avant tout le concept idéologique de l'aliénation, au point de prendre des distances avec le terme lui-même.

C'est particulièrement Stirner qui est soumis à une critique qui permet à Marx de se démarquer d'une conception abstraite de l'aliénation humaine réduite à une simple catégorie. Ainsi, Marx dénonce dans sa critique de Stirner la présentation, à partir de l'antithèse entre la propriété privée et la propriété égoïste, d'une série d'antithèses où « l'aliénation (...) figure comme relation ou copule », sur le modèle suivant : la propriété privée (pour autant qu'on la respecte) est l'aliénation de la propriété égoïste (qui renonce au respect de la propriété privée) » (IA, p. 349).

Mais ce sont surtout les « socialistes vrais » qui font les frais de la critique de Marx. Ainsi, Marx dénonce, dans sa critique de Grün, la conception qui transforme tous les produits de l'activité humaine en des « aliénations de l'essence de l'homme » : « Armé de sa foi inaltérable dans les résultats de la philosophie allemande, tels qu'ils sont consignés dans Feuerbach, c'est-à-dire que "l'homme", "l'homme pur véritable", est le but final de l'histoire universelle, que la religion est l'essence de l'homme aliénée, que l'homme est par essence ce qu'il est par essence et aussi la mesure de toute chose ; armé des autres vérités du socialisme vrai (...), c'est-à-dire que l'argent, le salariat, etc., sont aussi des aliénations de l'essence humaine, que le socialisme allemand est la réalisation de la philosophie allemande et la vérité théorique du socialisme et du communisme des autres pays, etc. — M. Grün fait route vers Bruxelles et vers Paris avec toute la suffisance du socialisme vrai » (IA, p. 498).

Marx reprend cette critique dans le *Manifeste* quand il dénonce la réinterprétation idéologique de la littérature française, transformée par le « socialisme vrai » en une « spéculation oiseuse sur la société véritable, sur la réalisation de l'essence humaine *(die Verwirklichung des menschlishen Wesens)* ». « Les "socialistes vrais" glissèrent leurs insanités philosophiques sous l'original français. Par exemple, sous la critique française des rapports d'argent, ils écrivirent « aliénation de l'essence humaine (...) Ainsi, on s'imagina défendre non pas les intérêts du prolétaire, mais les intérêts de l'essence humaine, de l'homme en général, de l'homme qui n'appartient à aucune classe ni plus généralement à aucune réalité et qui n'existe que dans le ciel embrumé de l'imagination philosophique » (MPC, bil., p. 99-101).

6. Comme on l'a souvent remarqué, c'est la division du travail qui, dans *L'Idéologie allemande*, semble prendre la place de l'aliénation. Pourtant, il s'en faut de beaucoup que la substitution soit complète. On comprend alors que, avant 1848, la thématique de l'aliénation soit présente là même où le terme n'est pas mentionné. Ainsi, *Travail salarié et capital* reprend les analyses du travail aliéné des *Manuscrits de 1844* (TSC, p. 66). Mais alors que, dans les *Manuscrits de 1844*, le concept d'aliénation rend compte à la fois du processus et du résultat (M44, p. 111-112), dans *L'Idéologie allemande* c'est le concept de division du travail qui explique le processus et le terme d'aliénation qui décrit le résultat. La critique réelle de l'aliénation réelle suppose en effet qu'on en explique la genèse réelle : là est la difficulté que la problématique de Feuerbach ne permet pas de résoudre. (Sur le concept de division du travail dans *L'Idéologie allemande*, voir notamment G. Labica, *Le statut...*, op. cit., p. 260-275.)

La corrélation entre l'aliénation et la division du travail est établie dans les *Manuscrits de 1844*, mais la division du travail apparaît plus comme manifestation que comme source de l'aliénation (E. Mandel, op. cit., p. 33-34). Les changements qui affectent la notion d'aliénation sont à leur tour dépendants du passage tendanciel de la thématique de l'aliénation à la thématique de la réification.

Tel est du moins le point de vue de plusieurs interprètes dont Isaak I. Roubine, qui comprend dans cette optique « l'évolution de la théorie du fétichisme de Marx » qui gouverne à ses yeux « le passage de Marx du socialisme utopique au socialisme scientifique » (I. Roubine, op. cit., p. 84-91). Tel est également le cas de Wataru Hiromatsu, à en juger par le résumé qu'il donne de sa conception dans « La philosophie de Marx "pour nous" », in *Le Marxisme au Japon*, Actuel Marx n° 2, L'Harmattan, p. 72-84.

7. Le développement du prolétariat apparaît comme l'effet du développement des forces productives, et, plus exactement, de la grande industrie (MPC, bil., p. 55, 57, 65-66, 109). La genèse historique du mouvement ouvrier, que Marx esquisse à grands traits, permet d'expliquer la vocation révolutionnaire du prolétariat qui s'affirme dans le développement de ses luttes, mais le mouvement ouvrier et ses luttes sont engendrés par le développement même du capitalisme. Le premier exposé de la genèse historique du mouvement ouvrier figure dans l'ouvrage d'Engels, *La Situa-*

tion de la classe ouvrière en Angleterre (Sita, p. 267-297). Marx s'en inspire quand il rédige *Misère de la philosophie* (MPh., p. 176-178). Engels le néglige dans ses *Principes du communisme*, mais Marx le remanie une fois encore dans le *Manifeste* (MPC, bil., p. 52-61).

8. Dans *L'Idéologie allemande* sont indiquées toutes les dissolutions en acte :

— La dissolution de la nationalité : « tandis que la bourgeoisie de chaque nation conserve des intérêts nationaux particuliers, la grande industrie créa une classe dont les intérêts sont les mêmes dans toutes les nations et pour laquelle la nationalité est déjà abolie, une classe qui s'est réellement débarrassée du monde ancien et qui s'oppose à lui en même temps » (IA, p. 59).

— La dissolution de la famille : « L'histoire montre que la bourgeoisie donne à la famille les caractères de la famille bourgeoise, où l'ennui et l'argent constituent le seul lien et dont le corrélatif est la dissolution bourgeoise de la famille, qui n'empêche pas la famille de continuer à exister. Au mode de vie écœurant du bourgeois correspond, dans la phraséologie officielle et dans l'hypocrisie générale, le concept sacré. *Là où la famille est réellement dissoute, dans le prolétariat par exemple*, il se passe justement le contraire de ce que pense "Stirner". Le concept de famille n'y existe pas ; mais, par moments, nous pouvons trouver un penchant pour la vie familiale qui s'appuie sur des rapports tout à fait réels » (IA, p. 172-173).

— La dissolution de l'idéologie dominante : « La véritable solution pratique de cette phraséologie, l'élimination de ces représentations de la conscience des hommes, ne sera réalisée, répétons-le, que par une transformation des circonstances et non par des déductions théoriques. Pour la masse des hommes, c'est-à-dire le prolétariat, ces représentations théoriques n'existent pas, donc pour cette masse elles n'ont pas non plus besoin d'être supprimées et, si elle a jamais eu quelques représentations théoriques telles que la religion, il y a longtemps déjà qu'elles sont détruites par les circonstances » (IA, p. 41). Or ces « circonstances » avant d'être le produit d'une révolution communiste, sont créées par la grande industrie : « Elle anéantit le plus possible l'idéologie, la religion, la morale, etc., et lorsque cela lui était impossible, elle en fit des mensonges flagrants » (IA, p. 58, note 2).

9. La propriété est déjà abolie : « Vous êtes saisis d'horreur parce que nous voulons abolir la propriété privée. Mais dans votre société actuelle, la propriété privée est abolie *(aufgehoben)* pour les neuf-dixièmes de ses membres » (MPC, bil., p. 74-75).

La famille est déjà abolie : « L'abolition de la famille ! *(Aufhebung der Familie)* Même les plus radicaux s'indignent de cet infâme dessein des communiste. (...) La famille n'existe, sous sa forme achevée, que pour la bourgeoisie ; mais elle a pour corollaire l'absence de toute famille et la prostitution publique auxquelles sont contraints les prolétaires » (MPC, bil., p. 76-77).

La nationalité est déjà abolie : « En outre on a accusé les communiste de vouloir abolir *(abschaffen)* la patrie, la nationalité. Les ouvriers n'ont pas de patrie. On ne peut leur prendre ce qu'ils n'ont pas » (MPC, bil., p. 80-81).

Curieusement (s'agit-il d'une simple coïncidence ?), c'est ce triptyque qui fait l'objet de la discussion de Pierre Leroux quand il oppose aux communistes, sans les mentionner comme tels, que « la famille, la patrie, la propriété, sont les trois modes nécessaires de la communion de l'homme avec ses semblables et avec la nature » mais doivent être réformés pour servir à cette fin (Pierre Leroux, *De l'humanité, de son principe et de son avenir* (1840), Fayard, 1985, p. 136-144).

10. L'émancipation intégrale suppose que soient surmontés les effets de la division du travail, qui, en même temps qu'elle développe la diversité des talents humains, rive chacun à un mode particulier d'activité. Dès les *Manuscrits de 1844*, Marx s'inspire d'Adam Smith pour souligner le rapport de la diversité des talents humains à la division du travail : « La diversité des talents humains est plutôt l'effet que la cause de la division du travail » (M44, p. 116. Paraphrase de la citation d'Adam Smith de la p. 113, reprise dans MPh., p. 136). C'est à nouveau Adam Smith que Marx suit en le paraphrasant, lorsque dans *Misère de la philosophie* il écrit : « Dans le principe, un portefaix diffère moins d'un philosophe qu'un mâtin d'un lévrier. C'est la division du travail qui a mis un abîme entre eux » (MPh., p. 136). Or, semble suggérer Marx, parce que « l'atelier automatique efface les espèces et l'idiotisme de métier », il supprime ce qui au cœur même de la division du travail bloquait l'aspiration à l'universalité.

11. H. Weber résume correctement cette « conviction profonde » quand il écrit : « Le mouvement historique de la classe ouvrière engendre nécessairement des partis ouvriers révolutionnaires, dont il s'agit essentiellement d'affermir la doctrine, de dissiper la confusion » (H. Weber, *Marxisme et conscience de classe*, 10-18, 1975, p. 71-72).

Sur la conception marxienne du parti, voir notamment : M. Löwy, *La Théorie de la Révolution chez le jeune Marx*, Maspero, chap. 3 : « La théorie du parti (1846-1848) », et chap. 4 ; E. Balibar, « Etat, parti, idéologie », in *Marx et sa critique de la politique* ; J. Robelin, *Marxisme et socialisation*, 3e partie, chap. 3 et 4 ; M. Rubel, *Marx critique...*, op. cit., « Le parti prolétarien », p. 183-192.

Cette conception, d'un bout à l'autre de l'œuvre de Marx, a-t-elle changé ? Sur ce point, nous suivons plutôt l'exposé de Löwy et de Robelin que celui de Balibar.

12. Comme l'a noté Balibar, deux discours se juxtaposent dans le *Manifeste* : un discours descriptif qui porte sur les organisations existantes (les partis ouvriers), et un discours normatif : « un discours normatif sur le mode du devoir-être — énonçant, sur la base d'une théorie des tendances historiques à long terme, ce que doit-être le "parti prolétarien" pour être conforme à son concept, c'est-à-dire à sa destination historique (...). » (« Etat, parti, idéologie », *Marx et sa critique,* op. cit., p. 110). Comment ne pas avouer, dès lors, que la « tendance téléologique » (ibid., p. 111) des formulations du *Manifeste* sont précisément utopiques puisqu'elles énoncent un devoir-être (selon le concept hégélien de l'utopie), puisqu'elles reposent sur l'essentialisme (selon le concept de l'utopie proposé ici) ?

13. Du côté des tailleurs, on rêve de la société future : « Le reste des adeptes de Weitling, une petite bande de tailleurs, est sur le point d'être flanquée à la porte... Ces tailleurs sont vraiment des types étonnants. Récemment ils ont discuté avec le plus grand sérieux pour savoir s'il ne fallait pas mieux fixer les couteaux et les fourchettes avec une chaîne... Les menuisiers et les tanneurs par contre seraient de fameux gaillards » (Corr., t. 1, p. 402-403). Or les menuisiers ne sont pas meilleurs : « J'ai été plusieurs fois en contact avec les ouvriers d'ici, c'est-à-dire avec les dirigeants des menuisiers du Faubourg Saint-Antoine... Ce qu'ils opposent au communisme des tailleurs, n'est rien d'autre que des phrases creuses et humanitaires à la Grün et du Proudhon... » (Corr., t. 1, p. 407-408). Leur croyance aux idées de Proudhon suffit à les juger : « Et ici, les ouvriers, ces jeunes sots (je veux parler des Allemands) croient à toutes ces idioties » (Corr., t. 1, p. 421). Leur adhésion aux idées de Grün semble irréversible : « Les Straubinger d'ici aboient furieusement contre moi... Grün s'est séparé du communisme et ces ouvriers "cultivés" avaient grande envie de les suivre » (Corr., t. 1, p. 429). En octobre 1847, Engels constate encore : « Chez les Straubinger, la confusion est infernale » (Corr., t. 1, p. 498). Aussi Engels fait-il adopter par le district, une nouvelle version de la « Profession de foi » « que l'on enverra à Londres derrière le dos des communes » (Corr., t. 1, p. 499).

14. Les dirigeants de la Ligue des justes à Londres avaient diffusé, en novembre 1847, une proclamation qui proposait la tenue d'un congrès (alors que Marx et Engels proposaient de renforcer d'abord les organisations existantes) et qui témoignait, sous l'influence de Weitling, de « cette éternelle jalousie qu'ils éprouvent à notre égard, nous "les savants" », comme le note Engels. De là, la tentation d'entériner une rupture, envisagée sans beaucoup de regrets : « les gens de Londres étaient "les seuls

Straubinger" avec qui l'on pouvait tenter un rapprochement en toute franchise et sans arrière-pensée. S'ils ne veulent pas, *eh bien qu'ils aillent au diable !* » (Corr., t. 1, p. 442).

Mais plus éloquente encore est l'appréciation selon laquelle il faut attendre que le prolétariat communiste devienne adéquat à son concept : « Au demeurant ce sont les plus supportables des Straubinger et certainement ce que l'on peut faire de mieux à partir des Straubinger aussi longtemps qu'aucun changement ne se sera produit en Allemagne. Cette histoire nous a précisément appris qu'on ne peut rien faire avec les Straubinger, fussent-ils les meilleurs, tant qu'un mouvement organisé n'existera pas (...). A nous ces types disent qu'ils sont le "peuple", les "prolétaires", et nous ne pouvons qu'en appeler à *un prolétariat communiste qui, en Allemagne, doit d'abord se constituer* » (Corr., t. 1, p. 443-444).

15. Sur la distinction entre le parti historique et les partis empiriques, voir les lettres de Marx à Ferdinand Freiligath, le 29 février 1860 et à F.A. Sorge, le 27 septembre 1873.

16. Sur le prolétariat anglais, on peut consulter les lettres d'Engels : à Marx, le 7 octobre 1858 ; à Kautsky, le 12 septembre 1882 ; à Sorge, le 7 décembre 1889. Et surtout, l'Introduction de 1892 à la réédition allemande de la *Situation des classes laborieuses en Angleterre*, ainsi que la « Communication confidentielle » de Marx de 1870, citée par B. Nicolaïevski et O. Maenschen-Helfen *(Karl Marx*, Gallimard, p. 275). La lucidité même de Marx n'en rend que plus évidents les points aveugles d'une théorie condamnée à interpréter, conjointement, l'intégration du mouvement ouvrier comme un détour provisoire de l'histoire, et la perversion des partis ouvriers comme des retours provisoires du passé.

II. SORTILÈGES DE L'UTOPIE

1. L'utopie exaucée ?

1. Dans *Marx, penseur du possible* (Paris, Méridiens Klincksieck, 1992), Michel Vadée débusque une pensée de la possibilité présente sous des concepts décisifs. Une simple liste de ces concepts peut en donner une idée, qui invite à une lecture complète de l'ouvrage. M. Vadée étudie au titre des *possibilités abstraites* (qui ne sont pas purement logiques, mais encore saisies à un haut niveau d'abstraction), repérables dans la critique de l'économie politique, les concepts de déterminisme, de loi et de cause ; au titre des *possibilités concrètes*, repérables dans la conception de l'histoire, les concepts de moyenne, d'histoire et de force ; et au titre de la *possibilité réelle*, repérable dans le matérialisme pratique, les concepts d'activité, de

technique et de liberté, le « possible par excellence ». (Compte rendu : H. Maler, « Marx, penseur de la liberté », *Futur antérieur*, n° 17, 1993, p. 125-132). Dans les pages qui suivent, dont la première rédaction est à peu près contemporaine de l'élaboration de celle du livre de Michel Vadée, nous n'avons que très partiellement tenu compte de ses apports.

Sur Marx et le déterminisme, voir notamment Y. Quiniou, *Problèmes du matérialisme*, Paris, Méridiens Klincksieck, 1987, p. 77-90 ; A. Tosel, article « Déterminisme », in *Dictionnaire critique du marxisme*, p. 305-307 ; M. Vadée, op. cit., p. 39-78 et 472-482. Sur la nécessité historique, voir notamment Michel Vadée, op. cit., p. 225-234.

2. Sur le concept de loi chez Marx, voir notamment : Georges Duménil, *Le Concept de loi économique dans le Capital*, Maspero, 1978 ; Michel Vadée, op. cit. , chap. 2, p. 79-113. Sur les rapports entre lois et tendances, cf. notamment : E. Balibar, « Sur les concepts fondamentaux du matérialisme historique », in *Lire le Capital*, t. 2, p. 294-303 ; Lucien Sève, *Une introduction...*, op. cit., p. 208-225, 228-231, 234, 240-243, 243-245, 309, 714 ; Michel Vadée, op. cit., chap. 5, p. 205-215.

3. C'est comme loi de fonctionnement que Marx comprend, on le sait, la loi fondamentale de production et d'échange des marchandises (ou loi de la valeur) : « la loi de la détermination de la valeur par le temps de travail », la « loi de la valeur d'échange » (CEP, p. 37, 38, 42). C'est ainsi que Marx comprend la concurrence qui « impose les lois immanentes de la production capitaliste comme lois coercitives externes à chaque capitaliste individuel » (Cap I, 3, p. 32). Ou la nécessité de produire de la plus-value : « Fabriquer de la plus-value, telle est la loi absolue de ce mode de production » (Cap I, 3, p. 59). Mais ces lois immanentes sont aussi des lois de mouvement : ainsi en va-t-il par exemple des lois de la centralisation capitaliste (Cap I, 3, p. 67). Tel est le cas, particulièrement, de la « loi générale de l'accumulation capitaliste » (Cap I, 3, titre du chap. XXV, p. 54. Cf. également p. 83, 87, 88). Ou de la « loi de population qui distingue l'époque capitaliste et correspond à son mode production particulier » (Cap I, 3, p. 74). Ces lois sont historiquement déterminées. C'est pourquoi Marx critique la tentative de métamorphoser la loi de la production capitaliste en prétendue loi naturelle de la population (Cap I, 3, p. 61).

4. Qu'il soit ou non question de loi ou de tendance, la notion de *forme adéquate* est ici décisive. Ainsi Marx critique la confusion qui fait de la « première forme phénoménale du capital » — la monnaie — sa « seule *forme adéquate* », sous prétexte qu'elle est, logiquement et historiquement, la première (Grund., t. 1, p. 199-200). Plus généralement, un mode de production déterminé produit (et se réalise dans) des formes qui lui correspondent. C'est ainsi que Marx peut affirmer que « le temps de circulation

— à côté du temps de travail (...) n'est cependant que la condition *sous une forme adéquate, sous une forme ultime*, de la production fondée sur la division du travail et sur les échanges » (Grund., t. 2, p. 111). Ou encore que l'échange entre le capitaliste et le travailleur non seulement « *répond aux lois de l'échange* », mais « est l'*ultime* développement de l'échange » (Grund., t. 2, p. 165). Ce qui est vrai d'un mode de production ou d'un rapport de production (que l'on considère la production marchande comme un structure sous-jacente ou comme une structure historique) l'est encore des formes mêmes de la production capitaliste. Ainsi : « Dans la machine, et plus encore dans la machinerie comme système automatique de machines, le moyen de travail est transformé quant à sa valeur d'usage, c'est-à-dire quant à son existence matérielle, en *une existence adéquate* au capital fixe » (Grund., t. 2, p. 184). Or, ce faisant, c'est le mode de production capitaliste qui s'accomplit : « Le capital n'a posé le mode de production qui lui est *adéquat* » qu'avec l'apparition de la machinerie (Grund., t. 2, p. 187).

5. Ainsi la machinerie qui réalise la tendance essentielle du capital manifeste la contradiction intime du capital lui-même : « Il entre *dans le concept du capital* que l'accroissement de la force productive du travail apparaisse au contraire comme accroissement d'une force extérieure à ce travail et comme privation de sa propre force » (Grund., t. 2, p. 190). C'est le même rapport qui s'établit s'agissant de la tendance à la chute du taux de profit. A suivre les termes des *Grundrisse*, cette tendance est par elle-même une loi (Grund., t. 2, p. 251 par exemple), et non une loi ramenée au rang de simple tendance parce qu'elle serait une loi contrariée. Si cette loi/tendance est contrariée, c'est parce qu'elle engendre elle-même sa propre négation. Ainsi « la nécessité pour le capital de se chercher un champ d'utilisation toujours plus étendu est elle-même à son tour une conséquence » de la tendance à la baisse du taux de profit qui engendre ainsi elle-même sa négation : « la négation de la tendance immanente à la baisse du taux de profit » par l'extension du champ d'utilisation du capital (Grund., t. 2, p. 242).

6. Ainsi que l'indiquent J. Biard et alii : « La possibilité comme condition est la forme modale du déterminisme qui se déploiera de façon plus concrète dans la relation de causalité. En effet, le mouvement qui conduit d'un ensemble de conditions effectives, prises comme possibilité réelle d'une chose, à l'existence effective de celle-ci a le caractère de nécessité (hypothétique) que présente la causalité » *(Introduction à la lecture de la Science de la logique de Hegel*, II : La doctrine de l'essence, Aubier, 1983, p. 333).

7. A titre d'exemple, dans l'article qu'il fait paraître en 1868, Engels écrit significativement : « Si Marx met en relief les mauvais côtés de la

production capitaliste, il prouve tout aussi clairement que cette forme sociale était *nécessaire pour* élever progressivement les forces productives de la société jusqu'au niveau où tous les membres de la sociétés pourront également développer leurs valeurs humaines. (...) La production capitaliste crée la première les richesses et les forces de production qui en sont *les conditions nécessaires* » (Engels, *Le Capital* (1868), in Cap I, 3, p. 225). Des énoncés de ce type sont innombrables. Comme le note Godelier : « Alors qu'il n'y a nulle finalité dans ce processus de création des éléments d'une structure nouvelle, tout se passe comme si le capitalisme se trouvait justifié d'exister par ses effets » (M. Godelier, *Rationalité et irrationalité en économie*, Maspero, 1966, p. 83). Ce « comme si » est décisif, bien qu'avec lui réapparaisse quelque chose comme une ruse de l'histoire. Sur le même problème, cf. L. Sève, *Une introduction...*, op. cit., p. 209-213, et Y. Quiniou, *Problèmes du matérialisme*, Méridiens-Klincksieck, p. 74. Sur Marx et la téléologie, voir notamment J.-P. Cotten, article « Téléologie », *Dictionnaire critique...*, op. cit., p. 1131-1132.

8. Selon un procédé constant chez Marx, c'est la critique des conceptions adverses qui sert de fil conducteur à l'élaboration de sa propre théorie — ici, critiques des économistes (Bastiat et Caret, Introduction) et critiques des utopistes. Toute la première partie du chapitre sur l'argent est sous-tendue par la critique des utopistes. Mieux, la méthode d'investigation inscrit la théorie de l'argent (a) dans une double effort de réfutation de l'utopie (b) et de refondation du communisme (c) : c'est la fondation en acte du socialisme scientifique, si l'on veut. De la double visée (réfutation et fondation) résulte le retour périodique de la visée anti-utopique et de la visée communiste. Cette dernière s'élabore par approximation. Tel est le cas dans le chapitre sur l'argent : la critique de l'utopie monétaire et la critique de la société bourgeoise qui la sous-tend ont pour corollaire une présentation des conditions du communisme. Des remarques de Marx, apparemment latérales, y contribuent. Or l'ouverture du chapitre du capital reprend la méthode inaugurale du chapitre de l'argent : elle consiste dans la critique d'une double utopie : la critique de l'utopie monétaire (Grund., t. 1, p. 179-180) et son développement dans la critique de l'utopie démocratique (Grund., t. 1, p. 180-190). Enfin commence le chapitre du capital proprement dit, jalonné de critiques des économistes, des socialistes — ainsi que d'analyses en creux des conditions d'une société autre posées par le capitalisme.

9. Ainsi, les limites des modes de production antérieurs « ne deviennent des barrières qu'après que les forces productives et les rapports d'échange se sont développés suffisamment pour que le capital en tant que tel ait pu commencer à se manifester comme principe régulateur de la production » (Grund., t. 2, p. 142). De même, le capital est « un rapport essentiel pour

le développement des forces sociales productives. Il ne cesse de l'être que lorsque le développement de ces forces productives elles-mêmes rencontre un obstacle dans le capital lui-même » (Grund., t. 1, p. 264). Autres exemples : Grund., t. 2, p. 32, 34, 36.

10. On peut donc soutenir à bon droit, comme le fait J.-M. Vincent que c'est « un contresens de voir dans l'œuvre marxienne de la maturité une démonstration de la fin inéluctable (déterminée une fois pour toutes) du capitalisme » : à condition de préciser que ce contresens est alimenté (voire commis) par Marx lui-même (J.-M. Vincent, *Critique du travail. Le faire et l'agir*, P.U.F., 1987, p. 104).

11. Vadée (op. cit., p. 65-66, 96, 231, 482) ne néglige pas totalement cette présentation, mais il l'explique par une intention polémique qui n'est pas dénuée de signification théorique : le langage de la fatalité promise viserait les classes dominantes, alors que le langage de l'activité requise s'adresserait aux classes dominées. Hypothèse séduisante, qui indique comment Marx, désormais, doit être compris. Mais est-elle pleinement convaincante, si l'on s'en tient à ce que Marx écrit ?

12. Bernard Chavance propose de distinguer, dans l'œuvre de Marx, une *dialectique rationnelle* (qui permet d'appréhender les contradictions du capitalisme) et une *dialectique utopique* (qui prétend démontrer la nécessité du communisme, en la fondant essentiellement sur la thèse de la négation de la négation). Mais cette critique qui nous paraît fondée parcourt trop hâtivement, nous semble-t-il, les figures de la démonstration de Marx en laissant entendre que l'utopie réside seulement dans le défaut même d'une fondation effectivement scientifique et dans l'inflation des postulats téléologiques : la substitution d'une dialectique prophétique à une démonstration scientifique ne mériterait pas d'être qualifiée d'utopique si la figure même de la dialectique de la possibilité et de l'effectivité, parce qu'elle prend en charge la dialectique de la réalisation de l'essence, ne certifiait sur un mode utopique un contenu qui ne l'est pas moins. Mais une dialectique qui détecte le possible ne cesse pas d'être rationnelle — et l'utopie qu'elle explore ne mérite pas d'être répudiée : l'une et l'autre figurent aussi chez Marx.

13. La conception dialectique de la nécessité unit essentiellement chez Marx deux formes de la nécessité : la nécessité qui procède des conditions à la réalisation (et non des causes aux effets) est reliée à la nécessité qui procède des contradictions aux négations (et des négations aux affirmations). Or, sur ces deux points, ce sont le mécanisme et le finalisme qui menacent en permanence de resurgir. En premier lieu, une conception dialectique de la nécessité n'absorbe pas sans risques la conception mécanique de la nécessité, selon laquelle toute cause entraîne nécessairement l'effet correspondant : l'amalgame de la nécessité des causes et de la néces-

sité des conditions produit une mécanisation de la dialectique et/ou une finalisation mécanique de ses effets. En second lieu, une conception dialectique de la nécessité, selon laquelle toute position entraîne nécessairement la négation correspondante n'absorbe pas impunément une conception mécanique de la nécessité selon laquelle la position agit comme cause de sa négation : l'amalgame, ici encore, de la nécessité de causes et de la nécessité des contradictions produit une mécanisation et une finalisation de la dialectique.

2. L'utopie effacée ?

1. La science doit résoudre des *énigmes.* Seule la genèse de la monnaie permettra d'en résoudre l'énigme (Kap, p. 54 ; Cap, p. 63). De même, il s'agit d'expliquer le « *caractère énigmatique de la forme-équivalent* » (Kap, p. 66 ; Cap, p. 71 et p. 72) ou « *le caractère énigmatique du produit dès qu'il prend la forme marchandise* » (Kap, p. 82 ; Cap, p. 84), et, en général, « *les figures énigmatiques des rapports humains* » (Kap, p. 104 ; Cap, p. 102).

La science doit percer des *secrets.* La préface de la première édition allemande évoque le vain effort de l'esprit humain pour percer le secret de la forme-valeur (Kap, p. 3-4 ; Cap, p. 17-18) : « le secret de l'expression de la valeur », selon l'expression du chapitre I (Kap, p. 68 ; Cap, p. 73). De même, le titre du paragraphe consacré au fétichisme — « Le caractère fétiche de la marchandise et son secret » (Kap, p. 81 ; Cap, p. 83) — annonce son contenu : « La détermination de la grandeur de la valeur par le temps de travail est donc un *secret* caché sous la phénoménalité des mouvements des valeurs relatives des marchandises. En découvrant ce *secret,* on lève l'apparence d'une détermination purement aléatoire des grandeurs de valeur des produits du travail, mais on ne supprime nullement leur forme de choses » (Kap, p. 86 ; Cap, p. 87). De même encore, Marx affirme de l'histoire de la République romaine « que l'histoire de la propriété foncière constitue son histoire *secrète* » (Kap, p. 94, note ; Cap, p. 93 note). Enfin, le chapitre 26 du livre I du *Capital* se propose, c'est son titre, de percer « Le *secret* de l'accumulation primitive » (Cap I, 3, p. 154).

La science, enfin, doit déchiffrer des *hiéroglyphes* : « La valeur ne porte pas écrit sur le front ce qu'elle est. La valeur transforme au contraire tout produit du travail en hiéroglyphe social. Par la suite les hommes cherchent à déchiffrer le sens de l'hiéroglyphe, à percer le secret de leur propre produit social » (Kap, p. 85 ; Cap, p. 86).

C'est à juste titre que G. Sfez souligne que le terme de *secret* apparaît comme un « symptôme de la méthodologie marxiste » *(Dictionnaire critique...* , op. cit., article « Secret », p. 1045-1046. Cf. également G. Labica, Les *Thèses sur Feuerbach,* op. cit., p. 69).

2. Ainsi Marx se propose de « fournir la genèse de la forme-monnaie, c'est-à-dire de développer l'expression de la valeur (...) depuis son ébauche *la plus simple et la moins apparente* jusqu'à cette forme monnaie qui *saute aux yeux* de tout le monde » (Cap, p. 63). Ainsi Marx souligne que la forme relative de la valeur « fait entendre que sous cette expression un rapport social est *caché* » (Cap I, 1, p. 71). La différence entre l'économie politique classique et l'économie vulgaire est que la première « cherche à pénétrer l'*ensemble réel et intime* des rapports de production dans la société bourgeoise, par opposition à l'économie vulgaire qui se contente des *apparences* » (Cap I, 1, p. 83, note). Précisant une formule de Galiani, Marx souligne que la valeur est un rapport entre les producteurs « *un rapport caché* sous l'enveloppe des choses » (Cap I, 1, p. 86). Marx reconnaît à Ricardo le mérite d'avoir « ramené la relativité apparente que ces objets, tels que perle ou diamant, possèdent comme valeurs d'échange au *vrai rapport caché sous cette apparence, à leur relativité comme simples expressions du travail humain* » (Cap I, 1, p. 94). De même Marx distingue et oppose la loi des phénomènes et les apparences qui semblent la contredire (Cap I, 1, p. 301).

3. Partout dans *Le Capital* court la distinction entre forme phénoménale et contenu réel, forme phénoménale et rapport essentiel. Parmi les principales occurrences, il suffit de rappeler la détermination de la valeur d'échange comme forme phénoménale de la valeur, la forme phénoménale du salaire, et, surtout, la thèse du monde renversé, figure systématique de l'inversion entre forme phénoménale et contenu réel. Ainsi, la catégorie de l'essence est omniprésente dans *Le Capital.* On peut se référer en outre aux passages suivants : Cap I, 1, p. 64-65 (essence identique et existence séparée), et p. 147 (adéquation de l'existence à l'essence) ; Cap I, 3, p. 228-229, 240, 246. La critique de l'économie politique est construite autour de la dualité de l'apparence et de l'essence (de la réalité). *Le Capital* multiplie, dans un vocabulaire flottant, les expressions de cette dualité.

C'est en particulier le couple essence/manifestation *(Wesen/Erscheinung)* qui joue un rôle décisif dans la critique terminale de l'Economie politique chez Marx. Mais sa signification et son usage sont grevés, comme on l'a justement fait remarquer, par la multiplicité de ses emplois, ou plus exactement, par la multiplicité des emplois d'*Ersheinung* (J. Bidet, *Que faire du « Capital » ?*, Klincksieck, 1985, p. 164-165). Toutefois, on peut localiser un emploi stable de cette distinction qui désigne le rapport entre la structure interne des phénomènes étudiés et ces phénomènes eux-mêmes, au point même que le terme d'essence peut être effacé. Tel est le cas notamment dans les *Théories sur la plus-value* où le terme d'essence est rarement employé.

Sur la catégorie de l'essence dans les *Théories sur la plus-value*, voir index

TPV, t. 3, p. 662, et les références suivantes que l'on peut distribuer ainsi : essence de la production capitaliste : la plus-value, t. 1, p. 53, 162 ; essence de la production capitaliste, t. 2, p. 167 ; essence de la richesse des nations, t. 2, p. 219 ; essence et rapports internes, t. 2, p. 184, 185, 188 ; essence et apparence, t. 2, p. 69, 112 et t. 3, p. 80, 128, 149-152, 164-165, 175, 535-536, 551, 552.

4. Comme on le voit, les critères mis en œuvre ne divergent pas fondamentalement de ceux qui s'affirment dans *Misère de la philosophie.* Sur la méthode de l'économie classique, voir particulièrement TPV, t. 2, p. 183-189 (et le résumé de la conception de Marx proposé par Althusser dans *Lire le Capital*, Maspero, t. 2, p. 23 sq.). La critique d'Adam Smith, en particulier, est entièrement dominée par la mise en évidence d'un passage permanent du profond au superficiel, par opposition à Ricardo. Contribue particulièrement à clarifier ce point l'opposition entre Ricardo et Malthus (TPV, t. 2, p. 125-129, t. 3, p. 53 sq.).

5. Et comme le pressentent ses commentateurs les moins défavorables. Ainsi, Renée Bouveresse note, en mentionnant Marcuse pour exemple : « on peut douter que les questions « essentialistes » puissent disparaître jamais : ce qui se comprend si l'on remarque que cet "essentialisme" est par excellence, le moyen par lequel on dépasse le donné et on le critique » (R. Bouveresse, *Karl Popper*, Vrin, 1981, p. 68).

6. Sur le concept d'aliénation dans les œuvres de la maturité, voir notamment : J. Bidet, *Que faire du « Capital » ?*, op. cit., p. 166-168, 170. G. Labica, dans les articles « Fétichisme » et « Réification » du *Dictionnaire critique du marxisme* (respectivement p. 463-466 et p. 979-982), résume l'évolution de Marx et les diverses interprétations en présence, que J. Bidet a également recensé (op. cit., p. 223-233).

Pour une interprétation du *Capital* placée sous l'éclairage de la critique du fétichisme, voir notamment I. Roubine, *Essais sur la théorie de la valeur de Marx*, chap I, p. 19-92. Outre les versions successives du *Capital*, sur lesquelles nous nous appuyons prioritairement, les principales critiques du fétichisme figurent dans CEP, p. 14, TPV, p. 153, 344-345, 581-582, Grund., t. 2, p. 179, Cap II, 3, p. 108, III, 3, p. 193 sq.

7. Les exemples choisis par Marx, et particulièrement l'hypothèse du communisme, remplissent une fonction de filtre que l'on voit à l'œuvre dans certaines lectures de Marx (Par exemple, I. Roubine, op. cit., p. 24, 25, 33, etc.). La portée de ces exemples, d'ailleurs, ressort mieux dans la première édition où ils sont immédiatement liés à la démonstration que c'est la forme-valeur qui est à l'origine du caractère énigmatique de la marchandise (Dognin, *Les « Sentiers escarpés » de Karl Marx*, t. 1, p. 93). Sur le sens de ces exemples, voir le commentaire de Dognin, op. cit., t. 2, notes 159-166, p. 105-107.

8. Pour comprendre cette conclusion, il suffit de résumer, en préservant sa cohérence, le raisonnement d'Engels. Celui-ci commence par indiquer que dans la société règne « la *division naturelle du travail*, celle qui est née spontanément peu à peu », le capitalisme a introduit « au beau milieu de cette division naturelle, sans méthode (...) *la division méthodique du travail* telle qu'elle était organisée dans la fabrique individuelle », dont il affirme « le caractère révolutionnaire » (SUSS, bil., p. 145-147). Or, selon Engels, les crises témoignent du fait que « (...) l'organisation sociale de la production à l'intérieur de la fabrique s'est développée jusqu'au point où elle est devenue incompatible avec l'anarchie de la production dans la société » (p. 165). C'est ainsi que la « contradiction de l'organisation sociale dans chaque fabrique et de l'anarchie sociale dans l'ensemble de la production » occupe une place de premier plan dans l'analyse (p. 191). C'est cette contradiction que le capitalisme s'efforce de résoudre à sa façon : « Dans les trusts, (...) la production sans plan de la société capitule devant la production planifiée de la société socialiste qui s'approche. Tout d'abord, certes, pour le plus grand bien des capitalistes. Mais, ici, l'exploitation devient si palpable qu'il faut qu'elle s'effondre » (p. 169). Ou bien, autre argument : « En poussant de plus en plus à la transformation des grands moyens de production socialisés en propriété d'Etat, il (le mode de production capitaliste) montre lui-même la voie à suivre (...). Le prolétariat s'empare du pouvoir d'Etat et transforme les moyens de production d'abord en propriété d'Etat » (SUSS, bil., p. 177).

9. Les *Grundrisse* proposent, pour expliquer le rôle que doit jouer la répartition planifiée du temps de travail au sein de la société, une analogie entre la répartition collective et la répartition individuelle du temps : « La société doit répartir adéquatement son temps afin d'obtenir une production conforme à l'ensemble de ses besoins : tout comme l'individu singulier doit répartir correctement son temps pour acquérir des connaissances dans des proportion adéquates ou pour satisfaire les diverses exigences que pose son activité » (Grund., t. 1, p. 110). Sans doute ne s'agit-il que d'une analogie, mais elle révèle l'image que Marx se fait du rapport entre maîtrise sociale et maîtrise individuelle. A supposer que la première exigence soit remplie, on voit mal comment elle rendrait possible la seconde : la planification sociale du temps et sa planification individuelle ne sont pas immédiatement adéquates.

3. L'utopie enlisée ?

1. Sur ces problèmes, voir notamment H. Reichelt « Zur Dialektik von Produktivkräften und Produktionverhknissen ». Versuch einer Rekonstru-

tion. In *K. Marx, Produktivkräfte und Produktionverhknisse.* Ullstein Materialen, 1983, ainsi que L. Sève, *Une introduction...*, op. cit., chap. 3, dont nous divergeons notablement.

2. Sur ces deux conceptions, partiellement successives du prolétariat, voir J. Robelin, *Marxisme et socialisation*, Méridiens Klincksieck, 1989, p. 202-213 et p. 216-230.

Sur la théorie marxienne des salaires, voir notamment : dans le *Dictionnaire critique de marxisme*, les articles « Salaire » (p. 1025-1029) et « Paupérisme » (p. 851-853) dus à J. Bidet ; E. Mandel, *La formation...*, op. cit., chap. 9, « La mise au point de la théorie des salaires », et H. Nagel, *Genèse de la conception marxienne du salariat*, thèse de doctorat, université de Paris-VIII, 1979, 2 volumes ; J. Bidet, op. cit., chap. IV, « Valeur/prix de la force de travail », p. 71-94 ; T. Negri, *Marx au-delà de Marx*, « La théorie du salaire et son développement », p. 223-252 ; R. Rosdolsky, *La Genèse du « Capital » chez Marx*, Maspero, « Annexe », p. 361-398.

Sur le paupérisme, voir *Dictionnaire critique du marxisme*, « Paupérisme » (Jacques Bidet) ; Rosdolsky, *La Genèse du « Capital »*, p. 361-398, et Mandel, op. cit., p. 137-150.

3. Aussi peut-on être surpris que l'examen de ces conditions soit à peine abordé par Michel Vadée alors qu'elles ne sont nullement extérieures au problème de la possibilité. En effet, si Vadée, avec précision, analyse le contenu du « règne de la liberté » et parcourt certaines conditions de sa possibilité (l'activité, la technique, les crises), il est nettement plus discret sur les conditions de son instauration, en particulier sur les thèses fondamentales de Marx sur la nécessité de la révolution, de la dictature du prolétariat, de la transition au communisme et sur les formes sociales du communisme lui-même. Sur tous ces points, les silences de Michel Vadée ne sont pas (ou pas seulement) gênants parce qu'ils nous privent des moyens de vérifier l'*actualité* de la pensée de Marx (dont l'auteur prend soin de nous dire qu'elle n'entrait pas dans son propos). Ils le sont parce qu'ils en brisent la *cohérence* (dont dépend la cohérence de la lecture proposée, dès lors quelle prend sélectivement, mais précisément, la possibilité pour objet). Or, les équivoques entretenues par les figures dialectiques de la nécessité culminent précisément dans les conceptions marxiennes de la nécessité de la révolution, de la dictature du prolétariat, de la transition au communisme et du communisme lui-même : au point que les impératifs stratégiques menacent d'être engloutis par des promesses historiques. C'est ainsi que la nécessité de la révolution est présentée par Marx non seulement comme une condition indispensable, mais comme une destination inéluctable. De même, la nécessité de la dictature du prolétariat est présentée (indissolublement ou alternativement ?) comme un objectif stratégique et une destination historique. Enfin, Marx présente la transi-

tion au communisme comme une condition requise, sans expliciter la nature de la nécessité qui parcourt cette transition, mais en laissant entendre que s'imposeront nécessairement des modalités d'organisation du pouvoir, de la production et de la consommation qui lui soient adéquates. Ainsi, l'ambiguïté des figures dialectiques convoquées pour établir la nécessité du communisme redouble l'opacité des formes historiques revendiquées pour accomplir la réalisation de sa possibilité.

4. Cette impossibilité n'est que partiellement contredite par l'ouverture de possibilités latérales, comme dans le cas de la Russie : c'est de la maturité de la révolution prolétarienne internationale que dépend leur plein épanouissement. Contrairement à l'appréciation de divers commentateurs, comme, par exemple, A. Haller (op. cit, p. 108-109).

5. La tension irrésolue entre nécessité historique et impératif stratégique se donne à lire également dans les prises de position de Marx sur les questions internationales.

Ainsi en va-t-il des prises de position sur la question coloniale qui s'enchaînent avec cohérence. Sur le plan théorique, elles sont gouvernées par l'analyse de la tendance inhérente au capitalisme à unifier le monde sous sa domination en dissolvant les modes de production antérieurs. La suite en découle aussitôt : l'opérateur de cette mondialisation, le capitalisme, remplit ainsi une fonction nécessaire qui, indispensable à une émancipation universelle, est, du même coup, une fonction progressiste. L'inéluctable étant indispensable, Marx et Engels, non sans dénoncer ses horreurs, ne peuvent que soutenir les effets civilisateurs de la colonisation. Une utopie progressiste et fataliste dévore toute possibilité d'une stratégie internationaliste. Ainsi, si la domination britannique en Inde permet de comparer le progrès « *à cette hideuse idole païenne qui ne boit le nectar que dans le crâne de ses victimes* » (« La domination britannique en Inde », *New York Daily Tribune*, 25 juin 1853), il n'en demeure pas moins que sa mission destructrice se double d'une mission « *régénératrice* » : « *la pose des fondements matériels de la société occidentale en Asie* » (*New York Daily Tribune*, 8 août 1853).

C'est une tension du même ordre entre stratégie contrariée par l'utopie et utopie menacée par la stratégie qui apparaît sur d'autres questions internationales. Les prises de position de Marx et Engels sur les questions internationales sont, sans nul doute, tributaires des effets de conjoncture, des exigences du journalisme et d'options sentimentales. Mais pas au point d'effacer le dispositif théorique et politique qui leur donne leur sens.

L'avènement inéluctable du socialisme décide des positions politiques et des mesures stratégiques à adopter. Mais au cœur de l'utopie tente de s'inscrire une stratégie qui menace de l'annuler. Marx conçoit que la révolution démocratique est une étape inéluctable/indispensable, prise dans un processus de révolution permanente, de la révolution prolétarienne. C'est pourquoi si la question nationale apparaît dans le *Manifeste* subordonnée à la question de la révolution prolétarienne, elle apparaît après 1848 comme subordonnée à la question de la révolution démocratique. Cette Révolution inéluctable/indispensable est indissociable de la République, c'est-à-dire de de l'unité, de l'indépendance et de la centralisation politique d'une nation : la république est alors comprise comme un moment indispensable à l'émancipation du prolétariat.

Aussi les différents peuples d'Europe sont-ils jugés en fonction de leur contribution, réelle ou potentielle, à la révolution démocratique et à la constitution de républiques : c'est-à-dire en fonction de leur capacité à se constituer en nations souveraines ou en fonction de leur capacité à contribuer à la révolution des peuples investis de la mission de se constituer en nations souveraines. Tel est le sens de la distinction entre le nationalisme progressiste et le nationalisme réactionnaire, celui des nations qui, dans une histoire indexée sur la révolution prolétarienne, n'ont aucun destin unitaire et démocratique (voir, notamment, Engels, « La lutte des Magyars », *Nouvelle Gazette rhénane*, 13 janvier 1849). Ici encore, l'utopie progressiste aveugle la critique et stérilise la stratégie : la question nationale est éludée.

Or c'est la vocation historique de certaines nations à se constituer en Etats qui décide des prises de position face aux autres nations et Etats. Dès lors, la guerre révolutionnaire, dont la Révolution française offre à Marx le modèle, devient indispensable à la constitution et/ou à la sauvegarde de l'indépendance des nations historiques. La nécessité de cette guerre révolutionnaire vise au premier chef la Russie, et indissolublement les nations qui menacent, directement (en raison de leurs prétentions abusives) ou indirectement (en raison de leur alliance potentielle avec la Russie) la lutte pour l'unité et l'indépendance des grandes nations. Une fois reconnues ses cibles, l'attitude face à la guerre devient la pierre de touche qui permet de juger du caractère révolutionnaire de la bourgeoisie : de son aptitude ou non à défendre ou propager la révolution démocratique. Ainsi, l'armistice avec le Danemark signe l'impuissance de la bourgeoisie allemande. Ainsi, les compromissions avec la Russie signent la trahison de la bourgeoisie anglaise. La stratégie préconisée tourne sans doute le dos aux utopies pacifistes, mais elle menace de dénoncer en outre comme une utopie stérile tout internationalisme.

Les textes de Marx et Engels sur les questions internationales, difficilement accessibles en français, n'ont pas fait l'objet de l'étude minutieuse qu'ils méritent. Pour une vue d'ensemble, mais discutable, voir M. Molnar, *Marx, Engels et la politique internationale,* Gallimard, coll. Idées, 1975.

6. Il appartenait à Lukacs (*Histoire et conscience de classe*, éd. de Minuit) de donner à la théorie léniniste du parti ses lettres de noblesse philosophique. Nul mieux que lui n'a dessiné l'opposition entre les ouvriers empiriques et le prolétariat révolutionnaire, mais au prix de deux torsions significatives :

Lukacs reporte tout d'abord la distinction marxienne entre la conscience momentanée et singulière des ouvriers et leur faire historique sur la distinction entre leur conscience empirique donnée et leur conscience théorique adjugée : il ne s'agit plus dès lors de ce que doit faire mais ce que doit penser le prolétariat conformément à son essence ;

Lukacs reporte ensuite la distinction marxienne entre les moments d'un processus sur la distinction entre le processus spontané et le parti : il ne s'agit plus alors de pronostiquer ce que doit devenir le prolétariat, mais de prescrire ce que doit incarner le parti.

Or, pour Marx, le prolétariat trouve dans sa propre situation la matière de son énergie révolutionnaire : au point qu'il analyse cette essence de telle façon que cela soit possible. De même, la conscience révolutionnaire qu'il attribue au prolétariat doit nécessairement venir à l'existence dans le cours du mouvement historique. Et, enfin, le processus historique produit le parti communiste adéquat à la vocation et à la conscience révolutionnaires du prolétariat. C'est cette confiance dans le travail de la nécessité historique que Lukacs qualifie, indirectement, d'utopique, quand il considère que, parmi les questions qui n'avaient pas reçu de réponse concrètes : « *Ce sont justement les questions d'organisation qui sont restées le plus longtemps dans cette sorte de pénombre utopique* » (op. cit., p. 335).

Le point de vue du prolétariat n'est pas, nous dit Marx, le point de vue momentané du prolétaire empirique, mais le point de vue qu'il doit adopter conformément à son être. C'est ce que Lukacs traduit en distinguant la conscience réelle et la conscience « adjugée ». Cette conscience adjugée est celle que Marx attribue au prolétariat en prétendant connaître son essence : c'est celle que la théorie attribue au prolétariat. Nous ne quittons pas encore le terrain de l'utopie. Mais quand ce que la théorie attribue au prolétariat devient ce que la théorie attribue au parti, l'utopie s'est, certes, convertie en stratégie, mais celle-ci annule l'utopie ou, plutôt, ouvre la voie au retour de l'utopie doctrinaire. Le parti, qui réalise l'essence révolutionnaire du prolétariat, devient la réalité effective de la négation de la société existante : non pas le Prince moderne mais le Fondateur utopique.

7. L'interdiction de prescrire ou même de simuler les formes de l'avenir prononcée par Marx présente de fortes analogies avec l'interdit de la représentation dans la religion juive. Jean-Joseph Goux a particulièrement mis en évidence ce point. Un rapprochement du même ordre peut être effectué

à propos des auteurs de l'Ecole de Francfort, qui en ont fait eux-même état, comme le rappelle Martin Jay. Il reste que ces analogies ne peuvent prétendre à une valeur explicative (J.-J. Goux, *Les Iconoclastes*, Seuil, 1978 ; M. Jay, *L'Imagination dialectique. Histoire de l'École de Francfort* (1923-1950), Payot, 1977, p. 75-76).

8. *Les Réflexions sur les causes de la liberté et de l'oppression sociale* s'ouvrent sur le tableau sommaire d'une « époque privée d'avenir ». L'espérance même d'une révolution ne trouve pas de prises dans la réalité : « C'est pourquoi le premier devoir que nous impose la période présente est d'avoir assez de courage intellectuel pour nous demander si le terme de révolution est autre chose qu'un mot. »

Telle est la raison d'une « critique du marxisme » qui soulève la question classique : Les conditions matérielles — Simone Weil s'interroge peu sur les conditions sociales — d'une révolution socialiste sont-elles réunies ? La théorie de Marx, selon Simone Weil, repose sur une double croyance qui n'est nullement démontrée : la croyance à la « *possibilité d'une démocratie effective sur la base de la civilisation actuelle* », qui renvoie à une croyance plus fondamentale en la possibilité d'une émancipation des hommes par le développement des forces productives : croyances selon lesquelles et le *système* des forces productives et le *développement* des forces productives seraient porteurs d'émancipation. Le système des forces productives ou système de production actuel est totalement incompatible avec un régime de liberté et d'égalité : « A vrai dire, Marx rend admirablement compte du mécanisme de l'oppression capitaliste ; mais il en rend si bien compte qu'on a peine à se représenter comment ce mécanisme pourrait cesser de fonctionner. » Par conséquent, « loin que la société capitaliste ait élaboré dans son sein des conditions matérielles d'un régime de liberté et d'égalité, l'instauration d'un tel régime suppose une transformation préalable de la production et de la culture ». Aussi se voit-on autoriser à contester « *...la croyance également utopique que le système de production actuel pourrait être mis par simple décret au service d'une société d'hommes libres et égaux* ».

Cette critique est sans doute excessive quand elle retourne contre Marx sa critique des solutions imposées par décret, mais elle est fondée quand elle souligne qu'il est utopique, sinon religieux, de s'en remettre au développement des forces productives pour que, en raison de la contradiction qu'il engendre avec les rapports de production, il crée les conditions d'une révolution et les bases objectives du socialisme (S. Weil, *Réflexions sur les causes de la liberté et de l'oppression sociale* (1934), Gallimard, coll. Idées, p. 10-13, 17 sq. et 38).

9. Dans *La Fin de l'utopie* (Seuil), Marcuse affirme la présence des forces matérielles et intellectuelles de la transformation, dont l'utilisation rationnelle est entravée Cette transformation requiert une transformation

des besoins, une rupture avec la continuité des besoins répressifs, c'est-à-dire une nouvelle anthropologie et une nouvelle morale. Selon Marcuse, cette transformation est une transformation physiologique de la nature humaine (op. cit., p. 11, 20-21), qui implique un saut qualitatif dont il affirme la possibilité. Ces nouveaux besoins sont la négation déterminée des besoins répressifs. Et Marcuse croit détecter le potentiel révolutionnaire, reposant sur une dynamique de négation déterminée des besoins répressifs, dans la révolte des intellectuels (p. 19), dans les luttes du tiers monde et le phénomène hippie (p. 17, 26), dans la solidarité avec le tiers monde (p. 30). Pourtant, ce potentiel ne suffit pas à ses propres yeux pour rompre l'encerclement. Car, pour supprimer les mécanismes qui maintiennent les anciens besoins, il faut qu'existe le besoin de supprimer les anciens besoins (p. 35-36, 62) : besoin que l'ordre établi entend si bien étouffer que Marcuse est conduit à se demander si la libération des besoins actuels ne requiert pas une dictature (op. cit., p. 28, 34-35). Sur la thématique des besoins chez Marx, voir notamment A. Haller, *La Théorie des besoins chez Marx*, 10-18 ; l'article « Besoins » du *Dictionnaire critique du marxisme* (S. Mercier-Josa).

10. Sans doute est-ce ici l'endroit le mieux approprié pour dire notre dette à l'égard de l'ouvrage de Jean Robelin et souligner les convergences que nous avons cru déceler entre son examen critique et le nôtre. Non seulement cet auteur analyse avec acuité les tensions qui habitent l'œuvre de Marx et les problèmes qu'elle laisse irrésolus. Mais nous avons été conforté, en confrontant notre analyse et la sienne, dans notre conviction que couraient dans l'œuvre de Marx les figures d'une utopie de rêve. Cela dit, évidemment, sous notre seule responsabilité.

11. On ne peut confondre la rareté et la discontinuité de l'expression de « dictature du prolétariat » avec celle du concept qu'à condition de couper l'émergence de l'expression des formulations antérieures qui ont un contenu similaire. Or c'est cette coupure qui conduit à négliger le sens qu'il revêt d'emblée pour désigner une nécessité historique de la période de transition. Sur la dictature du prolétariat, cf. notamment E. Balibar *Sur la dictature du prolétariat*, Maspero, 1976 ; E. Balibar (article « Dictature du prolétariat » du *Dictionnaire critique du marxisme*, p. 323-332) ; H. Draper (« Marx and the dictatorship of the proletariat », in *Cahier de l'ISEA*, série S, n° 6, sept. 1972).

Sur les modèles du pouvoir politique prolétarien et du dépérissement de l'Etat, cf. notamment J. Robelin (*Marxisme...*, op. cit., « Deuxième partie : La ci-devant dictature du prolétariat », p. 147-148), qui interprète les difficultés de la critique marxienne de l'Etat par les équivoques nourries par la dualité entre une impensable théorie générale de l'Etat et une plus féconde histoire particulière de l'Etat bourgeois. Cette interprétation pertinente laisse cependant de côté les présupposés dialectiques communs aux deux conceptions.

12. Telle est, en dernière analyse, la meilleure leçon de Foucault. Ce que la critique archéologique suggère mais ne peut montrer, c'est comment une utopie d'achèvement — qui promet la réalisation de l'essence humaine — peut se retourner. La critique de Foucault, alors inachevée, doit remonter des effets à la théorie et expliquer ce qui en elle, comme pensée ou impensé, peut favoriser son destin. La critique archéologique est prolongée par une critique généalogique qui prend le relai. Selon la première critique, la pensée de Marx semble rivée à son socle, et appartenir entièrement au XIXe siècle. Selon la seconde, la pensée de Marx se confond avec ses effets, et est entièrement solidaire du XXe siècle : non plus cette fois comme innocente utopie, mais comme sinistre réalité.

Aussi, dans « La grande colère des faits », Foucault dénonce dans la théorie de Marx une variante du mariage entre l'Etat et la Révolution qui fait apparaître le stalinisme comme « la vérité, un peu dépouillée, c'est vrai, de tout un discours qui fut celui de Marx et d'autres peut-être avant lui » *(Le Nouvel Observateur*, 9 mai 1977, rééd. *Dits et écrits, 1954-1988*, t. 3, p. 277-281).

Foucault soutient que de Marx au stalinisme « il n'y avait pas "faute", on était resté dans le droit fil » et précise que ceux qui cherchaient à se sauver en opposant la vraie barbe de Marx au faux nez de Staline n'aimèrent pas du tout. Mais laisser un instant, avec Foucault, les adeptes d'un vrai Marx à leur déplaisir n'impose pas d'exhiber le crâne de Marx en le présentant comme celui de Staline enfant. De quelle continuité s'agit-il ? Foucault retient, mais à sa façon, la critique des « maîtres penseurs » proposée par Glucksman : la philosophie allemande a célébré le mariage de l'Etat et de la révolution. De là ce diagnostic qui englobe Marx : « Toutes nos soumissions trouvent leurs principes dans cette double invite : faites vite la Révolution, elle vous donnera l'Etat dont vous avez besoin ; dépêchez-vous de faire un Etat, il vous prodiguera généreusement les effets raisonnables de la révolution. Ayant à penser la Révolution, commencement et fin, les penseurs allemands l'ont chevillée à l'Etat et ils ont dessiné l'Etat-Révolution, avec toutes ses solutions finales » (« La grande colère des faits », art. cit.). Mais la perversion originelle de la théorie de Marx ne suffit pas à éclairer son destin, surtout si l'on n'établit pas précisément en quoi consiste l'étatisme qu'on lui impute. Le rabattement théoriciste n'est pas moindre quand on invoque une aberration de la théorie pour établir une perversion originelle que lorsque l'on s'abrite derrière la pureté de la doctrine pour invoquer une perversion ultérieure.

En quoi consiste l'étatisme de Marx ? S'agit-il d'un étatisme par excès ou d'un étatisme par défaut ? Si la première hypothèse n'est pas soutenable, la seconde, dont tout le travail de Foucault permet de prendre la mesure, est fondée : la conception de Marx ne permet ni de prévenir ni de comprendre ces « formes pathologiques » — ces deux « maladies du pouvoir que sont le fascisme et le stalinisme » —, parce qu'elle néglige la spécificité des rapports de pouvoir et la mobilité des technologies de pouvoir (« Deux essais sur le sujet et le pouvoir » (1982), in *Un parcours philosophique*, de H. Dreyfus et P. Rabonow, Gallimard, p. 297-321).

13. On ne soulignera jamais assez, pourtant, les risques d'incompréhension, voire d'aberration, que véhiculent les histoires philosophiques du marxisme qui négligent l'historicité du marxisme et des marxismes. Même, et surtout, quand il s'agit d'histoires « marxistes ». C'est à ce titre qu'il convient de distinguer le *marxisme orthodoxe* ou dogmatique, qui le consacre comme immuable, et le *marxisme critique*, qui s'efforce de comprendre sa propre historicité sans sombrer dans le relativisme.

Sur les périls d'une histoire philosophique du marxisme, voir notamment la recension de l'ouvrage de Kolakowski par G. Labica dans *Actuel Marx* n° 3, P.U.F., 1988, p. 155-159.

Sur l'historicité du marxisme et des marxismes, voir notamment J. Habermas, « Compte rendu bibliographique et contribution à la discussion philosophique sur Marx et sur le marxisme » (1957), in *Théorie et Pratique*, Payot, t. 2, p. 165-168.

Sur la distinction entre marxisme orthodoxe et marxisme critique, voir notamment, J. Robelin, *Marxisme et socialisation*, op. cit., p. 9-12.

III. ESPÉRANCES DE L'UTOPIE

1. Une utopie disruptive ?

1. C'est ce que souligne Burghart Schmidt : « Le plan concerne une prévision, l'utopie une anticipation. Dans le pronostic impliqué par le plan, on se préoccupe de tirer des conclusions pour le futur en partant de phénomènes réguliers qui n'offrent du reste de garantie qu'en vertu de leur conformité à des lois ou, du moins, de leur répétition constante. Dans l'anticipation qu'implique en revanche l'utopie on se préoccupe de maîtriser la répétition afin de la transformer et de rompre sa loi » (cité par E. Bloch, in *Experimentum Mundi*, Payot, p. 122).

2. La critique bersonnienne du (faux) concept du possible équivaut à une critique de la préformation du réel et doit être resituée dans son contexte. L'idée d'une préformation du réel suppose que la réalité est l'ef-

fectuation mimétique de sa possibilité et l'accomplissement mécanique d'une finalité. Le réel est préparé par sa possibilité et se déploie selon une finalité. Selon cette conception, la réalité est prédéterminée par sa possibilité dont elle est l'effectuation mimétique et par une finalité dont elle est l'accomplissement mécanique. La conception ou l'image de la préformation réduit la possibilité à l'antériorité d'un modèle et la finalité à l'accomplissement d'un plan. Elle suppose à la fois un concept de la possibilité comme antériorité et un concept de la finalité comme plan.

C'est bien ce double versant — la possibilité-antériorité et la finalité-plan — de la critique de Bergson que Bloch repère quand il soumet celle-ci à sa propre critique, et reproche à Bergson sa négation du possible et sa réduction de la finalité *(Le Principe Espérance*, t. 1, p. 242-245). Mais la critique de Bloch est inégalement fondée. Sur le premier point, c'est un raccourci d'affirmer qu'« il n'y a pas de possible chez Bergson » dans la mesure où « le puissant royaume de la possibilité n'est à ses yeux qu'une illusion derrière laquelle se cache la rétrospection » (p. 244). La critique de Bloch passe sous silence le sens et le rôle que Bergson attribue à la virtualité. Sur le second point, il est n'est que partiellement exact d'affirmer que Bergson « considère la finalité comme l'établissement d'un objectif final fixe, au lieu d'y voir la poursuite soutenue d'un but par la volonté humaine ». Cette critique serait fondée si Bergson ne retenait une troisième conception de la finalité. De plus cette critique mêle une critique fondée sur la finalité de l'action, et une critique fondée sur la finalité du processus.

3. Distinguant parmi les idées situationnellement transcendantes (c'est-à-dire qui dépassent la situation donnée) les idéologies et les utopies, Mannheim propose en outre de distinguer, parmi les utopies, celles qui sont absolument irréalisables et celles qui ne le sont que relativement : le concept absolu d'utopie et le concept relatif d'utopie. *Pris dans son sens absolu, le concept d'utopie désigne les idées qui, par principe, ne peuvent pas être réalisées* : « Parmi les idées qui dépassent la situation, il y en a certainement qui, en principe, ne peuvent jamais être réalisées. » *Pris dans son sens relatif, le terme d'utopie désigne des idées qui ne peuvent pas être réalisées du point de vue de l'ordre social existant.* C'est ce sens que Mannheim se propose d'adopter, en employant « le terme simplement au sens relatif, signifiant par là une utopie qui semble irréalisable seulement du point de vue d'un ordre social donné et déjà existant ».

Cette distinction est d'autant plus nécessaire que le concept négatif de l'utopie tend à confondre sous un même terme utopies absolues et utopies relatives — à faire passer pour absolument irréalisable ce qui n'est irréalisable que du point de vue d'un ordre social donné : « Les représentants d'un ordre social donné désigneront comme utopiques toutes les conceptions d'existence qui, de leur point de vue, ne peuvent en principe jamais se réaliser. Selon cet usage, la connotation contemporaine du terme utopique est surtout celle d'une idée qui est, en principe, irréalisable. » Le concept absolu de l'utopie érige un point de vue relatif en point de vue absolu, alors que le concept relatif fait droit au caractère relatif du point de vue. Or cette absolutisation d'un point de vue relatif dans le concept négatif de l'utopie a une fonction sociale bien précise : la défense du statu quo. Ainsi, « ce n'est pas un hasard si un observateur qui, consciemment ou inconsciemment a pris position en faveur de l'ordre social existant et prédominant doit avoir une conception aussi large et imprécise de l'utopique : une conception qui brouille la distinction entre impossibilité de réalisation absolue et relative. A partir de cette position, il est pratiquement impossible de dépasser les limites du statu quo. »

En d'autres termes, cette confusion entre impossibilité absolue et impossibilité relative disqualifie comme utopie absolue toute utopie relative : « Cette hésitation à dépasser le statu quo tend à considérer quelque chose qui est irréalisable dans un ordre donné comme complètement irréalisable, de sorte qu'en obscurcissant ces distinctions on peut supprimer la validité des prétentions de l'utopie relative. En appelant utopique tout ce qui s'étend au-delà de l'ordre existant actuel, on calme l'anxiété que pourraient faire naître les utopies relatives réalisables dans un autre ordre » (K. Mannheim, *Idéologie et utopie*, Marcel Rivière, 1956, p. 130-132).

4. H. Marcuse, à son tour, distingue ce qui est absolument et ce qui est relativement utopique. Il commence par poser en ces termes ce qui est proprement utopique : « On peut également tenir pour irréalisable le projet d'une transformation sociale quand il contredit certaines lois scientifiques — par exemple l'idée très ancienne de l'éternelle jeunesse ou l'idée d'un retour à un âge d'or supposé. Je crois qu'on ne peut proprement parler d'utopie que dans ce sens, c'est-à-dire quand un projet de transformation sociale contredit des lois scientifiques constatées et constatables. Seul un tel projet est utopique au sens strict, c'est-à-dire extrahistorique, encore que cet extrahistorique ait sa limite historique » (H. Marcuse, *La Fin de l'Utopie*, Paris, 1958, p. 8-9).

A cet usage du concept d'utopie, Marcuse en oppose un autre : « L'adjectif « utopique » ne désigne plus ce qui « n'a pas sa place » dans l'univers historique mais plutôt ce à quoi la puissance des sociétés établies interdit de voir le jour » (H. Marcuse, *Vers la libération*, Denoël, p. 14).

5. Bourdieu est tenté en permanence de renvoyer dos à dos le conservatisme réaliste et le volontarisme utopique, qui s'apparente à la magie *(Leçon sur la leçon*, Ed. de Minuit, p. 33-34). Cette (fausse) symétrie permet de dénoncer dans l'aveuglement du second sa complicité (objective) avec le premier *(Questions de sociologie*, Ed. de Minuit, p. 77-78, 95 ; *Ce que parler veut dire*, Fayard, p. 161 ; *Réponses*, Le Seuil, p. 169-170).

Pourtant, Bourdieu tente d'échapper à l'alternative qu'il récuse en traçant les contours d'une « utopie rationnelle » : « un utopisme sociologique, c'est-à-dire réaliste » *(Réponses*, p. 169-170). En effet, il ne manque pas de dire que le même savoir peut être mis à disposition de tentatives d'émancipation ou de tentatives de rationalisation, qu'il peut en être fait un usage clinique ou un usage cynique. Et le cynisme n'attend de la sociologie que des instruments de légitimation ou de manipulation, et ne s'adresse à elle qu'à des fins de rationalisation (au double sens de ce terme) de la domination. *(Questions de sociologie*, p. 26-27 ; *Ce que parler veut dire*, p. 161 ; *Leçon sur la leçon*, p. 27-28 ; *Choses dites*, Minuit, p. 65-66 ; *Réponses*, p. 171, 182-183).

A l'utopisme lui-même, il reconnaît les effets d'une « certaine dose d'utopisme » qui, présente dans les mouvements d'émancipation, « peut même contribuer à créer les conditions politiques d'une négation pratique du constat réaliste » *(Leçon sur la leçon*, p. 20, au point que « l'utopie (...) trouve sa justification scientifique (et, sans doute, politique) dans la démolition d'évidences qu'elle opère et qui contraint à porter au jour les présupposés de l'ordre ordinaire. (...) Le paradoxe utopique brise la doxa » *(La Distinction*, Ed. de Minuit, p. 463-464). Mais le même ouvrage stigmatise l'utopisme pratique des intellectuels (p. 428 et 596). Et c'est notamment au nom des « revendications *insoupçonnées* qui ont été portées sur la place publique par les mouvements écologiques, antiracistes ou féministes (entre autres) » qu'il en appelle à un élargissement de la vision politique (*La Misère du monde*, Fayard, 1993, p. 942 ; c'est moi qui souligne). Mais du même coup, les mouvements sociaux sont crédités d'un pouvoir de révélation qui, loin d'abaisser les ambitions de la science, appelle au contraire à en rehausser les exigences. Comment ne pas reconnaître alors que c'est le changement social lui-même qui est habité d'une utopie rationnelle ?

Bourdieu se défend avec raison des reproches de fatalisme fondé sur la confusion entre le certain et le probable, et affirme son « refus du sociologisme qui traite le probable comme un destin » *(Questions de sociologie*, p. 40, et *Leçon sur la leçon*, p. 20). Le possible ne se laisse pas rabattre sur le probable, du moins si l'on entend par là la plus forte probabilité. Mais la possibilité ne peut être pensée ni selon un modèle qui réduirait le possible à l'accessible inscrit dans un patrimoine (ici social) de champs de forces hérités et d'habitus contractés, ni selon le modèle de la création pure — l'imprévisible nouveauté d'un Bergson que Bourdieu lui-même mentionne à l'occasion *(Homo Academicus*, p. 212). Mais il faut savoir et pouvoir s'appuyer sur les forces qui ne le rendent que probable : chez Bourdieu, les conditions de mise en mouvement de ces forces restent généralement opaques. Il faut, en outre, déterminer quelles sont ces possibilités qui permettraient de déjouer le probable, et quels en sont les effets attendus : entre l'inflexion et la subversion du probable, l'éventail est large. (Voir H. Maler, « A propos de la *Misère du monde.* Politique de la sociologie », *Futur antérieur*, n° 19-20, 1993.)

6. Quelques études sur Bloch : *Utopie-Marxisme selon Ernst Bloch*, Hommages publiés par Gérard Raulet, Payot,1976 ; A. Münster, *Figures de l'utopie dans la pensée d'Ernst Bloch*, Aubier ; ainsi que *Ernst Bloch, Messianisme et utopie, Introduction à la Phénoménologie de la conscience anticipante*, P.U.F.

7. L. Sève, dans *Une introduction à la philosophie marxiste*, a particulièrement réfléchi sur cette ouverture de Marx. Il définit la loi en histoire par son caractère tendanciel (p. 687) ; la « nécessité » comme la « logique objective d'un rapport ou procès essentiel, qui inclut une pluralité de possibles et acquiert par là un caractère tendanciel » (p. 694), et ce qui est tendanciel comme « caractère non mécanique d'une nécessité de développement du fait qu'elle inclut une pluralité de formes possibles de réalisation » (p. 714, ainsi que p. 207-208). L'application d'une telle définition aux perspectives de dépassement du système lui-même permet de lever l'hypothèque de la conception fataliste d'un communisme inéluctable. (Voir, du même auteur, « Sur la catégorie de la possibilité », *La Pensée*, n° 202, septembre 1978).

C'est cette nécessité historique du possible que mettent en valeur J.-L. Cachon, dans l'article « Possibilité » du *Dictionnaire critique du marxisme* (p. 898-890), et A. Tosel dans les articles « Liberté/nécessité » et « Déterminisme » (p. 305-307).

8. Sans doute convient-il de délivrer la conception sartrienne du projet (comme Marcuse a tenté de le faire) de ses attaches idéalistes et de son centrage sur le sujet : elle permet toutefois de penser un concept utopique de la possibilité. Sur la théorie sartrienne de la possibilité, voir *L'Etre et le Néant*, p. 140-147. Le remaniement de cette conception est resté, dans l'œuvre de Sartre, inachevée (cf. J.-P. Sartre, *Critique de la Raison dialectique*, t. II (inachevé), Gallimard, 1985, p. 50 et 346).

9. Sur la théorie marxienne des crises, cf. notamment *Dictionnaire critique...*, article « Crise » (A. Lipietz) ainsi que le recueil *La Crise par Marx Engels*, traduction et notes de R. Dangeville, 10-18, U.G.E., 1978, qui comprend, outre les textes traduits, une liste des textes de Marx et Engels sur la crise (« Annexe », p. 429-440). Nous avons consulté notamment les textes suivants : Grund., t. 1, p. 60-67, 84, 96-97, 136-137, 139, 167, 227-229 ; TPV, t. 2, p. 587-625, 628-637 ; t. 3, p. 54-59, 114-115, 141-142 ; Cap III, 1, p. 267-268 et III, 2, p. 86-87, 167-181 ; AD, p. 186, 192, 312-314, 314-320, 318, 323-330, 332-333.

2. Une utopie projective

1. C'est le mode utopique qui permet de définir le genre : « Ce n'est pas par leurs intentions, très variées ; ce n'est pas davantage par leur fabulation qu'il faut définir les utopies. il faut chercher ailleurs leur principe commun, leur essence. Cette essence, c'est l'emploi du procédé, du mode utopique » (p. 8). Ruyer met alors en balance « Les tares profondes de l'utopie sociale » (chap. V) et la « valeur positive de l'utopie », en se fondant sur sa distinction du genre utopique et du mode utopique, les « tares » du premier étant partiellement compensées par les « vertus positives de l'expérience mentale quand elle est sévèrement contrôlée et critiquée » (p. 124) que l'on peut reconnaître au second (R. Ruyer, *L'utopie et les utopistes* (1950), Ed. Gérard Montfort, 1988).

2. Le recours à cette méthode tire son origine du climat d'avant-guerre : « Nous vivons une époque privée d'avenir » — sans espérance. L'oppression semble inéluctable. Le climat intellectuel que traduit l'essai de Simone Weil témoigne de l'urgence d'un recours à l'utopie, qui n'est jamais aussi vive que lorsque s'accumulent toutes les raisons de désespérer : quand les fils entre le présent et l'avenir semblent rompus. Urgence morale, sans doute : de la résistance à la résignation. Urgence théorique, surtout : d'une relance de la réflexion. Car il s'agit de reprendre la critique théorique à partir du point où elle s'est tarie, et de rétablir les ponts où ils sont coupés.

3. La restitution à l'homme de la totalité de ses facultés créatrices et de ses virtualités sensibles, la réinscription de la liberté et du plaisir dans le travail : tels devaient être, selon les premiers écrits de Marx, les résultats ultimes de la suppression de l'aliénation du travail et de la division involontaire du travail. Le concept philosophique de travail humain (corrélatif du concept philosophique de travail aliéné) était élaboré non seulement à travers la problématique remaniée de Feuerbach, mais aussi d'une globalisation des conceptions utopiques antérieures. C'est ce mariage d'une simulation héritée et d'une simulation construite qui servait de fil conducteur à la critique de l'économie politique. Or ce que la critique de l'économie politique établit c'est que cette simulation ne peut être fondée, et qu'elle doit être par conséquent disqualifiée : il est alors implicitement admis que l'inflation utopique initiale doit être maîtrisée. Marx lui substitue alors une nouvelle simulation fondée sur la distinction du temps de travail et du temps de loisir, où il apparaît que la liberté et le plaisir se réalisent essentiellement hors de la sphère du travail. Pourtant, comme on l'a vu, en ce domaine comme dans d'autres, les contradictions demeurent au cœur de chaque modèle et entre eux.

4. De même, c'est la mise à l'épreuve de l'idéal d'universalité comme illusion d'universalité qui permet de dénoncer la réalité qui fonde cette

illusion et d'en appeler à la réalisation de cet idéal, pourtant dénié (Sur ce point, cf. notamment CPDH, Aubier bil., p. 91 sq., SF, p. 103, IA, p. 31-32, 46, 285-287). Les normes esthétiques elles-mêmes peuvent se voir reconnaître une valeur critique. La jouissance esthétique procurée par l'art grec repose, nous dit Marx, sur le fait que ces œuvres gardent pour nous « *valeur de normes et de modèles inaccessibles* », c'est-à-dire sur leur idéalisation, indissolublement liée à la nostalgie de conditions sociales immatures qui « *ne pourront jamais revenir* » (Grund., t. 1, p. 46). Mais le charme esthétique de l'immaturité ne permet-il pas de mettre en branle une critique des conditions sociales parvenues à maturité ? Faut-il opposer, comme le suggère Marx, la norme esthétique et la norme politique ? Le charme esthétique de l'immaturité qui séduit Marx et les maléfices politiques de l'immaturité auxquels succombent les acteurs de la Révolution française ?

5. Pour une remise en question de la nécessité du socialisme récusant toute utopie positive, voir, par exemple, E. Altvater, « Perspectives sociales », in *Actuel Marx*, n° 3, P.U.F., 1988, p. 42-54.

6. Selon Jacques Bidet, c'est précisément l'indistinction entre l'explicatif et le normatif qui est négativement utopique chez Marx : « Marx dépasse certes ses utopistes précurseurs, dans la mesure où il établit plus clairement ce qu'implique le renversement du capitalisme (abolition des rapports salariaux et marchands) et comment celui-ci n'est possible qu'à travers le dépassement de ses contradictions. Mais il participe de l'utopie dans la mesure où il manque à percevoir la différence radicale de statut entre les catégories « explicatives » propres à un mode de production particulier et des catégories générales ou normatives. » Ainsi la théorie de Marx bascule dans l'utopie :

« *Son discours du socialisme est en réalité prescriptif : il énonce l'unité de la raison théorique (la rationalité de la production) et de la raison pratique (l'égalité de participation)* », J. Bidet, *Que faire...*, op. cit., p. 245-246.

7. On peut donner un autre exemple de cette démarche : la nécessité de déterminer précisément les formes positives de l'émancipation du prolétariat a été réaffirmée avec force par Karl Korsh. On peut même risquer que c'est l'affirmation de cette nécessité qui constitue l'élément invariant de sa critique du marxisme orthodoxe, et de Marx lui-même. En effet, ce sont les définitions purement négatives de la socialisation des moyens de production et du pouvoir prolétarien qui constituent les cibles successives de sa critique. La socialisation des moyens de production constitue l'objet privilégié de la réflexion de Korsh en 1912-1914, lors de son adhésion à la Fabian Society. Le concept de socialisation est resté « purement négatif » et doit être « dépassé à l'aide d'une formule constructive, utilisable à des fins positives d'organisation socialiste de l'économie ». Le moyen d'affermir l'identité du mouvement socialiste « ne peut consister qu'en une

formule mûrement réfléchie autant qu'éprouvée qui permette de désigner parmi toutes les formes concevables de l'économie celles qui méritent d'être appelées « socialistes » et préconisées par les socialistes ». C'est cette démarche qui conduira Korsh à participer, en 1919, à une « commission de socialisation » mise en place par le nouveau gouvernement socialiste et à multiplier les écrits sur ce sujet (cf. *Marxisme et contre révolution*, p. 7-14).

Envoi : Convoiter l'impossible

1. Cioran s'emploie, dans l'*Histoire de l'utopie* (Gallimard, coll. Idées), à présenter comme autant de paradoxes les alternatives du fanatisme et de la tolérance, de la tyrannie et de la liberté, de la liberté et de l'utopie : l'indéracinable utopie. A la liberté, symptôme de maladie, qui succombe au vide qu'elle exige, s'oppose l'utopie, « principe de renouvellement des institutions et des peuples ». Car telle est la fonction des « divagations sur le futur » : « A la longue, la vie sans utopie devient irrespirable, pour la multitude du moins : sous peine de se pétrifier, il faut au monde un délire neuf. » Aussi l'Occident doit-il « reprendre les utopies que, par besoin de confort, il a abandonnées aux autres », et « liquider ses déchets en s'imposant des tâches impossibles, opposées à ce bon sens affreux qui le défigure et le perd » (p. 20-27).

L'examen de la littérature utopique confirme ce jugement : « On y distingue dès l'abord le rôle (fécond ou funeste comme on voudra) que joue, dans la genèse des événements, non pas le bonheur mais l'idée de bonheur, idée qui explique pourquoi, l'âge de fer étant coextensif à l'histoire, chaque époque s'emploie à divaguer sur l'âge d'or. Qu'on mette un terme à ces divagations : une stagnation totale s'ensuivrait. Nous n'agissons que sous la fascination de l'impossible : autant dire qu'une société incapable d'enfanter une utopie et de s'y vouer est menacée de sclérose et de ruine » (p. 104).

C'est ce que confirme, enfin, l'analogie entre la fonction de l'utopie pour les sociétés et la fonction de l'idée de mission pour les nations : « De même qu'une nation, pour se distinguer des autres, pour les humilier et les écraser, ou simplement pour acquérir une physionomie unique, a besoin d'une idée insensée qui la guide et lui propose des buts incommensurables avec ses capacités réelles, de même une société n'évolue et ne s'affirme que si on lui suggère ou lui inculque des idéaux hors de proportion avec ce qu'elle est. L'utopie remplit dans la vie des collectivités la fonction assignée à l'idée de mission dans la vie des peuples. Des visions messianiques et utopiques, les idéologies sont le sous-produit et comme l'expression vulgaire » (p. 118).

Dès lors, pour Cioran, l'utopie est bien à la fois excessivement souhaitable et excessivement redoutable.

2. A cette version pathétique du libéralisme fait écho la version apostolique de l'humanisme, mais c'est un écho assourdi. C'est Paul VI qui, constatant les « faiblesses des idéologies », note la « renaissance de ce qu'il est convenu d'appeler les utopies », qui prétendent, mieux que les idéologies, « résoudre les problèmes politiques des sociétés modernes », pour les juger ainsi : « Il serait dangereux de le méconnaître, l'appel à l'utopie est souvent un prétexte commode à qui veut fuir les tâches concrètes pour se réfugier dans un futur imaginaire. Vivre dans un futur hypothétique est un *alibi facile* pour repousser des responsabilités immédiates. Mais il faut bien le reconnaître, cette forme de critique de la société existante provoque souvent l'*imagination prospective*, à la fois pour percevoir dans le présent le *possible ignoré* qui s'y trouve inscrit et pour orienter vers un avenir neuf : elle soutient ainsi la dynamique sociale par la confiance qu'elle donne aux forces inventives de l'esprit et du cœur humain » (Paul VI, *Lettre au cardinal Roy*, 14 mai 1971).

3. Dans *Le Principe Espérance*, op. cit., t. 2. C'est ce qu'indique le titre du chapitre qui sert d'introduction à leur examen : « La liberté et l'ordre, tour d'horizon des utopies sociales » (p. 36) et que précise l'un des paragraphes de ce chapitre *(New Moral Worlds* à l'horizon) qui constitue un résumé que développe la suite (p. 41 sq.). Ainsi, « Le rêve platonicien de l'Etat dorien » (p. 52) est une idéalisation de l'ordre « bien longtemps avant que la liberté n'eût trouvé son roman politique », dans l'Utopie de Thomas More (p. 56).

Bloch oppose alors « Thomas More ou l'utopie de la liberté sociale » (p. 88 sq.) et « le pendant de l'œuvre de More : « La Cité du soleil » de Campanella ou « l'utopie de l'ordre social » (p. 96 sq.), avant de proposer une « réflexion socratique sur la question de la liberté et de l'ordre » (p. 103 sq.). Cette distinction est reconduite, pour le XIXe siècle, dans la distinction du socialisme fédératif et du socialisme centralisateur Bloch oppose ainsi « les utopies fédérative du XIXe siècle : Owen, Fourier » (p. 135 sq.) et « les utopies centralisatrices du XIXe siècle : Cabet, Saint-Simon » (p. 142 sq.).

4. C'est ce que met particulièrement en évidence J.-M. Gros dans son étude « L'utopie et la science dans la définition du socialisme », in *Science et dialectique chez Hegel et Marx* (sous la direction de G. Planty-Bonjour), Centre de recherche sur Hegel et Marx, Poitiers, Ed. du CNRS, 1980.

BIBLIOGRAPHIE (très) SÉLECTIVE

Le lecteur ne trouvera pas ici un inventaire des Bibliothèques de la philosophie, de l'utopie ou de la marxologie, ni même une liste des ouvrages que nous avons consultés, mais une revue de ceux qui, plus que d'autres, mais parmi d'autres — mentionnés chemin faisant dans le texte ou dans les notes — ont guidé notre réflexion. Nous avons, dans la mesure du possible, retenu les plus récents.

ABENSOUR (Miguel), *Les Formes de l'utopie socialiste et communiste. Essai sur le communisme critique et l'utopie*, thèse non publiée, 2 vol., 1972 ;
« L'Histoire de l'utopie et le destin de sa critique », *Textures* n° 6/7 (1973) et n° 8/9 (1974) ;
« Marx : quelle critique de l'utopie ? », *Lignes* n° 17, octobre 1992, p. 43-65.

ADORNO (Theodor W.), *Dialectique négative*, Payot, 1978.

ADORNO (Theodor W.) et HORKHEIMER (Max), *La Dialectique de la raison*, Gallimard, 1983.

ARISTOTE, *La Métaphysique*, nouvelle édition entièrement refondue, avec commentaire, par J. Tricot, 2 tomes, Vrin, 1969.

BACZKO (Bronislaw), *Lumières de l'utopie*, Payot, 1978.

BALIBAR (Etienne), *Sur la dictature du prolétariat*, Maspero, 1976 ;
La Philosophie de Marx, La Découverte, 1993.

BALIBAR (Etienne), LUPORINI (Cesare), TOSEL (André), *Marx et sa critique de la politique*, Maspero, 1979.

BENJAMIN (Walter), *Essais*, 2 tomes, traduits par M. de Gandillac, Denoël/Gonthier, 1983 ;
Paris, Capitale du XIXe siècle. Le livre des passages, Le Cerf, 1989

BENSAÏD (Daniel), *Walter Benjamin, sentinelle messianique à la gauche du possible*, Plon, 1990.
BERGSON (Henri), *L'Evolution créatrice*, Quadrige/P.U.F. ;
L'Energie spirituelle, PUF, 1949 ;
La Pensée et le mouvant, Quadrige/P.U.F. ;
Les Deux Sources de la morale et de la religion (1932), P.U.F., 1965.
BIDET (Jacques), *Que faire du « Capital » ? Matériaux pour une refondation*, Klincksieck, Paris, 1985.
BLOCH (ERNST), *Thomas Münzer*, Julliard, 10/18, 1975 ;
L'Esprit de l'utopie, version de 1923 revue et modifiée en 1964, Gallimard, 1977 ;
Héritage de ce temps (1935), Payot, 1977 ;
Sujet-Objet. Eclaircissements sur Hegel (1951), Gallimard, 1977 ;
Le Principe Espérance (1959), Gallimard, 2 tomes, 1977 et 1982 ;
Droit naturel et dignité humaine (1961), Payot, 1976 ;
Athéisme dans le christianisme (1968), Gallimard, 1978 ;
Experimentum Mundi (1975), Payot, 1981.
BOURDIEU (Pierre), *La Distinction*, Ed. de Minuit ;
Questions de sociologie, Ed. de Minuit, 1980 ;
Leçon sur la leçon, Ed. de Minuit, 1982 ;
Ce que parler veut dire, Fayard, 1982 ;
Réponses, Le Seuil, 1992 ;
Choses dites, Ed. de Minuit ;
La *Misère du monde*, Fayard, 1993
CHAVANCE (Bernard), « La dialectique utopique du capitalisme et du communisme chez Marx », in *Marx en Pespectives*, Editions des Hautes Etudes en sciences sociales, Paris, 1985, p. 121-134.
DELEUZE (Gilles) et GUATTARI (Félix), *Qu'est-ce que la philosophie ?*, Ed. de Minuit, 1991.
FEUERBACH (Ludwig), *Manifestes philosophiques*, traduits de l'allemand par Louis Althusser, U.G.E., 10-18, 1973.
FOUCAULT (Michel, *Les Mots et les Choses*, Gallimard, 1966 ;
Surveiller et punir, Gallimard, 1975 ;
L'Archéologie du savoir, Gallimard, 1980 ;
Dits et écrits. 1954-1988, Gallimard, 1994.
GRAMSCI (Antonio), *Ecrits politiques* (1914-1922), 2 tomes, Gallimard, 1975, 1977.
GROS (Jean-Michel), « L'utopie et la science dans la définition du socialisme », in *Science et dialectique chez Hegel et Marx* (sous la direction de G. Planty-Bonjour), Centre de recherche sur Hegel et Marx, Poitiers, Ed. du CNRS, 1980.

HAYEK (Friedrich A.), *La Route de la servitude* (1943), P.U.F., Quadrige, 1985 ;
Scientisme et sciences sociales, Paris, Plon, « Recherches en sciences humaines », 1953.

HEGEL (G.W.F.), *Encyclopédie des sciences philosophiques* I. La *science de la logique*, présentation, traduction et notes de B. Bourgeois, Vrin, 1970 ;
Science de la logique, Traduction, présentation et notes par P.-J. Labarrière et Gwendoline Jarczyk. Ier tome-Ier livre : L'Etre, Aubier Montaigne, 1972 ; Ier tome-IIe livre : La Doctrine de l'essence, Aubier, 1982 ;
La Raison dans l'histoire. Introduction à la philosophie de l'histoire, traduction K. Papaioannou, 10-18, 1965.

HENRY (Michel), *Marx* (1976), rééd., Gallimard, Tel, 1991, 2 tomes.

KOLAKOWSKI (Leszek), *L'Esprit révolutionnaire*, suivi de *Marxisme : utopie et anti-utopie* (1972, 1974), Ed. Complexe, 1978 ;
Histoire du marxisme, t. 1 : Les fondateurs, Marx, Engels et leurs précurseurs (écrit en 1968), Fayard, 1987.

LABICA (Georges), *Le Statut marxiste de la philosophie*, coll. Dialectiques, Ed. Complexe, 1976 ;
« Sur la critique marxiste de l'utopie », in « *Le discours utopique* », Colloque de Cerisy, 10-18, p. 52-64 ;
Karl Marx. Les Thèses sur Feuerbach, Philosophies/P.U.F., 1987.

LEIBNIZ (Wilhelm Gottfried), *De l'origine radicale des choses*, Œuvres choisies, Garnier, trad. L. Prenant.

LÖWITH (Karl), *De Hegel à Nietzsche* (1941), Gallimard, 1969 ;
Weltgeschischte und Heilgeshehen, Stuttgart, 1953.

MERCIER-JOSA (Solange), *Pour lire Hegel et Marx*, chap. 4 : Hegel et Marx, critiques de l'utopie, p. 117-170, Problèmes/Editions sociales, 1980.

MERLEAU-PONTY (Maurice), *Humanisme et terreur* (1947), Introduction de Cl. Lefort, Gallimard, Idées, 1980 ;
Les Aventures de la dialectique (1955), Gallimard, Idées,1977.

MOREAU (Pierre-François), *Le Récit utopique. Droit naturel et roman de l'Etat*, P.U.F., 1982.

NADEL (Henri), *Marx et le salariat*, Le Sycomore, 1983.

NEGRI (Antonio), *Marx au-delà de Marx*, Cahiers de travail sur les « Grundrisse », Christian Bourgois, 1979.

POPPER (Karl), *Misère de l'historicisme* (1944-1945), trad. de H. Rousseau, Plon, 1956 ;

La Société ouverte et ses ennemis, t. 1 : L'ascendant de Platon (1962) ; t. 2 : Hegel et Marx (1966), trad. de J. Bernard et C. Monod, Le Seuil, 1979.

QUINIOU (Yvon), *Problèmes du matérialisme*, Méridiens Klincksieck, 1987.

RANCIÈRE (Jacques), *Le Philosophe et ses pauvres*, Fayard, 1983.

RAULET (Gérard), *Chroniques de l'espace public. Utopie et culture politique* (1978-1993), L'Harmattan, 1994.

ROBELIN (Jean), *Marxisme et socialisation*, Méridiens Klincksieck, 1989.

ROUSSEAU (Jean-Jacques), *Du Contrat social*, Introduction, notes, commentaire de M. Halbwachs, Aubier-Montaigne, 1943.

SCHÉRER (René), *Pari pour l'impossible*, Presses universitaires de Vincennes, 1989.

SEBAG (Lucien), *Marxisme et structuralisme*, Maspero, 1964.

SEVE (Lucien), *Une introduction à la philosophie marxiste*, Editions sociales, 1980.

SOREL (Georges), *La Décomposition du marxisme et autres essais*, anthologie préparée et présentée par Thierry Paquot, P.U.F., 1982 ;
Réflexions sur la violence (1906), 8e éd., Marcel Rivière, 1936 ;
Matériaux pour une théorie du prolétariat (1919), 2e éd., Marcel Rivière, 1921.

VADEE (Michel), *Marx, penseur du possible*, Méridiens Klincksieck, 1994.

VINCENT (Jean-Marie), *Critique du travail. Le faire et l'agir*. Pratiques théoriques, P.U.F., 1987.

WEIL (Simone), *Réflexions sur les causes de la liberté et de l'oppression sociale* (1934), Idées/Gallimard, 1980.

* *Actuel Marx*, nos 1 et 2, L'Harmattan, 1987 ; nos 3 à 9, P.U.F., 1988 à 1991.
* *Dictionnaire critique du marxisme* (sous la direction de G. Bensussan et G. Labica), 2e édition revue et augmentée, P.U.F., 1985.
* *Stratégies de l'utopie*, colloque organisé par P. Furter et G. Raulet, Ed. Galilée, 1979.
* « Utopie », *Lignes* n°17, octobre 1992.

INDEX ANALYTIQUE

REMERCIEMENTS

Mes remerciements vont à tous ceux qui ont soutenu ce travail de leurs lectures vigilantes : Daniel Bensaïd, Denis Berger, Alain Brossat, Richard Figuier, Jean-Michel Gros, Isaac Johsua, Georges Labica, Michel Löwy, Jean-Marie Vincent. C'est à toute espérance partagée et à toute tendresse échangée qu'il doit son existence. C'est à la mémoire de mes parents que je le dédie.

TABLE DES MATIÈRES

TROISIÈME PARTIE

ESPÉRANCES DE L'UTOPIE

Après Marx

DU MÊME AUTEUR

Congédier l'utopie ?
L'utopie selon Karl Marx

L'Harmattan, 1994

Dans la même collection

ROGER ARNALDEZ
À la croisée des trois monothéismes, une communauté de pensée au Moyen Âge

ISTVAN BIBO
Misère des petits États d'Europe de l'Est

ISAIAH BERLIN
À contre-courant. Essais sur l'histoire des idées
Les Penseurs russes
Le Bois tordu de l'humanité. Romantisme, nationalisme et totalitarisme

JACQUES BERQUE
Relire le Coran

MARCEL DETIENNE (dir.)
Transcrire les mythologies

MANUEL DE DIÉGUEZ
Essai sur l'universalité de la pensée française

JEAN GODIN
La Nouvelle Hypnose

BERNARD GROETHUYSEN
Philosophie et histoire

ANTONIETTA et GÉRARD HADDAD
Freud en Italie. Psychanalyse du voyage

GILLES LAPOUGE
Utopie et civilisations

SERGE LECLAIRE et L'APUI
État des lieux de la psychanalyse

HANS MAYER
Les Marginaux. Femmes, juifs et homosexuels dans la littérature européenne

PATRICK MICHEL
Politique et religion. La grande mutation

FRANÇOIS PERRIER
La Chaussée d'Antin

JACQUES ROGER
Pour une histoire des sciences à part entière

LOUIS SALA-MOLINS
Sodome. Exergue à la philosophie du droit

DARYUSH SHAYEGAN
Qu'est-ce qu'une révolution religieuse ?

DANIEL SIBONY
Du vécu et de l'invivable. Psychopathologie du quotidien

GEORGES STEINER
Après Babel

COLLOQUE DE CERISY
La Terre et le Souffle. Rencontre autour de Claude Vigée

COLLOQUE DE LA VILLETTE
Les Paradoxes de l'environnement

La composition de cet ouvrage a été effectuée
par Nord Compo, à Villeneuve d'Ascq
L'impression et le brochage ont été effectués
sur presse CAMERON dans les ateliers de B.C.I.
à Saint-Amand-Montrond (Cher)
pour le compte des Éditions Albin Michel
en septembre 1995

N° d'édition : 14595. N° d'impression : 4/709
Dépôt légal : octobre 1995